18.3.81

Heidelberger Taschenbücher Band 114

22.80

J. Stoer · R. Bulirsch

Einführung in die Numerische Mathematik II

unter Berücksichtigung von Vorlesungen von F. L. Bauer

Zweite, neubearbeitete und erweiterte Auflage

Mit 22 Figuren

Springer-Verlag
Berlin Heidelberg New York 1978

Josef Stoer
Institut für Angewandte Mathematik und Statistik
der Universität Würzburg
Am Hubland
8700 Würzburg

Roland Bulirsch
Institut für Mathematik der TU München
Postfach 202420
8000 München 2

AMS Subject Classification (1970)
65–01, 65–02, 65 B05, 65 B15, 65 D05, 65 D30, 65 F05, 65 F20,
65 F25, 65 F35, 65 G05, 65 H05, 65 H10

ISBN 3–540–08840–7 Springer-Verlag Berlin Heidelberg New York
ISBN 0–387–08840–7 Springer-Verlag New York Heidelberg Berlin

ISBN 3–540–05924–5 1. Auflage Springer-Verlag Berlin Heidelberg New York
ISBN 0–387–05924–5 1st edition Springer-Verlag New York Heidelberg Berlin

CIP-Kurztitelaufnahme der Deutschen Bibliothek. *Stoer, Josef:* Einführung in die numerische Mathematik: unter Berücks. von Vorlesungen von F. L. Bauer/J. Stoer; R. Bulirsch. — Berlin, Heidelberg, New York: Springer. Teil 1. verf. von Josef Stoer.
NE: Bulirsch, Roland:
2. — 2., neubearb. u. erw. Aufl. — 1978. (Heidelberger Taschenbücher; Bd. 114)

Druck- und Bindearbeiten: Brühlsche Universitätsdruckerei, Lahn-Gießen
2144/3140–543210

Vorwort zur zweiten Auflage

Der Text der ersten Auflage wurde an verschiedenen Stellen verbessert und um einige neue Abschnitte erweitert. So wurden in Kapitel 6 über Eigenwertprobleme (Abschnitte 6.4, 6.7) zusätzlich die wichtigsten theoretischen Eigenschaften der singulären Werte von Matrizen und das Verfahren von Golub und Reinsch zu ihrer praktischen Berechnung beschrieben.

In Kapitel 7 über gewöhnliche Differentialgleichungen gehen die Abschnitte 7.2.5 und 7.2.13 näher auf verschiedene praktisch bedeutsame Möglichkeiten der Schrittweitensteuerung bei Ein- und Mehrschrittverfahren ein. Ferner wurde ein neuer Abschnitt 7.2.16 über steife Differentialgleichungen aufgenommen. Zur Lösung der großen speziell strukturierten linearen Gleichungssysteme, auf die man z. B. bei der Anwendung von Differenzenverfahren oder finite-element Methoden stößt, werden seit einigen Jahren mit wachsendem Erfolg neue direkte Verfahren eingesetzt. Stellvertretend für diese sehr effektiven Methoden wurde in Abschnitt 8.8 der Algorithmus von Buneman zur Lösung der diskretisierten Poissongleichung beschrieben.

Herrn Dr. Ch. Reinsch sind wir für die kritische Durchsicht des Textes und für zahlreiche Verbesserungsvorschläge zu Dank verpflichtet.

Wir danken ebenfalls Frau I. Brugger für die Ausführung der umfangreichen Schreibarbeiten und dem Hause Springer für das verständnisvolle Eingehen auf unsere Änderungswünsche.

Würzburg, München
Januar 1978

J. Stoer
R. Bulirsch

Vorwort zur ersten Auflage

Das vorliegende Buch schließt sich an den ersten Teil der Einführung in die Numerische Mathematik an. Kapitel 6 ist dem Eigenwertproblem für Matrizen gewidmet. In Kapitel 7 finden sich eine Reihe von Methoden zur numerischen Behandlung von Anfangs- und Randwertproblemen für gewöhnliche Differentialgleichungen. Ein verhältnismäßig breiter Raum ist der Diskussion von Randwertproblemen eingeräumt, insbesondere der Beschreibung der Mehrzielmethode, da diese noch zu wenig bekannte Methode nach der Erfahrung der Verfasser zu den besten Verfahren zur Lösung von Randwertproblemen zählt. Partielle Differentialgleichungen werden nicht systematisch, sondern nur in dem Maße behandelt, wie es nötig ist, um die Analogie zu den üblichen Methoden für gewöhnliche Differentialgleichungen (Differenzenverfahren, Variationsverfahren) zu zeigen. In Kapitel 8 werden schließlich die wichtigsten Iterationsverfahren zur Lösung von großen linearen Gleichungssystemen dargestellt, die man gewöhnlich bei der Lösung von Randwertaufgaben für partielle Differentialgleichungen mittels Differenzenverfahren erhält.

Wie schon im ersten Teil dieser Einführung wurde großer Wert darauf gelegt, Verfahren darzustellen, die für Digitalrechner geeignet sind. Zahlreiche Beispiele sollen dem Leser das Verhalten der Algorithmen illustrieren und ihm einen Vergleich zwischen verschiedenen Verfahren ermöglichen. Demselben Zweck dienen auch eine Reihe von Aufgaben am Schluß jedes Kapitels.

Die Autoren erkennen dankbar den Einfluß von Prof. Dr. F. L. Bauer an, dessen Vorlesung Geist und Inhalt dieser Einführung beeinflußt hat. Herrn Dr. Ch. Reinsch danken wir für eingehende Diskussionen und zahlreiche detaillierte Verbesserungsvorschläge, die an vielen Stellen in den Text eingegangen sind. Bei der Ausarbeitung des Manuskripts, dem ein Skriptum des Instituts für Angewandte Mathematik der Universität Würzburg zugrunde lag, haben uns die Herren Dipl.-Math. Klaus Butendeich, Dipl.-Phys. Günther Schuller und Dr. Jochem Zowe mit großer Einsatzbereitschaft unterstützt.

Nicht zuletzt gilt unser besonderer Dank auch Frau Isolde Brugger für die geduldige und gewissenhafte Ausführung der Schreibarbeiten und den Mitarbeitern des Springer-Verlages für Ihre verständnisvolle Hilfe bei der Drucklegung dieses Buches.

Würzburg, Köln
März 1973

J. Stoer
R. Bulirsch

Inhaltsverzeichnis

6 Eigenwertprobleme

6.1 Einführung

Bei vielen technischen und physikalischen Problemen geht es darum, zu einer gegebenen $n \times n$-Matrix A eine Zahl $\lambda \in \mathbb{C}$ so zu bestimmen, daß das homogene lineare Gleichungssystem

$$(A - \lambda I)\,x = 0 \tag{6.1.1}$$

eine nichttriviale Lösung $x \neq 0$ besitzt.

(6.1.2) **Def.:** *Eine Zahl $\lambda \in \mathbb{C}$ heißt Eigenwert der Matrix A, wenn es einen Vektor $x \neq 0$ gibt mit $Ax = \lambda x$. Jeder solche Vektor heißt (Rechts-) Eigenvektor von A zum Eigenwert λ. Die Menge aller Eigenwerte bildet das Spektrum von A.*

Die Menge

$$L(\lambda) := \{x \mid (A - \lambda I)\,x = 0\}$$

bildet einen linearen Teilraum des $\mathbb{C}^n$ der Dimension

$$\rho(\lambda) = n - \operatorname{Rang}(A - \lambda I),$$

und eine Zahl $\lambda \in \mathbb{C}$ ist genau dann Eigenwert von A, wenn $L(\lambda) \neq 0$, d. h. wenn $\rho(\lambda) > 0$ gilt und $A - \lambda I$ singulär ist:

$$\det(A - \lambda I) = 0.$$

Man sieht leicht, daß $\varphi(\mu) := \det(A - \mu I)$ ein Polynom n-ten Grades folgender Form ist

$$\varphi(\mu) = (-1)^n (\mu^n + \alpha_{n-1}\mu^{n-1} + \ldots + \alpha_0).$$

Es heißt das

(6.1.3) *charakteristische Polynom*

der Matrix A. Seine Nullstellen sind genau die Eigenwerte von A. Sind $\lambda_1, \ldots, \lambda_k$ die verschiedenen 0-Stellen von $\varphi(\mu)$, so läßt sich φ in der Form

$$\varphi(\mu) = (-1)^n (\mu - \lambda_1)^{\sigma_1} (\mu - \lambda_2)^{\sigma_2} \ldots (\mu - \lambda_k)^{\sigma_k}$$

darstellen. Die Zahl σ_i, die wir auch mit $\sigma(\lambda_i) = \sigma_i$ bezeichnen heißt die *Vielfachheit* des Eigenwerts λ_i, genauer, seine *algebraische* Vielfachheit

Die Eigenvektoren zum Eigenwert λ sind nicht eindeutig bestimmt: zusammen mit dem 0-Vektor füllen sie gerade den linearen Teilraum $L(\lambda)$ des $\mathbb{C}^n$ aus. Es gilt also

(6.1.4) *Mit x und y ist auch jede Linearkombination*

$$\alpha x + \beta y \neq 0$$

wieder Eigenvektor zum Eigenwert λ der Matrix A.

Die Zahl $\rho(\lambda) = \dim L(\lambda)$ gibt die Maximalzahl linear unabhängiger Eigenvektoren zum Eigenwert λ an. Sie heißt deshalb auch die

geometrische Vielfachheit des Eigenwerts λ.

Man verwechsle sie nicht mit der algebraischen Vielfachheit $\sigma(\lambda)$!

Beispiele: Die n-reihige Diagonalmatrix

$$D = \lambda I$$

besitzt das charakteristische Polynom $\varphi(\mu) = \det(D - \mu I) = (\lambda - \mu)^n$. λ ist einziger Eigenwert und jeder Vektor $x \in \mathbb{C}^n, x \neq 0$ ist Eigenvektor: $L(\lambda) = \mathbb{C}^n$ und es gilt $\sigma(\lambda) = n = \rho(\lambda)$. Die n-reihige Matrix

$$(6.1.5) \qquad C_n(\lambda) := \begin{bmatrix} \lambda & 1 & & & 0 \\ & \lambda & \ddots & & \\ & & \ddots & \ddots & \\ & & & \ddots & 1 \\ 0 & & & & \lambda \end{bmatrix}$$

besitzt ebenfalls das charakteristische Polynom $\varphi(\mu) = (\lambda - \mu)^n$ und λ als einzigen Eigenwert mit $\sigma(\lambda) = n$. Jedoch ist jetzt der Rang von $(C_n(\lambda) - \lambda I)$ gleich $n - 1$, also $\rho(\lambda) = n - (n - 1) = 1$, sowie

$$L(\lambda) = \{\alpha e_1 \mid \alpha \in \mathbb{C}\}, \qquad e_1 = 1.\text{ Achsenvektor.}$$

An weiteren einfachen Eigenschaften von Eigenwerten notieren wir:

(6.1.6) *Ist $p(\mu) = \gamma_0 + \gamma_1 \mu + \dots + \gamma_m \mu^m$ ein beliebiges Polynom und definiert man für eine $n \times n$-Matrix A die Matrix $p(A)$ durch*

$$p(A) := \gamma_0 I + \gamma_1 A + \dots + \gamma_m A^m,$$

so besitzt die Matrix $p(A)$ den Eigenvektor x zum Eigenwert $p(\lambda)$, wenn λ Eigenwert von A und x zugehöriger Eigenvektor ist. Insbesondere besitzt αA den Eigenwert $\alpha\lambda$, $A + \tau I$ den Eigenwert $\lambda + \tau$.

Beweis: Aus $Ax = \lambda x$ folgt sofort $A^2 x = A(Ax) = \lambda A x = \lambda^2 x$

und allgemein $A^i x = \lambda^i x$. Also gilt

$$p(A)\,x = (\gamma_0 I + \gamma_1 A + \ldots + \gamma_m A^m)\,x = (\gamma_0 + \gamma_1 \lambda + \ldots + \gamma_m \lambda^m)\,x$$
$$= p(\lambda)\,x. \quad \square$$

Ferner folgt aus

$$\det(A - \lambda I) = \det\big((A - \lambda I)^T\big) = \det(A^T - \lambda I)$$
$$\det(A^H - \bar{\lambda} I) = \det\big((A - \lambda I)^H\big) = \det\overline{\big((A - \lambda I)^T\big)} = \overline{\det(A - \lambda I)}$$

die Aussage:

(6.1.7) *Wenn λ Eigenwert von A ist, so ist λ auch Eigenwert von A^T und $\bar{\lambda}$ ist Eigenwert von A^H.*

Zwischen den zugehörigen Eigenvektoren x, y, z,

$$Ax = \lambda x,$$
$$A^T y = \lambda y,$$
$$A^H z = \bar{\lambda} z$$

gilt wegen $A^H = \overline{A^T}$ lediglich die triviale Beziehung $\bar{y} = z$. Insbesondere gibt es zwischen x und y bzw. x und z i. a. keine einfache Beziehung. Wegen $y^T = z^H$ und $z^H A = \lambda z^H$ bezeichnet man z^H bzw. y^T auch als einen zum Eigenwert λ von A gehörigen *Linkseigenvektor*. Ist ferner $x \neq 0$ Eigenvektor zum Eigenwert λ,

$$Ax = \lambda x,$$

T eine beliebige nichtsinguläre $n \times n$-Matrix, und definiert man $y := T^{-1}x$, so gilt

$$T^{-1}ATy = T^{-1}Ax = \lambda T^{-1}x = \lambda y, \qquad y \neq 0,$$

d. h. y ist Eigenvektor der transformierten Matrix

$$B := T^{-1}AT$$

zum selben Eigenwert λ. Solche Transformationen nennt man

Ähnlichkeitstransformationen,

und B heißt ähnlich zu A, $A \sim B$. Man zeigt leicht, daß die Ähnlichkeit von Matrizen eine Äquivalenzrelation ist, d. h. daß gilt

$$A \sim A$$
$$A \sim B \;\succ\; B \sim A$$
$$A \sim B, \quad B \sim C \;\succ\; A \sim C.$$

Ähnliche Matrizen besitzen nicht nur dieselben Eigenwerte λ sondern auch dasselbe char. Polynom. Es ist nämlich

$$\begin{aligned}\det(T^{-1}AT - \mu I) &= \det\bigl(T^{-1}(A - \mu I)\,T\bigr)\\ &= \det(T^{-1})\det(A - \mu I)\det(T)\\ &= \det(A - \mu I).\end{aligned}$$

Darüber hinaus bleiben die Zahlen $\rho(\lambda), \sigma(\lambda)$ erhalten: Für $\sigma(\lambda)$ folgt dies aus der Invarianz des char. Polynoms, für $\rho(\lambda)$ daraus, daß wegen der Nichtsingularität von T die Vektoren $x_1, \ldots, x_\rho$ genau dann linear unabhängig sind, wenn die zugehörigen Vektoren $y_i = T^{-1}x_i$, $i = 1, \ldots, \rho$ linear unabhängig sind.

Bei den wichtigsten Verfahren zur Berechnung von Eigenwerten und Eigenvektoren einer Matrix A werden zunächst eine Reihe von Ähnlichkeitstransformationen vorgenommen

$$A^{(0)} := A$$

$$A^{(i)} := T_i^{-1}A^{(i-1)}T_i, \qquad i = 1, 2, \ldots,$$

um die Matrix A schrittweise in eine Matrix einfacherer Gestalt zu transformieren, deren Eigenwerte und Eigenvektoren man leichter bestimmen kann.

6.2 Die Jordansche Normalform einer Matrix

Es wurde bereits im letzten Abschnitt bemerkt, daß für einen Eigenwert λ einer $n \times n$-Matrix A die Vielfachheit $\sigma(\lambda)$ von λ als 0-Stelle des char. Polynoms nicht mit $\rho(\lambda)$, der Maximalzahl linear unabhängiger zu λ gehöriger Eigenvektoren, übereinstimmen muß. Man kann jedoch folgende Ungleichung zeigen

geometr., algebr.

(6.2.1) $$1 \leqq \rho(\lambda) \leqq \sigma(\lambda) \leqq n.$$

Beweis: Wir zeigen nur den nichttrivialen Teil $\rho(\lambda) \leqq \sigma(\lambda)$. Sei $\rho := \rho(\lambda)$ und seien $x_1, \ldots, x_\rho$ linear unabhängige zu λ gehörige Eigenvektoren:

$$Ax_i = \lambda x_i, \qquad i = 1, \ldots, \rho.$$

Wir wählen $n - \rho$ weitere linear unabhängige Vektoren $x_i \in \mathbb{C}^n$, $i = \rho + 1, \ldots, n$, so daß die x_i, $i = 1, \ldots, n$, eine Basis des $\mathbb{C}^n$ bilden. Dann ist die quadratische Matrix $T := (x_1, \ldots, x_n)$ mit den Spalten x_i nichtsingulär. Für $i = 1, \ldots, \rho$ gilt nun wegen $Te_i = x_i$, $e_i = T^{-1}x_i$

$$T^{-1}ATe_i = T^{-1}Ax_i = \lambda T^{-1}x_i = \lambda e_i.$$

$T^{-1}AT$ besitzt daher die Gestalt

$$T^{-1}AT = \left[\begin{array}{ccc|ccc} \lambda & & 0 & * & \cdots & * \\ & \ddots & & \vdots & & \vdots \\ 0 & & \lambda & * & \cdots & * \\ \hline & & & * & \cdots & * \\ & 0 & & \vdots & & \vdots \\ & & & * & \cdots & * \end{array}\right] = \left[\begin{array}{c|c} \lambda I & B \\ \hline 0 & C \end{array}\right]$$

(the brace under the first block column is labelled ρ)

und es folgt für das char. Polynom von A bzw. $T^{-1}AT$

$$\varphi(\mu) = \det(A - \mu I) = \det(T^{-1}AT - \mu I) = (\lambda - \mu)^\rho \cdot \det(C - \mu I).$$

φ ist durch $(\lambda - \mu)^\rho$ teilbar und λ daher mindestens eine ρ-fache 0-Stelle von φ. □

Im Beispiel des letzten Abschnitts wurden bereits die $\nu \times \nu$-Matrizen (s. (6.1.5))

$$C_\nu(\lambda) = \begin{bmatrix} \lambda & 1 & & 0 \\ & \ddots & \ddots & \\ & & \ddots & 1 \\ 0 & & & \lambda \end{bmatrix}$$

eingeführt und gezeigt, daß für den (einzigen) Eigenwert λ dieser Matrizen gilt $1 = \rho(\lambda) < \sigma(\lambda) = \nu$ (sofern $\nu > 1$). Einziger Eigenvektor (bis auf skalare Vielfache) ist e_1 und für die Achsenvektoren e_i gilt allgemein

(6.2.2)
$$(C_\nu(\lambda) - \lambda I)\, e_i = e_{i-1}, \qquad i = \nu, \nu - 1, \ldots, 2,$$
$$(C_\nu(\lambda) - \lambda I)\, e_1 = 0. \qquad \text{(weil EV)}$$

Setzt man formal $e_k := 0$ für $k \leqq 0$, so folgt daraus sofort für alle $i, j \geqq 1$

$$(C_\nu(\lambda) - \lambda I)^i\, e_j = e_{j-i}$$

und daher

(6.2.3)
$$(C_\nu(\lambda) - \lambda I)^\nu = 0, \qquad (C_\nu(\lambda) - \lambda I)^{\nu-1} \neq 0.$$

Die Bedeutung der Matrizen $C_\nu(\lambda)$ liegt darin, daß aus ihnen die sog. *Jordansche Normalform J* einer Matrix aufgebaut ist. Es gilt nämlich der folgende fundamentale Satz, den wir ohne Beweis bringen:

(6.2.4) **Satz:** *Sei A eine beliebige $n \times n$-Matrix und $\lambda_1, \ldots, \lambda_k$ ihre verschiedenen Eigenwerte mit den geometrischen bzw. algebraischen Vielfachheiten $\rho(\lambda_i)$, $\sigma(\lambda_i)$, $i = 1, \ldots, k$. Zu jedem der Eigenwerte λ_i, $i = 1, \ldots, k$, gibt es dann $\rho(\lambda_i)$ natürliche Zahlen $\nu_j^{(i)}$, $j = 1, 2, \ldots, \rho(\lambda_i)$ mit*

$$\sigma(\lambda_i) = \nu_1^{(i)} + \nu_2^{(i)} + \ldots + \nu_{\rho(\lambda_i)}^{(i)}$$

und eine nichtsinguläre $n \times n$-Matrix T, so daß $J := T^{-1}AT$ folgende Gestalt besitzt:

$$(6.2.5) \qquad J = \begin{bmatrix} C_{\nu_1^{(1)}}(\lambda_1) & & & & & & 0 \\ & \ddots & & & & & \\ & & C_{\nu_{\rho(\lambda_1)}^{(1)}}(\lambda_1) & & & & \\ & & & \ddots & & & \\ & & & & C_{\nu_1^{(k)}}(\lambda_k) & & \\ & & & & & \ddots & \\ 0 & & & & & & C_{\nu_{\rho(\lambda_k)}^{(k)}}(\lambda_k) \end{bmatrix}.$$

Die Zahlen $\nu_j^{(i)}$, $j = 1, \ldots, \rho(\lambda_i)$, (und damit die Matrix J) sind bis auf die Reihenfolge eindeutig bestimmt. J heißt die Jordansche Normalform der Matrix A.

Die Matrix T ist i. a. nicht eindeutig bestimmt.

Partitioniert man die Matrix T spaltenweise entsprechend der Jordanschen Normalform J (6.2.5),

$$T = (T_1^{(1)}, \ldots, T_{\rho(\lambda_1)}^{(1)}, \ldots, T_1^{(k)}, \ldots, T_{\rho(\lambda_k)}^{(k)}),$$

so folgen aus $T^{-1}AT = J$ und damit $AT = TJ$ sofort die Beziehungen

$$(6.2.6) \qquad AT_j^{(i)} = T_j^{(i)} C_{\nu_j^{(i)}}(\lambda_i), \qquad i = 1, 2, \ldots, k, \qquad j = 1, 2, \ldots, \rho(\lambda_i).$$

Bezeichnen wir die Spalten der $n \times \nu_j^{(i)}$-Matrix $T_j^{(i)}$ ohne weitere Indizes kurz mit t_m, $m = 1, 2, \ldots, \nu_j^{(i)}$,

$$T_j^{(i)} = (t_1, t_2, \ldots, t_{\nu_j^{(i)}}),$$

so folgt aus (6.2.6) und der Definition von $C_{\nu_j^{(i)}}(\lambda_i)$ sofort

$$(A - \lambda_i I)(t_1, \ldots, t_{\nu_j^{(i)}}) = (t_1, \ldots, t_{\nu_j^{(i)}}) \cdot \begin{bmatrix} 0 & 1 & & 0 \\ & \ddots & \ddots & \\ & & \ddots & 1 \\ 0 & & & 0 \end{bmatrix}$$

oder

$$
(6.2.7)\qquad \begin{aligned} (A-\lambda_i I)\,t_m &= t_{m-1}, \qquad m = \nu_j^{(i)}, \nu_j^{(i)}-1, \dots, 2\,, \\ (A-\lambda_i I)\,t_1 &= 0. \end{aligned}
$$

Insbesondere ist t_1, die 1. Spalte von $T_j^{(i)}$, Eigenvektor zum Eigenwert λ_i. Die übrigen t_m, $m = 2, 3, \dots, \nu_j^{(i)}$, heißen *Hauptvektoren* zu λ_i und man sieht, daß zu jedem Jordanblock $C_{\nu_j^{(i)}}(\lambda_i)$ je ein Eigenvektor und ein Satz von Hauptvektoren gehört. Insgesamt kann man also zu einer $n \times n$-Matrix A eine Basis des $\mathbb{C}^n$ finden (nämlich gerade die Spalten von T), die nur aus Eigen- und Hauptvektoren von A besteht.

Die charakteristischen Polynome

$$
(\lambda_i - \mu)^{\nu_j^{(i)}} = \det\big(C_{\nu_j^{(i)}}(\lambda_i) - \mu I\big)
$$

der einzelnen Jordanblöcke $C_{\nu_j^{(i)}}(\lambda_i)$ heißen die

(6.2.8) *Elementarteiler*

von A. A besitzt also genau dann nur lineare Elementarteiler, wenn $\nu_j^{(i)} = 1$ für alle i und j gilt, die Jordansche Normalform von A also eine Diagonalmatrix ist. Man nennt dann A *diagonalisierbar* oder auch *normalisierbar*. Dieser Fall ist dadurch ausgezeichnet, daß es dann eine Basis des $\mathbb{C}^n$ gibt, die nur aus Eigenvektoren von A besteht, Hauptvektoren treten nicht auf. Andernfalls sagt man, daß A „höhere", nämlich nichtlineare, Elementarteiler besitze.

Aus Satz (6.2.4) folgt sofort der

(6.2.9) **Satz:** *Jede $n \times n$-Matrix A mit n verschiedenen Eigenwerten ist diagonalisierbar.*

Weitere Klassen von diagonalisierbaren Matrizen werden wir in Abschnitt 6.4 kennenlernen.

Ein anderer Extremfall liegt vor, wenn zu jedem der verschiedenen Eigenwerte λ_i, $i = 1, \dots, k$, von A nur ein Jordanblock in der Jordanschen Normalform J (6.2.5) gehört. Dieser Fall liegt genau dann vor, wenn

$$
\rho(\lambda_i) = 1 \quad \text{für} \quad i = 1, 2, \dots, k.
$$

Die Matrix A heißt dann

(6.2.10) *nichtderogatorisch,*

andernfalls *derogatorisch* (eine $n \times n$-Matrix mit n verschiedenen Eigenwerten ist also sowohl diagonalisierbar als auch nichtderogatorisch!). Die Klasse der nichtderogatorischen Matrizen wird im nächsten Abschnitt näher studiert.

Ein weiterer wichtiger Begriff ist der des *Minimalpolynoms* einer Matrix A. Man versteht darunter dasjenige Polynom

$$
\psi(\mu) = \gamma_0 + \gamma_1\mu + \dots + \gamma_{m-1}\mu^{m-1} + \mu^m
$$

kleinsten Grades mit der Eigenschaft

$$\psi(A) = 0.$$

Es kann mit Hilfe der Jordanschen Normalform von A sofort angegeben werden:

(6.2.11) **Satz:** *Sei A eine $n \times n$ Matrix mit den (verschiedenen) Eigenwerten $\lambda_1, \ldots, \lambda_k$ und der Jordanschen Normalform J (6.2.5) und sei $\tau_i := \max_{1 \leq j \leq \rho(\lambda_i)} \nu_j^{(i)}$. Dann ist*

$$\psi(\mu) := (\mu - \lambda_1)^{\tau_1} (\mu - \lambda_2)^{\tau_2} \ldots (\mu - \lambda_k)^{\tau_k} \tag{6.2.12}$$

das Minimalpolynom von A. $\psi(\mu)$ ist Teiler jedes Polynoms $\chi(\mu)$ mit $\chi(A) = 0$.

Beweis: Wir zeigen zunächst, daß alle Nullstellen des Minimalpolynoms ψ von A, sofern es existiert, Eigenwerte von A sind. Ist etwa λ Nullstelle von ψ, so gilt

$$\psi(\mu) = (\mu - \lambda) \cdot g(\mu)$$

mit einem Polynom $g(\mu)$, das von kleinerem Grade als ψ ist. Es gilt daher nach Definition des Minimalpolynoms $g(A) \neq 0$. Also gibt es einen Vektor $z \neq 0$ mit $x := g(A) z \neq 0$. Wegen $\psi(A) = 0$ folgt dann

$$0 = \psi(A) z = (A - \lambda I) g(A) z = (A - \lambda I) x,$$

d. h. λ ist Eigenwert von A. Sofern ein Minimalpolynom existiert, hat es also die Gestalt $\psi(\mu) = (\mu - \lambda_1)^{\tau_1} (\mu - \lambda_2)^{\tau_2} \ldots (\mu - \lambda_k)^{\tau_k}$ mit gewissen τ_i. Wir wollen nun zeigen, daß durch $\tau_i := \max_j \nu_j^{(i)}$ ein Polynom mit $\psi(A) = 0$ gegeben ist. Mit den Bezeichnungen von Satz (6.2.4) hat man nämlich $A = TJT^{-1}$ und daher $\psi(A) = T\psi(J) T^{-1}$. Nun gilt aber wegen der Diagonalstruktur von J,

$$J = \operatorname{diag}\left(C_{\nu_1^{(1)}}(\lambda_1), \ldots, C_{\nu_{\rho(\lambda_k)}^{(k)}}(\lambda_k)\right),$$

die Beziehung

$$\psi(J) = \operatorname{diag}\left(\psi(C_{\nu_1^{(1)}}(\lambda_1)), \ldots, \psi(C_{\nu_{\rho(\lambda_k)}^{(k)}}(\lambda_k))\right).$$

Wegen $\psi(\mu) = (\mu - \lambda_i)^{\tau_i} \cdot g(\mu)$ folgt

$$\psi\left(C_{\nu_j^{(i)}}(\lambda_i)\right) = \left(C_{\nu_j^{(i)}}(\lambda_i) - \lambda_i I\right)^{\tau_i} \cdot g\left(C_{\nu_j^{(i)}}(\lambda_i)\right) \tag{6.2.13}$$

und daher wegen $\tau_i \geqq \nu_j^{(i)}$ und (6.2.3)

$$\psi\left(C_{\nu_j^{(i)}}(\lambda_i)\right) = 0.$$

Also ist $\psi(J) = 0$ und damit auch $\psi(A) = 0$.

Gleichzeitig sieht man, daß man keine der Zahlen τ_i kleiner als $\max \nu_j^{(i)}$ wählen darf: Wäre etwa $\tau_i < \nu_j^{(i)}$, so wäre wegen (6.2.3)

$$\left(C_{\nu_j^{(i)}}(\lambda_i) - \lambda_i I\right)^{\tau_i} \neq 0.$$

Aus $g(\lambda_i) \neq 0$ folgt sofort die Nichtsingularität der Matrix

$$B := g\left(C_{\nu_j^{(i)}}(\lambda_i)\right).$$

Also wäre wegen (6.2.13) auch $\psi\left(C_{\nu_j^{(i)}}(\lambda_i)\right) \neq 0$, und $\psi(J)$ und $\psi(A)$ würden beide nicht verschwinden. Damit ist gezeigt, daß das angegebene Polynom das Minimalpolynom von A ist.

Ist nun schließlich $\chi(\mu)$ ein Polynom mit $\chi(A) = 0$, so läßt sich χ mit Hilfe des Minimalpolynoms $\psi(\mu)$ so schreiben:

$$\chi(\mu) = g(\mu) \cdot \psi(\mu) + r(\mu)$$

mit $\operatorname{Grad} r < \operatorname{Grad} \psi$. Aus $\chi(A) = \psi(A) = 0$ folgt daher auch $r(A) = 0$. Da ψ das Minimalpolynom von A ist, muß $r(\mu) \equiv 0$ identisch verschwinden: ψ ist Teiler von χ. □

Wegen (6.2.4) hat man

$$\sigma(\lambda_i) = \sum_{j=1}^{\rho(\lambda_i)} \nu_j^{(i)} \geqq \tau_i = \max_j \nu_j^{(i)},$$

d. h. das charakteristische Polynom $\varphi(\mu) = \det(A - \mu I)$ von A ist ein Vielfaches des Minimalpolynoms. Gleichheit $\sigma(\lambda_i) = \tau_i$, $i = 1, \dots, k$ herrscht genau dann, wenn A nichtderogatorisch ist. Es folgen somit

(6.2.14) **Korollar** (Cayley-Hamilton): *Für das charakteristische Polynom $\varphi(\mu)$ einer Matrix A gilt $\varphi(A) = 0$.*

(6.2.15) **Korollar:** *Eine Matrix A ist nichtderogatorisch genau dann, wenn ihr Minimalpolynom und charakteristisches Polynom (bis auf eine Konstante als Faktor) übereinstimmen.*

Beispiel: Die Jordan-Matrix

$$J = \begin{bmatrix} 1 & 1 & & & & & & & \\ & 1 & 1 & & & & & & \\ & & 1 & & & & & & \\ & & & 1 & 1 & & & & \\ & & & & 1 & & & & \\ & & & & & -1 & 1 & & \\ & & & & & & -1 & & \\ & & & & & & & -1 & \\ & & & & & & & & -1 \end{bmatrix}$$

besitzt die Eigenwerte $\lambda_1 = 1$, $\lambda_2 = -1$ mit den Vielfachheiten

$$\rho(\lambda_1) = 2, \qquad \rho(\lambda_2) = 3,$$

$$\sigma(\lambda_1) = 5, \qquad \sigma(\lambda_2) = 4.$$

Elementarteiler:

$$(1-\mu)^3, (1-\mu)^2, (-1-\mu)^2, (-1-\mu), (-1-\mu).$$

Char. Polynom: $\varphi(\mu) = (-1)^9 (\mu - 1)^5 (\mu + 1)^4$.
Minimalpolynom: $\psi(\mu) = (\mu - 1)^3 (\mu + 1)^2$.
Zu $\lambda_1 = 1$ gehören die linear unabhängigen (Rechts-) Eigenvektoren e_1, e_4, zu $\lambda_2 = -1$ die Eigenvektoren e_6, e_8, e_9.

6.3 Die Frobeniussche Normalform einer Matrix

Im letzten Abschnitt studierten wir die Matrizen $C_\nu(\lambda)$, die sich als Bausteine der Jordanschen Normalform einer Matrix herausstellten. Die *Frobeniussche Normalform*, oder auch *rationale Normalform*, einer Matrix ist analog aus *Frobeniusmatrizen* F der Form

(6.3.1)
$$F = \begin{bmatrix} 0 & \cdots & \cdots & 0 & -\gamma_0 \\ 1 & \ddots & & \vdots & -\gamma_1 \\ & \ddots & \ddots & \vdots & \vdots \\ & & \ddots & 0 & -\gamma_{m-2} \\ 0 & & & 1 & -\gamma_{m-1} \end{bmatrix}$$

aufgebaut, mit deren Eigenschaften wir uns zunächst befassen wollen. Man stößt auf Matrizen dieses Typs beim Studium von *Krylovsequenzen* von Vektoren: Unter einer Krylovsequenz von Vektoren für die $n \times n$-Matrix A und zum Startvektor $t_0 \in \mathbb{C}^n$ versteht man eine Sequenz von Vektoren t_i, $i = 0, 1, \dots, m-1$, mit der folgenden Eigenschaft:

a) $t_i = At_{i-1}, \qquad i \geqq 1.$

b) $t_0, t_1, \dots, t_{m-1}$ sind linear unabhängig.

(6.3.2) c) $t_m := At_{m-1}$ hängt linear von $t_0, t_1, \dots, t_{m-1}$ ab: Es gibt Konstanten γ_i mit

$$t_m + \gamma_{m-1} t_{m-1} + \dots + \gamma_0 t_0 = 0.$$

Die Länge m der Krylovsequenz hängt natürlich von t_0 ab. Es gilt $m \leqq n$, da mehr als n Vektoren im $\mathbb{C}^n$ stets linear abhängig sind. Bildet man die $n \times m$-Matrix $T := (t_0, \dots, t_{m-1})$ und die Matrix F (6.3.1), so ist (6.3.2) äquivalent

mit

$$(6.3.3)\qquad \begin{aligned} &\operatorname{Rang} T = m, \\ &AT = A(t_0, \ldots, t_{m-1}) = (t_1, \ldots, t_m) = (t_0, \ldots, t_{m-1})\,F = TF. \end{aligned}$$

Jeder Eigenwert von F ist auch Eigenwert von A: Aus $Fz = \lambda z$, $z \neq 0$, folgt nämlich wegen (6.3.3) für $x := Tz$

$$x \neq 0 \quad \text{und} \quad Ax = ATz = TFz = \lambda Tz = \lambda x.$$

Darüber hinaus gilt

(6.3.4) **Satz:** *Die Matrix F (6.3.1) ist nichtderogatorisch: Das Minimalpolynom von F ist*

$$\begin{aligned} \psi(\mu) &= \gamma_0 + \gamma_1 \mu + \ldots + \gamma_{m-1}\mu^{m-1} + \mu^m \\ &= (-1)^m \det(F - \mu I). \end{aligned}$$

Beweis: Entwickelt man $\varphi(\mu) := \det(F - \mu I)$ nach der letzten Spalte, so findet man als char. Polynom von F

$$\varphi(\mu) = \det\left(\begin{bmatrix} -\mu & & & & & -\gamma_0 \\ 1 & -\mu & & 0 & & -\gamma_1 \\ & \ddots & \ddots & & & \vdots \\ & & \ddots & \ddots & & \vdots \\ & & & 1 & -\mu & -\gamma_{m-2} \\ & 0 & & & 1 & -\gamma_{m-1} - \mu \end{bmatrix}\right)$$

$$= (-1)^m (\gamma_0 + \gamma_1 \mu + \ldots + \gamma_{m-1}\mu^{m-1} + \mu^m).$$

Nach den Resultaten des letzten Abschnitts (6.2.12), (6.2.14) ist das Minimalpolynom $\psi(\mu)$ von F Teiler von $\varphi(\mu)$. Wäre $\operatorname{Grad}\psi < m = \operatorname{Grad}\varphi$, wäre etwa

$$\psi(\mu) = \alpha_0 + \alpha_1 \mu + \ldots + \alpha_{r-1}\mu^{r-1} + \mu^r, \qquad r < m,$$

so folgt aus $\psi(F) = 0$ und $Fe_i = e_{i+1}$ für $1 \leqq i \leqq m-1$ sofort der Widerspruch

$$\begin{aligned} 0 = \psi(F)\,e_1 &= \alpha_0 e_1 + \alpha_1 e_2 + \ldots + \alpha_{r-1} e_r + e_{r+1} \\ &= (\alpha_0, \alpha_1, \ldots, \alpha_{r-1}, 1, 0, \ldots, 0)^T \neq 0. \end{aligned}$$

Also ist $\operatorname{Grad}\psi = m$ und damit $\psi(\mu) = (-1)^m \varphi(\mu)$. Wegen (6.2.15) ist der Satz bewiesen. □

Nimmt man an, daß das char. Polynom von F die 0-Stellen λ_i mit den Vielfachheiten σ_i, $i = 1, \ldots, k$, besitzt,

$$\psi(\mu) = \gamma_0 + \ldots + \gamma_{m-1}\mu^{m-1} + \mu^m = (\mu - \lambda_1)^{\sigma_1}(\mu - \lambda_2)^{\sigma_2} \ldots (\mu - \lambda_k)^{\sigma_k},$$

so ist wegen (6.3.4) die Jordansche Normalform von F (6.3.1) gegeben durch

$$\begin{bmatrix} C_{\sigma_1}(\lambda_1) & & & 0 \\ & C_{\sigma_2}(\lambda_2) & & \\ & & \ddots & \\ 0 & & & C_{\sigma_k}(\lambda_k) \end{bmatrix}.$$

Die Bedeutung der Frobeniusmatrizen liegt darin, daß sie die Bausteine der sog. *Frobeniusschen* oder *rationalen Normalform* einer Matrix liefern. Es gilt nämlich:

(6.3.5) **Satz:** *Zu jeder* $n \times n$*-Matrix* A *gibt es eine nichtsinguläre* $n \times n$*-Matrix* T *mit*

$$T^{-1}AT = \begin{bmatrix} F_1 & & & 0 \\ & F_2 & & \\ & & \ddots & \\ 0 & & & F_r \end{bmatrix} \tag{6.3.6}$$

wobei die F_i *Frobeniusmatrizen mit folgender Eigenschaft sind:*

1. *Ist* $\varphi_i(\mu) = \det(F_i - \mu I)$ *das char. Polynom von* F_i, $i = 1, \ldots, r$, *so ist* $\varphi_i(\mu)$ *ein Teiler von* $\varphi_{i-1}(\mu)$, $i = 2, 3, \ldots, r$.
2. $\varphi_1(\mu)$ *ist bis auf* ± 1 *als Faktor das Minimalpolynom von* A.
3. *Die Matrizen* F_i *sind durch* A *eindeutig bestimmt.*

Man nennt (6.3.6) *die Frobeniussche Normalform von* A.

Den *Beweis* führt man leicht mit Hilfe der Jordanschen Normalform (s. (6.2.4)): Wir nehmen an, daß J (6.2.5) die Jordansche Normalform von A ist. Seien ferner o. B. d. A. die Zahlen $\nu_i^{(j)}$ geordnet,

$$\nu_1^{(i)} \geqq \nu_2^{(i)} \geqq \cdots \geqq \nu_{\rho(\lambda_i)}^{(i)}, \qquad i = 1, 2, \ldots, k. \tag{6.3.7}$$

Man definiere die Polynome $\varphi_j(\mu)$, $j = 1, \ldots, r$, $r = \max_{1 \leqq i \leqq k} \rho(\lambda_i)$, durch

$$\varphi_j(\mu) = (\lambda_1 - \mu)^{\nu_j^{(1)}} (\lambda_2 - \mu)^{\nu_j^{(2)}} \ldots (\lambda_k - \mu)^{\nu_j^{(k)}}$$

(dabei sei $\nu_j^{(i)} := 0$ für $j > \rho(\lambda_i)$). Wegen (6.3.7) ist $\varphi_j(\mu)$ Teiler von $\varphi_{j-1}(\mu)$ und $\pm\varphi_1(\mu)$ Minimalpolynom von A. Als Frobeniusmatrix F_j nehme man gerade diejenige Frobeniusmatrix, deren charakteristisches Polynom $\varphi_j(\mu)$ ist. S_i bezeichne diejenige Matrix, die F_i in die zugehörige Jordansche Normalform J_i transformiert

$$S_i^{-1} F_i S_i = J_i.$$

Eine Jordansche Normalform von A (die Jordansche Normalform ist nur bis auf Permutationen der Jordanblöcke eindeutig) ist dann

$$J' = \begin{bmatrix} J_1 & & & \\ & J_2 & & \\ & & \ddots & \\ & & & J_r \end{bmatrix} =$$

$$= \begin{bmatrix} S_1 & & & \\ & S_2 & & \\ & & \ddots & \\ & & & S_r \end{bmatrix}^{-1} \begin{bmatrix} F_1 & & & \\ & F_2 & & \\ & & \ddots & \\ & & & F_r \end{bmatrix} \begin{bmatrix} S_1 & & & \\ & S_2 & & \\ & & \ddots & \\ & & & S_r \end{bmatrix}.$$

Nach Satz (6.2.4) gibt es eine Matrix U mit $U^{-1}AU = J'$. Die Matrix $T := US^{-1}$ mit

$$S = \begin{bmatrix} S_1 & & \\ & \ddots & \\ & & S_r \end{bmatrix}$$

transformiert A in die verlangte Form (6.3.6).
Man überzeugt sich leicht von der Eindeutigkeit der F_i. □

Beispiel: Für die Matrix J des Beispiels in Abschnitt 6.2 ist

$$\varphi_1(\mu) = (1-\mu)^3(-1-\mu)^2 = -(\mu^5 - \mu^4 - 2\mu^3 + 2\mu^2 + \mu - 1),$$
$$\varphi_2(\mu) = (1-\mu)^2(-1-\mu) = -(\mu^3 - \mu^2 - \mu + 1),$$
$$\varphi_3(\mu) = -(\mu + 1)$$

und es folgt

$$F_1 = \begin{bmatrix} 0 & 0 & 0 & 0 & 1 \\ 1 & 0 & 0 & 0 & -1 \\ 0 & 1 & 0 & 0 & -2 \\ 0 & 0 & 1 & 0 & 2 \\ 0 & 0 & 0 & 1 & 1 \end{bmatrix}, \qquad F_2 = \begin{bmatrix} 0 & 0 & -1 \\ 1 & 0 & 1 \\ 0 & 1 & 1 \end{bmatrix}, \qquad F_3 = [-1].$$

6.4 Die Schursche Normalform einer Matrix. Hermitesche und normale Matrizen, singuläre Werte von Matrizen

Läßt man zur Ähnlichkeitstransformation $T^{-1}AT$ nicht mehr beliebige nichtsinguläre Matrizen T zu, kann A i. a. nicht mehr auf die Jordansche Normalform transformiert werden. Für unitäre Matrizen T, d. h. Matrizen T mit $T^H T = I$, gilt jedoch das folgende Resultat von Schur:

(6.4.1) **Satz:** *Zu jeder $n \times n$-Matrix A gibt es eine unitäre $n \times n$-Matrix U mit*

$$U^H A U = \begin{bmatrix} \lambda_1 & * & \cdots & * \\ & \lambda_2 & \ddots & \vdots \\ & & \ddots & * \\ 0 & & & \lambda_n \end{bmatrix}.$$

Dabei sind die λ_i, $i = 1, \ldots, n$, die (nicht notwendig verschiedenen) Eigenwerte von A.

Den *Beweis* führen wir durch vollständige Induktion bzgl. n. Für $n = 1$ ist der Satz trivial. Nehmen wir an, daß der Satz für $(n-1)$-reihige Matrizen richtig ist und sei A eine $n \times n$-Matrix. Sei λ_1 irgendein Eigenwert von A und $x_1 \neq 0$ ein zugehöriger Eigenvektor mit $\|x_1\|_2^2 = x_1^H x_1 = 1$, $Ax_1 = \lambda_1 x_1$. Dann kann man $n-1$ weitere Vektoren $x_2, \ldots, x_n$ finden, so daß $x_1, x_2, \ldots, x_n$ eine orthonormale Basis des $\mathbb{C}^n$ bilden, also die $n \times n$-Matrix $X := (x_1, \ldots, x_n)$ mit den Spalten x_i unitär ist, $X^H X = I$. Wegen

$$X^H A X e_1 = X^H A x_1 = \lambda_1 X^H x_1 = \lambda_1 e_1$$

hat die Matrix $X^H AX$ die Form

$$X^H AX = \begin{bmatrix} \lambda_1 & a \\ 0 & A_1 \end{bmatrix}.$$

wobei A_1 eine $(n-1)$-reihige Matrix ist und $a^H \in \mathbb{C}^{n-1}$. Nach Induktionsvoraussetzung gibt es nun eine unitäre $(n-1) \times (n-1)$-Matrix U_1 mit

$$U_1^H A_1 U_1 = \begin{bmatrix} \lambda_2 & * & \cdots & * \\ & \ddots & & \vdots \\ & & \ddots & * \\ 0 & & & \lambda_n \end{bmatrix}.$$

Die Matrix

$$U := P \cdot \left[\begin{array}{c|c} 1 & 0 \\ \hline 0 & U_1 \end{array}\right]$$

ist dann eine unitäre $n \times n$-Matrix mit

$$U^H A U = \begin{bmatrix} 1 & 0 \\ 0 & U_1^H \end{bmatrix} P^H A P \begin{bmatrix} 1 & 0 \\ 0 & U_1 \end{bmatrix}$$

$$= \begin{bmatrix} 1 & 0 \\ 0 & U_1^H \end{bmatrix} \begin{bmatrix} \lambda_1 & a \\ 0 & A_1 \end{bmatrix} \begin{bmatrix} 1 & 0 \\ 0 & U_1 \end{bmatrix}$$

$$= \begin{bmatrix} \lambda_1 & * & \cdots & * \\ & \ddots & \ddots & \vdots \\ & & \ddots & * \\ 0 & & & \lambda_n \end{bmatrix}.$$

Daß die Zahlen λ_i, $i = 1, \ldots, n$, Nullstellen von $\det(U^H A U - \mu I)$ und damit Eigenwerte von A sind, ist trivial. □

Ist $A = A^H$ nun eine Hermitesche Matrix, so ist

$$(U^H A U)^H = U^H A^H U^{HH} = U^H A U$$

wieder eine Hermitesche Matrix. Es folgt daher sofort aus (6.4.1)

(6.4.2) **Satz:** *Zu jeder Hermiteschen $n \times n$-Matrix $A = A^H$ gibt es eine unitäre Matrix $U = (x_1, \ldots, x_n)$ mit*

$$U^{-1} A U = U^H A U = \begin{bmatrix} \lambda_1 & & 0 \\ & \ddots & \\ 0 & & \lambda_n \end{bmatrix}.$$

Die Eigenwerte λ_i, $i = 1, \ldots, n$, von A sind reell. A ist diagonalisierbar. Die i-te Spalte x_i von U ist Eigenvektor zum Eigenwert λ_i: $Ax_i = \lambda_i x_i$. A besitzt somit n linear unabhängige zueinander orthogonale Eigenvektoren.

Ordnet man die Eigenwerte λ_i einer n-reihigen Hermiteschen Matrix $A = A^H$ der Größe nach an

$$\lambda_1 \geqq \lambda_2 \geqq \ldots \geqq \lambda_n,$$

so kann man λ_1 und λ_n auch auf folgende Weise kennzeichnen ((s. 6.9.14) für eine Verallgemeinerung)

(6.4.3)
$$\lambda_1 = \max_{0 \neq x \in \mathbb{C}^n} \frac{x^H A x}{x^H x}, \qquad \lambda_n = \min_{0 \neq x \in \mathbb{C}^n} \frac{x^H A x}{x^H x}.$$

Beweis: Ist $U^H A U = \Lambda = \operatorname{diag}(\lambda_1, \ldots, \lambda_n)$, U unitär, so gilt für alle $x \neq 0$,

$$\frac{x^H A x}{x^H x} = \frac{(x^H U) U^H A U (U^H x)}{(x^H U)(U^H x)} = \frac{y^H \Lambda y}{y^H y} = \frac{\sum_i \lambda_i |\eta_i|^2}{\sum_i |\eta_i|^2} \leqq \frac{\sum_i \lambda_1 |\eta_i|^2}{\sum_i |\eta_i|^2} = \lambda_1,$$

wobei $y := U^H x = (\eta_1, \ldots, \eta_n)^T \neq 0$. Nimmt man als $x \neq 0$ speziell einen Eigenvektor zu λ_1, $Ax = \lambda_1 x$, erhält man $\dfrac{x^H A x}{x^H x} = \lambda_1$, so daß $\lambda_1 = \max_{0 \neq x \in \mathbb{C}^n} x^H A x / x^H x$. Die andere Aussage von (6.4.3) folgt aus dem eben Bewiesenen, wenn man A durch $-A$ ersetzt.

Aus (6.4.3) und der Definition (s. Bd. I, (4.3.1)) einer positiv definiten (positiv semidefiniten) Matrix A erhält man sofort

(6.4.4) *Eine Hermitesche Matrix A ist positiv definit (positiv semidefinit) genau dann, wenn alle Eigenwerte von A positiv (nichtnegativ) sind.*

Eine Verallgemeinerung der Hermiteschen Matrizen sind die *normalen* Matrizen: Eine $n \times n$-Matrix A heißt normal, wenn gilt

$$A^H A = A A^H,$$

d. h. A ist mit A^H vertauschbar. Beispielsweise sind alle Hermiteschen, Diagonal-, schiefhermiteschen und unitären Matrizen normal.

(6.4.5) **Satz:** *Eine $n \times n$-Matrix A ist genau dann normal, wenn es eine unitäre Matrix U gibt mit*

$$U^{-1} A U = U^H A U = \begin{bmatrix} \lambda_1 & & 0 \\ & \ddots & \\ 0 & & \lambda_n \end{bmatrix}.$$

Normale Matrizen sind diagonalisierbar und besitzen n linear unabhängige zueinander orthogonale Eigenvektoren x_i, $i = 1, \dots, n$, $Ax_i = \lambda_i x_i$, *nämlich die Spalten der Matrix* $U = (x_1, \dots, x_n)$.

Beweis: Nach dem Satz von Schur (6.4.1) gibt es eine unitäre Matrix U mit

$$U^H A U = \begin{bmatrix} \lambda_1 & * & \cdots & * \\ & \ddots & & \vdots \\ & & \ddots & * \\ 0 & & & \lambda_n \end{bmatrix} =: R = (r_{ik}).$$

Aus $A^H A = A A^H$ folgt nun

$$\begin{aligned} R^H R &= U^H A^H U U^H A U = U^H A^H A U \\ &= U^H A A^H U = U^H A U U^H A^H U \\ &= R R^H. \end{aligned}$$

Daraus folgt für das (1, 1)-Element von $R^H R = R R^H$

$$\bar{\lambda}_1 \cdot \lambda_1 = |\lambda_1|^2 = |\lambda_1|^2 + \sum_{k=2}^{n} |r_{1k}|^2,$$

also $r_{1k} = 0$ für $k = 2, \dots, n$. Auf dieselbe Weise zeigt man, daß alle Nichtdiagonalelemente von R verschwinden.

Ist umgekehrt A unitär diagonalisierbar, $U^H A U = \operatorname{diag}(\lambda_1, \dots, \lambda_n) =: D$, $U^H U = I$, so folgt sofort

$$A^H A = U D^H U^H U D U^H = U |D|^2 U^H = U D U^H U D^H U^H = A A^H. \qquad \square$$

Für eine beliebige $m \times n$-Matrix A ist die $n \times n$-Matrix $A^H A$ positiv semidefinit, denn für $x \in \mathbb{C}^n$ gilt $x^H(A^H A)x = \|Ax\|_2^2 \geqq 0$. Ihre Eigenwerte $\lambda_1 \geqq \lambda_2 \geqq \dots \geqq \lambda_n \geqq 0$ sind nach (6.4.4) nichtnegativ und können deshalb in der Form $\lambda_k = \sigma_k^2$ mit $\sigma_k \geqq 0$ geschrieben werden. Die Zahlen $\sigma_1 \geqq \dots \geqq \sigma_n \geqq 0$ heißen

$x^H A^H A x = (Ax)^H Ax$

(6.4.6) *singuläre Werte von A.*

Ersetzt man in (6.4.3) die Matrix A durch $A^H A$, so erhält man sofort

(6.4.7) $$\sigma_1 = \max_{0 \neq x \in \mathbb{C}^n} \frac{\|Ax\|_2}{\|x\|_2} = \operatorname{lub}_2(A), \qquad \sigma_n = \min_{0 \neq x \in \mathbb{C}^n} \frac{\|Ax\|_2}{\|x\|_2}.$$

Ist insbesondere $m = n$ und A nichtsingulär, so gilt

$$1/\sigma_n = \max_{x \neq 0} \frac{\|x\|_2}{\|Ax\|_2} = \max_{y \neq 0} \frac{\|A^{-1}y\|_2}{\|y\|_2} = \operatorname{lub}_2(A^{-1})$$

(6.4.8)

$$\operatorname{cond}_2(A) = \operatorname{lub}_2(A) \cdot \operatorname{lub}_2(A^{-1}) = \sigma_1/\sigma_n .$$

Der kleinste singuläre Wert σ_n einer quadratischen Matrix A gibt den Abstand von A zur „nächsten" singulären Matrix an:

(6.4.9) **Satz:** *A und E seien beliebige $n \times n$-Matrizen, A habe die singulären Werte $\sigma_1 \geqq \sigma_2 \geqq \ldots \geqq \sigma_n \geqq 0$. Dann gilt*

1) $\operatorname{lub}_2(E) \geqq \sigma_n$, *falls $A + E$ singulär ist.*

2) *Es gibt eine Matrix E mit* $\operatorname{lub}_2(E) = \sigma_n$, *so daß $A + E$ singulär wird.*

Beweis: 1) Sei $A + E$ singulär, also $(A + E)x = 0$ für ein $x \neq 0$. Dann ergibt (6.4.7)

$Ax + Ex = 0 \Rightarrow Ax = -Ex$

$$\sigma_n \|x\|_2 \leqq \|Ax\|_2 = \|-Ex\|_2 \leqq \operatorname{lub}_2(E) \|x\|_2$$

also $\sigma_n \leqq \operatorname{lub}_2(E)$.

2) Für $\sigma_n = 0$ ist nichts zu zeigen: denn wegen (6.4.7) ist $0 = \|Ax\|_2$ für ein $x \neq 0$, so daß bereits A singulär ist. Sei deshalb $\sigma_n > 0$. Wegen (6.4.7) gibt es Vektoren u, v mit

$$\|Au\|_2 = \sigma_n , \qquad \|u\|_2 = 1$$

$$v := \frac{1}{\sigma_n} Au , \qquad \|v\|_2 = 1 .$$

Für die spezielle $n \times n$-Matrix $E := -\sigma_n v u^H$ gilt dann $(A + E)u = 0$, so daß $A + E$ singulär ist, sowie

$$\operatorname{lub}_2(E) = \sigma_n \max_{x \neq 0} \|v\|_2 \frac{|u^H x|}{\|x\|_2} = \sigma_n . \quad \square$$

Eine beliebige $m \times n$-Matrix A läßt sich unitär auf eine gewisse Normalform transformieren, in der die singulären Werte von A erscheinen:

(6.4.10) **Satz:** *A sei eine beliebige (komplexe) $m \times n$-Matrix.*

1) *Dann gibt es eine unitäre $m \times m$-Matrix U und eine unitäre $n \times n$-Matrix V, so daß $U^H A V = \Sigma$ eine $m \times n$-„Diagonal-Matrix" der folgenden Form ist*

$$\Sigma = \begin{bmatrix} D & 0 \\ 0 & 0 \end{bmatrix}, \qquad D := \operatorname{diag}(\sigma_1, \ldots, \sigma_r), \qquad \sigma_1 \geqq \sigma_2 \geqq \ldots \geqq \sigma_r > 0 .$$

Dabei sind $\sigma_1, \ldots, \sigma_r$ gerade die von 0 verschiedenen singulären Werte von A, r ist der Rang von A.

2) *Die von 0 verschiedenen singulären Werte der Matrix A^H sind ebenfalls gerade die Zahlen $\sigma_1, \ldots, \sigma_r$.* Die Zerlegung $A = U\Sigma V^H$ heißt

$$\text{(6.4.11)} \qquad \text{„\textit{Singuläre-Werte-Zerlegung}" von } A\,.$$

Beweis: Wir zeigen 1) durch vollständige Induktion nach m und n. Für $m=0$ oder $n=0$ ist nichts zu zeigen. Wir nehmen an, daß der Satz für $(m-1)\times(n-1)$-Matrizen richtig ist und A eine $m\times n$-Matrix mit $m\geqq 1$, $n\geqq 1$ ist. Sei σ_1 der größte singuläre Wert von A. Falls $\sigma_1=0$, ist wegen (6.4.7) auch $A=0$, so daß nichts zu zeigen ist. Sei daher $\sigma_1>0$ und $x_1\neq 0$ Eigenvektor von A^HA zum Eigenwert σ_1^2 mit $\|x_1\|_2=1$:

$$\text{(6.4.12)} \qquad A^HAx_1=\sigma_1^2x_1\,.$$

Dann kann man $n-1$ weitere Vektoren $x_2,\ldots,x_n\in\mathbb{C}^n$ finden, derart, daß die $n\times n$-Matrix $X:=(x_1,x_2,\ldots,x_n)$ mit den Spalten x_i unitär wird, $X^HX=I_n$. Wegen $\|Ax_1\|_2^2=x_1^HA^HAx_1=\sigma_1^2x_1^Hx_1=\sigma_1^2>0$ ist der Vektor $y_1:=\dfrac{1}{\sigma_1}Ax_1\in\mathbb{C}^m$ mit $\|y_1\|_2=1$ wohldefiniert und man kann $m-1$ weitere Vektoren $y_2,\ldots,y_m\in\mathbb{C}^m$ finden, so daß die $m\times m$-Matrix $Y:=(y_1,y_2,\ldots,y_m)$ ebenfalls unitär wird, $Y^HY=I_m$. Nun folgt aus (6.4.12) und der Definition von y_1, X und Y sofort für

$$e_1:=(1,0,\ldots,0)^T\in\mathbb{C}^n,\ \bar{e}_1:=(1,0,\ldots,0)^T\in\mathbb{C}^m$$

die Beziehung

$$Y^HAXe_1=Y^HAx_1=\sigma_1Y^Hy_1=\sigma_1\bar{e}_1\in\mathbb{C}^m$$

sowie

$$(Y^HAX)^H\bar{e}_1=X^HA^HY\bar{e}_1=X^HA^Hy_1=\frac{1}{\sigma_1}X^HA^HAx_1$$

$$=\sigma_1X^Hx_1=\sigma_1e_1\in\mathbb{C}^n,$$

so daß die Matrix Y^HAX folgende Gestalt besitzt

$$Y^HAX=\begin{bmatrix}\sigma_1 & 0\\ 0 & \tilde{A}\end{bmatrix}.$$

Hier ist $\tilde{A}$ eine $(m-1)\times(n-1)$-Matrix.

Nach Induktionsvoraussetzung gibt es eine unitäre $(m-1)\times(m-1)$-Matrix $\tilde{U}$ und eine unitäre $(n-1)\times(n-1)$-Matrix $\tilde{V}$ mit

$$\tilde{U}^H\tilde{A}\tilde{V}=\tilde{\Sigma}=\begin{bmatrix}\tilde{D} & 0\\ 0 & 0\end{bmatrix}, \quad \tilde{D}:=\operatorname{diag}(\sigma_2,\ldots,\sigma_r), \quad \sigma_2\geqq\sigma_3\geqq\ldots\geqq\sigma_r>0$$

mit einer $(m-1)\times(n-1)$-„Diagonalmatrix" $\tilde{\Sigma}$ der angegebenen Form. Die m-reihige Matrix

$$U:=Y\cdot\begin{bmatrix}1 & 0\\ 0 & \tilde{U}\end{bmatrix}$$

ist unitär, ebenso die n-reihige Matrix

$$V:=X\cdot\begin{bmatrix}1 & 0\\ 0 & \tilde{V}\end{bmatrix}$$

und es gilt

$$\begin{aligned}U^HAV&=\begin{bmatrix}1 & 0\\ 0 & \tilde{U}^H\end{bmatrix}Y^HAX\begin{bmatrix}1 & 0\\ 0 & \tilde{V}\end{bmatrix}=\begin{bmatrix}1 & 0\\ 0 & \tilde{U}^H\end{bmatrix}\begin{bmatrix}\sigma_1 & 0\\ 0 & \tilde{A}\end{bmatrix}\begin{bmatrix}1 & 0\\ 0 & \tilde{V}\end{bmatrix}\\ &=\begin{bmatrix}\sigma_1 & 0\\ 0 & \tilde{\Sigma}\end{bmatrix}=\begin{bmatrix}D & 0\\ 0 & 0\end{bmatrix}=\Sigma, \quad D:=\operatorname{diag}(\sigma_1,\ldots,\sigma_r),\end{aligned}$$

und Σ ist eine $m\times n$-reihige Diagonalmatrix mit $\sigma_2\geqq\ldots\geqq\sigma_r>0$, $\sigma_1^2=\lambda_{\max}(A^HA)$. Offensichtlich ist Rang $A=r$ wegen Rang $A=$ Rang $U^HAV=$ Rang Σ.

Wir müssen noch zeigen, daß $\sigma_1\geqq\sigma_2$ gilt und die σ_i die singulären Werte von A sind: Nun folgt aus $U^HAV=\Sigma$ für die $n\times n$-Diagonalmatrix $\Sigma^H\Sigma$

$$\Sigma^H\Sigma=\operatorname{diag}(\sigma_1^2,\ldots,\sigma_r^2,0,\ldots,0)=V^HA^HUU^HAV=V^H(A^HA)V,$$

so daß (s. Satz (6.4.2)) $\sigma_1^2,\ldots,\sigma_r^2$ die von 0 verschiedenen Eigenwerte von A^HA sind, also $\sigma_1,\ldots,\sigma_r$ die von 0 verschiedenen singulären Werte von A. Wegen $\sigma_1^2=\lambda_{\max}(A^HA)$ gilt ebenfalls $\sigma_1\geqq\sigma_2$. □

Die unitären Matrizen U, V in der Zerlegung $U^HAV=\Sigma$ haben folgende Bedeutung: Die Spalten von U geben m orthonormale Eigenvektoren der Hermiteschen $m\times m$-Matrix AA^H an, die Spalten von V n orthonormale Eigenvektoren der Hermiteschen $n\times n$-Matrix A^HA. Dies folgt sofort aus $U^HAA^HU=\Sigma\Sigma^H$, $V^HA^HAV=\Sigma^H\Sigma$ und Satz (6.4.2). Schließlich sei noch bemerkt, daß man die *Pseudoinverse* A^+ (s. Bd. I, (4.8.5)) der $m\times n$-Matrix A mit Hilfe der Zerlegung $U^HAV=\Sigma$ sofort angeben kann: Ist $\Sigma=\begin{bmatrix}D & 0\\ 0 & 0\end{bmatrix}$, $D=\operatorname{diag}(\sigma_1,\ldots,\sigma_r)$, $\sigma_1\geqq\ldots\geqq\sigma_r>0$, dann ist die $n\times m$-Diagonalmatrix

$$\Sigma^+:=\begin{bmatrix}D^{-1} & 0\\ 0 & 0\end{bmatrix},$$

die Pseudoinverse von Σ und man verifiziert sofort, daß die $n \times m$-Matrix

(6.4.13) $$A^+ := V \Sigma^+ U^H$$

die Bedingungen von (4.8.5.1) für eine Pseudoinverse von A erfüllen, so daß wegen der Eindeutigkeitsaussagen von Satz (4.8.5.2) A^+ die Pseudoinverse von A sein muß.

6.5 Reduktion von Matrizen auf einfachere Gestalt

Die Eigenwerte und Eigenvektoren einer Matrix A werden bei den gebräuchlichsten Verfahren für voll besetzte Matrizen folgendermaßen bestimmt. Man transformiert die Matrix zunächst mit Hilfe von endlich vielen Ähnlichkeitstransformationen

$$A = A_0 \to A_1 \to \ldots \to A_m,$$
$$A_i = T_i^{-1} A_{i-1} T_i, \qquad i = 1, 2, \ldots, m,$$

in eine einfacher gebaute Matrix B,

$$B = A_m = T^{-1} A T, \qquad T := T_1 T_2 \ldots T_m,$$

und bestimmt anschließend die Eigenwerte λ und Eigenvektoren y von B, $By = \lambda y$. Es gilt dann für $x := Ty = T_1 \ldots T_m y$ wegen $B = T^{-1} A T$

$$Ax = \lambda x,$$

d. h. zum Eigenwert λ von A gehört der Eigenvektor x. Die Matrix B wird dabei so gewählt, daß

1. die anschließende Eigenwert- bzw. Eigenvektor-Bestimmung von B möglichst einfach ist (d. h. möglichst wenig Operationen erfordert) und
2. das Eigenwertproblem für B nicht (wesentlich) schlechter konditioniert ist als für A (d. h., daß kleine Änderungen der Matrix B die Eigenwerte von B bzw. A nicht wesentlich stärker verfälschen als gleich große Änderungen von A).

Wegen

$$B = T^{-1} A T$$
$$B + \triangle B = T^{-1}(A + \triangle A)\, T, \qquad \triangle A := T \triangle B\, T^{-1},$$

hat man für jede Vektornorm $\|\cdot\|$ und die zugehörige Matrixnorm $\operatorname{lub}(\cdot)$ folgende Abschätzungen

$$\operatorname{lub}(B) \leqq \operatorname{cond}(T)\operatorname{lub}(A)$$
$$\operatorname{lub}(\triangle A) \leqq \operatorname{cond}(T)\operatorname{lub}(\triangle B)$$

und daher

$$\frac{\operatorname{lub}(\triangle A)}{\operatorname{lub}(A)} \leqq (\operatorname{cond}(T))^2 \frac{\operatorname{lub}(\triangle B)}{\operatorname{lub}(B)}.$$

Für großes $\operatorname{cond}(T) \gg 1$ wird das Eigenwertproblem für B schlechter konditioniert sein als das von A. Um Gutartigkeit zu garantieren, hat man wegen

$$\operatorname{cond}(T) = \operatorname{cond}(T_1 \dots T_m) \leqq \operatorname{cond}(T_1) \dots \operatorname{cond}(T_m)$$

die Matrizen T_i so zu wählen, daß $\operatorname{cond}(T_i)$ nicht zu groß wird. Dies ist für die Maximumnorm $\|x\|_\infty = \max_i |x_i|$ insbesondere für Eliminationsmatrizen der Form (s. 4.2.)

$$T_i = G_j = \begin{bmatrix} 1 & & & & & 0 \\ & \ddots & & & & \\ & & 1 & & & \\ & & l_{j+1,j} & \ddots & & \\ & & \vdots & & \ddots & \\ 0 & & l_{nj} & 0 & & 1 \end{bmatrix}, \qquad |l_{kj}| \leqq 1,$$

(6.5.0.1)

$$G_j^{-1} = \begin{bmatrix} 1 & & & & & 0 \\ & \ddots & & & & \\ & & 1 & & & \\ & & -l_{j+1,j} & \ddots & & \\ & & \vdots & & \ddots & \\ 0 & & -l_{nj} & 0 & & 1 \end{bmatrix},$$

$$\operatorname{cond}(T_i) \leqq 4,$$

und für die euklidische Norm $\|x\|_2 = \sqrt{x^H x}$ für unitäre Matrizen $T_i = U$, z. B. für Householdermatrizen, der Fall, für sie ist $\operatorname{cond}(T_i) = 1$. Reduktionsalgorithmen, die nur unitäre Matrizen T_i oder Eliminationsmatrizen T_i (6.5.0.1) benutzen, werden in den folgenden Abschnitten beschrieben. Als „einfache" Endmatrix $B = A_m$ kann man mit diesen Hilfsmitteln für allgemeine Matrizen eine obere *Hessenberg*-Matrix erreichen, die von folgender Gestalt ist:

$\operatorname{lub}(A) = \max_{x \neq 0} \frac{\|Ax\|}{\|x\|}$

$$B = \begin{bmatrix} * & \cdot & \cdot & \cdot & \cdot & \cdot & \cdot & * \\ * & \ddots & & & & & & \vdots \\ 0 & \ddots & \ddots & & & & & \vdots \\ \vdots & \ddots & \ddots & \ddots & & & & \vdots \\ \vdots & & \ddots & \ddots & \ddots & & & \vdots \\ 0 & \cdots & \cdots & 0 & & * & & * \end{bmatrix}, \qquad b_{ik} = 0 \quad \text{für} \quad k \leqq i-2.$$

Bei Hermiteschen Matrizen $A = A^H$ benutzt man zur Reduktion nur unitäre Matrizen T_i, $T_i^{-1} = T_i^H$. Mit A_{i-1} ist dann auch $A_i = T_i^{-1} A_{i-1} T_i$ Hermitesch,

$$A_i^H = (T_i^H A_{i-1} T_i)^H = T_i^H A_{i-1}^H T_i = T_i^H A_{i-1} T_i = A_i.$$

Als Endmatrix B erhält man so eine Hermitesche Hessenberg-Matrix, d. h. eine (Hermitesche) Tridiagonalmatrix oder Jacobimatrix:

$$B = \begin{bmatrix} \delta_1 & \bar{\gamma}_2 & & & 0 \\ \gamma_2 & \ddots & \ddots & & \\ & \ddots & \ddots & \ddots & \\ & & \ddots & \ddots & \bar{\gamma}_n \\ 0 & & & \gamma_n & \delta_n \end{bmatrix}, \qquad \delta_i = \bar{\delta}_i.$$

6.5.1 Reduktion einer Hermiteschen Matrix auf Tridiagonalgestalt. Das Verfahren von Householder

Bei dem Verfahren von Householder zur Tridiagonalisierung einer Hermiteschen $n \times n$-Matrix $A^H = A =: A_0$ werden zur Transformation

$$A_i = T_i^{-1} A_{i-1} T_i$$

geeignete Householder-Matrizen (s. 4.7) benutzt:

$$T_i^H = T_i^{-1} = T_i = I - \beta_i u_i u_i^H.$$

Wir nehmen an, daß die Matrix $A_{i-1} = (\alpha_{jk})$ bereits die folgende Gestalt besitzt

(6.5.1.1) $$A_{i-1} = \left[\begin{array}{c|c|c} J_{i-1} & c & 0 \\ \hline c^H & \delta_i & a_i^H \\ \hline 0 & a_i & \tilde{A}_{i-1} \end{array}\right] = (\alpha_{jk})$$

mit

$$\left[\begin{array}{c|c} J_{i-1} & c \\ \hline c^H & \delta_i \end{array}\right] = \left[\begin{array}{ccccc|c} \delta_1 & \bar{\gamma}_2 & & & 0 & 0 \\ \gamma_2 & \cdot & \cdot & & & \vdots \\ & \cdot & \cdot & \cdot & & \\ & & \cdot & \cdot & \bar{\gamma}_{i-1} & 0 \\ 0 & & & \gamma_{i-1} & \delta_{i-1} & \bar{\gamma}_i \\ \hline 0 & \cdot & \cdot & 0 & \gamma_i & \delta_i \end{array}\right], \quad a_i = \begin{bmatrix} \alpha_{i+1,i} \\ \cdot \\ \cdot \\ \cdot \\ \cdot \\ \alpha_{ni} \end{bmatrix}.$$

Nach Abschnitt 4.7 gibt es eine $(n-i)$-reihige Householdermatrix $\tilde{T}_i$ mit

(6.5.1.2) $$\tilde{T}_i a_i = k \cdot e_1 \in \mathbb{C}^{n-i}.$$

$\tilde{T}_i$ hat die Gestalt $\tilde{T}_i = I - \beta u u^H$, $u \in \mathbb{C}^{n-i}$, und ist gegeben durch

$$\sigma := \|a_i\|_2 = +\sqrt{\sum_{j=i+1}^{n} |\alpha_{ji}|^2}, \quad \beta = \begin{cases} 1/(\sigma(\sigma + |\alpha_{i+1,i}|)) & \text{für} \quad \sigma \neq 0 \\ 0 & \text{sonst} \end{cases}$$

$$k := -\sigma \cdot e^{i\varphi} \quad \text{falls} \quad \alpha_{i+1,i} = e^{i\varphi} |\alpha_{i+1,i}|$$

(6.5.1.3)

$$u := \begin{bmatrix} e^{i\varphi}(\sigma + |\alpha_{i+1,i}|) \\ \alpha_{i+2,i} \\ \cdot \\ \cdot \\ \cdot \\ \alpha_{ni} \end{bmatrix}.$$

Für die unitäre $n \times n$-Matrix T_i, die wie (6.5.1.1) partitioniert ist,

$$T_i := \left[\begin{array}{c|c|c} I & 0 & 0 \\ \hline 0 & 1 & 0 \\ \hline 0 & 0 & \tilde{T}_i \end{array}\right] \Big\} \, i-1$$

gilt dann offensichtlich $T_i^H = T_i^{-1} = T_i$ sowie wegen (6.5.1.2)

$$T_i^{-1} A_{i-1} T_i = T_i A_{i-1} T_i = \left[\begin{array}{c|c|c} J_{i-1} & c & 0 \\ \hline c^H & \delta_i & a_i^H \tilde{T}_i \\ \hline 0 & \tilde{T}_i a_i & \tilde{T}_i \tilde{A}_{i-1} \tilde{T}_i \end{array}\right]$$

$$
= \left[\begin{array}{ccccc|c|cccc}
\delta_1 & \bar{\gamma}_2 & & & 0 & 0 & & & & \\
\gamma_2 & \ddots & \ddots & & & \vdots & & & & \\
 & \ddots & \ddots & \ddots & & \vdots & & 0 & & \\
 & & \ddots & \ddots & \bar{\gamma}_{i-1} & 0 & & & & \\
0 & & & \gamma_{i-1} & \delta_{i-1} & \bar{\gamma}_i & & & & \\
\hline
0 & \cdots & 0 & & \gamma_i & \delta_i & \bar{\gamma}_{i+1} & 0 & \cdots & 0 \\
\hline
 & & & & & \gamma_{i+1} & & & & \\
 & & & & & 0 & & & & \\
 & & 0 & & & \vdots & & \tilde{T}_i\tilde{A}_{i-1}\tilde{T}_i & & \\
 & & & & & 0 & & & &
\end{array}\right] =: A_i
$$

mit $\gamma_{i+1} := k$.

Wegen $\tilde{T}_i = I - \beta uu^H$ läßt sich $\tilde{T}_i\tilde{A}_{i-1}\tilde{T}_i$ auf folgende Weise berechnen:

$$
\begin{aligned}
\tilde{T}_i\tilde{A}_{i-1}\tilde{T}_i &= (I - \beta uu^H)\,\tilde{A}_{i-1}(I - \beta uu^H) \\
&= \tilde{A}_{i-1} - \beta\tilde{A}_{i-1}uu^H - \beta uu^H\tilde{A}_{i-1} + \beta^2 uu^H\tilde{A}_{i-1}uu^H.
\end{aligned}
$$

Führt man zur Abkürzung die Vektoren $p, q \in \mathbb{C}^{n-i}$ ein,

$$
p := \beta\tilde{A}_{i-1}u
$$

$$
q := p - \frac{\beta}{2}(p^H u)\,u
$$

so folgt wegen $\beta \geqq 0$, $p^H u = \beta u^H\tilde{A}_{i-1}u = (p^H u)^H$ sofort

$$
\tilde{T}_i\tilde{A}_{i-1}\tilde{T}_i = \tilde{A}_{i-1} - pu^H - up^H + \beta up^H uu^H
$$

(6.5.1.4)

$$
= \tilde{A}_{i-1} - u\left[p - \frac{\beta}{2}(p^H u)\,u\right]^H - \left[p - \frac{\beta}{2}(p^H u)\,u\right]u^H
$$

$$
= \tilde{A}_{i-1} - uq^H - qu^H.
$$

Mit den Formeln (6.5.1.1)–(6.5.1.4) ist die i-te Transformation

$$
A_i = T_i^{-1}A_{i-1}T_i
$$

beschrieben. Offensichtlich ist

$$B = A_{n-2} = \begin{bmatrix} \delta_1 & \bar{\gamma}_2 & & & 0 \\ \gamma_2 & \ddots & \ddots & & \\ & \ddots & \ddots & \ddots & \\ & & \ddots & \ddots & \bar{\gamma}_n \\ 0 & & & \gamma_n & \delta_n \end{bmatrix}, \quad \delta_i = \bar{\delta}_i$$

eine Hermitesche Tridiagonalmatrix.

Formale Algol-ähnliche Beschreibung der Householdertransformation für eine reelle symmetrische Matrix $A = A^T = (a_{jk})$ mit $n \geqq 2$:

for $i := 1$ **step** 1 **until** $n - 2$ **do**
begin $\delta_i := a_{ii}$;

$s := +\sqrt{\sum_{j=i+1}^{n} |a_{ji}|^2}$; **if** $a_{i+1,i} < 0$ **then** $s := -s$;

$\gamma_{i+1} := -s; \quad e := s + a_{i+1,i}$;
if $s = 0$ **then begin** $a_{ii} := 0$; **goto** MM **end;**
$\beta := a_{ii} := 1/(s \times e)$;
$u_{i+1} := a_{i+1,i} := e$;
for $j := i + 2$ **step** 1 **until** n **do** $u_j := a_{ji}$;
for $j := i + 1$ **step** 1 **until** n **do**

$$p_j := \left(\sum_{k=i+1}^{j} a_{jk} \times u_k + \sum_{k=j+1}^{n} a_{kj} \times u_k \right) \times \beta;$$

$$sk := \left(\sum_{j=i+1}^{n} p_j \times u_j \right) \times \beta/2;$$

for $j := i + 1$ **step** 1 **until** n **do**
$q_j := p_j - sk \times u_j$;
for $j := i + 1$ **step** 1 **until** n **do**
for $k := i + 1$ **step** 1 **until** j **do**
$a_{jk} := a_{jk} - q_j \times u_k - u_j \times q_k$;
MM: **end**;
$\delta_{n-1} := a_{n-1,n-1}; \quad \delta_n := a_{n,n}; \quad \gamma_n := a_{n,n-1}$;

Bei diesem Programm wird die Symmetrie von A ausgenutzt: Es müssen nur die Elemente a_{jk} mit $k \leqq j$ gegeben sein. Darüber hinaus wird die Matrix A überschrieben mit den wesentlichen Elementen β_i, u_i der Transformationsmatrix $\tilde{T}_i = I - \beta_i u_i u_i^H$, $i = 1, 2, \ldots, n - 2$: Nach Verlassen des Programms ist die i-te Spalte von A besetzt mit dem Vektor

$$\begin{bmatrix} a_{ii} \\ \hline a_{i+1,i} \\ \cdot \\ \cdot \\ \cdot \\ \cdot \\ a_{ni} \end{bmatrix} := \begin{bmatrix} \beta_i \\ \hline u_i \end{bmatrix}, \quad i = 1, 2, \ldots, n-2.$$

(Die Matrizen $T_i, i = 1, 2, \ldots, n-2$, braucht man zur „Rücktransformation" der Eigenvektoren: Ist y Eigenvektor von A_{n-2} zum Eigenwert λ

$$A_{n-2} y = \lambda y,$$

so ist $x := T_1 T_2 \ldots T_{n-2} y$ Eigenvektor von A.)

Ausgetestete Algolprogramme für die Householder-Reduktion und die Rücktransformation der Eigenvektoren findet man bei Martin, Reinsch, Wilkinson [8], Fortran-Programme in Smith et al. [26].

Wendet man die oben beschriebenen Transformationen auf eine beliebige nicht Hermitesche n-reihige Matrix A an, so erhält man mit Hilfe der Formeln (6.5.1.2), (6.5.1.3) eine Kette von Matrizen A_i, $i = 0, 1, \ldots, n-2$, der Form

$A_0 := A$

$A_{i-1} =$

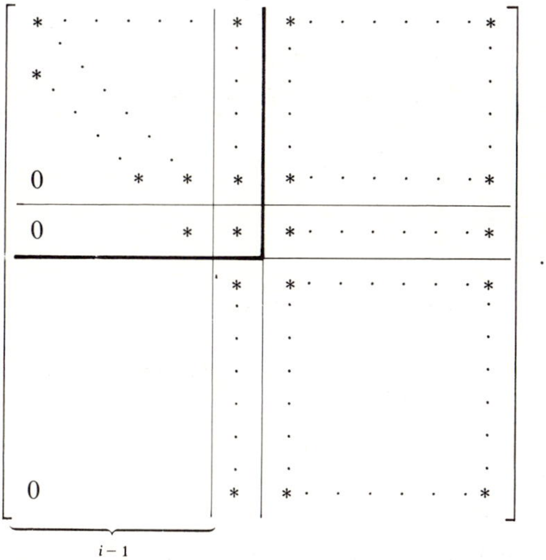

Die ersten $i-1$ Spalten von A_{i-1} haben bereits dieselbe Form wie bei einer Hessenberg-Matrix. A_{n-2} ist eine Hessenberg-Matrix. Bei dem Übergang von A_{i-1} nach A_i bleiben die Elemente α_{jk} von A_{i-1} mit $j, k \leqq i$ unverändert.

Algol-Programme für diesen Algorithmus findet man bei Martin, Wilkinson [9], Fortran-Programme in Smith et al. [26].

In Abschnitt (6.5.4) wird ein weiterer Algorithmus zur Reduktion einer allgemeinen Matrix A auf Hessenberg-Gestalt beschrieben, der nicht mit unitären Ähnlichkeitstransformationen arbeitet.

Die Gutartigkeit dieses Algorithmus kann man auf folgende Weise zeigen: Mit $\bar{A}_i$ und $\bar{T}_i$ bezeichne man die Matrizen, die man bei der Durchführung des Algorithmus in Gleitpunktarithmetik der relativen Genauigkeit eps erhält, mit U_i diejenige Householdermatrix, die man nach den Regeln des Algorithmus beim Übergang $\bar{A}_{i-1} \to \bar{A}_i$ bei exakter Rechnung zur Transformation zu nehmen hätte. U_i ist also eine exakt unitäre Matrix und $\bar{T}_i$ ist diejenige näherungsweise unitäre Matrix, die man statt U_i bei der Berechnung von U_i in Gleitpunktarithmetik erhält. Es gelten also folgende Beziehungen

$$\bar{T}_i = \mathrm{gl}(U_i),$$
$$\bar{A}_i = \mathrm{gl}(\bar{T}_i \bar{A}_{i-1} \bar{T}_i).$$

Mit den in Abschnitt 1.3 beschriebenen Methoden kann man nun zeigen (siehe z. B. Wilkinson [19]), daß gilt

$$\begin{aligned} &\mathrm{lub}_2(\bar{T}_i - U_i) \leqq f(n)\,\mathrm{eps}, \\ (6.5.1.5) \qquad &\bar{A}_i = \mathrm{gl}(\bar{T}_i \bar{A}_{i-1} \bar{T}_i) = \bar{T}_i \bar{A}_{i-1} \bar{T}_i + G_i, \\ &\mathrm{lub}_2(G_i) \leqq f(n)\,\mathrm{eps}\,\mathrm{lub}_2(\bar{A}_{i-1}), \end{aligned}$$

mit einer gewissen Funktion $f(n)$ (i. a. gilt $f(n) = 0(n^\alpha)$, $\alpha \approx 1$). Aus (6.5.1.5) folgt sofort wegen $\mathrm{lub}_2(U_i) = 1$, $U_i^H = U_i^{-1} = U_i$ (U_i ist Householdermatrix!)

$$\begin{aligned} \mathrm{lub}_2(R_i) &\leqq f(n) \cdot \mathrm{eps}, \qquad R_i := \bar{T}_i - U_i \\ \bar{A}_i &= U_i^{-1} \bar{A}_{i-1} U_i + R_i \bar{A}_{i-1} U_i + U_i \bar{A}_{i-1} R_i + R_i \bar{A}_{i-1} R_i + G_i \\ &= U_i^{-1} \bar{A}_{i-1} U_i + F_i \end{aligned}$$

mit

$$\mathrm{lub}_2(F_i) \leqq \mathrm{eps} \cdot f(n)\,[3 + \mathrm{eps} \cdot f(n)]\,\mathrm{lub}_2(\bar{A}_{i-1}),$$

oder wegen $f(n) \cdot \mathrm{eps} \ll 3$ in 1. Näherung:

$$\begin{aligned} &\mathrm{lub}_2(F_i) \lessapprox 3\,\mathrm{eps}\, f(n)\,\mathrm{lub}_2(\bar{A}_{i-1}) \\ (6.5.1.6) \qquad &\mathrm{lub}_2(\bar{A}_i) \lessapprox (1 + 3\,\mathrm{eps} \cdot f(n))\,\mathrm{lub}_2(\bar{A}_{i-1}) \\ &\qquad\qquad \lessapprox (1 + 3\,\mathrm{eps} \cdot f(n))^i\,\mathrm{lub}_2(A). \end{aligned}$$

Für die Hessenberg-Matrix $\bar{A}_{n-2}$ folgt daher schließlich wegen $A = \bar{A}_0$

$$(6.5.1.7) \qquad \bar{A}_{n-2} = U_{n-2}^{-1} \ldots U_1^{-1}(A + F)\,U_1 \ldots U_{n-2}$$

mit

$$F := \sum_{i=1}^{n-2} U_1 U_2 \ldots U_i F_i U_i^{-1} \ldots U_1^{-1}.$$

Aus (6.5.1.6) folgt somit

$$\begin{aligned}\operatorname{lub}_2(F) &\mathrel{\dot{\leqq}} \sum_{i=1}^{n-2} \operatorname{lub}_2(F_i)\\ &\mathrel{\dot{\leqq}} 3\,\mathrm{eps}\, f(n) \operatorname{lub}_2(A) \sum_{i=1}^{n-2} (1 + 3\,\mathrm{eps}\, f(n))^{i-1}\end{aligned}$$

oder in 1. Näherung

$$\operatorname{lub}_2(F) \mathrel{\dot{\leqq}} 3(n-2)\, f(n)\, \mathrm{eps} \operatorname{lub}_2(A). \tag{6.5.1.8}$$

Sofern $n \cdot f(n)$ nicht zu groß ist, zeigen (6.5.1.7) und (6.5.1.8), daß die Matrix $\bar{A}_{n-2}$ exakt zu einer nur leicht abgeänderten Matrix $A + F$ ähnlich ist, also daß das Verfahren gutartig ist.

6.5.2 Reduktion einer Hermiteschen Matrix auf Tridiagonalgestalt bzw. Diagonalgestalt: Die Verfahren von Givens und Jacobi

Bei dem Verfahren von Givens (1954), einem Vorläufer des Verfahrens von Householder, benutzt man zur Konstruktion der Kette

$$A =: A_0 \to A_1 \to \ldots \to A_m, \qquad A_i = T_i^{-1} A_{i-1} T_i$$

unitäre Matrizen $T_i = \Omega_{jk}$ der Form (φ, ψ reell)

$$\Omega_{jk} = \begin{bmatrix} 1 & & & & & & & & & & 0 \\ & \ddots & & & & & & & & & \\ & & 1 & & & & & & & & \\ & & & \cos\varphi & & & & -e^{-i\psi}\sin\varphi & & & \\ & & & & 1 & & & & & & \\ & & & & & \ddots & & & & & \\ & & & & & & 1 & & & & \\ & & & e^{i\psi}\sin\varphi & & & & \cos\varphi & & & \\ & & & & & & & & 1 & & \\ & & & & & & & & & \ddots & \\ 0 & & & & & & & & & & 1 \end{bmatrix} \begin{matrix} \\ \\ \\ \leftarrow j \\ \\ \\ \\ \leftarrow k \\ \\ \\ \\ \end{matrix}, \tag{6.5.2.1}$$

um eine Hermitesche Matrix A auf Tridiagonalgestalt $B = A_m$ zu bringen. Zur Beschreibung der Methode von Givens nehmen wir der Einfachheit halber an, daß $A = A^H$ reell ist; in diesem Fall kann $\psi = 0$ gewählt werden, Ω_{jk} ist dann orthogonal.

Man beachte, daß sich bei einer Linksmultiplikation $A \to \Omega_{jk}^{-1} A = \Omega_{jk}^H A$ nur die Zeilen j und k von A ändern, bei einer Rechtsmultiplikation $A \to A\Omega_{jk}$ nur die Spalten j und k. Wir beschreiben nur den 1. Transformationsschritt $A = A_0 \to T_1^{-1} A_0 =: A_0' \to A_0' \cdot T_1 = T_1^{-1} A_0 T_1 =: A_1$. Bei dem Teilschritt $A_0 \to A_0'$ wird die Matrix $T_1 = \Omega_{23}$, $T_1^{-1} = \Omega_{23}^H$ so gewählt (s. Abschnitt (4.9)), daß das Element in Position (3,1) von $A_0' = \Omega_{23}^H A_0$ annulliert wird; bei der anschließenden Rechtsmultiplikation mit Ω_{23}, $A_0' \to A_1 = A_0' \Omega_{23}$, bleibt die Null in Position (3,1) erhalten (s. Skizze für eine vierreihige Matrix, sich ändernde Elemente werden mit $*$ bezeichnet)

$$A_0 = \begin{bmatrix} x & x & x & x \\ x & x & x & x \\ x & x & x & x \\ x & x & x & x \end{bmatrix} \to \Omega_{23}^H A_0 = \begin{bmatrix} x & x & x & x \\ * & * & * & * \\ 0 & * & * & * \\ x & x & x & x \end{bmatrix} = A_0' \to A_0' \Omega_{23} = \begin{bmatrix} x & * & 0 & x \\ x & * & * & x \\ 0 & * & * & x \\ x & * & * & x \end{bmatrix} =: A_1 .$$

Da mit A_0 auch A_1 wieder Hermitesch ist, wird durch die Transformation $A_0' \to A_1$ auch das Element in Position (1,3) annulliert. Anschließend wird das Element in Position (4,1) mit einer Givensrotation $T_2 = \Omega_{24}$ zu Null transformiert usw. Allgemein wählt man als T_i der Reihe nach die Matrizen

$$\begin{array}{llll} \Omega_{23}, \Omega_{24}, & \dots & , \Omega_{2n} \\ & \Omega_{34}, \Omega_{35}, & \dots, \Omega_{3n} \\ & & \ddots \quad \vdots \\ & & \quad \Omega_{n-1,n} \end{array}$$

und zwar so, daß durch Ω_{jk}, $j = 2, 3, \dots, n-1$, $k = j+1, j+2, \dots, n$, das Element in Position $(k, j-1)$ annulliert wird. Ein Vergleich mit dem Verfahren von Householder ergibt, daß diese Variante des Verfahrens von Givens etwa doppelt so viele Operationen benötigt. Aus diesem Grunde wird das Householder-Verfahren meistens vorgezogen. Es gibt jedoch modernere Varianten („rationale Givenstransformationen"), die dem Householder-Verfahren vergleichbar sind.

Auch das Verfahren von Jacobi benutzt Ähnlichkeitstransformationen mit den speziellen unitären Matrizen Ω_{jk} (6.5.2.1), doch wird jetzt nicht mehr eine endliche, mit einer Tridiagonalmatrix abbrechende Folge, sondern eine unendliche Folge von Matrizen $A^{(i)}$, $i = 0, 1, \dots$, erzeugt, die gegen eine Diagonalmatrix

$$D = \begin{bmatrix} \lambda_1 & & 0 \\ & \ddots & \\ 0 & & \lambda_n \end{bmatrix}$$

konvergieren. Dabei sind die λ_i gerade die Eigenwerte von A. Zur Erläuterung des Verfahrens setzen wir wieder der Einfachheit halber voraus, daß A eine *reelle* symmetrische Matrix ist. Bei dem Transformationsschritt

$$A^{(i)} \to A^{(i+1)} = \Omega_{jk}^H A^{(i)} \Omega_{jk}$$

werden jetzt die Größen $c := \cos\varphi$, $s := \sin\varphi$ der Matrix Ω_{jk}, $j < k$ (6.5.2.1), so bestimmt, daß gilt $a'_{jk} = 0$ (wir bezeichnen die Elemente von $A^{(i)}$ mit a_{rs}, die von $A^{(i+1)}$ mit a'_{rs}):

$$A^{(i+1)} = \begin{bmatrix} a'_{11} & \cdots & a'_{1j} & \cdots & a'_{1k} & \cdots & a'_{1n} \\ \vdots & & \vdots & & \vdots & & \vdots \\ a'_{j1} & \cdots & a'_{jj} & \cdots & 0 & \cdots & a'_{jn} \\ \vdots & & \vdots & & \vdots & & \vdots \\ a'_{k1} & \cdots & 0 & \cdots & a'_{kk} & \cdots & a'_{kn} \\ \vdots & & \vdots & & \vdots & & \vdots \\ a'_{n1} & \cdots & a'_{nj} & \cdots & a'_{nk} & \cdots & a'_{nn} \end{bmatrix}.$$

Nur die eingerahmten Zeilen ändern sich nach den Formeln

$$\left.\begin{aligned} a'_{rj} &= a'_{jr} = c\,a_{rj} + s\,a_{rk} \\ a'_{rk} &= a'_{kr} = -s\,a_{rj} + c\,a_{rk} \end{aligned}\right\} \quad \text{für} \quad r \neq j, k$$

(6.5.2.2)
$$\begin{aligned} a'_{jj} &= c^2 a_{jj} + s^2 a_{kk} + 2cs\,a_{jk} \\ a'_{jk} &= a'_{kj} = -cs(a_{jj} - a_{kk}) + (c^2 - s^2)\,a_{jk} \stackrel{!}{=} 0 \\ a'_{kk} &= s^2 a_{jj} + c^2 a_{kk} - 2cs\,a_{jk}. \end{aligned}$$

Daraus erhält man für den Winkel φ die Bestimmungsgleichung

$$\operatorname{tg} 2\varphi = \frac{2a_{jk}}{a_{jj} - a_{kk}}, \qquad |\varphi| \leqq \frac{\pi}{4}.$$

Mittels trigonometrischer Identitäten kann man daraus die Größen c und s sowie mittels (6.5.2.2) die a'_{rs} berechnen.

Es ist jedoch ratsam, die folgenden numerisch stabileren Formeln zu benützen (s. Rutishauser [15], dort findet man auch ein Algol-Programm). Man berechnet zunächst die Größe $\vartheta := \operatorname{ctg} 2\varphi$ aus

$$\vartheta := \frac{a_{jj} - a_{kk}}{2a_{jk}}$$

und dann $t := \operatorname{tg}\varphi$ als die betragskleinste Wurzel der quadratischen Gleichung

$$t^2 + 2t\vartheta - 1 = 0,$$

$$t = \frac{s(\vartheta)}{|\vartheta| + \sqrt{1 + \vartheta^2}}, \qquad s(\vartheta) := \begin{cases} 1 & \text{falls} \quad \vartheta \geqq 0 \\ -1 & \text{sonst,} \end{cases}$$

bzw. $t := \frac{1}{2\vartheta}$, falls $|\vartheta|$ so groß ist, daß bei der Berechnung von ϑ^2 Überlauf auftreten würde. Die Größen c und s erhält man aus

$$c := 1/\sqrt{1+t^2}, \qquad s := t \cdot c.$$

Schließlich berechnet man die Zahl $\tau := \operatorname{tg}(\varphi/2)$ aus

$$\tau := s/(1+c)$$

und formt mit Hilfe von s, t und τ die Formeln (6.5.2.2) numerisch stabil um in

$$\left.\begin{aligned} a'_{rj} &= a'_{jr} := a_{rj} + s \cdot (a_{rk} - \tau \cdot a_{rj}) \\ a'_{rk} &= a'_{kr} := a_{rk} - s \cdot (a_{rj} + \tau \cdot a_{rk}) \end{aligned}\right\} \quad \text{für} \quad r \neq j, k$$

$$a'_{jj} := a_{jj} + t \cdot a_{jk}$$

$$a'_{jk} = a'_{kj} := 0$$

$$a'_{kk} := a_{kk} - t \cdot a_{jk}.$$

Zum Beweis der Konvergenz betrachtet man die Summe

$$S(A^{(i)}) = \sum_{j \neq k} |a_{jk}|^2, \qquad S(A^{(i+1)}) = \sum_{j \neq k} |a'_{jk}|^2$$

der Quadrate der Nichtdiagonalelemente von $A^{(i)}$ bzw. $A^{(i+1)}$. Für sie findet man aus (6.5.2.2)

$$0 \leqq S(A^{(i+1)}) = S(A^{(i)}) - 2|a_{jk}|^2 < S(A^{(i)}) \quad \text{falls} \quad a_{jk} \neq 0.$$

Die Folge der nichtnegativen Zahlen $S(A^{(i)})$ nimmt also monoton ab, ist also konvergent. Man kann zeigen, daß $\lim_{i \to \infty} S(A^{(i)}) = 0$ gilt (d. h. die $A^{(i)}$ konvergieren gegen eine Diagonalmatrix), wenn man die Transformationen Ω_{jk} in geeigneter Reihenfolge ausführt, nämlich zeilenweise,

$$\begin{aligned} &\Omega_{12}, \Omega_{13}, \ldots, \Omega_{1n} \\ &\qquad \Omega_{23}, \ldots, \Omega_{2n} \\ &\qquad\qquad \cdot \qquad \cdot \\ &\qquad\qquad\qquad \cdot \\ &\qquad\qquad\qquad \Omega_{n-1,n} \end{aligned}$$

und diese Reihenfolge zyklisch wiederholt. Unter diesen Bedingungen kann sogar die quadratische Konvergenz des Jacobi-Verfahrens nachgewiesen werden, wenn A nur einfache Eigenwerte besitzt:

$$S(A^{(i+N)}) \leqq \frac{S(A^{(i)})^2}{\delta} \quad \text{mit} \quad N := \frac{n(n-1)}{2},$$

$$\delta := \max_{i \neq j} |\lambda_i(A) - \lambda_j(A)| > 0$$

(Beweis s. Wilkinson [20], weitere Literatur: Rutishauser [15], Schwarz, Rutishauser, Stiefel [17]).

Trotz dieser schnellen Konvergenz und des weiteren Vorzugs, daß man aus den verwendeten Ω_{jk} leicht zusätzlich ein orthogonales System von Eigenvektoren von A erhält, ist es in praktischen Anwendungen, insbesondere für großes n vorteilhafter, die Matrix A mittels des Householder-Verfahrens (s. 6.5.1) auf eine Tridiagonalmatrix J zu reduzieren und deren Eigenwerte und Eigenvektoren mittels des QR-Verfahrens zu berechnen, weil dieses Verfahren kubisch konvergent ist. Liegt A bereits als Bandmatrix vor, so gilt dies erst recht: Beim QR-Verfahren bleibt diese Gestalt erhalten, das Jacobi-Verfahren jedoch zerstört sie.

Es sei noch erwähnt, daß von P. Eberlein ein dem Jacobi-Verfahren ähnliches Verfahren für nichthermitesche Matrizen entwickelt wurde. Ein Algol-Programm für diese Methode und nähere Einzelheiten findet man in Eberlein [5].

6.5.3 Reduktion auf Frobeniusgestalt

Die Bedeutung der Frobeniusschen Normalform (6.3.15) einer $n \times n$-Matrix A liegt darin, daß man zu jeder Matrix A diese Normalform in endlich vielen rationalen Rechenoperationen berechnen kann: Nehmen wir der Einfachheit halber an, daß A nichtderogatorisch ist, so ist die Berechnung der Frobeniusschen Normalform F von A

$$T^{-1}AT = F = \begin{bmatrix} 0 & & & & & -\gamma_0 \\ 1 & \cdot & & & & -\gamma_1 \\ & & \cdot & & & \cdot \\ & & & \cdot & & \cdot \\ & & & & \cdot & \cdot \\ 0 & & & & 1 & -\gamma_{n-1} \end{bmatrix}$$

gleichbedeutend mit der Berechnung der Koeffizienten γ_i des charakteristischen Polynoms

$$\varphi(\mu) \equiv \det(A - \mu I) = (-1)^n (\mu^n + \gamma_{n-1}\mu^{n-1} + \ldots + \gamma_0)$$

von A. Trotzdem ist es aus folgenden Gründen nicht zu empfehlen, für eine Matrix A zunächst F und damit die Koeffizienten γ_i des char. Polynoms φ zu bestimmen, um dann die Eigenwerte von A als Nullstellen von φ zu berechnen: Im allgemeinen reagieren die Nullstellen λ_i von φ auf kleine Änderungen der Koeffizienten γ_i von φ sehr viel empfindlicher als auf kleine Änderungen von Elementen der ursprünglichen Matrix A (vgl. Abschnitt 6.9). Das Eigenwertproblem für F ist gewöhnlich schlechter konditioniert als das von A. Um in einer solchen Situation die Eigenwerte als 0-Stellen von φ trotzdem mit einfacher Genauigkeit zu bestimmen, kann es nötig sein, daß man zuvor die Koeffizienten γ_i mit doppelter oder noch höherer Genauigkeit berechnet.

Beispiel: In Abschnitt 6.9, Satz (6.9.7), wird gezeigt, daß das Eigenwertproblem für Hermitesche Matrizen $A = A^H$ gut konditioniert im folgenden Sinne ist:

Zu jedem Eigenwert $\lambda_i(A + \triangle A)$ von $A + \triangle A$ gibt es einen Eigenwert $\lambda_j(A)$ von A mit

$$|\lambda_i(A + \triangle A) - \lambda_j(A)| \leqq \operatorname{lub}_2(\triangle A).$$

Hat die 20×20-Matrix A etwa die Eigenwerte $\lambda_i = i$, $i = 1, 2, \ldots, 20$, so gilt wegen $A = A^H$ (s. Übungsaufgabe 8)

$$\operatorname{lub}_2(A) = 20.$$

Versieht man alle Elemente von A mit einem relativen Fehler von höchstens eps, d. h. ersetzt man A durch $A + \triangle A$ mit $|\triangle A| \leqq \text{eps}|A|$, so folgt (s. Übungsaufgabe 11)

$$\begin{aligned}\operatorname{lub}_2(\triangle A) &\leqq \operatorname{lub}_2(|\triangle A|) \leqq \operatorname{lub}_2(\text{eps}|A|) = \text{eps} \cdot \operatorname{lub}_2(|A|)\\ &\leqq \text{eps}\sqrt{20}\operatorname{lub}_2(A) = \text{eps}\sqrt{20} \cdot 20 < 90\,\text{eps}.\end{aligned}$$

Dagegen bewirkt allein ein relativer Fehler $\left|\dfrac{\triangle \gamma_j}{\gamma_j}\right| = \text{eps}$ des Koeffizienten γ_j des char. Polynoms $\varphi(\mu) = (\mu - 1)(\mu - 2)\ldots(\mu - 20)$ in 1. Näherung folgende Änderung der 0-Stelle λ_i von φ (s. (5.8.1))

$$|\triangle \lambda_i| \doteq \text{eps}\,|\gamma_j \lambda_i^j| / |\varphi'(\lambda_i)|.$$

Für $j = 15$, $i = 16$ hat man z. B.

$$|\triangle \lambda_i| \approx 4 \cdot 10^{14}\,\text{eps}.$$

Die Konditionsverschlechterung ist beträchtlich.

Eine besonders krasse Konditionsverschlechterung liegt immer dann vor, wenn A eine Hermitesche Matrix mit nahe benachbarten (oder gar mehrfachen) Eigenwerten ist, da bei Hermiteschen Matrizen auch bei mehrfachen Eigenwerten das Eigenwertproblem sehr gut konditioniert ist.

Stellvertretend für die Verfahren, in denen die Koeffizienten γ_i des char. Polynoms berechnet werden, sei das Verfahren von Frazer, Duncan und Collar beschrieben. Hier wird wie in Abschnitt 6.3 ausgehend von einem beliebigen Startvektor $t_0 \in \mathbb{C}^n$ eine Krylov-Sequenz von Vektoren (6.3.2) aufgebaut

$$t_i = At_{i-1}, \qquad i = 1, \ldots, m.$$

Die Matrix $T := (t_0, t_1, \ldots, t_{m-1})$ hat dann den Rang m ($\leqq n$) und es gilt

$$-t_m = \gamma_0 t_0 + \gamma_1 t_1 + \ldots + \gamma_{m-1} t_{m-1}.$$

Der Vektor $c := (\gamma_0, \gamma_1, \ldots, \gamma_{m-1})^T$ ist also Lösung des linearen Gleichungssystems

(6.5.3.1) $$Tc = -t_m.$$

Für den Fall $m = n$ (A ist dann nichtderogatorisch) ist

$$\varphi(\mu) := (-1)^n (\gamma_0 + \gamma_1 \mu + \ldots + \gamma_{n-1} \mu^{n-1} + \mu^n)$$

das char. Polynom von A. Seine Koeffizienten können in diesem Fall als Lösung des linearen Gleichungssystems (6.5.3.1) berechnet werden.

Zu den oben beschriebenen Nachteilen kommt bei diesem Verfahren noch hinzu, daß die Matrix T des Gleichungssystems (6.5.3.1) i. a. eine schlechte Kondition hat, $\operatorname{cond}(T) \gg 1$, und deshalb die berechnete Lösung c sehr fehlerhaft sein kann (s. Abschnitt 4.4). Dies liegt daran, daß für $i \to \infty$ die Vektoren $t_i = A^i t_0$ immer „linear abhängiger" werden.

Um dies zu zeigen, nehmen wir an, daß A normalisierbar ist (s. 6.2), also n linear unabhängige Eigenvektoren x_i zu den Eigenwerten λ_i besitzt,

$$Ax_i = \lambda_i x_i, \qquad i = 1, \ldots, n,$$

und daß A genau einen betragsgrößten Eigenwert λ_1 hat:

$$|\lambda_1| > |\lambda_2| \geqq |\lambda_3| \geqq \ldots \geqq |\lambda_n|.$$

Der Startvektor t_0 läßt sich dann in der Form

$$t_0 = \rho_1 x_1 + \ldots + \rho_n x_n$$

schreiben, da die x_i, $i = 1, \ldots, n$, eine Basis des $\mathbb{C}^n$ bilden, und es gilt deshalb

$$t_i := A^i t_0 = \sum_{j=1}^{n} \rho_j \lambda_j^i x_j.$$

Falls wir zusätzlich annehmen, daß $\rho_1 \neq 0$ gilt, so folgt

$$\lim_{i \to \infty} \frac{1}{\lambda_1^i} t_i = \lim_{i \to \infty} \left[\rho_1 x_1 + \rho_2 \left(\frac{\lambda_2}{\lambda_1} \right)^i x_2 + \ldots + \rho_n \left(\frac{\lambda_n}{\lambda_1} \right)^i x_n \right] = \rho_1 x_1 \neq 0.$$

Bis auf den Faktor λ_1^{-i} streben also die Vektoren t_i einem gemeinsamen Grenzvektor zu, und zwar umso schneller, je kleiner $\left| \frac{\lambda_2}{\lambda_1} \right|$ ist. Für großes n und kleines $\left| \frac{\lambda_2}{\lambda_1} \right|$ ist deshalb mit einer schlechten Kondition von $T = (t_0, \ldots, t_{n-1})$ zu rechnen, weil z. B. $t_{n-1} \approx \lambda_1 t_{n-2}$ gilt (s. Übungsaufgabe 12).

6.5.4 Reduktion auf Hessenberg-Gestalt

Es wurde bereits in Abschnitt 6.5.1 bemerkt, daß man eine gegebene $n \times n$-Matrix A mittels $n - 2$ Householdermatrizen T_i ähnlich auf Hessenberggestalt B transformieren kann

$$A := A_0 \to A_1 \to \ldots \to A_{n-2} = B, \qquad A_i = T_i^{-1} A_{i-1} T_i.$$

Wir wollen nun einen zweiten Algorithmus dieser Art beschreiben, bei dem als Transformationsmatrizen T_i Permutationsmatrizen

$$P_{rs} = \begin{bmatrix} 1 & & & & & & & & \\ & \ddots & & & & & & & \\ & & 1 & & & & & & \\ & & & 0 & & & 1 & & \\ & & & & 1 & & & & \\ & & & & & \ddots & & & \\ & & & & & & 1 & & \\ & & & 1 & & & 0 & & \\ & & & & & & & 1 & \\ & & & & & & & & \ddots \\ & & & & & & & & & 1 \end{bmatrix} \begin{matrix} \\ \\ \\ \leftarrow r \\ \\ \\ \\ \leftarrow s \\ \\ \\ \\ \end{matrix}$$

und Eliminationsmatrizen der Form

$$G_j = \begin{bmatrix} 1 & & & & & \\ & \ddots & & & & \\ & & 1 & & & \\ & & l_{j+1,j} & 1 & & \\ & & \vdots & & \ddots & \\ & & l_{nj} & & & 1 \end{bmatrix}, \qquad |l_{ij}| \leqq 1,$$

benutzt werden. Diese Matrizen haben die Eigenschaft

$$P_{rs}^{-1} = P_{rs}$$

(6.5.4.1)
$$G_j^{-1} = \begin{bmatrix} 1 & & & & & & \\ & \ddots & & & & & \\ & & 1 & & & & \\ & & -l_{j+1,j} & 1 & & & \\ & & \vdots & & \ddots & & \\ & & -l_{nj} & & & & 1 \end{bmatrix}.$$

Eine Linksmultiplikation $P_{rs}^{-1}A$ von A mit $P_{rs}^{-1} = P_{rs}$ bewirkt eine Vertauschung der Zeilen r und s von A, eine Rechtsmultiplikation AP_{rs} eine Vertauschung der Spalten r und s von A. Eine Linksmultiplikation $G_j^{-1}A$ von A mit G_j^{-1} bewirkt, daß für $r = j+1, j+2, \ldots, n$ das l_{rj}-fache der Zeile j von Zeile r der Matrix A abgezogen wird, während eine Rechtsmultiplikation AG_j bedeutet, daß für $r = j+1, \ldots, n$ das l_{rj}-fache der Spalte r zur Spalte j von A addiert wird.

Um A schrittweise mittels Ähnlichkeitstransformationen des betrachteten Typs auf Hessenberggestalt zu transformieren, gehen wir so vor: Wir setzen $A = A_0$ und nehmen induktiv an, daß A_{i-1} bereits eine Matrix ist, deren erste $i-1$ Spalten Hessenberggestalt haben:

(6.5.4.2)
$$A_{i-1} = \left[\begin{array}{cccc|c|ccc} * & \cdots & \cdots & * & * & * & \cdots & * \\ * & \ddots & & \vdots & \vdots & \vdots & & \vdots \\ & \ddots & \ddots & \vdots & \vdots & \vdots & & \vdots \\ 0 & & * & * & * & * & \cdots & * \\ \hline 0 & \cdots & 0 & * & * & * & \cdots & * \\ \hline & & & & * & \vdots & & \vdots \\ & & & & \vdots & \vdots & & \vdots \\ 0 & & & & * & * & \cdots & * \end{array}\right]$$
$$\underbrace{\qquad\qquad\qquad}_{i-1}$$

$$
= \left[\begin{array}{c|c|c} B_{i-1} & d & \hat{A}_{i-1} \\ \hline c & \delta_i & b \\ \hline 0 & a & \tilde{A}_{i-1} \end{array}\right], \qquad a = \begin{bmatrix} \alpha_{i+1,i} \\ \cdot \\ \cdot \\ \cdot \\ \cdot \\ \alpha_{ni} \end{bmatrix}.
$$

Um eine Matrix $A_i = T_i^{-1} A_{i-1} T_i$ analoger Gestalt zu berechnen, wählt man als Matrix T_i eine Matrix der Form

$$
T_i = P_{r,i+1} G_{i+1}, \qquad T_i^{-1} = G_{i+1}^{-1} P_{r,i+1}^{-1}, \qquad r \geqq i+1
$$

und zwar derart (vgl. Abschnitt 4.2 zur Gauß-Elimination), daß gilt

$$
T_i^{-1} \cdot \begin{bmatrix} d \\ \delta_i \\ a \end{bmatrix} = \begin{bmatrix} d \\ \delta_i \\ \bar{a} \end{bmatrix}, \qquad \bar{a} = \begin{bmatrix} * \\ 0 \\ \cdot \\ \cdot \\ \cdot \\ 0 \end{bmatrix}.
$$

Dazu hat man zunächst die betragsgrößte Komponente von a zu bestimmen,

$$
|\alpha_{ri}| = \max_{i+1 \leqq j \leqq n} |\alpha_{ji}|, \qquad r \geqq i+1.
$$

Anschließend vertauscht man die Zeilen r und $i+1$, sowie die Spalten r und $i+1$ von A_{i-1}, d. h. man berechnet

$$
A' := P_{r,i+1}^{-1} A_{i-1} P_{r,i+1},
$$

so daß nun das betragsgrößte Element von a an erster Stelle steht. Bezeichnet man die entstehende Matrix mit $A' = (\alpha'_{jk})$, so bildet man mit Hilfe der Zahlen

$$
l_{j,i+1} := \begin{cases} \dfrac{\alpha'_{j,i}}{\alpha'_{i+1,i}} & \text{falls} \quad \alpha'_{i+1,i} \neq 0 \\ 0 & \text{sonst} \end{cases} \qquad (j = i+2, \ldots, n)
$$

die Matrix G_{i+1} und subtrahiert in der Matrix A' für $j = i+2, i+3, \ldots, n$ das $l_{j,i+1}$-fache der Zeile $i+1$ von Zeile j und addiert dann das $l_{j,i+1}$-fache der Spalte j zur Spalte $i+1$. Als Resultat erhält man die Matrix

$$
\begin{aligned} A_i &= G_{i+1}^{-1} A' G_{i+1} \\ &= T_i^{-1} A_{i-1} T_i, \qquad T_i = P_{r,i+1} G_{i+1}, \end{aligned}
$$

die die verlangte Gestalt hat. Man beachte, daß bei den eben beschriebenen Transformationen die Elemente der Untermatrix

$$\begin{bmatrix} B_{i-1} & d \\ c & \delta_i \end{bmatrix}$$

(s. (6.5.4.2)) von A_{i-1} sich nicht ändern.

Nach $n-2$ Schritten dieser Art erhält man als Resultat eine Hessenberg-Matrix $B = A_{n-2}$.

Algol-Programme für diesen Algorithmus findet man in Martin, Wilkinson [9], Fortran-Programme in Smith et al. [26].

Die Gutartigkeit dieser Methode kann auf folgende Weise untersucht werden: Seien $\bar{A}_i$ und $\bar{T}_i$ diejenigen Matrizen, die man bei Gleitpunktrechnung im Laufe des Algorithmus statt der A_i, T_i tatsächlich erhält. Wegen (6.5.4.1) tritt bei der Berechnung von $\bar{T}_i^{-1}$ aus $\bar{T}_i$ kein zusätzlicher Rundungsfehler auf,

$$\bar{T}_i^{-1} = \mathrm{gl}(\bar{T}_i^{-1})$$

und es ist nach Definition von $\bar{A}_i$

(6.5.4.3) $$\bar{A}_i = \mathrm{gl}(\bar{T}_i^{-1}\bar{A}_{i-1}\bar{T}_i) = \bar{T}_i^{-1}\bar{A}_{i-1}\bar{T}_i + R_i.$$

Mit den Methoden des Abschnitts 1.3 kann man Schranken für die Fehlermatrix R_i der folgenden Form herleiten

(6.5.4.4) $$\mathrm{lub}_\infty(R_i) \leqq f(n) \cdot \mathrm{eps} \cdot \mathrm{lub}_\infty(\bar{A}_{i-1}),$$

wobei $f(n)$ eine gewisse Funktion von n mit $f(n) = 0(n^\alpha)$, $\alpha \approx 1$, ist (vgl. Übungsaufgabe 13). Aus (6.5.4.3) folgt schließlich wegen $A = \bar{A}_0$

(6.5.4.5) $$\bar{A}_{n-2} = \bar{T}_{n-2}^{-1} \cdots \bar{T}_1^{-1}(A + F)\,\bar{T}_1 \cdots \bar{T}_{n-2}$$

mit

(6.5.4.6) $$F = \sum_{i=1}^{n-2} \bar{T}_1\bar{T}_2 \ldots \bar{T}_i R_i \bar{T}_i^{-1} \ldots \bar{T}_2^{-1}\bar{T}_1^{-1}.$$

Dies zeigt, daß $\bar{A}_{n-2}$ exakt ähnlich ist zu einer abgeänderten Ausgangsmatrix $A + F$. Je kleiner F gegenüber A ist, desto gutartiger ist das Verfahren.

Nun gilt für die Matrizen $\bar{T}_i$ wegen (6.5.4.1) und $|l_{ij}| \leqq 1$

$$\mathrm{lub}_\infty(\bar{T}_i) \leqq 2, \qquad \mathrm{lub}_\infty(\bar{T}_i^{-1}) \leqq 2,$$

so daß in Strenge gilt

(6.5.4.7) $$\mathrm{lub}_\infty(\bar{T}_1 \cdots \bar{T}_i) \leqq 2^i.$$

Als Konsequenz hätte man wegen $\bar{A}_i \approx \bar{T}_i^{-1} \dots \bar{T}_1^{-1} A \bar{T}_1 \dots \bar{T}_i$, (6.5.4.4) und (6.5.4.6) die Abschätzungen

$$(6.5.4.8) \qquad \begin{aligned} &\operatorname{lub}_\infty(\bar{A}_i) \leqq C_i \operatorname{lub}_\infty(A), \qquad C_i := 2^{2i}, \\ &\operatorname{lub}_\infty(F) \leqq K f(n) \operatorname{eps} \cdot \operatorname{lub}_\infty(A), \qquad K := \sum_{i=1}^{n-2} 2^{4i-2} \end{aligned}$$

mit einem Faktor $K = K(n)$, der mit n rasch anwächst. Glücklicherweise ist die Schranke (6.5.4.7) in den meisten praktischen Fällen viel zu pessimistisch. Es ist bereits recht unwahrscheinlich, daß gilt

$$\operatorname{lub}_\infty(\bar{T}_1 \dots \bar{T}_i) \geqq 2i \quad \text{für} \quad i \geqq 2.$$

In allen diesen Fällen kann man die Konstanten C_i und K in (6.5.4.8) durch wesentlich kleinere Konstanten ersetzen, was bedeutet, daß in den meisten Fällen F klein gegenüber A ist und das Verfahren gutartig ist.

Für nichthermitesche Matrizen benötigt die Householdersche Reduktionsmethode (s. 6.5.1) etwa doppelt so viele Operationen als das in diesem Abschnitt beschriebene Verfahren. Da in den meisten praktischen Fällen die Gutartigkeit dieses Verfahrens nicht wesentlich schlechter ist als die des Householder-Verfahrens, wird es in der Praxis vorgezogen (Tests ergeben sogar, daß das Householder-Verfahren wegen der größeren Zahl der Rechenoperationen häufig etwas ungenauere Resultate liefert).

6.6 Methoden zur Bestimmung der Eigenwerte und Eigenvektoren

In diesem Abschnitt soll zunächst beschrieben werden, wie man einige an und für sich klassische Verfahren der Nullstellenbestimmung von Polynomen (s. 5.5, 5.6) benutzen kann, um die Eigenwerte von Hermiteschen Tridiagonalmatrizen bzw. von Hessenbergmatrizen zu bestimmen.

Darüber hinaus werden einige Iterationsverfahren zur Lösung des Eigenwertproblems angegeben. Prototyp dieser Verfahren ist die einfache Vektoriteration, bei der ein bestimmter Eigenwert und der zugehörige Eigenvektor einer Matrix iterativ berechnet wird. Eine Verfeinerung dieser Methode ist das Verfahren der inversen Iteration von Wielandt, mit dessen Hilfe man alle Eigenwerte und Eigenvektoren bestimmen kann, sofern genügend gute Näherungswerte für die Eigenwerte bekannt sind. Schließlich gehören zu diesen iterativen Methoden auch das LR- und das QR-Verfahren zur Berechnung aller Eigenwerte. Die beiden letzten Verfahren, insbesondere das QR-Verfahren, sind die besten bekannten Methoden zur Lösung des Eigenwertproblems.

6.6.1 Berechnung der Eigenwerte einer Hermiteschen Tridiagonalmatrix

Um die Eigenwerte einer Hermiteschen Tridiagonalmatrix

$$(6.6.1.1) \qquad J = \begin{bmatrix} \delta_1 & \bar{\gamma}_2 & & & 0 \\ \gamma_2 & \ddots & \ddots & & \\ & \ddots & \ddots & \ddots & \\ & & \ddots & \ddots & \bar{\gamma}_n \\ 0 & & & \gamma_n & \delta_n \end{bmatrix}, \qquad \delta_i = \bar{\delta}_i,$$

zu bestimmen, gibt es neben dem wichtigsten Verfahren, dem QR-Verfahren, das in Abschnitt 6.6.6 beschrieben wird, zwei naheliegende Methoden, die nun besprochen werden sollen. Sei o.B.d.A. J eine *unzerlegbare* Tridiagonalmatrix, d. h. $\gamma_i \neq 0$ für alle i. Andernfalls zerfällt J in unzerlegbare Tridiagonalmatrizen $J^{(i)}, i = 1, \ldots, k,$

$$J = \begin{bmatrix} J^{(1)} & & & 0 \\ & J^{(2)} & & \\ & & \ddots & \\ 0 & & & J^{(k)} \end{bmatrix}$$

die Eigenwerte von J sind aber gerade die Eigenwerte der $J^{(i)}$, $i = 1, \ldots, k$. Es genügt also, unzerlegbare Matrizen J zu betrachten. Das charakteristische Polynom $\varphi(\mu)$ von J kann leicht rekursiv berechnet werden: Mit

$$p_i(\mu) := \det(J_i - \mu I), \qquad J_i := \begin{bmatrix} \delta_1 & \bar{\gamma}_2 & & & 0 \\ \gamma_2 & \ddots & \ddots & & \\ & \ddots & \ddots & \ddots & \\ & & \ddots & \ddots & \bar{\gamma}_i \\ 0 & & & \gamma_i & \delta_i \end{bmatrix},$$

findet man nämlich durch Entwicklung von $\det(J_i - \mu I)$ nach der letzten Spalte die Rekursionsformel

$$(6.6.1.2) \qquad \begin{aligned} p_0(\mu) &:= 1 \\ p_1(\mu) &= \delta_1 - \mu \\ p_i(\mu) &= (\delta_i - \mu)\, p_{i-1}(\mu) - |\gamma_i|^2\, p_{i-2}(\mu), \qquad i = 2, 3, \ldots, n \\ \varphi(\mu) &\equiv p_n(\mu). \end{aligned}$$

Da δ_i und $|\gamma_i|^2$ reell sind, bilden die Polynome $p_i(\mu)$ eine Sturmsche Kette (s. Satz (5.6.5)), falls $|\gamma_i|^2 \neq 0$ für $i = 2, \dots n$.

Deshalb kann man mit dem in Abschnitt 5.6 beschriebenen Bisektionsverfahren die Eigenwerte von J bestimmen. Dieses Verfahren ist insbesondere dann zu empfehlen, wenn man nicht alle, sondern nur bestimmte Eigenwerte von J berechnen will. Darüber hinaus ist es wegen seiner Gutartigkeit zu empfehlen, wenn einige Eigenwerte von J sehr dicht beieinander liegen (s. [1] für ein Algolprogramm).

Da J nur reelle einfache Eigenwerte besitzt, kann man auch mit dem Newton-Verfahren, etwa in der Variante von Maehly (s. (5.5.13)), die Eigenwerte von J bestimmen, jedenfalls dann, wenn die Eigenwerte nicht zu eng benachbart sind. Die für das Newton-Verfahren benötigten Werte $p_n(\lambda^{(j)})$, $p_n'(\lambda^{(j)})$ des char. Polynoms und seiner Ableitung können rekursiv berechnet werden: $p_n(\lambda^{(j)})$ mittels (6.6.1.2) und $p_n'(\lambda^{(j)})$ mittels der folgenden Formeln, die man durch Differentiation von (6.6.1.2) erhält:

$$\begin{aligned} p_0'(\mu) &= 0 \\ p_1'(\mu) &= -1 \\ p_i'(\mu) &= -p_{i-1}(\mu) + (\delta_i - \mu)\, p_{i-1}'(\mu) - |\gamma_i|^2\, p_{i-2}'(\mu), \qquad i = 2, \dots, n. \end{aligned}$$

Einen Startwert $\lambda^{(0)} \geqq \max_i \lambda_i$ für das Newtonverfahren erhält man aus dem

(6.6.1.3) **Satz:** *Für die Eigenwerte* λ_j *der Matrix* J (6.6.1.1) *gilt*

$$|\lambda_j| \leqq \max_{1 \leqq i \leqq n} \{|\gamma_i| + |\delta_i| + |\gamma_{i+1}|\}, \qquad \gamma_1 := \gamma_{n+1} := 0.$$

Für die Maximumnorm $\|x\|_\infty = \max |x_i|$ ist nämlich

$$\operatorname{lub}_\infty(J) = \max_{1 \leqq i \leqq n} \{|\gamma_i| + |\delta_i| + |\gamma_{i+1}|\},$$

und aus $Jx = \lambda_j x$, $x \neq 0$ folgt sofort

$$|\lambda_j|\, \|x\|_\infty = \|Jx\|_\infty \leqq \operatorname{lub}_\infty(J) \cdot \|x\|_\infty, \qquad \|x\|_\infty \neq 0,$$

und daher $|\lambda_j| \leqq \operatorname{lub}_\infty(J)$.

6.6.2 Berechnung der Eigenwerte einer Hessenbergmatrix. Die Methode von Hyman

Neben dem in der Praxis am meisten verwandten QR-Verfahren (s. 6.6.6) kann man im Prinzip alle Methoden von Kapitel 5 verwenden, um die Nullstellen des charakteristischen Polynoms $p(\mu) = \det(B - \mu I)$ einer Hessenbergmatrix $B=(b_{ik})$ zu bestimmen. Dazu muß man, etwa für die Anwendung des Newton-Verfahrens, die Werte $p(\mu)$ und $p'(\mu)$ für gegebenes μ ausrechnen. Von Hyman stammt die folgende Methode, diese Größen zu berechnen:

Wir setzen voraus, daß B unzerlegbar ist, d. h., daß $b_{i,i-1} \neq 0$ gilt für $i = 2, \ldots, n$. Dann kann man für festes μ Zahlen α, $x_1, \ldots, x_{n-1}$, so bestimmen, daß $x = (x_1, \ldots, x_{n-1}, x_n)$, $x_n := 1$, Lösung des Gleichungssystems

$$(B - \mu I)\, x = \alpha e_1$$

ist, oder ausgeschrieben

$$\begin{aligned} (b_{11} - \mu)\, x_1 + b_{12} x_2 + \cdots + b_{1n} x_n &= \alpha, \\ b_{21} x_1 + (b_{22} - \mu)\, x_2 + \cdots + b_{2n} x_n &= 0, \\ \vdots \qquad\qquad & \\ b_{n,n-1} x_{n-1} + (b_{nn} - \mu)\, x_n &= 0. \end{aligned} \tag{6.6.2.1}$$

Ausgehend von $x_n = 1$ kann man nämlich aus der letzten Gleichung x_{n-1} bestimmen, aus der vorletzten $x_{n-2}, \ldots,$ aus der 2. Gleichung x_1 und aus der 1. Gleichung schließlich α. Natürlich hängen die Zahlen x_i und α von μ ab. Faßt man (6.6.2.1) als Gleichung für x auf bei gegebenem α, so folgt aus der Cramerschen Regel

$$1 = x_n = \frac{\alpha(-1)^{n-1}\, b_{21} b_{32} \ldots b_{n,n-1}}{\det(B - \mu I)},$$

oder

$$\alpha = \alpha(\mu) = \frac{(-1)^{n-1}}{b_{21} b_{32} \ldots b_{n,n-1}} \det(B - \mu I). \tag{6.6.2.2}$$

Bis auf eine multiplikative Konstante ist also $\alpha = \alpha(\mu)$ mit dem charakteristischen Polynom von B identisch. Durch Differentiation nach μ erhält man aus (6.6.2.1) wegen $x_n \equiv 1$, $x_n' \equiv 0$ für $x_i' := x_i'(\mu)$ weiter die Formeln

$$\begin{aligned} (b_{11} - \mu)\, x_1' - x_1 + b_{12} x_2' + \cdots + b_{1,n-1} x_{n-1}' &= \alpha' \\ b_{21} x_1' + (b_{22} - \mu)\, x_2' - x_2 + \cdots + b_{2,n-1} x_{n-1}' &= 0 \\ \vdots \qquad\qquad & \\ b_{n,n-1} x_{n-1}' - x_n &= 0, \end{aligned}$$

die man zusammen mit (6.6.2.1) ausgehend von der letzten Gleichung rekursiv nach den x_i, x_i', α und schließlich α' auflösen kann. Man kann so für jedes μ $\alpha = \alpha(\mu)$ und $\alpha'(\mu)$ ausrechnen, und so das Newton-Verfahren anwenden, um die 0-Stellen von $\alpha(\mu)$, d. h. wegen (6.6.2.2) die Eigenwerte von B zu berechnen.

6.6.3 Die einfache Vektoriteration und die inverse Iteration von Wielandt

Vorläufer aller iterativen Methoden zur Eigenwert- und Eigenvektorbestimmung für eine Matrix A ist die einfache Vektoriteration: Ausgehend von einem beliebigen Startvektor $t_0 \in \mathbb{C}^n$ bildet man die Folge von Vektoren $\{t_i\}$ mit

$$t_i = At_{i-1}, \qquad i = 1, 2, \ldots .$$

Es ist dann

$$t_i = A^i t_0.$$

Um die Konvergenz dieser Folge zu untersuchen, nehmen wir zunächst an, daß A eine diagonalisierbare $n \times n$-Matrix mit den Eigenwerten λ_i ist,

$$|\lambda_1| \geqq |\lambda_2| \geqq \ldots \geqq |\lambda_n|.$$

Wir nehmen zusätzlich an, daß es keinen von λ_1 verschiedenen Eigenwert λ_j gibt mit $|\lambda_j| = |\lambda_1|$, d. h. es gibt eine Zahl $r > 0$ mit

(6.6.3.1)
$$\begin{gathered} \lambda_1 = \lambda_2 = \ldots = \lambda_r \\ |\lambda_1| = \ldots = |\lambda_r| > |\lambda_{r+1}| \geqq \ldots \geqq |\lambda_n|. \end{gathered}$$

Als diagonalisierbare Matrix besitzt A n linear unabhängige Eigenvektoren x_i, $Ax_i = \lambda_i x_i$, die eine Basis des $\mathbb{C}^n$ bilden. t_0 läßt sich daher in der Form

(6.6.3.2)
$$t_0 = \rho_1 x_1 + \ldots + \rho_n x_n$$

schreiben. Es folgt für t_i die Darstellung

(6.6.3.3)
$$t_i = A^i t_0 = \rho_1 \lambda_1^i x_1 + \ldots + \rho_n \lambda_n^i x_n.$$

Nehmen wir nun weiter an, daß für t_0 gilt

$$\rho_1 x_1 + \ldots + \rho_r x_r \neq 0$$

— dies präzisiert die Forderung, daß t_0 „genügend allgemein“ gewählt sei —, so folgt aus (6.6.3.3) und (6.6.3.1)

(6.6.3.4)
$$\frac{1}{\lambda_1^i} t_i = \rho_1 x_1 + \ldots + \rho_r x_r + \rho_{r+1} \left(\frac{\lambda_{r+1}}{\lambda_1} \right)^i x_{r+1} + \ldots + \rho_n \left(\frac{\lambda_n}{\lambda_1} \right)^i x_n$$

und daher wegen $\left| \dfrac{\lambda_j}{\lambda_1} \right| < 1$ für $j \geqq r + 1$

(6.6.3.5)
$$\lim_{i \to \infty} \frac{1}{\lambda_1^i} t_i = \rho_1 x_1 + \ldots + \rho_r x_r.$$

Normiert man die $t_i = (\tau_1^{(i)}, \ldots, \tau_n^{(i)})^T$ auf irgend eine Weise, setzt man etwa

$$z_i := \frac{t_i}{\tau_{j_i}^{(i)}}, \qquad |\tau_{j_i}^{(i)}| = \max_s |\tau_s^{(i)}|,$$

so folgt aus (6.6.3.5)

$$\text{(6.6.3.6)} \qquad \lim_{i\to\infty} \frac{\tau_{j_i}^{(i+1)}}{\tau_{j_i}^{(i)}} = \lambda_1, \qquad \lim_{i\to\infty} z_i = \alpha(\rho_1 x_1 + \ldots + \rho_r x_r),$$

wobei $\alpha \neq 0$ eine Normierungskonstante ist. Unter den angegebenen Voraussetzungen liefert das Verfahren also sowohl den betragsgrößten Eigenwert λ_1 von A als auch einen zu λ_1 gehörigen Eigenvektor, nämlich den Vektor $z = \alpha(\rho_1 x_1 + \ldots + \rho_r x_r)$, und wir sagen „die Vektoriteration konvergiert gegen λ_1 und einen zugehörigen Eigenvektor".

Man beachte, daß für $r = 1$ (λ_1 ist einfacher Eigenwert), der Grenzvektor z unabhängig von der Wahl von t_0 ist (sofern nur $\rho_1 \neq 0$ ist). Ist λ_1 ein mehrfacher dominanter Eigenwert ($r > 1$), so hängt der gefundene Eigenvektor z von Verhältnissen $\rho_1 : \rho_2 : \ldots : \rho_r$, und damit vom Startvektor t_0 ab. Darüber hinaus sieht man aus (6.6.3.4), daß lineare Konvergenz mit dem Konvergenzfaktor $|\lambda_{r+1}/\lambda_1|$ vorliegt: Das Verfahren konvergiert umso besser, je kleiner $|\lambda_{r+1}/\lambda_1|$ ist. Gleichzeitig zeigt der Konvergenzbeweis, daß allgemein das Verfahren nicht gegen λ_1 und einen zu λ_1 gehörigen Eigenvektor, sondern gegen λ_k und einen Eigenvektor zu λ_k konvergiert, sofern in der Zerlegung (6.6.3.2) von t_0 gilt

$$\rho_1 = \ldots = \rho_{k-1} = 0, \qquad \rho_k \neq 0$$

(und es keinen von λ_k verschiedenen Eigenwert gleichen Betrages wie λ_k gibt). Diese Aussage hat jedoch i. a. nur theoretische Bedeutung, denn selbst wenn anfangs für t_0 exakt $\rho_1 = 0$ gilt, wird infolge des Einflusses von Rundungsfehlern für das berechnete $\bar{t}_1 = \mathrm{gl}(At_0)$ i. a. gelten

$$\bar{t}_1 = \varepsilon\lambda_1 x_1 + \bar{\rho}_2\lambda_2 x_2 + \ldots + \bar{\rho}_n\lambda_n x_n$$

mit einem kleinen $\varepsilon \neq 0$, $\bar{\rho}_i \approx \rho_i$, $i = 2, \ldots, n$, so daß das Verfahren schließlich doch gegen λ_1 konvergiert.

Sei nun A eine nicht diagonalisierbare Matrix mit eindeutig bestimmten betragsgrößtem Eigenwert λ_1 (d. h. aus $|\lambda_1| = |\lambda_i|$ folgt $\lambda_1 = \lambda_i$). Ersetzt man (6.6.3.2) durch eine Darstellung von t_0 als Linearkombination von Eigen- und Hauptvektoren von A, so kann man auf dieselbe Weise zeigen, daß für „genügend allgemeines" t_0 die Vektoriteration gegen λ_1 und einen zugehörigen Eigenvektor konvergiert.

Für die praktische Rechnung ist die einfache Vektoriteration nur bedingt brauchbar, da sie schlecht konvergiert, wenn die Beträge der Eigenwerte nicht genügend gut getrennt sind, und darüber hinaus nur einen Eigenwert und den zugehörigen Eigenvektor liefert. Diese Nachteile werden bei der *inversen Iteration* (auch gebrochene Iteration) von Wielandt vermieden. Hier wird vorausgesetzt, daß man bereits einen guten Näherungswert λ für einen der Eigenwerte $\lambda_1, \ldots, \lambda_n$, etwa λ_j, von A kennt: m. a. W. es soll gelten

$$\text{(6.6.3.7)} \qquad |\lambda_j - \lambda| \ll |\lambda_k - \lambda| \quad \text{für alle} \quad \lambda_k \neq \lambda_j.$$

Man bildet dann ausgehend von einem „genügend allgemeinen“ Startvektor $t_0 \in \mathbb{C}^n$ die Vektoren t_i, $i = 1, 2, \ldots$, gemäß

$$(A - \lambda I)\, t_i = t_{i-1}. \tag{6.6.3.8}$$

Falls $\lambda \neq \lambda_i$, $i = 1, \ldots, n$, existiert $(A - \lambda I)^{-1}$ und (6.6.3.8) ist äquivalent mit

$$t_i = (A - \lambda I)^{-1}\, t_{i-1},$$

d. h. mit der gewöhnlichen Vektoriteration mit der Matrix $(A - \lambda I)^{-1}$ und den Eigenwerten $1/(\lambda_k - \lambda)$, $k = 1, 2, \ldots, n$. Wegen (6.6.3.7) gilt

$$\left| \frac{1}{\lambda_j - \lambda} \right| \gg \left| \frac{1}{\lambda_k - \lambda} \right| \quad \text{für} \quad \lambda_k \neq \lambda_j.$$

Setzen wir A wieder als diagonalisierbar voraus mit den Eigenvektoren x_i, so folgt aus $t_0 = \rho_1 x_1 + \ldots + \rho_n x_n$ (wenn λ_j einfacher Eigenwert ist)

$$t_i = (A - \lambda I)^{-i}\, t_0 = \sum_{k=1}^{n} \frac{\rho_k}{(\lambda_k - \lambda)^i}\, x_k,$$

$$(\lambda_j - \lambda)^i\, t_i = \rho_j x_j + \sum_{k \neq j} \left(\frac{\lambda_j - \lambda}{\lambda_k - \lambda} \right)^i \rho_k x_k, \tag{6.6.3.9}$$

$$\lim_{i \to \infty} (\lambda_j - \lambda)^i\, t_i = \rho_j x_j.$$

Die Konvergenz wird umso besser sein, je kleiner $|\lambda_j - \lambda| / |\lambda_k - \lambda|$ für $\lambda_k \neq \lambda_j$ ist, d. h. je besser der Näherungswert λ ist.

Die Beziehungen (6.6.3.9) können den Eindruck erwecken, daß ein Startvektor t_0 umso besser für die inverse Iteration geeignet ist, je genauer er mit dem Eigenvektor x_j übereinstimmt, zu dessen Eigenwert λ_j ein guter Näherungswert λ gegeben ist. Außerdem scheinen sie nahezulegen, daß bei der Wahl $t_0 \approx x_j$ die „Genauigkeit“ der t_i mit wachsendem i gleichmäßig zunimmt. Dieser Eindruck ist trügerisch und im allgemeinen nur für die gut konditionierten Eigenwerte λ_j einer Matrix A richtig (s. Abschnitt 6.9), d. h. die Eigenwerte λ_j, die sich bei einer kleinen Störung der Matrix A nur wenig ändern:

$$|\lambda_j(A + \Delta A) - \lambda_j(A)| \approx 0(\text{eps}), \quad \text{falls} \quad \frac{\operatorname{lub}(\Delta A)}{\operatorname{lub}(A)} \approx 0(\text{eps}).$$

Nach Abschnitt 6.9 sind alle Eigenwerte von symmetrischen Matrizen A gut konditioniert. Eine schlechte Kondition für λ_j ist dann zu erwarten, wenn λ_j mehrfache Nullstelle des charakteristischen Polynoms von A ist und zu A nichtlineare Elementarteiler gehören, oder, was in der Praxis häufig vorkommt, wenn λ_j zu einem kleinen *Haufen* („cluster“) nur wenig voneinander verschiedener Eigenwerte gehört, deren Eigenvektoren fast linear abhängig sind.

Bevor wir die für schlecht konditioniertes λ_j möglichen Komplikationen für die inverse Iteration an einem Beispiel studieren, wollen wir präzisieren, was wir unter einem (im Rahmen der benutzten Maschinengenauigkeit eps) *numerisch akzeptablen* Eigenwert λ und einem zugehörigen Eigenvektor $x_\lambda \neq 0$ einer Matrix A verstehen:

Die Zahl λ heißt *numerisch akzeptabler Eigenwert* von A, falls es eine kleine Matrix ΔA mit

$$\operatorname{lub}(\Delta A)/\operatorname{lub}(A) = 0(\text{eps})$$

gibt, so daß λ exakter Eigenwert von $A + \Delta A$ ist.

Solche numerisch akzeptable Eigenwerte λ werden durch jedes numerisch stabile Verfahren zur Eigenwertbestimmung geliefert.

Der Vektor $x_0 \neq 0$ heißt *numerisch akzeptabler Eigenvektor* zu einem gegebenen Näherungswert λ für einen Eigenwert der Matrix A, falls es eine kleine Matrix $\Delta_1 A$ gibt mit

$$(6.6.3.10) \qquad (A + \Delta_1 A - \lambda I)\, x_0 = 0, \qquad \frac{\operatorname{lub}(\Delta_1 A)}{\operatorname{lub}(A)} = 0(\text{eps}).$$

Beispiel 1: Für die Matrix

$$A = \begin{bmatrix} 1 & 1 \\ 0 & 1 \end{bmatrix}$$

ist die Zahl $\lambda := 1 + \sqrt{\text{eps}}$ numerisch akzeptabler Eigenwert, denn λ ist exakter Eigenwert von

$$A + \Delta A \quad \text{mit} \quad \Delta A = \begin{bmatrix} 0 & 0 \\ \text{eps} & 0 \end{bmatrix}.$$

Obwohl $x_0 := \begin{bmatrix} 1 \\ 0 \end{bmatrix}$ exakter Eigenvektor von A ist, ist jedoch im Sinne der obigen Definition x_0 kein numerisch akzeptabler Eigenvektor zur Näherung $\lambda = 1 + \sqrt{\text{eps}}$, denn jede Matrix $\Delta_1 A = \begin{bmatrix} \alpha & \beta \\ \gamma & \delta \end{bmatrix}$ mit

$$(A + \Delta_1 A - \lambda I)\, x_0 = 0$$

hat die Gestalt

$$\Delta_1 A = \begin{bmatrix} \sqrt{\text{eps}} & \beta \\ 0 & \delta \end{bmatrix}, \quad \beta, \delta \text{ beliebig}.$$

Für alle diese Matrizen gilt $\operatorname{lub}_\infty(\Delta_1 A) \geqq \sqrt{\text{eps}} \gg 0(\text{eps} \cdot \operatorname{lub}(A))$.

Folgende paradoxe Situation ist also möglich: Sei λ_0 exakter Eigenwert einer Matrix, x_0 zugehöriger exakter Eigenvektor und λ eine numerisch akzeptable Näherung von λ_0. Dann muß nicht unbedingt x_0 numerisch akzeptabler Eigenvektor zur vorgelegten Näherung λ für λ_0 sein.

Hat man einen solchen numerisch akzeptablen Eigenwert λ von A, so versucht man mittels der inversen Iteration lediglich einen zugehörigen numerisch akzeptablen Eigenvektor x_λ zu finden. Ein Vektor t_j, $j \geqq 1$, den man zu einem

Startvektor t_0 mittels inverser Iteration gefunden hat, kann als ein solches x_λ akzeptiert werden, falls

$$(6.6.3.11) \qquad \frac{\|t_{j-1}\|}{\|t_j\|} \approx 0(\text{eps}) \cdot \text{lub}(A).$$

Denn dann gilt wegen $(A - \lambda I)\, t_j = t_{j-1}$

$$(A + \Delta A - \lambda I)\, t_j = 0$$

mit

$$\Delta A := -\frac{t_{j-1} t_j^H}{t_j^H t_j}$$

$$\text{lub}_2(\Delta A) = \frac{\|t_{j-1}\|_2}{\|t_j\|_2} \approx 0(\text{eps} \cdot \text{lub}_2(A)).$$

Es ist nun überraschend, daß es bei schlecht konditionierten Eigenwerten Iterierte t_j geben kann, die numerisch akzeptabel sind, während ihr Nachfolger t_{j+1} nicht mehr akzeptabel ist:

Beispiel 2: Die Matrix

$$A = \begin{bmatrix} \eta & 1 \\ \eta & \eta \end{bmatrix}, \qquad \eta \approx 0(\text{eps}), \qquad \text{lub}_\infty(A) = 1 + |\eta|,$$

besitzt die Eigenwerte $\lambda_1 = \eta + \sqrt{\eta}$, $\lambda_2 = \eta - \sqrt{\eta}$ mit den zugehörigen Eigenvektoren $x_1 = \begin{bmatrix} 1 \\ \sqrt{\eta} \end{bmatrix}$, $x_2 = \begin{bmatrix} 1 \\ -\sqrt{\eta} \end{bmatrix}$. A ist wegen der Kleinheit von η sehr schlecht konditioniert, λ_1, λ_2 bilden einen Haufen von Eigenwerten, deren zugehörige Eigenvektoren x_1, x_2 fast linear abhängig sind (z. B. besitzt die leicht abgeänderte Matrix

$$\tilde{A} := \begin{bmatrix} 0 & 1 \\ 0 & 0 \end{bmatrix} = A + \Delta A, \qquad \frac{\text{lub}_\infty(\Delta A)}{\text{lub}_\infty(A)} = \frac{|\eta|}{1 + |\eta|} \approx 0(\text{eps}),$$

den Eigenwert $\lambda(\tilde{A}) = 0$ mit $\min |\lambda(\tilde{A}) - \lambda_i| \geqq \sqrt{|\eta|} \gg 0(\text{eps})$). Die Zahl $\lambda = 0$ ist numerisch akzeptabler Eigenwert von A zum Eigenvektor $x_\lambda = \begin{bmatrix} 1 \\ 0 \end{bmatrix}$. Es ist nämlich

$$(A + \Delta A - 0 \cdot I)\, x_\lambda = 0 \quad \text{für} \quad \Delta A := \begin{bmatrix} -\eta & 0 \\ -\eta & 0 \end{bmatrix},$$

$$\text{lub}_\infty(\Delta A)/\text{lub}_\infty(A) = \frac{|\eta|}{1 + |\eta|} \approx 0(\text{eps}).$$

Nimmt man diesen numerisch akzeptablen Eigenvektor $x_\lambda = \begin{bmatrix} 1 \\ 0 \end{bmatrix}$ als Startvektor t_0 für die inverse Iteration und $\lambda = 0$ als näherungsweisen Eigenwert von A, so erhält man nach dem ersten Schritt

$$t_1 := \frac{-1}{1 - \eta} \begin{bmatrix} 1 \\ -1 \end{bmatrix}.$$

Der Vektor t_1 ist aber nicht mehr wie t_0 als Eigenvektor von A numerisch akzeptabel, denn jede Matrix $\triangle A$ mit

$$(A + \triangle A - 0 \cdot I)t_1 = 0$$

hat die Gestalt

$$\triangle A = \begin{bmatrix} \alpha & \beta \\ \gamma & \delta \end{bmatrix} \quad \text{mit} \quad \alpha = 1 + \beta - \eta, \quad \gamma = \delta.$$

Für alle diese Matrizen $\triangle A$ ist $\operatorname{lub}_\infty(\triangle A) \geqq 1 - |\eta|$, es gibt unter ihnen keine kleine Matrix mit $\operatorname{lub}_\infty(\triangle A) \approx 0(\text{eps})$.

Dagegen liefert jeder Startvektor t_0 der Form

$$t_0 = \begin{bmatrix} \tau \\ 1 \end{bmatrix}$$

mit nicht zu großem $|\tau|$ als t_1 einen numerisch akzeptablen Eigenvektor. Z. B. ist für $t_0 = \begin{bmatrix} 1 \\ 1 \end{bmatrix}$ der Vektor

$$t_1 = \frac{1}{\eta} \begin{bmatrix} 1 \\ 0 \end{bmatrix}$$

numerisch akzeptabel, wie eben gezeigt wurde.

Ähnliche Verhältnisse wie in diesem Beispiel liegen im allgemeinen vor, wenn zu dem betrachteten Eigenwert nichtlineare Elementarteiler gehören. Sei etwa λ_j ein Eigenwert von A, zu dem es Elementarteiler von höchstens k-tem Grade ($k = \tau_j$, s. (6.2.11)) gibt. Durch ein numerisch stabiles Verfahren kann man dann im allgemeinen (s. (6.9.11)) nur einen Näherungswert λ mit dem Fehler $|\lambda - \lambda_j| = 0(\text{eps}^{1/k})$ erhalten (wir setzen der Einfachheit halber $\operatorname{lub}(A) = 1$ voraus).

Sei nun $x_0, x_1, \ldots, x_{k-1}$ eine Kette von Hauptvektoren (s. Abschnitte 6.2, 6.3) zum Eigenwert λ_j.

$$(A - \lambda_j I)\, x_i = x_{i-1} \quad \text{für} \quad i = k-1, \ldots, 0, \qquad (x_{-1} := 0),$$

so folgt sofort für $\lambda \neq \lambda_i$, $i = 1, \ldots, n$

$$(A - \lambda I)^{-1} \left[A - \lambda I + (\lambda - \lambda_j) I \right] x_i = (A - \lambda I)^{-1}\, x_{i-1}$$

$$(A - \lambda I)^{-1}\, x_i = \frac{1}{\lambda_j - \lambda}\, x_i + \frac{1}{\lambda - \lambda_j} (A - \lambda I)^{-1}\, x_{i-1},$$

$$i = k-1, \ldots, 0,$$

und daraus durch Induktion

$$(A - \lambda I)^{-1}\, x_{k-1} = \frac{1}{\lambda_j - \lambda}\, x_{k-1} - \frac{1}{(\lambda_j - \lambda)^2}\, x_{k-2} + \ldots \pm \frac{1}{(\lambda_j - \lambda)^k}\, x_0.$$

Für den Startvektor $t_0 := x_{k-1}$ folgt somit für das zugehörige t_1

$$\|t_1\| \approx 0((\lambda_j - \lambda)^{-k}) = 0(1/\text{eps})$$

und daher $\dfrac{\|t_0\|}{\|t_1\|} = 0(\text{eps})$, so daß t_1 als Eigenvektor von A akzeptabel ist. Hätte man dagegen als Startvektor $t_0 := x_0$, den exakten Eigenvektor von A genommen, so wäre $t_1 = \dfrac{1}{\lambda - \lambda_j} t_0$ und damit

$$\frac{\|t_0\|}{\|t_1\|} = 0(\text{eps}^{1/k}).$$

Wegen $\text{eps}^{1/k} \gg \text{eps}$ ist t_1 nicht *numerisch akzeptabler* Eigenvektor für den vorgelegten Näherungswert λ (vgl. Beispiel 1).

Aus diesem Grunde führt man in der Praxis die inverse Iteration nur noch in sehr rudimentärer Form durch: Nachdem man (numerisch akzeptable) Näherungswerte λ für die exakten Eigenwerte von A mittels eines numerisch stabilen Verfahrens berechnet hat, bestimmt man probeweise für einige verschiedene Startvektoren t_0 die zugehörigen t_1 und akzeptiert denjenigen Vektor t_1 als Eigenvektor, für den $\|t_0\|/\|t_1\|$ am besten die Größenordnung $0(\text{eps} \cdot \text{lub}(A))$ besitzt.

Da man für den Schritt $t_0 \to t_1$ ein lineares Gleichungssystem (6.6.3.8) zu lösen hat, wendet man in der Praxis die inverse Iteration nur für Tridiagonalmatrizen und Hessenbergmatrizen A an. Um das Gleichungssystem (6.6.3.8) ($A - \lambda I$ ist fast singulär!) zu lösen, zerlegt man die Matrix $A - \lambda I$ in das Produkt einer unteren und einer oberen Dreiecksmatrix L bzw. R. Um numerische Stabilität zu garantieren, muß *Spaltenpivotsuche* angewandt werden, d. h. man bestimmt eine Permutationsmatrix P und Matrizen L, R mit (s. 4.2)

$P(A - \lambda I) = LR,$ $\quad L =$ 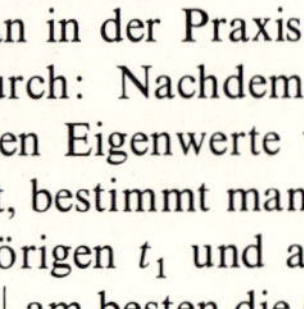 $,\quad R =$ 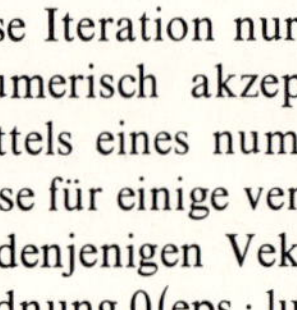 .

Dann erhält man die Lösung t_1 von (6.6.3.8) aus den beiden gestaffelten Gleichungssystemen

$$\text{(6.6.3.12)} \qquad \begin{aligned} Lz &= Pt_0 \\ Rt_1 &= z. \end{aligned}$$

Für Tridiagonal- und Hessenbergmatrizen A ist L sehr dünn besetzt: In jeder Spalte von L sind höchstens 2 Elemente von 0 verschieden.

Für Hessenberg-Matrizen A ist R eine obere Dreiecksmatrix, für Tridiagonalmatrizen A eine Matrix der Form

$$R = \begin{bmatrix} * & * & * & & 0 \\ & \ddots & \ddots & \ddots & \\ & & \ddots & \ddots & * \\ & & & \ddots & * \\ 0 & & & & * \end{bmatrix}$$

so daß in jedem Fall die Auflösung von (6.6.3.12) nur wenige Operationen erfordert. Überdies ist wegen (6.6.3.13) $\|z\| \approx \|t_0\|$. Man kann sich daher die Arbeit noch weiter vereinfachen, indem man ausgehend von einem Vektor z nur noch t_1 aus $Rt_1 = z$ bestimmt und versucht, z durch Probieren so zu wählen, daß $\|z\|/\|t_1\|$ möglichst klein wird.

Ein Algol-Programm für die Berechnung der Eigenvektoren einer symmetrischen Tridiagonalmatrix durch inverse Iteration findet sich bei Peters, Wilkinson [12], Fortran-Programme in Smith et al. [26].

6.6.4 Das LR-Verfahren

Bei dem LR-Verfahren von Rutishauser [16] zur Bestimmung der Eigenwerte einer $n \times n$-Matrix A bildet man ausgehend von $A_1 := A$ eine Folge von Matrizen A_i nach folgender Vorschrift: Man stelle mit Hilfe des Gaußschen Eliminationsverfahrens (s. 4.2) die Matrix A_i als Produkt einer unteren Dreiecksmatrix L_i mit $l_{jj} = 1$ und einer oberen Dreiecksmatrix R_i dar:

(6.6.4.1) $$A_i =: L_i R_i, \qquad L_i = \begin{bmatrix} 1 & & & 0 \\ * & \ddots & & \\ \vdots & \ddots & \ddots & \\ * & \cdots & * & 1 \end{bmatrix},$$

$$R_i = \begin{bmatrix} * & \cdots & \cdots & * \\ & \ddots & & \vdots \\ & & \ddots & \vdots \\ 0 & & & * \end{bmatrix}.$$

Anschließend bilde man

$$A_{i+1} := R_i L_i =: L_{i+1} R_{i+1}, \qquad i = 1, 2, \ldots .$$

Aus Abschnitt 4.2 wissen wir, daß für eine beliebige Matrix A_i eine solche Zerlegung $A_i = L_i R_i$ nicht möglich sein muß. Wir setzen jedoch für die folgende Diskussion voraus, daß alle A_i zerlegbar sind. Wir zeigen zunächst den

(6.6.4.2) **Satz:** *Sofern alle Zerlegungen $A_i = L_i R_i$ existieren, gilt*

1. A_{i+1} *ist ähnlich zu* A_i:

$$A_{i+1} = L_i^{-1} A_i L_i, \qquad i = 1, 2, \ldots$$

2. $A_{i+1} = (L_1 L_2 \ldots L_i)^{-1} A_1 (L_1 L_2 \ldots L_i)$, $i = 1, 2, \ldots$
3. *Für die untere Dreiecksmatrix* $T_i := L_1 \ldots L_i$ *und die obere Dreiecksmatrix* $U_i := R_i \ldots R_1$ *gilt*

$$A^i = A_1^i = T_i U_i, \qquad i = 1, 2, \ldots .$$

Beweis: 1. Wegen $A_i = L_i R_i$ hat man

$$L_i^{-1} A_i L_i = R_i L_i =: A_{i+1}.$$

2. folgt sofort aus 1. Um 3. zu zeigen, bemerkt man, daß aus 2. folgt

$$L_1 \ldots L_i A_{i+1} = A_1 L_1 \ldots L_i, \qquad i = 1, 2, \ldots .$$

Es ist also für $i = 1, 2, \ldots$

$$\begin{aligned} T_i U_i &= L_1 \ldots L_{i-1} (L_i R_i) R_{i-1} \ldots R_1 \\ &= L_1 \ldots L_{i-1} A_i R_{i-1} \ldots R_1 \\ &= A_1 L_1 \ldots L_{i-1} R_{i-1} \ldots R_1 \\ &= A_1 T_{i-1} U_{i-1}. \end{aligned}$$

Damit ist der Satz bewiesen. □

Da die Diagonalelemente der Matrix T_i wieder gleich 1 sind, besagt der Satz, daß durch T_i und U_i gerade die Dreieckszerlegung von A^i gegeben ist. Dies ist für das Konvergenzverhalten des Verfahrens wichtig. Wir werden nämlich sehen, daß unter gewissen Voraussetzungen über A gilt

$$\lim_{i\to\infty} A_i = \lim_{i\to\infty} R_i = \begin{bmatrix} \lambda_1 & * & \cdots & * \\ & \ddots & \ddots & \vdots \\ & & \ddots & * \\ 0 & & & \lambda_n \end{bmatrix}, \qquad \lim_{i\to\infty} L_i = I,$$

wobei $\lambda_1, \ldots, \lambda_n$ die Eigenwerte von $A = A_1$ sind. Für den Fall, daß die Eigenwerte von A betragsmäßig getrennt sind

(6.6.4.3) $$|\lambda_1| > |\lambda_2| > \ldots > |\lambda_n|,$$

läßt sich dieses Grenzverhalten auf folgende Weise plausibel machen: Man führe mit dem Startvektor $t_0 := e_1 = (1, 0, \ldots, 0)^T$ und der Matrix A die gewöhnliche Vektoriteration durch:

Plausibili-tätsbetr.

$$t_i = A^i e_1, \qquad i = 0, 1, \ldots .$$

Um das Grenzverhalten der Folge der t_i zu bestimmen, haben wir nach dem letzten Abschnitt e_1 nach den Eigenvektoren x_k, $k = 1, \ldots, n$, von A zu entwickeln

$$e_1 = \rho_1 x_1 + \ldots + \rho_n x_n, \qquad A x_k = \lambda_k x_k.$$

Falls $\rho_1 \neq 0$ ist, wissen wir

(6.6.4.4) $$\lim_{i \to \infty} \frac{1}{\lambda_1^i} t_i = \rho_1 x_1 \neq 0.$$

Nun ist aber wegen $A^i = T_i U_i$, $U_i = R_i \ldots R_1 = (u_{jk}^{(i)})$, $T_i = (z_1^{(i)}, \ldots z_n^{(i)})$

$$A^i e_1 = T_i U_i e_1 = u_{11}^{(i)} T_i e_1 = u_{11}^{(i)} z_1^{(i)}.$$

Ferner ist $u_{11}^{(i)} = r_{11}^{(1)} \ldots r_{11}^{(i)}$, falls $R_j = (r_{st}^{(j)})$ und daher

(6.6.4.5) $$t_i = r_{11}^{(1)} \ldots r_{11}^{(i)} z_1^{(i)}.$$

Weil die Diagonalelemente von T_i alle 1 sind, hat $z_1^{(i)}$ die Gestalt

(6.6.4.6) $$z_1^{(i)} = (1, *, \ldots, *)^T.$$

Wegen (6.6.4.4) gilt asymptotisch $t_{i+1} \approx \lambda_1 t_i$. Wenn die 1. Komponente x_{11} des Vektors $x_1 = (x_{11}, x_{21}, \ldots, x_{n1})^T$ nicht verschwindet, folgt daraus und aus (6.6.4.5), (6.6.4.6) sofort die Existenz von

$$\lim_{i \to \infty} r_{11}^{(i)} = \lambda_1, \qquad \lim_{i \to \infty} z_1^{(i)} = z_1 \neq 0, \qquad A z_1 = \lambda_1 z_1.$$

Wenn dagegen die 1. Komponente x_{11} von x_1 verschwindet, folgt aus $t_{i+1} \approx \lambda_1 t_i$ sofort die Divergenz des Vektors $z_1^{(i)}$,

$$\|z_1^{(i)}\| \xrightarrow[i \to \infty]{} \infty,$$

und damit die Divergenz der Matrizen $T_i = L_1 \ldots L_i$.

Ist nun $\rho_1 = 0$, aber $\rho_2 \neq 0$, so folgt statt (6.6.4.4)

$$\lim_{i \to \infty} \frac{1}{\lambda_2^i} t_i = \rho_2 x_2$$

und die Konvergenz von

$$\lim_{i \to \infty} r_{11}^{(i)} = \lambda_2, \qquad \lim_{i \to \infty} z_1^{(i)} = z_2 \quad \text{mit} \quad A z_2 = \lambda_2 z_2,$$

sofern die 1. Komponente x_{12} von $x_2 = (x_{12}, x_{22}, \ldots, x_{n2})^T$ nicht verschwindet, und die Divergenz der T_i, falls $x_{12} = 0$.

Für die Matrix $X := (x_1, \dots, x_n) = (x_{ik})$ gilt nun wegen $Ax_i = \lambda_i x_i$

$$AX = XD, \qquad D = \operatorname{diag}(\lambda_1, \dots, \lambda_n),$$

und daher $X^{-1}A = DX^{-1}$. Bezeichnet man mit y_i^T die i-te Zeile der Matrix $Y := X^{-1} = (y_{ik})$

$$Y^T = (y_1, \dots, y_n), \qquad y_i^T = (y_{i1}, \dots, y_{in}),$$

so folgt aus $YX = I$, $YA = DY$ sofort

$$y_i^T A = \lambda_i y_i^T, \qquad y_i^T x_k = \begin{cases} 0 & \text{für } i \neq k \\ 1 & \text{für } i = k \end{cases}.$$

Multipliziert man die Zerlegung $e_1 = \rho_1 x_1 + \dots + \rho_n x_n$ mit y_i^T, so folgt

$$y_i^T e_1 = y_{i1} = \rho_i, \qquad i = 1, \dots, n,$$

Das Verschwinden oder Nichtverschwinden der y_{i1}, $i = 1, \dots, n$, bestimmt also, gegen welchen Eigenwert von $A\, r_{11}^{(i)}$ im Konvergenzfall konvergiert, während das Verhalten der x_{1i} bestimmt, ob Konvergenz vorliegt oder nicht.

Das Konvergenzverhalten der übrigen Spalten von T_i und R_i und damit schließlich auch von L_i, R_i und A_i kann man ähnlich untersuchen: Statt der Vektoriteration im $\mathbb{C}^n$

$$t_i = A^i e_1, \qquad i = 0, 1, \dots,$$

hat man nur die Vektoriterationen

$$t_i^{(p)} = (A^{(p)})^i\, e_1 \wedge e_2 \wedge \dots \wedge e_p, \qquad i = 0, 1, 2, \dots, \qquad p = 2, 3, \dots, n$$

im p-fachen alternierenden Produkt $\Lambda^p\, \mathbb{C}^n$ von $\mathbb{C}^n$ zu untersuchen ($A^{(p)}$ ist die von A in $\Lambda^p\, \mathbb{C}^n$ induzierte Abbildung). Man kann so den folgenden allgemeinen Konvergenzsatz zeigen, den wir jedoch anders beweisen wollen.

(6.6.4.7) **Satz:** *Sei $A =: A_1$ eine $n \times n$-Matrix, die folgende Voraussetzungen erfüllt:*

1. *Das LR-Verfahren ist für A durchführbar: Für alle $i = 1, 2, \dots$ existieren die Zerlegungen $A_i =: L_i R_i$ und damit $A_{i+1} := R_i L_i$.*

2. *Für die Eigenwerte λ_i von A gilt*

$$|\lambda_1| > |\lambda_2| > \dots > |\lambda_n|.$$

3. *Für die Matrizen X und $Y := X^{-1}$ mit $A = XDY$, $D = \operatorname{diag}(\lambda_1, \dots, \lambda_n)$, D die Jordansche Normalform von A, existieren die Dreieckszerlegungen*

$$X = L_X R_X, \qquad Y = L_Y R_Y, \qquad (L_X)_{ii} = (L_Y)_{ii} = 1.$$

Dann konvergieren die Matrizen A_i, R_i, L_i, und es gilt

$$\lim_{i\to\infty} A_i = \lim_{i\to\infty} R_i = \begin{bmatrix} \lambda_1 & * & \cdots & * \\ & \ddots & \ddots & \vdots \\ & & \ddots & * \\ 0 & & & \lambda_n \end{bmatrix}, \qquad \lim_{i\to\infty} L_i = I.$$

Bemerkung: Man beachte, daß aus Bedingung 3. für $X = (x_{ik})$, $Y = (y_{ik})$ folgt $x_{11} \neq 0$, $y_{11} \neq 0$, also beide Konvergenzbedingungen, die eben untersucht wurden. Insbesondere sichert die Existenz von L_Y, R_Y, daß die Eigenwerte λ_i von A in

$$\lim_{i\to\infty} A_i = \begin{bmatrix} \lambda_1 & * & \cdots & * \\ & \ddots & \ddots & \vdots \\ & & \ddots & * \\ 0 & & & \lambda_n \end{bmatrix}$$

geordnet erscheinen: $|\lambda_1| > |\lambda_2| > \ldots > |\lambda_n|$; die Existenz von L_X, R_X sichert die Konvergenz des Verfahrens.

Beweis: (nach Wilkinson [19]): Wir führen den Beweis nur unter der zusätzlichen Annahme $\lambda_n \neq 0$. Wegen $X^{-1} = Y$ und der Existenz von D^{-1} folgt dann

$$\begin{aligned} A^i &= XD^iY \\ &= L_X R_X D^i L_Y R_Y \\ &= L_X R_X (D^i L_Y D^{-i})\, D^i R_Y. \end{aligned} \tag{6.6.4.8}$$

Nun ist $D^i L_Y D^{-i} = (l_{jk}^{(i)})$ eine untere Dreiecksmatrix mit

$$l_{jk}^{(i)} = \left(\frac{\lambda_j}{\lambda_k}\right)^i l_{jk}, \qquad L_Y =: (l_{jk}), \qquad l_{jk} = \begin{cases} 1 & \text{für} \quad j = k \\ 0 & \text{für} \quad j < k \end{cases}.$$

Wegen $|\lambda_j| < |\lambda_k|$ für $j > k$ folgt $\lim_{i\to\infty} l_{jk}^{(i)} = 0$ für $j > k$ und daher

$$D^i L_Y D^{-i} = I + E_i, \qquad \lim_{i\to\infty} E_i = 0.$$

Es folgt aus (6.6.4.8)

$$\begin{aligned} A^i &= L_X R_X (I + E_i)\, D^i R_Y \\ &= L_X (I + R_X E_i R_X^{-1})\, R_X D^i R_Y \\ &= L_X (I + F_i)\, R_X D^i R_Y \end{aligned} \tag{6.6.4.9}$$

mit $F_i := R_X E_i R_X^{-1}$, $\lim_{i\to\infty} F_i = 0$. Deshalb existiert für genügend großes $i \geqq i_0$ die Dreieckszerlegung

$$I + F_i = \tilde{L}_i \tilde{R}_i, \qquad \tilde{L}_i = \begin{bmatrix} 1 & & & & 0 \\ & \cdot & & & \\ * & & \cdot & & \\ \vdots & \ddots & & \cdot & \\ \vdots & & \ddots & & \cdot \\ * & \cdot & \cdot & * & 1 \end{bmatrix}, \qquad \tilde{R}_i = \begin{bmatrix} * & \cdots & \cdots & * \\ & \ddots & & \vdots \\ & & \ddots & \vdots \\ 0 & & & * \end{bmatrix}$$

und es gilt wegen $F_i \to 0$ auch

$$\lim_{i\to\infty} \tilde{L}_i = \lim_{i\to\infty} \tilde{R}_i = I$$

sowie

$$A^i = (L_X \tilde{L}_i)(\tilde{R}_i R_X D^i R_Y).$$

Wegen der Eindeutigkeit der Dreieckszerlegung für nichtsinguläre Matrizen folgt aus (6.6.4.2), 3.

$$T_i = L_1 \ldots L_i = L_X \tilde{L}_i$$
$$U_i = R_i \ldots R_1 = \tilde{R}_i R_X D^i R_Y$$

und daraus wegen $\tilde{L}_i \to I$, $\tilde{R}_i \to I$ für $i \to \infty$

$$\lim_{i\to\infty} T_i = L_X$$
$$\lim_{i\to\infty} L_i = \lim_{i\to\infty} T_{i-1}^{-1} T_i = I$$
$$\lim_{i\to\infty} R_i = \lim_{i\to\infty} U_i U_{i-1}^{-1}$$
$$= \lim_{i\to\infty} \tilde{R}_i R_X D^i R_Y R_Y^{-1} D^{-i+1} R_X^{-1} \tilde{R}_{i-1}^{-1} = R_X D R_X^{-1}$$

$$\lim_{i\to\infty} A_i = \lim_{i\to\infty} L_i R_i = R_X D R_X^{-1}.$$

Nun ist aber $R_X D R_X^{-1}$ eine obere Dreiecksmatrix mit der Gestalt

$$\begin{bmatrix} \lambda_1 & * & \cdots & * \\ & \ddots & & \vdots \\ & & \ddots & * \\ 0 & & & \lambda_n \end{bmatrix}.$$

Damit ist Satz (6.6.4.7) bewiesen. □

Aus dem Beweis folgt, daß die Konvergenz der R_i, L_i, A_i linear ist und umso besser ist, je kleiner die „Konvergenzfaktoren" $|\lambda_j/\lambda_k|, j > k$, sind, d. h. je besser die Eigenwerte von A betragsmäßig getrennt sind. Durch eine eingehendere Analyse kann man zeigen, daß unter den Voraussetzungen des Satzes für $L_i = (l_{jk}^{(i)}), A_i = (a_{jk}^{(i)})$ sogar gilt

$$(6.6.4.10) \qquad l_{jk}^{(i)} = 0\left(\left(\frac{\lambda_j}{\lambda_k}\right)^i\right), \qquad a_{jk}^{(i)} = 0\left(\left(\frac{\lambda_j}{\lambda_k}\right)^i\right) \quad \text{für} \quad j > k.$$

Auch läßt sich Voraussetzung 2. des Satzes abschwächen, daß alle Eigenwerte von A betragsverschieden sein müssen. Diese Voraussetzung ist insbesondere in dem praktisch wichtigen Fall nicht erfüllt, daß A eine reelle Matrix mit einem Paar $\lambda_r, \lambda_{r+1} = \bar{\lambda}_r$ konjugiert komplexer Eigenwerte ist. Nehmen wir etwa an, daß gilt

$$|\lambda_1| > \ldots > |\lambda_r| = |\lambda_{r+1}| > \ldots > |\lambda_n|,$$

und die übrigen Voraussetzungen von Satz (6.6.4.7) erfüllt sind, so kann man für die Matrizen $A_i = (a_{jk}^{(i)})$ zeigen:

a) $\lim\limits_{i \to \infty} a_{jk}^{(i)} = 0, \quad a_{jk}^{(i)} = 0\left(\left(\dfrac{\lambda_j}{\lambda_k}\right)^i\right)$ für $j > k$,
$j \neq r, r+1, \quad k \neq r, r+1$

b) $\lim\limits_{i \to \infty} a_{jj}^{(i)} = \lambda_j$ für $j \neq r,\ r+1$

(6.6.4.11) c) $\lim\limits_{i \to \infty} a_{jk}^{(i)}$ existiert für $j < k, \quad k \neq r,\ r+1$

d) Obwohl die 2×2-Matrizen

$$\begin{bmatrix} a_{rr}^{(i)} & a_{r,r+1}^{(i)} \\ a_{r+1,r}^{(i)} & a_{r+1,r+1}^{(i)} \end{bmatrix}$$

i. a. für $i \to \infty$ divergieren, konvergieren ihre Eigenwerte für $i \to \infty$ gegen λ_r und λ_{r+1}. Die Elemente $a_{jr}^{(i)}, a_{j,r+1}^{(i)}$ mit $1 \leq j < r$ divergieren für $i \to \infty$ i. a. ebenfalls.

Mit anderen Worten, es liegt Konvergenz in den nichtschraffierten Teilen der folgenden Figur vor:

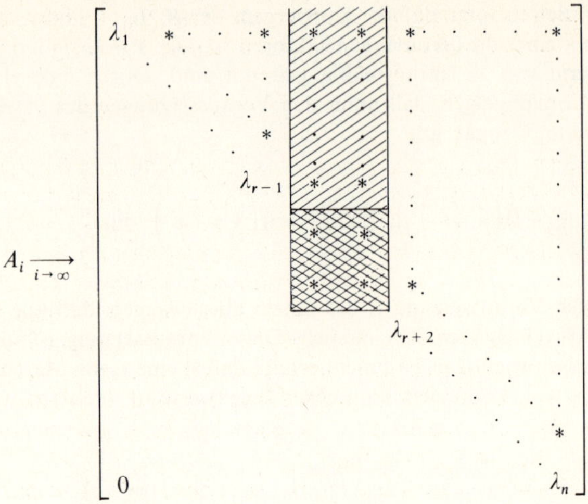

Die Eigenwerte der doppeltschraffierten Teilmatrix konvergieren gegen λ_r und λ_{r+1}. Analoge Aussagen gelten, wenn mehr als zwei Eigenwerte gleichen Betrag haben.

Für einen späteren Vergleich mit dem QR-Verfahren sei schließlich noch auf eine Variante des LR-Verfahrens hingewiesen: Ist A eine (reelle) positiv definite Matrix, so zerstört der normale LR-Algorithmus die Symmetrie. Führt man jedoch die Dreieckszerlegungen nach Cholesky durch (s. 4.3), so wird die Symmetrie der Matrizen $\tilde{A}_i$ erhalten:

$$\tilde{A}_1 := A$$

$$\tilde{A}_i =: L_i L_i^H$$

(6.6.4.12)
$$\tilde{A}_{i+1} := L_i^H L_i = L_i^H \tilde{A}_i (L_i^H)^{-1} = L_i^{-1} \tilde{A}_i L_i$$

$$\tilde{A}_i = L_{i-1}^{-1} \dots L_1^{-1} A L_1 \dots L_{i-1} = (L_1 \dots L_{i-1})^H A (L_1 \dots L_{i-1})^{H^{-1}}$$

$$A^i = L_1 \dots L_i L_i^H \dots L_1^H = (L_1 \dots L_i)(L_1 \dots L_i)^H.$$

6.6.5 Die praktische Durchführung des LR-Verfahrens

Die Diskussion des letzten Abschnitts läßt das LR-Verfahren als wenig konkurrenzfähig mit den bisherigen Methoden erscheinen und zwar aus folgenden Gründen:

a) Das Verfahren ist aufwendig: Um einen vollen Schritt $A_i \to A_{i+1}$ auszuführen, benötigt man bei vollbesetzter $n \times n$-Matrix A ungefähr $\frac{2}{3}n^3$ Operationen (Multiplikationen).

b) Das Verfahren bricht zusammen, wenn eines der A_i keine Dreieckszerlegung besitzt und konvergiert i. a. nicht, wenn X oder Y (s. (6.6.4.7)) nicht zerlegbar ist.

c) Die Konvergenz ist sehr langsam, wenn die Quotienten $|\lambda_j/\lambda_k|$ nahe bei 1 liegen.

Dabei treffen diese Punkte mit Ausnahme von b) auch auf das später zu besprechende QR-Verfahren zu. Um das LR-Verfahren konkurrenzfähig zu machen, muß man diese Nachteile umgehen:

a) Wegen der Aufwendigkeit des Verfahrens wendet man das LR-Verfahren nur auf reduzierte Matrizen A an, nämlich Matrizen von Hessenberg- oder Tridiagonalgestalt. Eine allgemeine Matrix A hat man daher zunächst mit den in 6.5 beschriebenen Methoden auf eine dieser Formen zu reduzieren. Damit dieses Vorgehen sinnvoll ist, muß man jedoch zeigen, daß diese speziellen Matrixformen gegenüber der LR-Transformation invariant sind: Ist A_i eine Hessenberg-Matrix oder Tridiagonalmatrix, so ist auch A_{i+1} eine solche Matrix. Diese Invarianz läßt sich leicht bestätigen.

b) Dieser Nachteil ist eine echte Schwäche des LR-Verfahrens. Um ihn zu vermeiden (und um das Verfahren numerisch stabil zu gestalten!), könnte man daran denken, in jedem Schritt die Dreieckszerlegung mit Pivotsuche auszuführen:

$$P_i A_i = L_i R_i, \qquad P_i \text{ Permutationsmatrix}, \qquad P_i^{-1} = P_i^T.$$

A_{i+1} berechnet sich dann zu

$$A_{i+1} := R_i P_i^T L_i = L_i^{-1} (P_i A_i P_i^T) L_i.$$

Es gibt jedoch Beispiele, bei denen der so modifizierte Prozeß nicht mehr konvergiert:

$$A_1 = \begin{bmatrix} 1 & 3 \\ 2 & 0 \end{bmatrix}, \qquad \lambda_1 = 3, \qquad \lambda_2 = -2$$

$$P_1 = \begin{bmatrix} 0 & 1 \\ 1 & 0 \end{bmatrix}, \qquad P_1 A_1 = \begin{bmatrix} 2 & 0 \\ 1 & 3 \end{bmatrix} = \begin{bmatrix} 1 & 0 \\ \frac{1}{2} & 1 \end{bmatrix} \begin{bmatrix} 2 & 0 \\ 0 & 3 \end{bmatrix} = L_1 R_1$$

$$A_2 = R_1 P_1^T L_1 = \begin{bmatrix} 1 & 2 \\ 3 & 0 \end{bmatrix}$$

$$P_2 = \begin{bmatrix} 0 & 1 \\ 1 & 0 \end{bmatrix}, \qquad P_2 A_2 = \begin{bmatrix} 3 & 0 \\ 1 & 2 \end{bmatrix} = \begin{bmatrix} 1 & 0 \\ \frac{1}{3} & 1 \end{bmatrix} \begin{bmatrix} 3 & 0 \\ 0 & 2 \end{bmatrix} = L_2 R_2$$

$$A_3 = R_2 P_2^T L_2 = \begin{bmatrix} 1 & 3 \\ 2 & 0 \end{bmatrix} \equiv A_1$$

Das LR-Verfahren ohne Pivotwahl konvergiert hier nach wie vor.

c) Die langsame Konvergenz des LR-Verfahrens läßt sich durch sogenannte *Shift-Techniken* entscheidend verbessern. Nimmt man an, daß die Matrix $A_1 = A$ und damit alle Matrizen A_i Hessenberggestalt besitzen, so folgt aus (6.6.4.10), daß das einzige von 0 verschiedene Nicht-Diagonal-Element $a_{n,n-1}^{(i)}$ der letzten

Zeile von A_i für $i \to \infty$ wie $\left(\frac{\lambda_n}{\lambda_{n-1}}\right)^i$ gegen 0 strebt. Ist ferner p ein guter Näherungswert für λ_n, und wendet man das LR-Verfahren statt auf die Matrix A auf die Matrix

$$\tilde{A} = A - pI$$

an, so wird das Element $\tilde{a}^{(i)}_{n,n-1}$ der Matrizen $\tilde{A}_i$ sehr viel rascher gegen 0 konvergieren, nämlich wie

$$\left(\frac{\lambda_n - p}{\lambda_{n-1} - p}\right)^i.$$

Verschiebt man allgemein im i-ten Schritt das Spektrum um k_i,

$$\text{(6.6.5.1)} \qquad \begin{aligned} A_i - k_i I &=: L_i R_i \\ A_{i+1} &:= R_i L_i + k_i I, \end{aligned}$$

so erhält man

$$A_{i+1} = L_i^{-1}(A_i - k_i I)\, L_i + k_i I = L_i^{-1} A_i L_i,$$

so daß die A_i nach wie vor ähnliche Matrizen sind. Es erhebt sich nun die Frage, wie die Verschiebungsparameter $k_i \approx \lambda_n$ zu finden sind. Zu diesem Problem gibt (6.6.4.11) Auskunft: Existiert z. B. nur ein betragskleinster Eigenwert λ_n, so besagt (6.6.4.11), b), daß $\lim_{i \to \infty} a^{(i)}_{nn} = \lambda_n$. Das letzte Diagonalelement $a^{(i)}_{nn}$ von A_i konvergiert gegen λ_n und wird für genügend großes i ein sehr guter Näherungswert für λ_n sein. Es empfiehlt sich daher

$$k_i := a^{(i)}_{nn}$$

zu setzen, sobald $a^{(i)}_{nn}$ genügend nahe bei λ_n liegt, d. h. z. B. sobald

$$\left| 1 - \frac{a^{(i-1)}_{nn}}{a^{(i)}_{nn}} \right| \leqq \varepsilon < 1$$

wird. Die Wahl $\varepsilon = \frac{1}{3}$ hat sich gut bewährt. Man kann zeigen, daß bei dieser Wahl von k_i gilt

$$\text{(6.6.5.2)} \qquad a^{(i+1)}_{n,n-1} = 0(\eta^2) \quad \text{falls} \quad a^{(i)}_{n,n-1} = 0(\eta)$$

und η genügend klein ist. Mit anderen Worten, das LR-Verfahren ist jetzt lokal quadratisch konvergent.

Ist A eine reelle Matrix und $\lambda_n = \bar{\lambda}_{n-1}$ ein konjugiert komplexer Eigenwert, so sind nach (6.6.4.11), d) für genügend großes i die Eigenwerte $k_i, k_{i+1} = \bar{k}_i$ von

$$\begin{bmatrix} a^{(i)}_{n-1,n-1} & a^{(i)}_{n-1,n} \\ a^{(i)}_{n,n-1} & a^{(i)}_{n,n} \end{bmatrix}$$

gute Näherungswerte für λ_n und λ_{n-1}, und es empfiehlt sich, in einem Doppel-LR-Schritt nacheinander die so gefundenen k_i und k_{i+1} als Shift-Parameter zu nehmen. Für reelles A gibt es Formeln, die den Doppelschritt $A_i \to A_{i+1} \to A_{i+2}$ gemäß (6.6.5.1) mit den Parametern k_i und $k_{i+1} = \bar{k}_i$ zusammenfassen und den Übergang

$$A_i \to A_{i+2}$$

ohne komplexe Zwischenrechnung beschreiben (mit A_i ist auch A_{i+2} reell!). Es sei hier auf die Spezialliteratur (s. Wilkinson [19], S. 512) verwiesen.

Hat man nun nach einer endlichen Anzahl von Iterationen $\lambda_n \approx a_{nn}^{(i)}$ genügend genau bestimmt (d. h. falls z. B. $|a_{n,n-1}^{(i)}| \leqq \text{eps} \cdot \text{lub}(A)$ ist), so hat A_i die Gestalt

$$A_i \approx \left[\begin{array}{ccc|c} & & & * \\ & \tilde{A} & & \vdots \\ & & & * \\ \hline 0 & \cdots & 0 & \lambda_n \end{array}\right].$$

Die übrigen Eigenwerte von A_i (und damit von A) erhält man, indem man dann die $(n-1) \times (n-1)$-Matrix $\tilde{A}$ mit weiteren LR-Schritten behandelt, usw. Es zeigt sich in der Praxis, daß man, nachdem einmal λ_n bestimmt ist, die weiteren Eigenwerte nach verhältnismäßig wenigen LR-Schritten (z. B. 4 pro Eigenwert) erhält.

6.6.6 Das QR-Verfahren

Eine Weiterentwicklung des LR-Verfahrens ist der QR-Algorithmus von Francis [6]. Hier werden ausgehend von der $n \times n$-Matrix $A =: A_1$ Matrizen Q_i, R_i, A_i nach folgender Vorschrift gebildet:

$$\text{(6.6.6.1)} \qquad \begin{aligned} A_i &=: Q_i R_i, \qquad Q_i^H Q_i = I, \qquad R_i = \begin{bmatrix} * & \cdots & * \\ & \ddots & \vdots \\ 0 & & * \end{bmatrix}. \\ A_{i+1} &:= R_i Q_i. \end{aligned}$$

Die Matrizen A_i werden also in das Produkt einer *unitären* Matrix Q_i und einer oberen Dreiecksmatrix R_i zerlegt. Man beachte, daß eine QR-Zerlegung für A_i stets existiert und etwa mit den Methoden von Abschnitt 4.7 numerisch stabil berechnet werden kann: Man kann $n-1$ Householdermatrizen $H_1^{(i)}, \ldots, H_{n-1}^{(i)}$ angeben, so daß

$$H_{n-1}^{(i)} \ldots H_1^{(i)} A_i = R_i$$

obere Dreiecksgestalt besitzt. Dann ist wegen $(H_j^{(i)})^H = (H_j^{(i)})^{-1} = H_j^{(i)}$

$$Q_i := H_1^{(i)} \cdots H_{n-1}^{(i)},$$

und A_{i+1} ergibt sich zu

$$A_{i+1} = R_i H_1^{(i)} \dots H_{n-1}^{(i)}.$$

Man beachte ferner, daß die QR-Zerlegung einer Matrix nicht eindeutig ist: Ist S eine beliebige Diagonalmatrix der Form

$$S = \begin{bmatrix} e^{i\varphi_1} & & & 0 \\ & e^{i\varphi_2} & & \\ & & \ddots & \\ 0 & & & e^{i\varphi_n} \end{bmatrix},$$

so ist mit Q_i auch $Q_i S$ unitär und es gilt $(Q_i S)(S^H R_i) = Q_i R_i$. Analog zu Satz (6.6.4.2) gilt nun

(6.6.6.2) **Satz:** *Die Matrizen* A_i, Q_i, R_i (6.6.6.1) *sowie*

$$P_i := Q_1 Q_2 \dots Q_i, \qquad U_i := R_i R_{i-1} \dots R_1,$$

haben folgende Eigenschaften:

1. A_{i+1} *ist ähnlich zu* A_i, $A_{i+1} = Q_i^H A_i Q_i$.
2. $A_{i+1} = (Q_1 \dots Q_i)^H A_1 (Q_1 \dots Q_i) = P_i^H A_1 P_i$.
3. $A^i = P_i U_i$.

Der Beweis wird wie bei Satz (6.6.4.2) geführt und wird dem Leser überlassen.

Mit Hilfe dieses Satzes kann man genau wie bei dem LR-Verfahren die Konvergenz des QR-Verfahrens untersuchen: Wie in 6.6.4 nehmen wir zunächst an, daß die Eigenwerte λ_i von A betragsmäßig getrennt sind,

$$|\lambda_1| > |\lambda_2| > \dots > |\lambda_n|,$$

und daß $X = (x_1, \dots, x_n) = (x_{ik})$, $Y := X^{-1} = (y_1, \dots, y_n)^T = (y_{ik})$ die Matrizen mit

$$A = XDY, \qquad D = \begin{bmatrix} \lambda_1 & & 0 \\ & \ddots & \\ 0 & & \lambda_n \end{bmatrix},$$

sind: x_i ist Rechtseigenvektor, y_i^T Linkseigenvektor zu λ_i:

$$Ax_i = \lambda_i x_i, \qquad y_i^T A = \lambda_i y_i^T, \qquad y_i^T x_k = \begin{cases} 1 & \text{für} \quad i = k \\ 0 & \text{sonst.} \end{cases}$$

Falls in der Zerlegung von e_1

$$e_1 = \rho_1 x_1 + \ldots + \rho_n x_n, \qquad \rho_i = y_i^T e_1 = y_{i1},$$

$\rho_1 = y_{11} \neq 0$ gilt, konvergiert die Vektoriteration $t_k := A^k e_1$:

$$\text{(6.6.6.3)} \qquad \lim_{k \to \infty} \frac{1}{\lambda_1^k} t_k = \rho_1 x_1.$$

Andererseits gilt mit $P_k = (z_1^{(k)}, \ldots, z_n^{(k)})$ und wegen $U_k = R_k \ldots R_1 = (u_{ij}^{(k)})$

$$A^k e_1 = P_k U_k e_1 = u_{11}^{(k)} P_k e_1 = r_{11}^{(1)} \ldots r_{11}^{(k)} z_1^{(k)}.$$

Nun ist P_k unitär und daher $z_1^{(k)}$ ein Vektor der euklidischen Länge 1. Es folgt daher aus (6.6.6.3) für den normierten Eigenvektor

$$z := \frac{x_1}{\|x_1\|_2},$$

daß es Phasenfaktoren $s_k = e^{i\varphi_k}$ gibt mit

$$\lim_{k \to \infty} s_k z_1^{(k)} = z,$$

$$\lim_{k \to \infty} r_{11}^{(k)} \frac{s_{k-1}}{s_k} = \lambda_1.$$

Die $r_{11}^{(k)}$, $z_1^{(k)}$ konvergieren also nicht schlechthin gegen λ_1 bzw. z, sondern nur „im wesentlichen", d. h. bis auf einen Phasenfaktor. Andererseits kann man diese „wesentliche" Konvergenz ohne weitere Nebenbedingungen, etwa $x_{11} \neq 0$, garantieren, wie man sie für das *LR*-Verfahren verlangen mußte. Allgemeiner gilt der folgende Satz, der genauso wie Satz (6.6.4.7) bewiesen werden kann und dessen Beweis wir nicht angeben:

(6.6.6.4) **Satz:** *Die $n \times n$-Matrix $A =: A_1$ erfülle folgende Voraussetzungen:*

1. *Die Eigenwerte λ_i von A seien betragsmäßig verschieden*

$$|\lambda_1| > |\lambda_2| > \ldots > |\lambda_n|.$$

2. *Die Matrix Y mit $A = XDY$, $X = Y^{-1}$, $D = \operatorname{diag}(\lambda_1, \ldots, \lambda_n) =$ Jordansche Normalform von A, besitze eine Dreieckszerlegung*

$$Y = L_Y R_Y, \qquad L_Y = \begin{bmatrix} 1 & & & 0 \\ * & \ddots & & \\ \vdots & \ddots & \ddots & \\ * & \cdots & * & 1 \end{bmatrix}, \qquad R_Y = \begin{bmatrix} * & \cdots & \cdots & * \\ & \ddots & & \vdots \\ & & \ddots & \vdots \\ 0 & & & * \end{bmatrix}.$$

Dann haben die Matrizen A_k, Q_k, R_k des QR-Verfahrens (6.6.6.1) *folgende Konvergenzeigenschaften: Es gibt Phasenmatrizen*

$$S_k = \operatorname{diag}(e^{i\varphi_1^k}, \ldots, e^{i\varphi_n^k}),$$

so daß gilt

$$\lim_{k \to \infty} S_{k-1}^H Q_k S_k = I$$

$$\lim_{k \to \infty} S_k^H R_k S_{k-1} = \lim_{k \to \infty} S_{k-1}^H A_k S_{k-1} = \begin{bmatrix} \lambda_1 & * & \cdots & * \\ & \lambda_2 & \ddots & \vdots \\ & & \ddots & * \\ 0 & & & \lambda_n \end{bmatrix}.$$

Insbesondere gilt $\lim_{k \to \infty} a_{jj}^{(k)} = \lambda_j$, $j = 1, \ldots, n$ *für* $A_k = (a_{ij}^{(k)})$.

Voraussetzung 2. dieses Satzes ist nicht wesentlich für die Konvergenz des QR-Verfahrens: Ist sie nicht erfüllt, konvergiert das QR-Verfahren nach wie vor, nur erscheinen die Eigenwerte in der Diagonale der Grenzmatrix nicht mehr notwendig dem Betrag nach geordnet. Die Aussagen (6.6.4.10) für das LR-Verfahren über die Konvergenzgeschwindigkeit von A_i bzw. (6.6.4.11) über das Konvergenzverhalten, wenn verschiedene Eigenwerte gleichen Betrag haben, gelten sinngemäß (d. h. nur modifiziert durch die Phasenmatrizen S_k) auch für das QR-Verfahren allein unter den Voraussetzungen 1. und 2. bzw. 2. des letzten Satzes. Sie sollen deshalb nicht noch einmal wiederholt werden.

Wie das LR-Verfahren wendet man das QR-Verfahren nur auf reduzierte Matrizen an: Hessenberg-Matrizen, Hermitesche Tridiagonalmatrizen oder allgemeiner Hermitesche „Bandmatrizen" $A = (a_{jk})$ der Bandbreite $2m+1 \ll n$, wenn n die Ordnung von A ist (d. h. $a_{jk} = 0$ für $|j - k| > m$). Bei diesen Matrizen ist der Arbeitsaufwand pro Schritt vertretbar und man kann zeigen, daß die Gestalt dieser Matrizen im QR-Verfahren invariant ist: Wenn A_i eine Hessenbergmatrix (Hermitesche Bandmatrix der Bandbreite $2m + 1$) ist, so gilt dasselbe für A_{i+1}.

Speziell bei Hessenberg-Matrizen bzw. Hermiteschen Tridiagonalmatrizen verwendet man Givens-Rotationen (s. 6.5.2) für die Berechnung von A_{i+1} aus A_i: Für eine $n \times n$-Hessenbergmatrix A_i reduziert man die Subdiagonalelemente mittels geeigneter Givensrotationen $\Omega_{12}, \ldots, \Omega_{n-1,n}$ zu 0,

$$\Omega_{n-1,n} \cdots \Omega_{23}\Omega_{12}A_i = R_i = \begin{bmatrix} * & \cdots & * \\ & \ddots & \vdots \\ 0 & & * \end{bmatrix}$$

$$A_i = Q_i R_i, \qquad Q_i = \Omega_{12}^H \Omega_{23}^H \cdots \Omega_{n-1,n}^H$$

und berechnet A_{i+1} aus

$$A_{i+1} = R_i Q_i = R_i \Omega_{12}^H \Omega_{23}^H \cdots \Omega_{n-1,n}^H.$$

Um die Effektivität zu steigern, wendet man ferner die gleichen Shift-Techniken an, wie sie für das LR-Verfahren beschrieben wurden (s. 6.6.5). Folgende Shift-Techniken sind üblich:

(a) $k_i := a_{nn}^{(i)}$

(b) k_i sei derjenige Eigenwert λ der 2×2-Matrix

$$\begin{bmatrix} a_{n-1,n-1}^{(i)} & a_{n-1,n}^{(i)} \\ a_{n,n-1}^{(i)} & a_{n,n}^{(i)} \end{bmatrix},$$

für den $|a_{n,n}^{(i)} - \lambda|$ am kleinsten ist.

Die Konvergenzaussagen (6.6.5.2) des letzten Abschnitts lassen sich für diese Strategien und den Fall, daß A eine Hermitesche Matrix ist, sogar verbessern:

Für die Shiftstrategie (a) wurde von Wilkinson gezeigt, daß sie für Hermitesche Matrizen unter gewissen Voraussetzungen zu lokal kubischer Konvergenz führt (für Einzelheiten siehe Wilkinson [19], S. 548, sowie Aufgabe 23).

Für unzerlegbare symmetrische Tridiagonalmatrizen A_i ($a_{j,j-1}^{(i)} \neq 0$ für $j = 2, 3, \ldots, n$) wurde von Wilkinson [21] sogar folgende globale Konvergenzaussage bewiesen:

(6.6.6.5) **Satz:** *Wendet man das QR-Verfahren mit der Shiftstrategie (b) auf eine reelle, unzerlegbare, symmetrische $n \times n$-Tridiagonalmatrix A an, so konvergieren die Elemente $a_{n,n-1}^{(i)}$ der i-ten Iterationsmatrix A_i für $i \to \infty$ mindestens quadratisch gegen 0, während $a_{n,n}^{(i)}$ mindestens quadratisch gegen einen Eigenwert von A konvergiert. Von Ausnahmen abgesehen ist die Konvergenzrate sogar kubisch.*

Numerisches Beispiel: Das Spektrum der Matrix

$$A = \begin{bmatrix} 12 & 1 & & & \\ 1 & 9 & 1 & & \\ & 1 & 6 & 1 & \\ & & 1 & 3 & 1 \\ & & & 1 & 0 \end{bmatrix} \qquad (6.6.6.6)$$

liegt symmetrisch zu 6, insbesondere also ist 6 Eigenwert von A. Wir geben nachfolgend für das QR-Verfahren mit Shiftstrategie (b) die Elemente $a_{n,n-1}^{(i)}$, $a_{n,n}^{(i)}$ sowie die Shiftparameter k_i an.

i	$a_{5,4}^{(i)}$	$a_{5,5}^{(i)}$	k_i
1	1	0	$-.302775637732_{10}0$
2	$-.454544295102_{10}-2$	$-.316869782391_{10}0$	$-.316875874226_{10}0$
3	$+.106774452090_{10}-9$	$-.316875952616_{10}0$	$-.316875952619_{10}0$
4	$+.918983519419_{10}-22$	$-.316875952617_{10}0 = \lambda_5$	

Weiterbehandlung der 4 × 4-Matrix:

i	$a_{4,3}^{(i)}$	$a_{4,4}^{(i)}$	k_i
4	$+.143723850633_{10}0$	$+.299069135875_{10}1$	$+.298389967722_{10}1$
5	$-.171156231712_{10}-5$	$+.298386369683_{10}1$	$+.298386369682_{10}1$
6	$-.111277687663_{10}-17$	$\boxed{+.298386369682_{10}1 = \lambda_4}$	

Weiterbehandlung der 3 × 3-Matrix:

i	$a_{3,2}^{(i)}$	$a_{3,3}^{(i)}$	k_i
6	$+.780088052879_{10}-1$	$+.600201597254_{10}1$	$+.600000324468_{10}1$
7	$-.838854980961_{10}-7$	$+.599999999996_{10}1$	$+.599999999995_{10}1$
8	$+.127181135623_{10}-19$	$\boxed{+.599999999995_{10}1 = \lambda_3}$	

Die verbleibende 2 × 2-Matrix hat die Eigenwerte

$$\boxed{+.901613630314_{10}1 = \lambda_2}$$
$$\boxed{+.123168759526_{10}2 = \lambda_1}$$

Man vergleiche damit das Resultat von 11 QR-Schritten *ohne* Shift:

k	$a_{k,k-1}^{(12)}$	$a_{k,k}^{(12)}$
1		$+.123165309125_{10}2$
2	$+.337457586637_{10}-1$	$+.901643819611_{10}1$
3	$+.114079951421_{10}-1$	$+.600004307566_{10}1$
4	$+.463086759853_{10}-3$	$+.298386376789_{10}1$
5	$-.202188244733_{10}-10$	$-.316875952617_{10}0$

Dieses Konvergenzverhalten ist zu erwarten, da

$$a_{5,4}^{(i)} = 0((\lambda_5/\lambda_4)^i), \qquad |\lambda_5/\lambda_4| \approx 0.1.$$

Bei der Weiterbehandlung der 4 × 4-Matrix sind sogar 23 Iterationen erforderlich, um

$$a_{4,3}^{(35)} = +.487637464425_{10}-10$$

zu erreichen!

Daß die Eigenwerte in dem Beispiel der Größe nach geordnet erscheinen, ist Zufall: Bei Verwendung von Shifts ist dies i. a. nicht zu erwarten.

Für die praktische Durchführung der QR-Schritte ist es einfacher, jeweils die Addition von $k_i I$ wegzulassen, da zu Beginn des nächsten Schrittes ohnehin die Diagonalelemente „geshiftet" werden. D. h. man realisiert

$$\tilde{A}_i - \tilde{k}_i I = Q_i R_i \to R_i Q_i =: \tilde{A}_{i+1}$$

anstelle von

$$A_i - k_i I = Q_i R_i \to R_i Q_i + k_i I =: A_{i+1}.$$

Dabei ist jedoch die Summe aller bisherigen Shiftparameter $\tilde{k}_j$ mitzuführen, denn es gilt

$$A_i = \tilde{A}_i + k_{i-1} I = \tilde{A}_i + (\tilde{k}_1 + \ldots + \tilde{k}_{i-1}) I,$$

während die QR-Zerlegungen, d. h. die Matrizen Q_i, R_i für beide Versionen identisch sind. Algol-Programme zum QR-Verfahren für symmetrische Matrizen A sind in [4] veröffentlicht, Fortran-Programme in [26].

Ist A eine reelle *nichtsymmetrische* Matrix, so kann A auch konjugiert komplexe Eigenwerte besitzen. Bei der Shiftstrategie (b) erhält man so u. U. komplexe Shiftparameter k_i. Ähnlich wie bei dem LR-Verfahren kann man jedoch die komplexe Rechnung vermeiden, indem man je zwei QR-Schritte $A_i \to A_{i+1}$, $A_{i+1} \to A_{i+2}$ zusammenfaßt und dabei als Shiftparameter k_i und k_{i+1} gerade die Eigenwerte von

$$\begin{bmatrix} a_{n-1,n-1}^{(i)} & a_{n-1,n}^{(i)} \\ a_{n,n-1}^{(i)} & a_{n,n}^{(i)} \end{bmatrix} \tag{6.6.6.7}$$

wählt. Falls A_i nämlich reell ist, ist auch A_{i+2} wieder reell, wenn die Shiftparameter k_i, k_{i+1} konjugiert komplexe Zahlen sind. Francis [6] hat eine elegante Methode angegeben, wie man ohne komplexe Zwischenresultate die reelle Matrix A_{i+2} direkt aus A_i berechnen kann, falls A_i eine Hessenbergmatrix ist. Bei diesem Algorithmus konstruiert man sich eine Folge

$$A = A_0 \to A_2 \to A_4 \to A_6 \to \ldots$$

von reellen Hessenbergmatrizen und bricht mit der Matrix A_i ab, falls entweder $a_{n,n-1}^{(i)}$ oder $a_{n-1,n-2}^{(i)}$ vernachlässigbar klein ist. Im ersten Fall ist $a_{n,n}^{(i)}$ eine gute Näherung für einen Eigenwert von A, im zweiten Fall sind die Eigenwerte von (6.6.6.7) näherungsweise 2 Eigenwerte von A. Im ersten Fall streicht man die letzte Zeile und Spalte, im zweiten Fall die letzten beiden Zeilen und Spalten von A_i und setzt den Algorithmus mit der Restmatrix fort. Algol-Programme für die Anwendung des QR-Verfahrens auf nichtsymmetrische Hessenbergmatrizen findet man in [10], [13], Fortran-Programme in [26].

Für (Hermitesche) positiv definite Matrizen A kann man übrigens zeigen, daß das QR-Verfahren (ohne Shifts) halb so viel Iterationen wie die Variante (6.6.4.12) des LR-Verfahrens benötigt: Für die Matrizen A_i, Q_i, R_i des QR-Verfahrens ist nach (6.6.6.2)

$$A^k = (Q_1 \ldots Q_k)(R_k \ldots R_1)$$

und daher

$$A^{2k} = (A^k)^H A^k = (R_k \ldots R_1)^H (R_k \ldots R_1). \tag{6.6.6.8}$$

Durch Vergleich mit (6.6.4.12) folgt

$$A^{2k} = (L_1 \ldots L_{2k})(L_1 \ldots L_{2k})^H \tag{6.6.6.9}$$

als Cholesky-Zerlegung von A^{2k}. Da $(R_k \ldots R_1)^H$ eine untere Dreiecksmatrix ist, und die Cholesky-Zerlegung einer Matrix bis auf Phasenfaktoren eindeutig ist, gibt es wegen (6.6.6.8) und (6.6.6.9) eine Phasenmatrix

$$S = \operatorname{diag}(e^{i\varphi_1}, \ldots, e^{i\varphi_n})$$

mit

$$L_1 \ldots L_{2k} = (R_k \ldots R_1)^H S.$$

Daher ist wegen (6.6.4.12), $(S^H)^{-1} = S$ und $A_{i+1} = R_i A_i R_i^{-1}$

$$\begin{aligned}\tilde{A}_{2k+1} &= (L_1 \ldots L_{2k})^H A (L_1 \ldots L_{2k})^{H^{-1}} \\ &= S^H (R_k \ldots R_1) A (R_k \ldots R_1)^{-1} S \\ &= S^H A_{k+1} S.\end{aligned}$$

Die Matrix A_{k+1} des QR-Verfahrens ist also im wesentlichen mit der Matrix $\tilde{A}_{2k+1}$ des LR-Verfahrens (6.6.4.12) identisch. Das QR-Verfahren konvergiert unter den angegebenen Umständen also doppelt so schnell wie das LR-Verfahren, was die Zahl der Iterationen angeht. Man beachte jedoch, daß ein QR-Schritt etwa doppelt so aufwendig ist wie ein LR-Schritt.

Praktische Erfahrungen zeigen, daß das QR-Verfahren ungefähr 4 mal so schnell als das verbreitete Jacobi-Verfahren ist, wenn Eigenwerte *und* Eigenvektoren zu berechnen sind und meist 10 mal so schnell, wenn nur die Eigenwerte zu berechnen sind. Überdies ist eine Programm-Organisation möglich, bei der die Originalmatrix mit den Eigenvektoren überschrieben wird und kein zusätzlicher Speicherplatzbedarf anfällt.

6.7 Berechnung der singulären Werte einer Matrix

Die singulären Werte (6.4.6) und die singuläre-Werte-Zerlegung (6.4.11) einer $m \times n$-Matrix A können schnell und numerisch stabil mit einem Verfahren berechnet werden, das von Golub und Reinsch [23] stammt und eng mit dem QR-Verfahren verwandt ist. Wir nehmen o.B.d.A. $m \geqq n$ an (andernfalls ersetze man A durch A^H), die Zerlegung (6.4.11) läßt sich dann in der Form

(6.7.1) $$A = U \begin{pmatrix} \bar{\Sigma} \\ 0 \end{pmatrix} V^H, \quad \bar{\Sigma} := \operatorname{diag}(\sigma_1, \ldots, \sigma_n), \quad \sigma_1 \geqq \sigma_2 \geqq \ldots \geqq \sigma_n \geqq 0,$$

schreiben, wobei U eine unitäre $m \times m$-Matrix, V eine unitäre $n \times n$-Matrix und $\sigma_1, \ldots, \sigma_n$ die singulären Werte von A, d.h. die Eigenwerte von $A^H A$ sind. Im Prinzip könnte man deshalb die singulären Werte durch Lösen des Eigenwertproblems für die Hermitesche Matrix $A^H A$ bestimmen, aber dieses Vorgehen kann mit einem

Verlust an Genauigkeit verbunden sein: z.B. ist für die Matrix

$$A := \begin{bmatrix} 1 & 1 \\ \varepsilon & 0 \\ 0 & \varepsilon \end{bmatrix}, \quad |\varepsilon| < \sqrt{\text{eps}}, \qquad \text{eps} = \text{Maschinengenauigkeit},$$

die Matrix $A^H A$ gegeben durch

$$A^H A = \begin{bmatrix} 1+\varepsilon^2 & 1 \\ 1 & 1+\varepsilon^2 \end{bmatrix}$$

und A besitzt die singulären Werte $\sigma_1(A) = \sqrt{2+\varepsilon^2}$, $\sigma_2(A) = |\varepsilon|$. Bei Gleitpunktrechnung der Genauigkeit eps erhält man statt $A^H A$ die Matrix $\mathrm{gl}(A^H A) =: B = \begin{bmatrix} 1 & 1 \\ 1 & 1 \end{bmatrix}$ mit den Eigenwerten $\tilde{\lambda}_1 = 2$ und $\tilde{\lambda}_2 = 0$; $\sigma_2(A) = |\varepsilon|$ stimmt *nicht* bis auf Maschinengenauigkeit mit $\sqrt{\tilde{\lambda}_2} = 0$ überein!

Bei dem Verfahren von Golub und Reinsch reduziert man als erstes in einem Vorbereitungsschritt A unitär auf Bidiagonalform: Mit Hilfe des Householderverfahrens (4.7) bestimmt man zunächst eine $m \times m$-Householder-Matrix P_1, die die Subdiagonalelemente der 1. Spalte von A annulliert: Man erhält so eine Matrix $A' = P_1 A$ der Form (Skizze für $m = 5$, $n = 4$, sich ändernde Elemente werden mit $*$ bezeichnet):

$$A = \begin{bmatrix} x & x & x & x \\ x & x & x & x \\ x & x & x & x \\ x & x & x & x \\ x & x & x & x \end{bmatrix} \to P_1 A = A' = \begin{bmatrix} * & * & * & * \\ 0 & * & * & * \\ 0 & * & * & * \\ 0 & * & * & * \\ 0 & * & * & * \end{bmatrix}.$$

Dann bestimmt man wie in (4.7) eine $n \times n$-Householdermatrix Q_1 der Form $Q_1 = \begin{pmatrix} 1 & 0 \\ 0 & \tilde{Q}_1 \end{pmatrix}$, so daß die Elemente auf den Positionen $(1,3), \ldots, (1,n)$ der 1. Zeile von $A'' := A' Q_1$ verschwinden

$$A' = \begin{bmatrix} x & x & x & x \\ 0 & x & x & x \\ 0 & x & x & x \\ 0 & x & x & x \\ 0 & x & x & x \end{bmatrix} \to A' Q_1 = A'' = \begin{bmatrix} x & * & 0 & 0 \\ 0 & * & * & * \\ 0 & * & * & * \\ 0 & * & * & * \\ 0 & * & * & * \end{bmatrix}.$$

Allgemein erhält man im 1. Schritt eine Matrix A'' der Form

$$A'' = \left[\begin{array}{c|c} q_1 & a_1 \\ \hline 0 & \tilde{A} \end{array}\right], \qquad a_1 := (e_2, 0, \ldots, 0) \in \mathbb{C}^{n-1}$$

mit einer $(m-1)\times(n-1)$-Matrix $\bar{A}$. Man behandelt nun die Matrix $\bar{A}$ auf die gleiche Weise wie A usw. und erhält auf diese Weise nach n Reduktionsschritten eine $m\times n$-Bidiagonalmatrix $J^{(0)}$ der Form

$$J^{(0)}=\begin{bmatrix}J_0\\0\end{bmatrix},\quad J_0=\begin{bmatrix}q_1^{(0)} & e_2^{(0)} & & 0\\ & q_2^{(0)} & e_3^{(0)} & \\ & & \ddots & \ddots \quad e_n^{(0)}\\ 0 & & & \ddots \quad q_n^{(0)}\end{bmatrix},$$

wobei $J^{(0)}=P_nP_{n-1}\dots P_1AQ_1Q_2\dots Q_{n-2}$ und P_i, Q_i gewisse Householdermatrizen sind.

Da $Q:=Q_1Q_2\dots Q_{n-2}$ unitär ist und $J^{(0)H}J^{(0)}=J_0^HJ_0=Q^HA^HAQ$ gilt, besitzen J_0 und A die gleichen singulären Werte; ebenso ist mit $P:=P_1P_2\dots P_n$ die Zerlegung

$$A=\left(P\cdot\begin{bmatrix}G & 0\\0 & I_{n-m}\end{bmatrix}\right)\begin{bmatrix}\bar{\Sigma}\\0\end{bmatrix}(H^HQ^H)$$

die singuläre-Werte-Zerlegung (6.7.1) von A, falls $J_0=G\bar{\Sigma}H^H$ die singuläre-Werte-Zerlegung von J_0 ist. Es genügt also das Problem für $n\times n$-Bidiagonalmatrizen J zu behandeln.

Im 1. Schritt wird J von rechts mit einer gewissen Givensreflexion des Typs T_{12} multipliziert, deren Wahl wir im Augenblick noch offen lassen wollen. Dabei geht J in eine Matrix $J^{(1)}=JT_{12}$ der folgenden Form über (Skizze für $n=4$):

$$J=\begin{bmatrix}x & x & & \\ & x & x & \\ & & x & x\\ & & & x\end{bmatrix}\to JT_{12}=\begin{bmatrix}* & * & & \\ \circledast & * & x & \\ & & x & x\\ & & & \end{bmatrix}=J^{(1)}.$$

Das dabei erzeugte Subdiagonalelement in Position (2,1) von $J^{(1)}$ wird durch Multiplikation von links mittels einer passenden Givensreflexion des Typs S_{12} wieder annulliert. Man erhält so die Matrix $J^{(2)}=S_{12}J^{(1)}$:

$$J^{(1)}=\begin{bmatrix}x & x & & \\ x & x & x & \\ & & x & x\\ & & & x\end{bmatrix}\to S_{12}J^{(1)}=\begin{bmatrix}* & * & \circledast & \\ 0 & * & * & \\ & & x & x\\ & & & x\end{bmatrix}=J^{(2)}.$$

Das Element in Position (1,3) von $J^{(2)}$ wird annulliert durch Multiplikation von rechts mit einer Givensreflektion des Typs T_{23},

$$J^{(2)} = \begin{bmatrix} x & x & x & \\ & x & x & \\ & & x & x \\ & & & x \end{bmatrix} \rightarrow J^{(2)} T_{23} = \begin{bmatrix} x & * & 0 & \\ & * & * & \\ & \circledast & * & x \\ & & & x \end{bmatrix} = J^{(3)} .$$

Das Subdiagonalelement in Position (3,2) annulliert man durch Linksmultiplikation mit einer Givensreflektion S_{23}, wodurch jetzt ein Element in Position (2,4) erzeugt wird usw. Alles in allem kann man so zu jeder Givensreflektion T_{12} eine Folge von weiteren Givensreflektionen $S_{i,i+1}$, $T_{i,i+1}$, $i=1, 2, \ldots, n-1$, angeben, so daß die Matrix $\bar{J} := S_{n-1,n} S_{n-2,n-1} \ldots S_{12} J T_{12} T_{23} \ldots T_{n-1,n}$ wieder eine Bidiagonalmatrix wird. Die Matrizen $S := S_{12} S_{23} \ldots S_{n-1,n}$, $T := T_{12} T_{23} \ldots T_{n-1,n}$ sind unitär, so daß wegen $\bar{J} = S^H J T$ die Matrix $\bar{M} := \bar{J}^H \bar{J} = T^H J^H S S^H J T = T^H M T$ eine Tridiagonalmatrix ist, die unitär ähnlich zur Tridiagonalmatrix $M := J^H J$ ist.

Die Wahl von T_{12} war bislang offen. Wir zeigen, daß man T_{12} so wählen kann, daß $\bar{M}$ gerade die Matrix wird, die das QR-Verfahren mit Shift k aus der Tridiagonalmatrix M erzeugt. Bekanntlich (s. 6.6.6) liefert das QR-Verfahren mit Shift k angewandt auf die Tridiagonalmatrix M wieder eine Tridiagonalmatrix $\tilde{M}$ nach folgenden Regeln.

(6.7.2)
$$M - k \cdot I =: \tilde{T} \cdot R , \qquad R \text{ obere Dreiecksmatrix}, \tilde{T} \text{ unitär}$$
$$\tilde{M} := R \cdot \tilde{T} + k \cdot I ,$$

so daß $\tilde{M} = \tilde{T}^H M \tilde{T}$ unitär ähnlich zu M wird.

Wir nutzen nun folgende wichtige Beobachtung von Francis aus: Sei $M = (m_{ik})$ eine n-reihige nichtzerfallende Hermitesche Tridiagonal-Matrix, $m_{i+1,i} \neq 0$ für $i = 1, 2, \ldots, n-1$, und $T = (t_1, \ldots, t_n)$, $\tilde{T} = (\tilde{t}_1, \ldots, \tilde{t}_n)$ unitäre $n \times n$-Matrizen mit folgenden Eigenschaften

1) $t_1 = \tilde{t}_1 = (\tau_1, \tau_2, 0, \ldots, 0)^T$, $\tau_2 \neq 0$: T und $\tilde{T}$ haben die gleiche erste Spalte.

2) Die Matrizen $\bar{M} := T^H M T$ und $\tilde{M} := \tilde{T}^H M \tilde{T}$ sind Tridiagonalmatrizen.

Dann sind auch die übrigen Spalten von T und $\tilde{T}$ bis auf Phasenfaktoren gleich, $\tilde{t}_k = e^{i\varphi_k} t_k$: Es gibt eine Diagonalmatrix $D := \operatorname{diag}(e^{i\varphi_1}, e^{i\varphi_2}, \ldots, e^{i\varphi_n})$, $\varphi_1 = 0$, mit $\tilde{T} = TD$ und $\tilde{M} = D^H \bar{M} D$ (um dies zu zeigen, betrachte man die Beziehung $MT = M(t_1, \ldots, t_n) = (t_1, \ldots, t_n)\bar{M} = T\bar{M}$ als Gleichungssystem für $t_2, \ldots, t_n$, das man spaltenweise ausgehend von der ersten Spalte t_1 nach den übrigen t_i auflöst).

Die erste Spalte t_1 von $T = T_{12} T_{23} \ldots T_{n-1,n}$ ist gerade die erste Spalte von T_{12}, wegen $(e_1 := (1, 0, \ldots, 0)^T \in \mathbb{C}^n)$

$$t_1 = Te_1 = T_{12} \ldots T_{n-1,n} e_1 = T_{12} \ldots T_{n-2,n-1} e_1 = \ldots = T_{12} e_1$$

und hat die Form $t_1 = (c, s, 0, \ldots, 0)^T \in \mathbb{R}^n$, $c^2 + s^2 = 1$. Andererseits hat die Tridiagonalmatrix $M - kI$ wegen $M = J^H J$ die Form

$$(6.7.3) \qquad M - kI = \begin{bmatrix} \delta_1 & \bar{\gamma}_2 & & & 0 \\ \gamma_2 & \delta_2 & \ddots & & \\ & \ddots & \ddots & \ddots & \\ & & \ddots & \ddots & \bar{\gamma}_n \\ 0 & & & \gamma_n & \delta_n \end{bmatrix}, \qquad \delta_1 = |q_1|^2 - k, \qquad \gamma_2 = \bar{e}_2 q_1,$$

falls

$$J = \begin{bmatrix} q_1 & e_2 & & & 0 \\ & q_2 & e_3 & & \\ & & \ddots & \ddots & \\ & & & \ddots & e_n \\ & & & & q_n \end{bmatrix}.$$

Eine unitäre Matrix $\tilde{T}$ mit (6.7.2), $\tilde{T}^H(M - kI) = R =$ obere Dreiecksmatrix, läßt sich als Produkt von $n-1$ Givensreflexionen des Typs $\tilde{T}_{i,i+1}$ (s. 4.9) angeben, die die $n-1$ Subdiagonalelemente von $M - kI$ der Reihe nach annullieren, $\tilde{T} = \tilde{T}_{12}\tilde{T}_{23} \ldots \tilde{T}_{n-1,n}$. Dabei besitzt insbesondere $\tilde{T}_{12}$ folgende Form

$$(6.7.4) \qquad \tilde{T}_{12} = \begin{bmatrix} \tilde{c} & \tilde{s} & & 0 \\ \tilde{s} & -\tilde{c}_1 & & \\ & & 1 & \\ & & & \ddots \\ 0 & & & & 1 \end{bmatrix}, \quad \begin{bmatrix} \tilde{c} \\ \tilde{s} \end{bmatrix} = \alpha \begin{bmatrix} \delta_1 \\ \gamma_2 \end{bmatrix} = \alpha \begin{bmatrix} |q_1|^2 - k \\ \bar{e}_2 q_1 \end{bmatrix}, \quad \tilde{c}^2 + \tilde{s}^2 = 1\,,$$

wobei $\tilde{s} \neq 0$ gilt, wenn M nicht zerfällt.

Die erste Spalte $\tilde{t}_1$ von $\tilde{T}$ stimmt mit der ersten Spalte von $\tilde{T}_{12}$ überein, die durch $\tilde{c}$, $\tilde{s}$ (6.7.4) gegeben ist. Da $\tilde{M} = \tilde{T}^H M \tilde{T}$ eine Tridiagonalmatrix ist, folgt aus dem Francis'schen Resultat, daß $\bar{M}$ mit $\tilde{M}$ im wesentlichen (bis auf Skalierungsfaktoren) übereinstimmt, falls als erste Spalte t_1 von T_{12} (dadurch ist T_{12} bestimmt) gerade die erste Spalte von $\tilde{T}_{12}$ gewählt wird (sofern die Tridiagonalmatrix M nicht zerfällt).

Dementsprechend besteht ein typischer Schritt $J \to \bar{J}$ des Verfahrens von Golub und Reinsch darin, daß man zunächst einen reellen Shiftparameter k bestimmt, etwa mittels einer der Strategien aus Abschnitt (6.6.6), dann $T_{12} := \tilde{T}_{12}$ mit Hilfe der Formeln (6.7.4) wählt, und wie oben beschrieben, weitere Givensmatrizen $T_{i,i+1}$, $S_{i,i+1}$ so bestimmt, daß

$$\bar{J} = S_{n-1,n} \ldots S_{23} S_{12} J T_{12} T_{23} \ldots T_{n-1,n}$$

wieder eine Bidiagonalmatrix wird. Durch diese *implizite* Berücksichtigung der Shifts wird insbesondere der Genauigkeitsverlust vermieden, der in (6.7.2) bei einer expliziten Ausführung der Subtraktion $M \to M - kI$ und der Addition $R\tilde{T} \to R\tilde{T} + kI$ etwa für großes k auftreten würde. Die Konvergenzeigenschaften des Verfahrens sind natürlich die gleichen wie bei dem QR-Verfahren: insbesondere liegt bei Verwendung geeigneter Shiftstrategien (s. Satz (6.6.6.5)) in der Regel kubische Konvergenz vor.

Ein Algol-Programm für dieses Verfahren findet man bei Golub, Reinsch [23], Fortran-Programme in Garbow et al. [22].

6.8 Allgemeine Eigenwertprobleme

In den Anwendungen treten häufig Eigenwertprobleme der folgenden Form auf: Für gegebene $n \times n$-Matrizen A, B bestimme man Zahlen λ, so daß es einen Vektor $x \neq 0$ gibt mit

(6.8.1) $$Ax = \lambda Bx.$$

Für nichtsinguläre Matrizen B ist (6.7.1) mit dem klassischen Eigenwertproblem

(6.8.2) $$B^{-1}Ax = \lambda x$$

für die Matrix $B^{-1}A$ äquivalent (ähnliches gilt, falls A^{-1} existiert). Gewöhnlich sind nun in den Anwendungen die Matrizen A und B reell symmetrisch und B darüber hinaus positiv definit. Obwohl dann i. a. $B^{-1}A$ nicht symmetrisch ist, kann man trotzdem (6.7.1) auf ein klassisches Eigenwertproblem für symmetrische Matrizen reduzieren: Ist etwa

$$B = LL^T$$

die Cholesky-Zerlegung der positiv definiten Matrix B, so ist L nichtsingulär und $B^{-1}A$ ähnlich zu der Matrix $G := L^{-1}A(L^{-1})^T$

$$L^T(B^{-1}A)(L^T)^{-1} = L^T(L^T)^{-1}L^{-1}A(L^{-1})^T = L^{-1}A(L^{-1})^T = G.$$

Nun ist aber mit A auch die Matrix G wieder symmetrisch. Die Eigenwerte λ von (6.7.1) sind also genau die Eigenwerte der symmetrischen Matrix G.

Die Berechnung von G kann man auf folgende Weise vereinfachen: Man berechnet zunächst

$$F := A(L^{-1})^T$$

durch Auflösung von $FL^T = A$, und danach

$$G = L^{-1}F$$

aus der Gleichung $LG = F$. Wegen der Symmetrie von G genügt es, die Elemente unterhalb der Diagonale von G zu bestimmen. Dazu ist die Kenntnis des unteren Dreiecks von F (f_{ik} mit $k \leqq i$) ausreichend. Deshalb genügt es, nur diese Elemente von F aus der Gleichung $FL^T = A$ zu berechnen.

Zusammen mit der Cholesky-Zerlegung $B = LL^T$, die etwa $\frac{1}{6}n^3$ wesentliche Operationen erfordert, kostet die Berechnung von $G = L^{-1}A(L^{-1})^T$ aus A, B also etwa $\frac{2}{3}n^3$ wesentliche Operationen (Multiplikationen).

Für weitere Methoden siehe Martin, Wilkinson [11] und Peters, Wilkinson [14]. Ein neueres Verfahren zur Lösung des allgemeinen Eigenwertproblems (6.8.1) ist das QZ-Verfahren von Moler und Stewart [25], Algol-Programme findet man in [11], Fortran-Programme in [22].

6.9 Eigenwertabschätzungen

Mit Hilfe der in Abschnitt 4.4 entwickelten Begriffe der Vektor- und Matrixnormen wollen wir nun einige einfache Abschätzungen für die Eigenwerte einer Matrix geben. Dazu sei im folgenden für $x \in \mathbb{C}^n$

$$\|x\|$$

eine gegebene Vektornorm und

$$\operatorname{lub}(A) = \max_{x \neq 0} \frac{\|Ax\|}{\|x\|}$$

die zugehörige Matrixnorm. Insbesondere verwenden wir die Maximumnorm

$$\|x\|_\infty = \max_i |x_i|, \qquad \operatorname{lub}_\infty(A) = \max_i \sum_k |a_{ik}|.$$ Zeilensummennorm

Wir unterscheiden zwei Typen von Eigenwertabschätzungen:

1. Ausschließungssätze
2. Einschließungssätze

Bei Ausschließungssätzen werden Gebiete der komplexen Ebene angegeben, in denen *kein* Eigenwert liegt (bzw. in deren Komplement *alle* Eigenwerte liegen); bei Einschließungssätzen werden Gebiete angegeben, in denen *mindestens* ein Eigenwert liegt.

Ein Ausschließungssatz vom einfachsten Typ ist der

(6.9.1) **Satz** (Hirsch): *Für alle Eigenwerte* λ *von* A *gilt*

$$|\lambda| \leqq \operatorname{lub}(A).$$

Beweis: Ist x Eigenvektor zum Eigenwert λ, so folgt aus

$$Ax = \lambda x, \qquad x \neq 0$$

die Beziehung

$$\|\lambda x\| = |\lambda| \cdot \|x\| \leqq \operatorname{lub}(A) \cdot \|x\|,$$

$$|\lambda| \leqq \operatorname{lub}(A). \quad \square$$

Sind λ_i die Eigenwerte von A, so nennt man

$$\rho(A) := \max_{1 \leqq i \leqq n} |\lambda_i|$$

den *Spektralradius* von A. Nach (6.9.1) gilt $\rho(A) \leqq \operatorname{lub}(A)$ für jede Vektornorm.

(6.9.2) **Satz:** 1. *Zu jeder Matrix* A *und jedem* $\varepsilon > 0$ *existiert eine Vektornorm mit*

$$\operatorname{lub}(A) \leqq \rho(A) + \varepsilon.$$

2. *Hat jeder Eigenwert* λ *von* A *mit der Eigenschaft* $|\lambda| = \rho(A)$ *nur lineare Elementarteiler, so existiert sogar eine Vektornorm mit*

$$\operatorname{lub}(A) = \rho(A).$$

Beweis: 1. Zu A existiert eine nichtsinguläre Matrix T, so daß

$$TAT^{-1} = J$$

die Jordansche Normalform von A ist (s. (6.2.5)), d. h. J besteht aus Diagonalblöcken der Gestalt

$$C_\nu(\lambda_i) = \begin{bmatrix} \lambda_i & 1 & & 0 \\ & \ddots & \ddots & \\ & & \ddots & 1 \\ 0 & & & \lambda_i \end{bmatrix}.$$

Durch die Transformation $J \to D_\varepsilon^{-1} J D_\varepsilon$ mit der Diagonalmatrix

$$D_\varepsilon := \operatorname{diag}(1, \varepsilon, \varepsilon^2, \ldots, \varepsilon^{n-1}), \qquad \varepsilon > 0$$

erreicht man, daß die $C_\nu(\lambda_i)$ übergehen in

$$\begin{bmatrix} \lambda_i & \varepsilon & & & 0 \\ & \cdot & \cdot & & \\ & & \cdot & \cdot & \\ & & & \cdot & \varepsilon \\ 0 & & & & \lambda_i \end{bmatrix}.$$

Daraus folgt sofort

$$\operatorname{lub}_\infty(D_\varepsilon^{-1} J D_\varepsilon) = \operatorname{lub}_\infty(D_\varepsilon^{-1} TAT^{-1} D_\varepsilon) \leqq \rho(A) + \varepsilon.$$

Nun gilt allgemein: Ist S eine nichtsinguläre Matrix, $\|\cdot\|$ eine Vektornorm, so ist auch $p(x) := \|Sx\|$ eine Vektornorm und es ist $\operatorname{lub}_p(A) = \operatorname{lub}(SAS^{-1})$. Für die Norm $p(x) := \|D_\varepsilon^{-1} Tx\|_\infty$ folgt daraus

$$\operatorname{lub}_p(A) = \operatorname{lub}_\infty(D_\varepsilon^{-1} TAT^{-1} D_\varepsilon) \leqq \rho(A) + \varepsilon.$$

2. Die Eigenwerte λ_i von A seien wie folgt geordnet

$$\rho(A) = |\lambda_1| = \ldots = |\lambda_s| > |\lambda_{s+1}| \geqq \cdots \geqq |\lambda_n|.$$

Dann hat nach Voraussetzung für $1 \leqq i \leqq s$ jedes Jordankästchen $C_\nu(\lambda_i)$ in J die Dimension 1, d. h. $C_\nu(\lambda_i) = [\lambda_i]$. Wählt man

$$\varepsilon = \rho(A) - |\lambda_{s+1}|,$$

so gilt deshalb

$$\operatorname{lub}_\infty(D_\varepsilon^{-1} TAT^{-1} D_\varepsilon) = \rho(A).$$

Für die Norm $p(x) := \|D_\varepsilon^{-1} Tx\|_\infty$ folgt wie in 1)

$$\operatorname{lub}_p(A) = \rho(A). \quad \square$$

Eine bessere Abschätzung als (6.9.1) wird durch folgenden Satz gegeben (vgl. Bauer, Fike [2]):

(6.9.3) **Satz:** *Ist B eine beliebige $n \times n$-Matrix, so gilt für alle Eigenwerte λ von A*

$$1 \leqq \operatorname{lub}\big((\lambda I - B)^{-1}(A - B)\big) \leqq \operatorname{lub}\big((\lambda I - B)^{-1}\big) \cdot \operatorname{lub}(A - B),$$

es sei denn, daß λ auch Eigenwert von B ist.

Beweis: Ist x Eigenvektor zum Eigenwert λ von A, so folgt aus der Identität

$$(A - B)\,x = (\lambda I - B)\,x,$$

wenn λ kein Eigenwert von B ist, sofort

$$(\lambda I - B)^{-1}(A - B)x = x$$

und daraus

$$\operatorname{lub}[(\lambda I - B)^{-1}(A - B)] \geqq 1. \quad \square$$

Wählt man insbesondere

$$B = A_D := \begin{bmatrix} a_{11} & & 0 \\ & \ddots & \\ 0 & & a_{nn} \end{bmatrix},$$

die Diagonale von A, und nimmt man die Maximumnorm, so folgt

$$\operatorname{lub}_\infty[(\lambda I - A_D)^{-1}(A - A_D)] = \max_{1 \leqq i \leqq n} \frac{1}{|\lambda - a_{ii}|} \sum_{\substack{k=1 \\ k \neq i}}^{n} |a_{ik}|.$$

Aus Satz (6.9.3) folgt nun

(6.9.4) **Satz** (*Gerschgorin*): *Die Vereinigung aller Kreisscheiben*

$$K_i := \left\{ \mu \in \mathbb{C} \,\middle|\, |\mu - a_{ii}| \leqq \sum_{\substack{k=1 \\ k \neq i}}^{n} |a_{ik}| \right\}$$

enthält alle Eigenwerte der $n \times n$-Matrix $A = (a_{ik})$.

Da der Kreis K_i den Mittelpunkt a_{ii} und den Radius $\sum_{\substack{k=1 \\ k \neq i}}^{n} |a_{ik}|$ besitzt, ist diese Abschätzung umso schärfer, je weniger sich A von einer Diagonalmatrix unterscheidet.

Beispiel: $A = \begin{bmatrix} 1 & 0.1 & -0.1 \\ 0 & 2 & 0.4 \\ -0.2 & 0 & 3 \end{bmatrix}$, $\quad K_1 = \{\mu \mid |\mu - 1| \leqq 0.2\}$, $K_2 = \{\mu \mid |\mu - 2| \leqq 0.4\}$, $K_3 = \{\mu \mid |\mu - 3| \leqq 0.2\}$

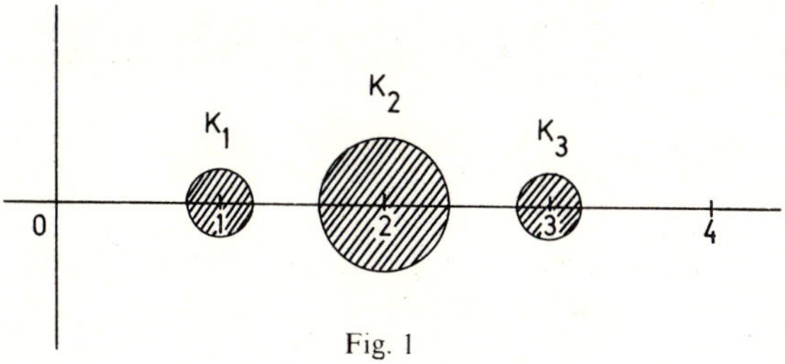

Fig. 1

Insbesondere kann man den letzten Satz verschärfen:

(6.9.5) **Korollar:** *Ist die Vereinigung* $M_1 = \bigcup_{j=1}^{k} K_{i_j}$ *von k Kreisen* $K_{i_j}, j = 1, \ldots, k$, *disjunkt von der Vereinigung* M_2 *der übrigen Kreise, so enthält* M_1 *genau k Eigenwerte von A und* M_2 *genau* $n - k$ *Eigenwerte.*

Beweis: Ist $A = A_D + R$, so setze man für $t \in [0, 1]$

$$A_t := A_D + tR.$$

Dann ist

$$A_0 = A_D, \qquad A_1 = A.$$

Die Eigenwerte von A_t sind stetige Funktionen von t. Wendet man den Gerschgorinschen Satz auf A_t an, so findet man, daß für $t = 0$ genau k Eigenwerte von A_0 in M_1 liegen und $n - k$ in M_2 (mehrfache Eigenwerte entsprechend ihrer Vielfachheit als Nullstelle des charakteristischen Polynoms gezählt). Da für $0 \leqq t \leqq 1$ alle Eigenwerte von A_t ebenfalls in diesen Kreisen liegen müssen, folgt aus Stetigkeitsgründen, daß auch k Eigenwerte von A in M_1 liegen und die restlichen $n - k$ in M_2. □

Da die Eigenwerte der Matrizen A und A^T identisch sind, kann man (6.9.4), (6.9.5) auf A und auf A^T anwenden und damit u. U. mehr Information über die Lage der Eigenwerte erhalten.

Häufig kann man die Abschätzungen des Gerschgorinschen Satzes verbessern, wenn man die Matrix A vorher mit Hilfe einer Diagonalmatrix $D = \operatorname{diag}(d_1, \ldots, d_n)$ ähnlich transformiert: $A \to D^{-1}AD$. Man erhält so für die Eigenwerte von $D^{-1}AD$ und damit von A die Kreise:

$$K_i = \left\{ \mu \,\middle|\, |\mu - a_{ii}| \leqq \sum_{\substack{k=1 \\ k \neq i}}^{n} \left| \frac{a_{ik} d_k}{d_i} \right| =: \rho_i \right\}$$

Durch geeignete Wahl von D kann man häufig den Radius ρ_i eines Kreises erheblich verkleinern (wodurch in der Regel die restlichen Kreise größer werden), und zwar so, daß der betreffende Kreis K_i disjunkt zu den übrigen Kreisen K_j, $j \neq i$, bleibt. K_i enthält dann genau einen Eigenwert von A.

Beispiel:

$$A = \begin{bmatrix} 1 & \varepsilon & \varepsilon \\ \varepsilon & 2 & \varepsilon \\ \varepsilon & \varepsilon & 2 \end{bmatrix}, \qquad \begin{array}{l} K_1 = \{\mu \mid |\mu - 1| \leqq 2\varepsilon\} \\ K_2 = K_3 = \{\mu \mid |\mu - 2| \leqq 2\varepsilon\} \\ 0 < \varepsilon \ll 1 \end{array}$$

Transformation mit $D = \operatorname{diag}(1, k\varepsilon, k\varepsilon)$, $k > 0$, ergibt

$$A' = D^{-1}AD = \begin{bmatrix} 1 & k\varepsilon^2 & k\varepsilon^2 \\ 1/k & 2 & \varepsilon \\ 1/k & \varepsilon & 2 \end{bmatrix}.$$

Für A' ist

$$\rho_1 = 2k\varepsilon^2, \qquad \rho_2 = \rho_3 = \frac{1}{k} + \varepsilon.$$

Die Kreise K_1 und $K_2 = K_3$ sind für A' disjunkt, wenn

$$\rho_1 + \rho_2 = 2k\varepsilon^2 + \frac{1}{k} + \varepsilon < 1$$

gilt. Dazu muß offenbar $k > 1$ sein. Der optimale Wert $\tilde{k}$, für den sich K_1 und K_2 berühren, ergibt sich aus $\rho_1 + \rho_2 = 1$. Man erhält

$$\tilde{k} = \frac{2}{1 - \varepsilon + \sqrt{(1-\varepsilon)^2 - 8\varepsilon^2}} = 1 + \varepsilon + 0(\varepsilon^2)$$

und damit

$$\rho_1 = 2\tilde{k}\varepsilon^2 = 2\varepsilon^2 + 0(\varepsilon^3).$$

Durch die Transformation $A \to A'$ kann also der Radius ρ_1 von K_1 von anfangs 2ε bis auf etwa $2\varepsilon^2$ verkleinert werden.

Die Abschätzung von Satz (6.9.3) läßt sich auch als Störungssatz auffassen, der angibt, wie weit sich die Eigenwerte von A von den Eigenwerten von B entfernen können. Um das zu zeigen, nehmen wir an, daß B normalisierbar ist:

$$B = P\Lambda_B P^{-1}, \qquad \Lambda_B = \operatorname{diag}(\lambda_1(B), \ldots, \lambda_n(B))$$

Dann folgt, wenn λ kein Eigenwert von B ist,

$$\begin{aligned} \operatorname{lub}((\lambda I - B)^{-1}) &= \operatorname{lub}(P(\lambda I - \Lambda_B)^{-1}P^{-1}) \\ &\leqq \operatorname{lub}((\lambda I - \Lambda_B)^{-1}) \cdot \operatorname{lub}(P) \cdot \operatorname{lub}(P^{-1}) \\ &= \max_{1 \leqq i \leqq n} \frac{1}{|\lambda - \lambda_i(B)|} \operatorname{cond}(P) \\ &= \frac{1}{\min\limits_{1 \leqq i \leqq n} |\lambda - \lambda_i(B)|} \operatorname{cond}(P). \end{aligned}$$

Diese Abschätzung ist für alle Normen $\|\cdot\|$ richtig, für die wie bei der Maximumnorm und der euklidischen Norm für alle Diagonalmatrizen $D = \operatorname{diag}(d_1, \ldots, d_n)$ gilt

$$\operatorname{lub}(D) = \max_{1 \leqq i \leqq n} |d_i|.$$

Solche Normen heißen *absolut*, sie sind auch dadurch gekennzeichnet, daß für sie $\| |x| \| = \|x\|$ für alle $x \in \mathbb{C}^n$ gilt (s. Bauer, Stoer, Witzgall [3]).

Aus (6.9.3) folgt damit (vgl. Bauer, Fike [2], Householder [7])

(6.9.6) **Satz:** *Ist B eine diagonalisierbare $n \times n$-Matrix, $B = P\Lambda_B P^{-1}$, $\Lambda_B = \operatorname{diag}(\lambda_1(B), \ldots, \lambda_n(B))$, und A eine beliebige $n \times n$-Matrix, so gibt es zu jedem Eigenwert $\lambda(A)$ einen Eigenwert $\lambda_i(B)$, so daß gilt*

$$|\lambda(A) - \lambda_i(B)| \leqq \operatorname{cond}(P) \cdot \operatorname{lub}(A - B).$$

Dabei beziehen sich cond, lub *auf eine absolute Norm* $\| \cdot \|$.

Diese Abschätzung besagt, daß für die Störempfindlichkeit der Eigenwerte einer Matrix B die Kondition

$$\operatorname{cond}(P)$$

der Matrix P und nicht die der Matrix B maßgeblich ist. Die Spalten von P sind aber gerade die (Rechts-) Eigenvektoren von B. Für Hermitesche Matrizen B, allgemeiner für normale Matrizen B, kann P als eine unitäre Matrix gewählt werden (Satz (6.4.5)). Bezüglich der euklidischen Norm $\|x\|_2$ gilt daher $\operatorname{cond}_2(P) = 1$ und damit der

(6.9.7) **Satz:** *Ist B eine normale $n \times n$-Matrix, A eine beliebige $n \times n$-Matrix, so gibt es zu jedem Eigenwert $\lambda(A)$ von A einen Eigenwert $\lambda(B)$ von B mit*

$$|\lambda(A) - \lambda(B)| \leqq \operatorname{lub}_2(A - B).$$

Das Eigenwertproblem für Hermitesche Matrizen ist also in jedem Fall gut konditioniert.

Die Abschätzungen von (6.9.6), (6.9.7) sind globaler Natur. Wir wollen nun die Störempfindlichkeit eines bestimmten Eigenwertes λ von A bei kleinen Störungen $A \to A + \varepsilon C$, $\varepsilon \to 0$, in 1. Näherung untersuchen. Wir beschränken uns auf den Fall, daß der zu untersuchende Eigenwert λ einfache 0-Stelle des char. Polynoms von A ist. Zu λ gehören dann bis auf Vielfache eindeutig bestimmte Rechts- und Linkseigenvektoren x bzw. y:

$$Ax = \lambda x, \qquad y^H A = \lambda y^H, \qquad x \neq 0, \qquad y \neq 0.$$

Für sie gilt $y^H x \neq 0$, wie man mit Hilfe der Jordanschen Normalform von A, die nur einen Jordanblock zum Eigenwert λ enthält, der zudem 1-reihig ist, leicht zeigen kann.

(6.9.8) **Satz:** *Sei λ eine einfache* 0-*Stelle des char. Polynoms der $n \times n$-Matrix A, x und y^H ein zugehöriger Rechts- bzw. Linkseigenvektor von A*

$$Ax = \lambda x, \qquad y^H A = \lambda y^H, \qquad x, y \neq 0,$$

und C eine beliebige $n \times n$-Matrix. Dann gibt es eine für genügend kleines ε, $|\varepsilon| \leqq \varepsilon_0 > 0$, analytische Funktion $\lambda(\varepsilon)$, so daß

$$\lambda(0) = \lambda, \qquad \lambda'(0) = \frac{y^H C x}{y^H x}$$

gilt und $\lambda(\varepsilon)$ einfache 0-Stelle des char. Polynoms von $A + \varepsilon C$ ist. In 1. Näherung hat man also

$$\lambda(\varepsilon) \doteq \lambda + \varepsilon \frac{y^H C x}{y^H x}.$$

Beweis: Das char. Polynom der Matrix $A + \varepsilon C$

$$\varphi_\varepsilon(\mu) = \det(A + \varepsilon C - \mu I)$$

ist eine analytische Funktion von ε und μ. Sei K ein Kreis um λ

$$K = \{\mu \mid |\mu - \lambda| = r\},$$

der außer λ keinen weiteren Eigenwert von A enthält. Es ist dann

$$\inf_{\mu \in K} |\varphi_0(\mu)| =: m > 0.$$

Da $\varphi_\varepsilon(\mu)$ stetig von ε abhängt, gibt es ein $\varepsilon_0 > 0$, so daß auch

$$\inf_{\mu \in K} |\varphi_\varepsilon(\mu)| > 0 \quad \text{für alle} \quad |\varepsilon| \leqq \varepsilon_0 \tag{6.9.9}$$

gilt. Nach einem bekannten Satz der Funktionentheorie gibt

$$v(\varepsilon) = \frac{1}{2\pi i} \oint_K \frac{\varphi'_\varepsilon(\mu)}{\varphi_\varepsilon(\mu)} d\mu$$

die Zahl der 0-Stellen von $\varphi_\varepsilon(\mu)$ in K an. Wegen (6.9.9) ist $v(\varepsilon)$ für $|\varepsilon| \leqq \varepsilon_0$ stetig, also ist $1 = v(0) = v(\varepsilon)$ für $|\varepsilon| \leqq \varepsilon_0$ wegen der Ganzzahligkeit von v. Für diese einfache 0-Stelle $\lambda(\varepsilon)$ von $\varphi_\varepsilon(\mu)$ in K gilt nach einem weiteren funktionentheoretischen Satz die Darstellung

$$\lambda(\varepsilon) = \frac{1}{2\pi i} \oint_K \frac{\mu \varphi'_\varepsilon(\mu)}{\varphi_\varepsilon(\mu)} d\mu. \tag{6.9.10}$$

Für $|\varepsilon| \leqq \varepsilon_0$ ist der Integrand von (6.9.10) eine analytische Funktion von ε, also auch $\lambda(\varepsilon)$ nach einem bekannten Satz über Vertauschbarkeit von Differentiation und Integration. Zu dem einfachen Eigenwert $\lambda(\varepsilon)$ von $A + \varepsilon C$ können Rechts- und Linkseigenvektoren $x(\varepsilon)$ und $y(\varepsilon)$

$$(A + \varepsilon C)\, x(\varepsilon) = \lambda(\varepsilon)\, x(\varepsilon), \qquad y(\varepsilon)^H (A + \varepsilon C) = \lambda(\varepsilon)\, y(\varepsilon)^H$$

so gewählt werden, daß $x(\varepsilon)$ und $y(\varepsilon)$ für $|\varepsilon| \leqq \varepsilon_0$ analytische Funktionen von ε sind. Man setze etwa $x(\varepsilon) = (\xi_1(\varepsilon), \ldots, \xi_n(\varepsilon))^T$ mit

$$\xi_i(\varepsilon) = (-1)^i \det(B_{1i}),$$

wobei B_{1i} diejenige $(n-1)$-reihige Matrix ist, die man durch Streichen der Zeile 1 und Spalte i aus der Matrix $A + \varepsilon C - \lambda(\varepsilon) I$ erhält. Aus

$$\bigl(A + \varepsilon C - \lambda(\varepsilon) I\bigr)\, x(\varepsilon) = 0$$

erhält man durch Differentiation nach ε für $\varepsilon = 0$

$$(C - \lambda'(0)\, I)\, x(0) + (A - \lambda(0)\, I)\, x'(0) = 0$$

und daraus, wegen $y(0)^H (A - \lambda(0)\, I) = 0$,

$$y(0)^H (C - \lambda'(0)\, I)\, x(0) = 0,$$

also wegen $y(0)^H x(0) \neq 0$

$$\lambda'(0) = \frac{y^H C x}{y^H x}, \qquad y = y(0), \qquad x = x(0),$$

was zu zeigen war. □

Bezeichnet man für die euklidische Norm $\|\cdot\|_2$ mit

$$\cos(x, y) := \frac{y^H x}{\|x\|_2 \, \|y\|_2}$$

den Kosinus des Winkels zwischen x und y, so folgt aus dem letzten Resultat die Abschätzung

$$|\lambda'(0)| = \frac{|y^H C x|}{\|y\|_2 \, \|x\|_2 \, |\cos(x, y)|} \leqq \frac{\|Cx\|_2}{\|x\|_2 \, |\cos(x, y)|}$$
$$\leqq \frac{\operatorname{lub}_2(C)}{|\cos(x, y)|}.$$

Die Empfindlichkeit von λ wird also umso größer sein, je kleiner $|\cos(x, y)|$ ist. Für Hermitesche Matrizen ist (bis auf Vielfache) stets $x = y$, und daher $|\cos(x, y)| = 1$: Dies steht im Einklang mit Satz (6.9.7), nach dem Eigenwerte von Hermiteschen Matrizen relativ störunempfindlich sind.

Dieser Satz besagt, daß ein Eigenwert λ von A, der nur einfache 0-Stelle des charakteristischen Polynoms ist, in dem Sinne relativ unempfindlich gegen Störungen $A \to A + \varepsilon C$ ist, als es für den entsprechenden Eigenwert $\lambda(\varepsilon)$ von $A + \varepsilon C$ eine Konstante K und ein $\varepsilon_0 > 0$ gibt mit

$$|\lambda(\varepsilon) - \lambda| \leqq K \cdot |\varepsilon| \quad \text{für} \quad |\varepsilon| \leqq \varepsilon_0.$$

Für schlecht konditionierte Eigenwerte λ, d. h. falls die zugehörigen Links- und Rechtseigenvektoren fast orthogonal sind, ist K jedoch sehr groß.

Diese Aussage bleibt noch richtig, falls der Eigenwert λ zwar mehrfache 0-Stelle des char. Polynoms von A ist, aber nur lineare Elementarteiler zu λ gehören. Falls jedoch nichtlineare Elementarteiler zu λ gehören, wird diese Aussage falsch. Man kann für diesen Fall folgendes zeigen (vgl. Aufgabe 29):

Seien $(\mu - \lambda)^{\nu_1}, (\mu - \lambda)^{\nu_2}, \ldots, (\mu - \lambda)^{\nu_\rho}$, $\nu_1 \geqq \nu_2 \geqq \ldots \geqq \nu_\rho$, die zum Eigenwert λ von A gehörigen Elementarteiler. Dann besitzt die Matrix $A + \varepsilon C$ für genügend kleines ε Eigenwerte $\lambda_i(\varepsilon)$, $i = 1, \ldots, \sigma$, $\sigma := \nu_1 + \ldots + \nu_\rho$, für die mit einer Konstanten K gilt

(6.9.11) $\quad |\lambda_i(\varepsilon) - \lambda| \leqq K \cdot |\varepsilon|^{1/\nu_1}$ für $i = 1, \ldots, \sigma, \quad |\varepsilon| \leqq \varepsilon_0.$

Dies hat folgende numerische Konsequenz: Wendet man für die praktische Berechnung der Eigenwerte einer Matrix A $\big($mit $\operatorname{lub}(A) = 1\big)$ ein gutartiges Verfahren an, so lassen sich die verfahrensbedingten Rundungsfehler so interpretieren, als habe man statt mit A mit einer abgeänderten Ausgangsmatrix $A + \triangle A$, $\operatorname{lub}(\triangle A) = 0(\text{eps})$, *exakt* gerechnet. Gehören zum Eigenwert λ_i von A nur lineare Elementarteiler, so stimmt der berechnete Näherungswert $\tilde{\lambda}_i$ für λ_i bis auf einen Fehler der Ordnung eps mit λ_i überein. Gehören dagegen zu λ_i Elementarteiler von höchstens ν-ter Ordnung, so muß man mit einem Fehler der Größenordnung $\text{eps}^{1/\nu}$ für $\tilde{\lambda}_i$ rechnen.

Zur Herleitung eines typischen Einschließungssatzes beschränken wir uns auf den Fall der euklidischen Norm

$$\|x\|_2 = \sqrt{x^H x} = \sqrt{\sum_i |x_i|^2}$$

und beweisen zunächst für eine Diagonalmatrix $D = \operatorname{diag}(d_1, \ldots, d_n)$ die Formel

$$\min_{x \neq 0} \frac{\|Dx\|_2}{\|x\|_2} = \min_i |d_i|.$$

In der Tat ist für alle $x \neq 0$

$$\frac{\|Dx\|_2^2}{\|x\|_2^2} = \frac{\sum_i |x_i|^2 \, |d_i|^2}{\sum_i |x_i|^2} \geqq \min |d_i|^2.$$

Ist $|d_j| = \min_i |d_i|$, so wird diese untere Schranke erreicht für $x = e_j$ ($= j$-ter Einheitsvektor). Ist weiter A eine normale Matrix, d. h. eine Matrix, die sich mit einer unitären Matrix U auf Diagonalform transformieren läßt

$$A = U^H D U, \qquad D = \operatorname{diag}(d_1, \ldots, d_n), \qquad d_i = \lambda_i(A),$$

und ist $f(\lambda)$ ein beliebiges Polynom, so ist

$$f(A) = U^H f(D)\, U$$

und aus der unitären Invarianz von $\|x\|_2 = \|Ux\|_2$ folgt sofort für alle $x \neq 0$

$$\frac{\|f(A)\,x\|_2}{\|x\|_2} = \frac{\|U^H f(D)\,Ux\|_2}{\|x\|_2} = \frac{\|f(D)\,Ux\|_2}{\|Ux\|_2} \geqq \min_{1 \leqq i \leqq n} |f(d_i)|$$
$$= \min_{1 \leqq i \leqq n} \big|f\big(\lambda_i(A)\big)\big|.$$

Es folgt somit (s. z. B. Householder [7])

(6.9.12) **Satz:** *Ist A eine normale Matrix, $f(\lambda)$ ein beliebiges Polynom und $x \neq 0$ ein beliebiger Vektor, dann gibt es einen Eigenwert $\lambda(A)$ von A mit*

$$|f(\lambda(A))| \leqq \frac{\|f(A)x\|_2}{\|x\|_2}.$$

Wählt man insbesondere für f das lineare Polynom

$$f(\lambda) \equiv \lambda - \frac{x^H A x}{x^H x} \equiv \lambda - \frac{\mu_{01}}{\mu_{00}},$$

wobei

$$\mu_{ik} := x^H (A^H)^i A^k x, \qquad i, k = 0, 1, 2, \dots ,$$

so folgt wegen

$$\mu_{ik} = \overline{\mu_{ki}}$$

sofort

$$\begin{aligned}\|f(A)x\|_2^2 &= x^H \left(A^H - \frac{\overline{\mu_{01}}}{\mu_{00}} I \right)\left(A - \frac{\mu_{01}}{\mu_{00}} I \right) x \\ &= \mu_{11} - \frac{\mu_{10}\mu_{01}}{\mu_{00}} - \frac{\mu_{10}\mu_{01}}{\mu_{00}} + \frac{\mu_{01}\mu_{10}}{\mu_{00}^2} \cdot \mu_{00} \\ &= \mu_{11} - \frac{\mu_{01}\mu_{10}}{\mu_{00}}.\end{aligned}$$

Also gilt der

(6.9.13) **Satz (Weinstein):** *Ist A normal und $x \neq 0$ ein beliebiger Vektor, so liegt in dem Kreis*

$$\left\{ \lambda \,\middle|\, \left| \lambda - \frac{\mu_{01}}{\mu_{00}} \right| \leqq \sqrt{\frac{\mu_{11} - \dfrac{\mu_{10}\mu_{01}}{\mu_{00}}}{\mu_{00}}} \right\}$$

mindestens ein Eigenwert von A.

Der Quotient $\dfrac{\mu_{01}}{\mu_{00}} = \dfrac{x^H A x}{x^H x}$ heißt übrigens der zu x gehörige

Rayleigh-Quotient

von A. Der letzte Satz wird insbesondere im Zusammenhang mit der Vektoriteration benutzt: Ist x näherungsweise gleich x_1, dem Eigenvektor zum Eigenwert λ_1,

$$x \approx x_1, \qquad A x_1 = \lambda_1 x_1,$$

so ist der zu x gehörige Rayleigh-Quotient $\frac{x^H A x}{x^H x}$ i. a. ein sehr guter Näherungswert für λ_1. Satz (6.9.13) gibt dann an, wie weit dieser Näherungswert $\frac{x^H A x}{x^H x}$ von einem Eigenwert von A höchstens entfernt ist.

Die Menge

$$G[A] = \left\{ \frac{x^H A x}{x^H x} \,\middle|\, x \neq 0 \right\}$$

aller Rayleigh-Quotienten heißt der *Wertebereich* der Matrix A. Wählt man x als Eigenvektor von A, so folgt sofort, daß $G[A]$ die Eigenwerte von A enthält. Hausdorff hat darüber hinaus gezeigt, daß $G[A]$ stets konvex ist. Für normale Matrizen

$$A = U^H \Lambda U, \qquad \Lambda = \begin{bmatrix} \lambda_1 & & 0 \\ & \ddots & \\ 0 & & \lambda_n \end{bmatrix}, \qquad U^H U = I$$

gilt sogar

$$\begin{aligned} G[A] &= \left\{ \frac{x^H U^H \Lambda U x}{x^H U^H U x} \,\middle|\, x \neq 0 \right\} \\ &= \left\{ \frac{y^H \Lambda y}{y^H y} \,\middle|\, y \neq 0 \right\} \\ &= \left\{ \mu \,\middle|\, \mu = \sum_{i=1}^{n} \tau_i \lambda_i, \quad \tau_i \geqq 0, \quad \sum_{i=1}^{n} \tau_i = 1 \right\}. \end{aligned}$$

Das heißt, für normale Matrizen ist $G[A]$ gleich der konvexen Hülle der Eigenwerte von A.

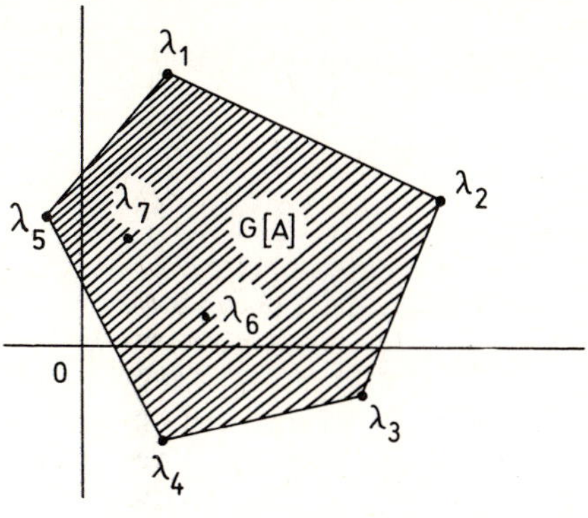

Fig. 2

Für eine Hermitesche Matrix $H=H^H=U^H \Lambda U$ mit den Eigenwerten $\lambda_1 \geqq \lambda_2 \geqq \ldots \geqq \lambda_n$ erhalten wir so das Resultat (6.4.3) zurück, das λ_1 und λ_n durch Extremaleigenschaften charakterisiert. Eine ähnliche Charakterisierung auch der übrigen Eigenwerte von H wird durch folgenden Satz gegeben:

(6.9.14) **Satz** (Courant, Weyl): *Für die Eigenwerte $\lambda_1 \geqq \lambda_2 \geqq \ldots \geqq \lambda_n$ einer n-reihigen Hermiteschen Matrix H gilt für $i=0, 1, \ldots, n-1$*

$$\lambda_{i+1} = \min_{y_1,\ldots,y_i \in \mathbb{C}^n} \max_{\substack{x \in \mathbb{C}^n : x^H y_1 = \ldots x^H y_i = 0 \\ x \neq 0}} \frac{x^H H x}{x^H x}.$$

Beweis: Für beliebige $y_1,\ldots,y_i \in \mathbb{C}^n$ definiere man $\mu(y_1,\ldots,y_i)$ durch

$$\mu(y_1,\ldots,y_i) := \max_{\substack{x \in \mathbb{C}^n : x^H y_1 = \ldots = x^H y_i = 0 \\ x^H x = 1}} x^H H x .$$

Sei ferner $x_1, \ldots, x_n$ ein Satz von n orthonormalen Eigenvektoren von H zu den Eigenwerten λ_j(s. Satz (6.4.2)): $Hx_j = \lambda_j x_j$, $x_j^H x_k = \delta_{jk}$ für $j, k = 1, 2, \ldots, n$.
Für $y_j := x_j$, $j = 1, \ldots, i$ lassen sich dann alle $x \in \mathbb{C}^n$ mit $x_j^H y_j = 0$, $j = 1, \ldots, i$, $x^H x = 1$, in der Form

$$x = \rho_{i+1} x_{i+1} + \ldots + \rho_n x_n, \quad \sum_{k>i} |\rho_k|^2 = 1$$

darstellen, so daß für diese x wegen $\lambda_k \leqq \lambda_{i+1}$ für $k \geqq i+1$ gilt

$$\begin{aligned} x^H H x &= (\rho_{i+1} x_{i+1} + \ldots + \rho_n x_n)^H H (\rho_{i+1} x_{i+1} + \ldots + \rho_n x_n) \\ &= |\rho_{i+1}|^2 \lambda_{i+1} + \ldots + |\rho_n|^2 \lambda_n \\ &\leqq \lambda_{i+1} (|\rho_{i+1}|^2 + \ldots + |\rho_n|^2) = \lambda_{i+1}, \end{aligned}$$

wobei für $x := x_{i+1}$ Gleichheit herscht. Also ist

$$\mu(x_1, \ldots, x_i) = \lambda_{i+1} .$$

Andererseits besitzen für beliebige $y_1, \ldots, y_i \in \mathbb{C}^n$ die Teilräume $E := \{x \in \mathbb{C}^n | x^H y_j = 0$ für $j \leqq i\}$, $F := \left\{ \sum_{j \leqq i+1} \rho_j x_j | \rho_j \in \mathbb{C} \right\}$, die Dimensionen $\dim E \geqq n-i$, $\dim F = i+1$, so daß $\dim F \cap E \geqq 1$ ist und es einen Vektor $x_0 \in F \cap E$ mit $x_0^H x_0 = 1$ gibt. Also ist wegen $x_0 = \rho_1 x_1 + \ldots + \rho_{i+1} x_{i+1} \in F$

$$\begin{aligned} \mu(y_1, \ldots, y_i) &\geqq x_0^H H x_0 = |\rho_1|^2 \lambda_1 + \ldots + |\rho_{i+1}|^2 \lambda_{i+1} \\ &\geqq (|\rho_1|^2 + \ldots + |\rho_{i+1}|^2) \lambda_{i+1} = \lambda_{i+1} . \quad \square \end{aligned}$$

Definiert man für eine beliebige Matrix A

$$H_1 := \frac{1}{2}(A + A^H), \qquad H_2 := \frac{1}{2i}(A - A^H),$$

so sind H_1, H_2 Hermitesch und es gilt

$$A = H_1 + iH_2.$$

(H_1, H_2 werden auch mit $\operatorname{Re} A$ bzw. $\operatorname{Im} A$ bezeichnet; man beachte, daß die Elemente von $\operatorname{Re} A$ i. a. nicht reell sind.)

Für jeden Eigenwert λ von A gilt wegen $\lambda \in G[A]$ und (6.4.3)

$$\begin{aligned}\operatorname{Re} \lambda &\leqq \max_{x \neq 0} \operatorname{Re} \frac{x^H A x}{x^H x} = \max_{x \neq 0} \frac{1}{x^H x} \frac{x^H A x + x^H A^H x}{2} \\ &= \max_{x \neq 0} \frac{x^H H_1 x}{x^H x} = \lambda_{\max}(H_1), \\ \operatorname{Im} \lambda &\leqq \max_{x \neq 0} \operatorname{Im} \frac{x^H A x}{x^H x} = \lambda_{\max}(H_2).\end{aligned}$$

Schätzt man $\operatorname{Re} \lambda$, $\operatorname{Im} \lambda$ analog nach unten ab, so folgt der

(6.9.15) **Satz** (Bendixson): *Zerlegt man eine beliebige Matrix A in $A = H_1 + iH_2$, wo H_1 und H_2 Hermitesch sind, so gilt für jeden Eigenwert λ von A*

$$\lambda_{\min}(H_1) \leqq \operatorname{Re} \lambda \leqq \lambda_{\max}(H_1)$$

$$\lambda_{\min}(H_2) \leqq \operatorname{Im} \lambda \leqq \lambda_{\max}(H_2).$$

Die Abschätzungen dieses Abschnitts führen sofort zu Abschätzungen für die 0-Stellen eines Polynoms

$$p(\lambda) = a_n \lambda^n + \ldots + a_0, \quad a_n \neq 0.$$

Zu p gehört ja die Frobeniusmatrix

$$F = \begin{bmatrix} 0 & & & -\gamma_0 \\ 1 & \ddots & & \vdots \\ & \ddots & \ddots & \vdots \\ 0 & & 1 & -\gamma_{n-1} \end{bmatrix}, \quad \text{mit} \quad \gamma_i = \frac{a_i}{a_n},$$

die $\frac{1}{a_n}(-1)^n p(\lambda)$ als char. Polynom besitzt. Insbesondere erhält man aus der Hirschschen Abschätzung (6.9.1) mit $\operatorname{lub}_\infty(A) = \max\limits_i \sum\limits_k |a_{ik}|$ angewandt auf F bzw. F^T die folgenden Abschätzungen für alle 0-Stellen λ_k von $p(\lambda)$:

$$\text{a)}\quad |\lambda_k| \leqq \max\left\{\left|\frac{a_0}{a_n}\right|, \max_{1 \leqq i \leqq n-1}\left(1 + \left|\frac{a_i}{a_n}\right|\right)\right\}$$

$$\text{b)}\quad |\lambda_k| \leqq \max\left\{1, \sum_{i=0}^{n-1}\left|\frac{a_i}{a_n}\right|\right\}$$

Beispiel: Für $p(\lambda) = \lambda^3 - 2\lambda^2 + \lambda - 1$ erhält man

$$\text{a)}\quad |\lambda_i| \leqq \max\{1, 2, 3\} = 3$$

$$\text{b)}\quad |\lambda_i| \leqq \max\{1, 1 + 1 + 2\} = 4.$$

In diesem Fall ergibt a) eine bessere Abschätzung.

Übungsaufgaben zu Kapitel 6

1. Geben Sie für die Matrix

$$A = \left[\begin{array}{ccc|cc|c|c}
2 & 1 & & & & & 0 \\
 & 2 & 1 & & & & \\
 & & 2 & & & & \\
\hline
 & & & 2 & 1 & & \\
 & & & & 2 & & \\
\hline
 & & & & & 1 & \\
\hline
0 & & & & & & 0
\end{array}\right]$$

char. Polynom, Minimalpolynom, ein System von Eigen- u. Hauptvektoren und die Frobeniussche Normalform an.

2. Wie viele paarweise nicht ähnliche 6×6-Matrizen gibt es, deren char. Polynom

$$p(\lambda) = (3 - \lambda)^4 (1 - \lambda)^2$$

ist?

3. Welche Eigenschaften haben die Eigenwerte von

positiv definiten/semidefiniten,
orthogonalen/unitären,
reell schiefsymmetrischen ($A^T = -A$)

Matrizen?
Bestimmen Sie das Minimalpolynom einer Projektionsmatrix $A = A^2$.

4. Bestimmen Sie für die Matrizen

a) $A = uv^T, \qquad u, v \in \mathbb{R}^n$

b) $H = I - 2ww^H, \qquad w^H w = 1, \qquad w \in \mathbb{C}^n$

c) $P = \begin{bmatrix} 0 & 0 & 0 & 1 \\ 1 & 0 & 0 & 0 \\ 0 & 1 & 0 & 0 \\ 0 & 0 & 1 & 0 \end{bmatrix}$

die Eigenwerte λ_i, die Vielfachheiten σ_i und ρ_i, das char. Polynom $\varphi(\mu)$, das Minimalpolynom $\psi(\mu)$, ein System von Eigen- bzw. Hauptvektoren und eine Jordansche Normalform J.

5. Für $u, v, w, z \in \mathbb{R}^n$, $n > 2$, sei

$$A := uv^T + wz^T.$$

a) λ_1, λ_2 seien die Eigenwerte von

$$\tilde{A} := \begin{bmatrix} v^T u & v^T w \\ z^T u & z^T w \end{bmatrix}.$$

Zeigen Sie: A hat die Eigenwerte λ_1, λ_2 und 0.

b) Welche Anzahl von Eigen- und Hauptvektoren kann A haben? Welche Typen der Jordanschen Normalform J von A sind möglich? Geben Sie J speziell für $\tilde{A} = 0$ an!

6. a) Zeigen Sie: λ ist Eigenwert von A genau dann wenn $-\lambda$ Eigenwert von B ist.

$$A := \begin{bmatrix} \delta_1 & \gamma_2 & & & 0 \\ \beta_2 & \delta_2 & \gamma_3 & & \\ & \beta_3 & \ddots & \ddots & \\ & & \ddots & \ddots & \gamma_n \\ 0 & & & \beta_n & \delta_n \end{bmatrix}, \qquad B := \begin{bmatrix} -\delta_1 & \gamma_2 & & & 0 \\ \beta_2 & -\delta_2 & \gamma_3 & & \\ & \beta_3 & \ddots & \ddots & \\ & & \ddots & \ddots & \gamma_n \\ 0 & & & \beta_n & -\delta_n \end{bmatrix}.$$

b) Für die reelle symmetrische Tridiagonalmatrix

$$A = \begin{bmatrix} \delta_1 & \gamma_2 & & & 0 \\ \gamma_2 & \delta_2 & \ddots & & \\ & \ddots & \ddots & \ddots & \\ & & \ddots & \ddots & \gamma_n \\ 0 & & & \gamma_n & \delta_n \end{bmatrix}$$

gelte

$$\delta_i = -\delta_{n+1-i}, \qquad i = 1, \ldots, n,$$

$$\gamma_i = \gamma_{n+2-i}, \qquad i = 2, \ldots, n.$$

Zeigen Sie: Mit λ ist auch $-\lambda$ Eigenwert von A. Was folgt daraus für die Eigenwerte von Matrix (6.6.6.6)?

c) Zeigen Sie, daß die Eigenwerte der Matrix

$$A = \begin{bmatrix} 0 & \bar{\gamma}_2 & & & 0 \\ \gamma_2 & 0 & \bar{\gamma}_3 & & \\ & \gamma_3 & \ddots & \ddots & \\ & & \ddots & \ddots & \bar{\gamma}_n \\ 0 & & & \gamma_n & 0 \end{bmatrix}$$

symmetrisch zu 0 liegen, und daß

$$\det(A) = \begin{cases} (-1)^k |\gamma_2|^2 |\gamma_4|^2 \ldots |\gamma_n|^2 & \text{falls } n \text{ gerade}, \quad n = 2k \\ 0 & \text{sonst.} \end{cases}$$

7. C sei eine reelle $n \times n$-Matrix und

$$f(x) := \frac{x^T C x}{x^T x} \quad \text{für} \quad x \in \mathbb{R}^n, \qquad x \neq 0.$$

Zeigen Sie: f ist stationär an der Stelle $\tilde{x} \neq 0$ genau dann, wenn $\tilde{x}$ Eigenvektor von $\frac{1}{2}(C + C^T)$ mit $f(\tilde{x})$ als zugehörigem Eigenwert ist.

8. Zeigen Sie:

a) Ist A normal mit den Eigenwerten λ_i, $|\lambda_1| \geqq \ldots \geqq |\lambda_n|$, und den singulären Werten σ_i so gilt

$$\sigma_i = |\lambda_i|, \qquad i = 1, \ldots, n,$$

$$\operatorname{lub}_2(A) = |\lambda_1| = \rho(A).$$

$$\operatorname{cond}_2(A) = |\lambda_1|/|\lambda_n| = \rho(A) \cdot \rho(A^{-1}) \quad \text{(falls } A^{-1} \text{ existiert).}$$

b) Für jede $n \times n$-Matrix A gilt

$$(\operatorname{lub}_2(A))^2 = \operatorname{lub}_2(A^H A).$$

9. Zeigen Sie: Ist A eine normale $n \times n$-Matrix mit den Eigenwerten λ_i,

$$|\lambda_1| \geqq \cdots \geqq |\lambda_n|,$$

und sind U, V unitär, so gilt für die Eigenwerte μ_i von UAV

$$|\lambda_1| \geqq |\mu_i| \geqq |\lambda_n|.$$

10. B sei eine $n \times m$-Matrix. Beweisen Sie:

$$M = \left[\begin{array}{c|c} I_n & B \\ \hline B^H & I_m \end{array}\right] \quad \text{positiv definit} \quad \Leftrightarrow \quad \rho(B^H B) < 1$$

(I_n, I_m Einheitsmatrizen, $\rho(B^H B)$ = Spektralradius von $B^H B$).

11. Zeigen Sie für $n \times n$-Matrizen A, B:

$$\text{a)} \quad |A| \leqq |B| \quad \Rightarrow \quad \operatorname{lub}_2(|A|) \leqq \operatorname{lub}_2(|B|)$$

$$\text{b)} \quad \operatorname{lub}_2(A) \leqq \operatorname{lub}_2(|A|) \leqq \sqrt{n} \cdot \operatorname{lub}_2(A)$$

12. Inhalt der folgenden Aufgabe ist die Behauptung in Abschnitt 6.5.3, daß eine Matrix dann schlecht konditioniert ist, wenn 2 Spaltenvektoren „fast linear abhängig" sind.

Für die Matrix $A = (a_1, \ldots, a_n)$, $a_i \in \mathbb{R}^n$, $i = 1, \ldots, n$, gelte

$$|a_1^T a_2| \geqq \|a_1\|_2 \, \|a_2\|_2 (1 - \varepsilon), \qquad 0 < \varepsilon < 1$$

(d. h. a_1 und a_2 schließen einen Winkel α mit $1 - \varepsilon \leqq |\cos \alpha| \leqq 1$ ein).
Zeigen Sie: A ist singulär oder es gilt

$$\operatorname{cond}_2(A) \geqq \frac{1}{\sqrt{\varepsilon}}.$$

13. Abschätzung der Funktion $f(n)$ in Formel (6.5.4.4) für Gleitpunktarithmetik der relativen Genauigkeit eps:
A sei eine $n \times n$-Matrix in Gleitpunktdarstellung, G_j eine Eliminationsmatrix vom Typ (6.5.4.1) mit den wesentlichen Elementen l_{ij}. Die l_{ij} entstehen durch Division von Elementen aus A, sind also mit einem relativen Fehler von maximal eps behaftet.
Leiten Sie mit den Methoden von Abschnitt 1.3 die folgenden Abschätzungen her (höhere Potenzen eps^i, $i \geqq 2$, sind zu vernachlässigen):

a) $\operatorname{lub}_\infty [\operatorname{gl}(G_j^{-1} A) - G_j^{-1} A] \leqq 4 \operatorname{eps} \operatorname{lub}_\infty (A)$

b) $\operatorname{lub}_\infty [\operatorname{gl}(A G_j) - A G_j] \leqq (n - j + 2) \operatorname{eps} \operatorname{lub}_\infty (A)$

c) $\operatorname{lub}_\infty [\operatorname{gl}(G_j^{-1} A G_j) - G_j^{-1} A G_j] \dot{\leqq} 2(n - j + 6) \operatorname{eps} \operatorname{lub}_\infty (A)$.

14. Konvergenzverhalten der Vektoriteration:
A sei eine reelle symmetrische $n \times n$-Matrix mit den Eigenwerten λ_i mit

$$|\lambda_1| > |\lambda_2| \geqq \ldots \geqq |\lambda_n|$$

und den zugehörigen Eigenvektoren $x_1, \ldots, x_n$ mit $x_i^T x_k = \delta_{ik}$. Ausgehend von einem Startvektor y_0 mit $x_1^T y_0 \neq 0$ werde berechnet

$$y_{k+1} := \frac{A y_k}{\|A y_k\|} \quad \text{für} \quad k = 0, 1, 2, \ldots$$

mit einer beliebigen Vektornorm $\|\cdot\|$, parallel dazu die Größen

$$q_{ki} := \frac{(A y_k)_i}{(y_k)_i}, \quad 1 \leqq i \leqq n, \quad \text{falls} \quad (y_k)_i \neq 0,$$

und der Rayleigh-Quotient

$$r_k := \frac{y_k^T A y_k}{y_k^T y_k}.$$

Beweisen Sie:

a) $q_{ki} = \lambda_1 \left[1 + 0\left(\left(\frac{\lambda_2}{\lambda_1} \right)^k \right) \right]$ für alle i mit $(x_1)_i \neq 0$

b) $r_k = \lambda_1 \left[1 + 0\left(\left(\frac{\lambda_2}{\lambda_1} \right)^{2k} \right) \right]$.

15. In der reellen Matrix

$$A = A^T = \begin{bmatrix} -9 & * & * & * & * \\ * & 0 & * & * & * \\ * & * & 1 & * & * \\ * & * & * & 4 & * \\ * & * & * & * & 21 \end{bmatrix}$$

stellen die Sterne Elemente vom Betrag $\leqq 1/4$ dar. Die Vektoriteration werde mit A und dem Startvektor $y_0 = e_5$ durchgeführt.

a) Zeigen Sie, daß e_5 als Startvektor „geeignet" ist, d. h. daß die Folge y_k in Aufg. 14 tatsächlich gegen den Eigenvektor zum betragsgrößten Eigenwert von A konvergiert!

b) Schätzen Sie ab, wieviel richtige Dezimalstellen r_{k+5} gegenüber r_k gewinnt!

16. Beweisen Sie:
$\operatorname{lub}_\infty(F) < 1 \quad \succ \quad A := I + F$ besitzt eine Dreieckszerlegung $A = L \cdot R$.

17. Die Matrix A sei nichtsingulär und besitze eine Dreieckszerlegung $A = L \cdot R$ $(l_{ii} = 1)$. Zeigen Sie:

a) L und R sind eindeutig bestimmt.

b) A obere Hessenbergmatrix $\succ$

$$L = \begin{bmatrix} 1 & & & & 0 \\ * & 1 & & & \\ & * & \ddots & & \\ & & \ddots & \ddots & \\ 0 & & & * & 1 \end{bmatrix},$$

RL obere Hessenbergmatrix

c) A Tridiagonalmatrix $\succ$ Gestalt von L wie in b),

$$R = \begin{bmatrix} * & * & & 0 \\ & \ddots & \ddots & \\ & & \ddots & * \\ 0 & & & * \end{bmatrix},$$

RL Tridiagonalmatrix.

18. a) Welche Matrizen von oberer Dreiecksgestalt sind zugleich unitär, welche reell-orthogonal?

b) Wodurch unterscheiden sich verschiedene QR-Zerlegungen einer nichtsingulären Matrix voneinander?
Gilt das Resultat auch für singuläre Matrizen?

19. Invarianz der Hessenberg-/Tridiagonalgestalt gegenüber QR-Transformationen:
Die nichtsinguläre Matrix A sei QR-zerlegt,

$$A = QR, \qquad Q^H Q = I, \qquad R \text{ obere Dreiecksmatrix}, \qquad RQ =: A'.$$

Zeigen Sie:
a) Mit A sind auch Q und A' Hessenbergmatrizen.
b) Mit A ist auch A' eine Hermitesche Tridiagonalmatrix.

20. Konvergenzbeweis des QR-Verfahrens:
Führen Sie den Beweis von Satz (6.6.6.4) in Analogie zum Beweis von Satz (6.6.4.7) durch. Setzen Sie dabei zusätzlich $\lambda_n \neq 0$ voraus.

21. A sei eine normale $n \times n$-Matrix mit den Eigenwerten $\lambda_1, \ldots, \lambda_n$, $A = QR$, $Q^H Q = I$, $R = (r_{ik})$ obere Dreiecksmatrix. Beweisen Sie:

$$\min_i |\lambda_i| \leqq |r_{jj}| \leqq \max_i |\lambda_i| \qquad j = 1, \ldots, n.$$

22. Rechnen Sie einen QR-Schritt mit der Matrix $A = \begin{bmatrix} 2 & \varepsilon \\ \varepsilon & 1 \end{bmatrix}$
1) ohne Shift,
2) mit Shift $k = 1$, d. h. nach Strategie a).

23. Effekt eines QR-Schrittes mit Shift bei Tridiagonalmatrizen:

$$A = \begin{bmatrix} \delta_1 & \gamma_2 & & & 0 \\ \gamma_2 & \delta_2 & \ddots & & \\ & \ddots & \ddots & \ddots & \\ & & \ddots & \ddots & \gamma_n \\ 0 & & & \gamma_n & \delta_n \end{bmatrix} = \left[\begin{array}{c|c} & 0 \\ & \vdots \\ B & 0 \\ & \gamma_n \\ \hline 0 \cdots 0 \ \ \gamma_n & \delta_n \end{array}\right],$$

$$\gamma_i \neq 0, \qquad i = 2, \ldots, n.$$

Mit A werde ein QR-Schritt mit dem Shiftparameter $k = \delta_n$ ausgeführt,

$$A - \delta_n I = QR \to RQ + \delta_n I =: A' = \begin{bmatrix} \delta'_1 & \gamma'_2 & & & 0 \\ \gamma'_2 & \delta'_2 & \ddots & & \\ & \ddots & \ddots & \ddots & \\ & & \ddots & \ddots & \gamma'_n \\ 0 & & & \gamma'_n & \delta'_n \end{bmatrix}.$$

Beweisen Sie: Wenn $d := \min_i |\lambda_i(B) - \delta_n| > 0$ ist, gilt

$$|\gamma'_n| \leqq |\gamma_n|^3 / d^2, \qquad |\delta'_n - \delta_n| \leqq |\gamma_n|^2 / d.$$

Hinweis: Q = Produkt geeigneter Givens-Rotationen, Anwendung von Aufg. 21.

Beispiel: Was erhält man für

$$A = \begin{bmatrix} 5 & 1 & & & \\ 1 & 5 & 1 & & \\ & 1 & 5 & 1 & \\ & & 1 & 5 & 0.1 \\ & & & 0.1 & 1 \end{bmatrix}.$$

24. Ist die Shiftstrategie a) beim QR-Verfahren für reelle Tridiagonalmatrizen des Typs

$$\begin{bmatrix} \delta & \gamma_2 & & & 0 \\ \gamma_2 & \delta & \gamma_3 & & \\ & \gamma_3 & \delta & \ddots & \\ & & \ddots & \ddots & \gamma_n \\ 0 & & & \gamma_n & \delta \end{bmatrix}$$

sinnvoll? Beantworten Sie diese Frage mit Hilfe von Aufg. 6.c) und der folgenden Tatsache: Ist A reell symmetrisch, tridiagonal und sind alle Diagonalelemente 0, so gilt dies auch nach einem QR-Schritt!

25. Berechnen Sie durch Abschätzung der Eigenwerte nach der Methode von Gerschgorin für die Matrix

$$A = \begin{bmatrix} 5.2 & 0.6 & 2.2 \\ 0.6 & 6.4 & 0.5 \\ 2.2 & 0.5 & 4.7 \end{bmatrix}$$

eine obere Schranke für $\operatorname{cond}_2(A)$.

26. Schätzen Sie die Eigenwerte folgender Matrizen möglichst genau ab:
a) die Matrix A in Aufg. 15.
b)

$$\begin{bmatrix} 1 & 10^{-3} & 10^{-4} \\ 10^{-3} & 2 & 10^{-3} \\ 10^{-4} & 10^{-3} & 3 \end{bmatrix}.$$

Hinweis: Methode von Gerschgorin in Verbindung mit Transformation $A \to D^{-1}AD$, D geeignete Diagonalmatrix.

27. a) A, B seien quadratische Hermitesche Matrizen und

$$H = \begin{bmatrix} A & C \\ C^H & B \end{bmatrix}.$$

Zeigen Sie: Zu jedem Eigenwert $\lambda(B)$ von B gibt es einen Eigenwert $\lambda(H)$ von H mit

$$|\lambda(H) - \lambda(B)| \leqq \sqrt{\operatorname{lub}_2(C^H C)}.$$

b) Wenden Sie a) auf den praktisch wichtigen Fall an, daß H eine Hermitesche, „fast zerfallende“ Tridiagonalmatrix der Gestalt

$$H = \left[\begin{array}{cccc|cccc} * & * & & & & & & 0 \\ * & \ddots & \ddots & & & & & \\ & \ddots & \ddots & * & & & & \\ & & * & * & \varepsilon & & & \\ \hline & & & \varepsilon & * & * & & \\ & & & & * & \ddots & \ddots & \\ & & & & & \ddots & \ddots & * \\ 0 & & & & & & * & * \end{array}\right]$$

ist (ε klein). Wie lassen sich die Eigenwerte von H durch diejenigen von A und B abschätzen?

28. Zeigen Sie: Ist $A = (a_{ik})$ Hermitesch, so gibt es zu jedem Diagonalelement a_{ii} einen Eigenwert $\lambda(A)$ von A mit

$$|\lambda(A) - a_{ii}| \leqq \sqrt{\sum_{j \neq i} |a_{ij}|^2}.$$

29. a) Beweisen Sie für die $\nu \times \nu$-Matrix

$$C_\nu(\lambda) = \begin{bmatrix} \lambda & 1 & & & 0 \\ & \lambda & 1 & & \\ & & \ddots & \ddots & \\ & & & \ddots & 1 \\ 0 & & & & \lambda \end{bmatrix}$$

mit Hilfe des Satzes von Gerschgorin und geeigneter Skalierung mit Diagonalmatrizen: Für die Eigenwerte $\lambda_i(\varepsilon)$ der abgeänderten Matrix

$C_\nu(\lambda) + \varepsilon F$ und genügend kleines ε gilt

$$|\lambda_i(\varepsilon) - \lambda| \leqq K|\varepsilon^{1/\nu}|$$

mit einer Konstanten K. Zeigen Sie durch spezielle Wahl der Matrix F, daß der Fall $\lambda_i(\varepsilon) - \lambda = 0(\varepsilon^{1/\nu})$ tatsächlich auftritt.

b) Beweisen Sie das Resultat (6.9.11)!
(Transformation von A auf Jordannormalform)

30. Geben Sie den Wertebereich $G[A] = \{x^H Ax | x^H x = 1\}$ an für

$$A = \begin{bmatrix} 1 & 1 & 0 & 0 \\ 1 & 1 & 0 & 0 \\ 0 & 0 & -1 & 1 \\ 0 & 0 & -1 & -1 \end{bmatrix}.$$

31.

$$A := \begin{bmatrix} 2 & 0 \\ 2 & 2 \end{bmatrix}, \quad B := \begin{bmatrix} i & i \\ -i & i \end{bmatrix}, \quad C := \begin{bmatrix} 2 & 5+i & 1-2i \\ 5+i & 1+4i & 3 \\ 1+2i & 1 & -i \end{bmatrix}$$

Zerlegen Sie diese Matrizen ($i^2 = -1$) in $H_1 + iH_2$ mit Hermiteschem H_1, H_2.

32. Bestimmen Sie mit den Sätzen von Gerschgorin und Bendixson möglichst kleine Einschließungsgebiete für die Eigenwerte von

$$A = \begin{bmatrix} 3 & 1.1 & -0.1 \\ 0.9 & 15 & -2.1 \\ 0.1 & -1.9 & 19.5 \end{bmatrix}.$$

Literatur zu Kapitel 6

1. Barth, W., Martin, R. S., Wilkinson, J. H.: Calculation of the eigenvalues of a symmetric tridiagonal matrix by the method of bisection. Contribution II/5 in [18].
2. Bauer, F. L., Fike, C. T.: Norms and exclusion theorems. Num. Math. **2**, 137–141 (1960)
3. Bauer, F. L., Stoer, J., Witzgall, C.: Absolute and monotonic norms. Num. Math. **3**, 257–264 (1961).
4. Bowdler, H., Martin, R. S., Reinsch, C., Wilkinson, J. H.: The *QR* and *QL* algorithms for symmetric matrices. Contribution II/3 in [18].
5. Eberlein, P. J.: Solution to the complex eigenproblem by a norm reducing Jacobi type method. Contribution II/17 in [18].
6. Francis, J. F. G.: The *QR* transformation. A unitary analogue to the *LR* transformation. Computer J. **4**, 265–271, 332–345 (1961/62).
7. Householder, A. S.: The theory of matrices in numerical analysis. New York: Blaisdell 1964.

8. Martin, R. S., Reinsch, C., Wilkinson, J. H.: Householder's tridiagonalization of a symmetric matrix. Contribution II/2 in [18].
9. Martin, R. S., Wilkinson, J. H.: Similarity reduction of a general matrix to hessenberg form. Contribution II/13 in [18].
10. Martin, R. S., Peters, G., Wilkinson, J. H.: The *QR* algorithm for real hessenberg matrices. Contribution II/14 in [18].
11. Martin, R. S., Wilkinson, J. H.: Reduction of the symmetric eigenproblem $Ax = \lambda Bx$ and related problems to standard form. Contribution II/10 in [18].
12. Peters, G., Wilkinson, J. H.: The calculation of specified eigenvectors by inverse Iteration. Contribution II/18 in [18].
13. Peters, G., Wilkinson, J. H.: Eigenvectors of real and complex matrices by *LR* and *QR* triangularizations. Contribution II/15 in [18].
14. Peters, G., Wilkinson, J. H.: $Ax = \lambda Bx$ and the generalized eigenproblem. SIAM J. Numer. Anal. **7**, 479–492 (1970).
15. Rutishauser, H.: The Jacobi method for real symmetric matrices. Contribution II/1 in [18].
16. Rutishauser, H.: Solution of eigenvalue problems with the *LR*-transformation. Appl. Math. Ser. nat. Bur. Stand. **49**, 47–81 (1958).
17. Schwarz, H. R., Rutishauser, H., Stiefel, E.: Numerik symmetrischer Matrizen. Suttgart: Teubner 1968.
18. Wilkinson, J. H., Reinsch, C.: Linear algebra. Handbook for Automatic Computation, Volume II. Berlin-Heidelberg-New York: Springer 1971.
19. Wilkinson, J. H.: The algebraic eigenvalue problem. Oxford: Clarendon Press 1965.
20. Wilkinson, J. H.: Note on the quadratic convergence of the cyclic Jacobi process. Num. Math. **4**, 296–300 (1962).
21. Wilkinson, J. H.: Global convergence of tridiagonal *QR* algorithm with origin shifts. Linear Algebra and its Appl. **1**, 409–420 (1968).
22. Garbow, B. S., et al.: Matrix Eigensystem Routines-EISPACK Guide Extension. Lecture Notes in Computer Science, Vol. 51. Berlin-Heidelberg-New York: Springer 1977.
23. Golub, G. H., Reinsch, C.: Singular value decomposition and least squares solution. Contribution I/10 in [18].
24. Golub, G. H., Wilkinson, J. H.: Ill-conditioned eigensystems and the computation of the Jordan canonical form. SIAM Review **18**, 578–619 (1976).
25. Moler, C. B., Stewart, G. W.: An algorithm for generalized matrix eigenvalue problems. SIAM J. Numer. Anal. **10**, 241–256 (1973).
26. Smith, B. T., et al.: Matrix eigensystems routines-EISPACK Guide. Lecture Notes in Computer Science, Vol. 6, 2nd ed. Berlin-Heidelberg-New York: Springer 1976.
27. Stewart, G. W.: Introduction to matrix computations. New York, London: Academic Press 1973.

7 Gewöhnliche Differentialgleichungen

7.0 Einleitung

Sehr viele Probleme aus den Anwendungsgebieten der Mathematik führen auf gewöhnliche Differentialgleichungen. Im einfachsten Fall ist dabei eine differenzierbare Funktion $y = y(x)$ einer reellen Veränderlichen x gesucht, deren Ableitung $y'(x)$ einer Gleichung der Form $y'(x) = f(x, y(x))$ oder kürzer

(7.0.1) $$y' = f(x, y)$$

genügen soll; man spricht dann von *einer gewöhnlichen Differentialgleichung.* Im allgemeinen besitzt (7.0.1) unendlich viele verschiedene Funktionen y als Lösungen. Durch zusätzliche Forderungen kann man gewisse Lösungen aus der Menge aller Lösungen aussondern. So sucht man bei einem *Anfangswertproblem* eine Lösung y von (7.0.1), die für gegebenes x_0, y_0 einer *Anfangsbedingung* der Form

(7.0.2) $$y(x_0) = y_0$$

genügt.

Allgemeiner betrachtet man auch *Systeme von n gewöhnlichen Differentialgleichungen*

$$\begin{aligned} y_1'(x) &= f_1(x, y_1(x), \ldots, y_n(x)) \\ y_2'(x) &= f_2(x, y_1(x), \ldots, y_n(x)) \\ &\;\vdots \\ y_n'(x) &= f_n(x, y_1(x), \ldots, y_n(x)) \end{aligned}$$

für n gesuchte reelle Funktionen $y_i(x)$, $i = 1, \ldots, n$, einer reellen Variablen. Solche Systeme schreibt man analog zu (7.0.1) vektoriell in der Form

(7.0.3) $$y' = f(x, y), \qquad y' := \begin{bmatrix} y_1' \\ \vdots \\ y_n' \end{bmatrix}, \qquad f(x, y) := \begin{bmatrix} f_1(x, y_1, \ldots, y_n) \\ \vdots \\ f_n(x, y_1, \ldots, y_n) \end{bmatrix}.$$

Der Anfangsbedingung (7.0.2) entspricht dabei eine Bedingung der Form

$$y(x_0) = y_0 = \begin{bmatrix} y_{10} \\ \cdot \\ \cdot \\ \cdot \\ y_{n0} \end{bmatrix}. \tag{7.0.4}$$

Neben den *gewöhnlichen Differentialgleichungen 1. Ordnung* (7.0.1), (7.0.3), in denen nur Ableitungen 1. Ordnung der unbekannten Funktion $y(x)$ vorkommen, gibt es *gewöhnliche Differentialgleichungen m-ter Ordnung* der Form

$$y^{(m)}(x) = f\left(x, y(x), y^{(1)}(x), \ldots, y^{(m-1)}(x)\right). \tag{7.0.5}$$

Man kann diese jedoch stets durch Einführung von Hilfsfunktionen

$$\begin{aligned} z_1(x) &:= y(x) \\ z_2(x) &:= y^{(1)}(x) \\ &\;\;\vdots \\ z_m(x) &:= y^{(m-1)}(x) \end{aligned}$$

in ein äquivalentes System von Differentialgleichungen 1. Ordnung transformieren:

$$z' = \begin{bmatrix} z_1' \\ \cdot \\ \cdot \\ \cdot \\ z_{m-1}' \\ z_m' \end{bmatrix} = \begin{bmatrix} z_2 \\ \cdot \\ \cdot \\ \cdot \\ z_m \\ f(x, z_1, z_2, \ldots, z_m) \end{bmatrix}. \tag{7.0.6}$$

Unter einem Anfangswertproblem für die gewöhnliche Differentialgleichung m-ter Ordnung (7.0.5) versteht man die Aufgabe, eine m-mal differenzierbare Funktion $y(x)$ zu finden, die (7.0.5) und Anfangsbedingungen der Form

$$y^{(i)}(x_0) = y_{i0}, \qquad i = 0, 1, \ldots, m-1,$$

erfüllt.

Anfangswertprobleme werden in 7.2 behandelt.

Neben Anfangswertproblemen für Systeme von gewöhnlichen Differentialgleichungen kommen in der Praxis häufig auch *Randwertprobleme* vor. Hier soll die gesuchte Lösung $y(x)$ der Differentialgleichung (7.0.3) eine *Randbedingung* der Form

$$r\left(y(a), y(b)\right) = 0 \tag{7.0.7}$$

erfüllen, wobei $a \neq b$ zwei *verschiedene* Zahlen sind und

$$r(u, v) := \begin{bmatrix} r_1(u_1, \ldots, u_n, v_1, \ldots, v_n) \\ \vdots \\ r_n(u_1, \ldots, u_n, v_1, \ldots, v_n) \end{bmatrix}$$

ein Vektor von n gegebenen Funktionen r_i von $2n$ Variablen $u_1, \ldots, u_n, v_1, \ldots, v_n$ ist. In den Abschnitten 7.3, 7.4, 7.5 werden Probleme dieser Art betrachtet.

Bei den Verfahren, die im folgenden besprochen werden sollen, wird nicht ein formelmäßiger Ausdruck für die gesuchte Lösung $y(x)$ konstruiert—dies ist i. a. gar nicht möglich — sondern es werden an gewissen ausgezeichneten Abszissen x_i, $i = 0, 1, \ldots$, Näherungswerte $\eta_i := \eta(x_i)$ für die exakten Werte $y_i := y(x_i)$ bestimmt. Häufig sind dabei die ausgezeichneten Abszissen äquidistant, $x_i = x_0 + ih$. Für die Näherungswerte η_i schreiben wir dann auch deutlicher $\eta(x_i; h)$, da die η_i wie die x_i von der benutzten *Schrittweite* h abhängen. Ein wichtiges Problem wird es sein, zu prüfen, ob und wie schnell bei einem Verfahren $\eta\left(x; \dfrac{x - x_0}{n}\right)$ für $n \to \infty$, d. h. $h \to 0$, gegen $y(x)$ konvergiert.

Für eine detailliertere Behandlung von numerischen Methoden zur Lösung von Anfangs- und Randwertproblemen wird auf die Spezialliteratur verwiesen: Neben dem klassischen grundlegenden Buch von Henrici [26] und der neueren Darstellung von Stetter [47] seien die Bücher von Gear [40], Grigorieff [25], Keller [30] und Shampine und Gordon [45] erwähnt.

7.1 Einige Sätze aus der Theorie der gewöhnlichen Differentialgleichungen

Für später seien einige Resultate aus der Theorie der gewöhnlichen Differentialgleichungen—zum Teil ohne Beweis—zusammengestellt. Sei dazu im folgenden (s. (7.0.3))

$$y' = f(x, y)$$

stets ein System von n gewöhnlichen Differentialgleichungen, $\|\cdot\|$ eine Norm auf dem $\mathbb{R}^n$ und $\|A\|$ eine damit verträgliche multiplikative Matrixnorm mit $\|I\| = 1$ (s. (4.4.8)). Es läßt sich dann zeigen (s. z. B. [26], Th. 3.1), daß das Anfangswertproblem (7.0.3), (7.0.4) — und damit speziell (7.0.1), (7.0.2) — genau eine Lösung besitzt, falls f einigen einfachen Regularitätsbedingungen genügt:

(7.1.1) **Satz:** *Die Funktion f sei auf dem Streifen $S := \{(x, y) \mid a \leq x \leq b, y \in \mathbb{R}^n\}$, a, b endlich, definiert und stetig. Weiter gebe es eine Konstante L, so daß*

(7.1.2) $$\|f(x, y_1) - f(x, y_2)\| \leq L\|y_1 - y_2\|$$

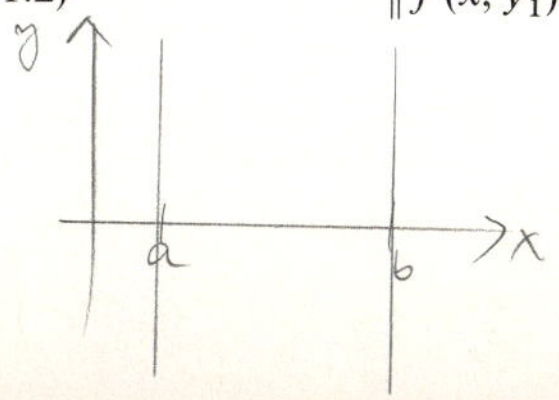

für alle $x \in [a, b]$ *und alle* $y_1, y_2 \in \mathbb{R}^n$ (*„Lipschitzbedingung“*). *Dann existiert zu jedem* $x_0 \in [a, b]$ *und jedem* $y_0 \in \mathbb{R}^n$ *genau eine Funktion* $y(x)$ *mit:*

1. $y(x)$ *ist stetig und stetig differenzierbar für* $x \in [a, b]$;
2. $y'(x) = f(x, y(x))$ *für* $x \in [a, b]$:
3. $y(x_0) = y_0$.

Aus dem Mittelwertsatz folgt leicht, daß die Lipschitzbedingung insbesondere dann erfüllt ist, wenn die partiellen Ableitungen $\dfrac{\partial f_i}{\partial y_j}$, $i, j = 1, \ldots, n$, auf dem Streifen S existieren, dort stetig und beschränkt sind. Für später bezeichnen wir mit

$$F_N(a, b) \tag{7.1.3}$$

die Menge der Funktionen f, für die alle partiellen Ableitungen bis zur Ordnung N auf dem Streifen $S = \{(x, y) \mid a \leqq x \leqq b, y \in \mathbb{R}^n\}$, a, b endlich, existieren, dort stetig und beschränkt sind. Die Funktionen $f \in F_1(a, b)$ erfüllen somit die Voraussetzungen von (7.1.1).

In den Anwendungen ist f meistens auf S stetig und dort auch stetig differenzierbar, doch sind häufig die Ableitungen $\dfrac{\partial f_i}{\partial y_j}$ auf S unbeschränkt. Dann besitzt das Anfangswertproblem (7.0.3), (7.0.4) zwar noch eine Lösung, doch braucht diese nur noch in einer gewissen Umgebung $U(x_0)$ des Startpunktes x_0 definiert zu sein und nicht auf ganz $[a, b]$ (s. z. B. [26]).

Beispiel: Das Anfangswertproblem

$$y' = y^2, \qquad y(0) = 1$$

besitzt die Lösung $y(x) = \dfrac{1}{1 - x}$, die nur für $x < 1$ erklärt ist.

(7.1.1) ist der grundlegende Existenz- und Eindeutigkeitssatz für das durch (7.0.3), (7.0.4) gegebene Anfangswertproblem.

Es soll nun gezeigt werden, daß die Lösung eines Anfangswertproblems stetig von dem Anfangswert abhängt:

(7.1.4) **Satz:** *Auf dem Streifen* $S = \{(x, y) \mid b \leqq x \leqq c, y \in \mathbb{R}^n\}$ *sei die Funktion* $f: S \to \mathbb{R}^n$ *stetig und genüge der Lipschitzbedingung*

$$\| f(x, y_1) - f(x, y_2) \| \leqq L \| y_1 - y_2 \|$$

für alle $(x, y) \in S$, $i = 1, 2$. *Sei* $b \leqq a \leqq c$. *Dann gilt für die Lösung* $y(x; s)$ *des Anfangswertproblems*

$$y' = f(x, y), \qquad y(a; s) = s$$

die Abschätzung

$$\| y(x; s_1) - y(x; s_2) \| \leqq e^{L|x - a|} \| s_1 - s_2 \|.$$

Beweis: Nach Definition von $y(x; s)$ hat man

$$y(x; s) = s + \int_a^x f(t, y(t; s))\, dt.$$

Es folgt daher

$$y(x; s_1) - y(x; s_2) = s_1 - s_2 + \int_a^x [f(t, y(t; s_1)) - f(t, y(t; s_2))]\, dt$$

und damit

(7.1.5) $$\|y(x; s_1) - y(x; s_2)\| \leqq \|s_1 - s_2\| + L \left| \int_a^x \|y(t; s_1) - y(t; s_2)\| dt \right|.$$

Für die Funktion

$$\Phi(x) := \int_a^x \|y(t; s_1) - y(t; s_2)\|\, dt$$

gilt $\Phi'(x) = \|y(x; s_1) - y(x; s_2)\|$ und daher wegen (7.1.5) für $x \geqq a$

$$\alpha(x) \leqq \|s_1 - s_2\| \quad \text{mit} \quad \alpha(x) := \Phi'(x) - L\Phi(x).$$

Das Anfangswertproblem

(7.1.6) $$\Phi'(x) = \alpha(x) + L\Phi(x), \qquad \Phi(a) = 0$$

hat für $x \geqq a$ die Lösung

(7.1.7) $$\Phi(x) = e^{L(x-a)} \int_a^x \alpha(t)\, e^{-L(t-a)}\, dt.$$

Wegen $\alpha(x) \leqq \|s_1 - s_2\|$ folgt so die Abschätzung

$$0 \leqq \Phi(x) \leqq e^{L(x-a)} \|s_1 - s_2\| \int_a^x e^{-L(t-a)}\, dt$$

$$= \frac{1}{L} \|s_1 - s_2\| [e^{L(x-a)} - 1] \quad \text{für} \quad x \geqq a.$$

Es ergibt sich schließlich das verlangte Resultat für $x \geqq a$:

$$\|y(x; s_1) - y(x; s_2)\| = \Phi'(x) = \alpha(x) + L\Phi(x)$$
$$\leqq \|s_1 - s_2\|\, e^{L|x-a|}.$$

Ähnlich geht man für $x < a$ vor. □

Den letzten Satz kann man verschärfen: Die Lösung des Anfangswertproblems hängt unter zusätzlichen Voraussetzungen sogar stetig differenzierbar von dem Anfangswert ab. Es gilt

(7.1.8) **Satz:** *Falls zusätzlich zu den Voraussetzungen von Satz* (7.1.4) *die Funktionalmatrix* $D_y f(x, y) = \left[\dfrac{\partial f_i}{\partial y_j}\right]$ *auf S existiert und dort stetig und beschränkt ist,*

$$\|D_y f(x, y)\| \leqq L \quad \text{für} \quad (x, y) \in S,$$

dann ist die Lösung $y(x; s)$ *von* $y' = f(x, y)$, $y(a; s) = s$, *für alle* $x \in [b, c]$ *und alle* $s \in \mathbb{R}^n$ *stetig differenzierbar Die Ableitung*

$$Z(x; s) := D_s y(x; s) = \left(\frac{\partial y(x; s)}{\partial \sigma_1}, \ldots, \frac{\partial y(x; s)}{\partial \sigma_n}\right), \qquad s = (\sigma_1, \ldots, \sigma_n)^T,$$

ist Lösung des Anfangswertproblems ($Z' = D_x Z$)

(7.1.9) $$Z' = D_y f(x, y(x; s))\, Z, \qquad Z(a; s) = I.$$

Man beachte, daß es sich bei Z', Z und $D_y f(x, y(x; s))$ um $n \times n$-Matrizen handelt. (7.1.9) beschreibt somit ein Anfangswertproblem für ein System von n^2 Differentialgleichungen. Formal kann man (7.1.9) durch Differentiation der Identitäten

$$y'(x; s) = f(x, y(x; s)), \qquad y(a; s) = s$$

nach s erhalten.

Einen Beweis von Satz (7.1.8) findet man z. B. in [10].

Für manche Zwecke ist es wichtig, das Wachstum der Lösung Z von (7.1.9) mit x abzuschätzen. Dazu sei allgemeiner $T(x)$ eine $n \times n$-Matrix und die $n \times n$-Matrix $Y(x)$ Lösung des linearen Anfangswertproblems

(7.1.10) $$Y' = T(x) \cdot Y, \qquad Y(a) = I.$$

Dann kann man zeigen:

(7.1.11) **Satz:** *Falls* $T(x)$ *stetig auf* $[a, b]$ *ist, so gilt mit* $k(x) := \|T(x)\|$ *für die Lösung* $Y(x)$ *von* (7.1.10)

$$\|Y(x) - I\| \leqq \exp\left(\int_a^x k(t)\, dt\right) - 1, \qquad x \geqq a.$$

Beweis: Nach Definition von $Y(x)$ gilt

$$Y(x) = I + \int_a^x T(t) \cdot Y(t)\, dt.$$

Mit

$$\varphi(x) := \|Y(x) - I\|$$

folgt wegen $\|Y(x)\| \leqq \varphi(x) + \|I\| = \varphi(x) + 1$ für $x \geqq a$ die Abschätzung

(7.1.12) $$\varphi(x) \leqq \int_a^x k(t)\,(\varphi(t) + 1)\, dt.$$

Die Funktion $c(x)$ sei nun mit Hilfe des folgenden Ansatzes definiert:

$$\int_a^x k(t)(\varphi(t)+1)\,dt = c(x)\exp\left(\int_a^x k(t)\,dt\right) - 1, \qquad c(a) = 1. \tag{7.1.13}$$

Durch Differentiation erhält man ($c(x)$ ist offensichtlich differenzierbar) wegen (7.1.13)

$$\begin{aligned} k(x)(\varphi(x)+1) &= c'(x)\exp\left(\int_a^x k(t)\,dt\right) + k(x)\cdot c(x)\exp\left(\int_a^x k(t)\,dt\right) \\ &= c'(x)\exp\left(\int_a^x k(t)\,dt\right) + k(x)\cdot\left[1 + \int_a^x k(t)(\varphi(t)+1)\,dt\right], \end{aligned}$$

woraus wegen $k(x) \geqq 0$ und (7.1.12) folgt

$$\begin{aligned} c'(x)\exp\left(\int_a^x k(t)\,dt\right) + k(x)\int_a^x k(t)(\varphi(t)+1)\,dt &= k(x)\varphi(x) \leqq \\ &\leqq k(x)\int_a^x k(t)(\varphi(t)+1)\,dt. \end{aligned}$$

Man erhält so schließlich

$$c'(x) \leqq 0$$

und daher

$$c(x) \leqq c(a) = 1 \quad \text{für} \quad x \geqq a. \tag{7.1.14}$$

Die Behauptung des Satzes ergibt sich nun sofort aus (7.1.12)–(7.1.14). □

7.2 Anfangswertprobleme

7.2.1 Einschrittverfahren. Grundbegriffe

Wie schon 7.1 vermuten läßt, sind die Methoden und Resultate für Anfangswertprobleme für Systeme von gewöhnlichen Differentialgleichungen 1. Ordnung im wesentlichen von der Zahl n der unbekannten Funktionen unabhängig. Wir beschränken uns daher im folgenden auf den Fall nur *einer* gewöhnlichen Differentialgleichung 1. Ordnung für nur *eine* unbekannte Funktion (d. h. $n = 1$). In der Regel gelten die Ergebnisse jedoch auch für Systeme (d. h. $n > 1$), sofern man Größen wie y, $f(x, y)$ als Vektoren und $|\cdot|$ als Norm $\|\cdot\|$ interpretiert. Für das folgende setzen wir voraus, daß das betrachtete Anfangswertproblem stets eindeutig lösbar ist.

Zu einer ersten numerischen Methode zur Lösung des Anfangswertproblems

$$(A) \qquad y' = f(x, y), \qquad y(x_0) = y_0 \tag{7.2.1.1}$$

kommt man durch eine einfache Überlegung: Da $f(x, y(x))$ gerade die Steigung $y'(x)$ der gesuchten exakten Lösung $y(x)$ von (7.2.1.1) ist, gilt näherungsweise für $h \neq 0$

$$\frac{y(x+h) - y(x)}{h} \approx f(x, y(x))$$

oder

(7.2.1.2) $$y(x+h) \approx y(x) + hf(x, y(x)).$$

Nach Wahl einer Schrittweite $h \neq 0$ erhält man so ausgehend von den gegebenen Anfangswerten x_0, $y_0 = y(x_0)$ an den äquidistanten Stellen $x_i = x_0 + ih$, $i = 1, 2, \ldots$, Näherungswerte η_i für die Werte $y_i := y(x_i)$ der exakten Lösung $y(x)$:

(7.2.1.3)
$$\eta_0 := y_0$$
für $i = 0, 1, 2, \ldots$
$$\eta_{i+1} := \eta_i + hf(x_i, \eta_i), \qquad x_{i+1} := x_i + h.$$

Man kommt so zu dem *Polygonzug-Verfahren* von Euler:

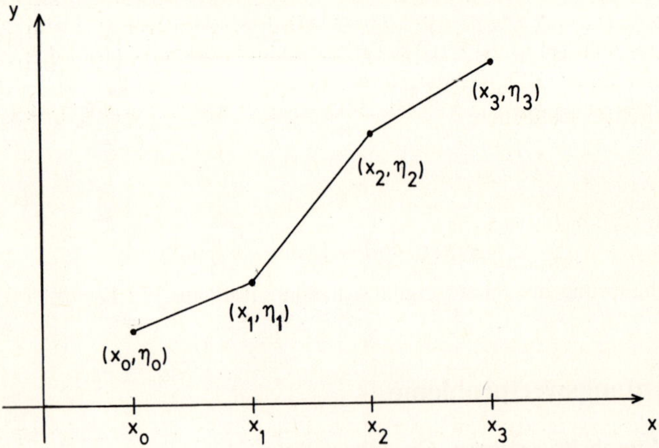

Fig. 3

Offensichtlich hängen die Näherungswerte η_i von der Schrittweite h ab. Um dies anzudeuten, schreiben wir auch deutlicher $\eta(x_i; h)$ statt η_i. Die „Näherungslösung" $\eta(x; h)$ ist also nur für

$$x \in R_h := \{x_0 + ih \mid i = 0, 1, 2, \ldots\}$$

bzw. für

$$h \in H_x := \left\{ \frac{x - x_0}{n} \,\middle|\, n = 1, 2, \cdots \right\}$$

definiert und zwar rekursiv durch (vgl. (7.2.1.3))

$$\eta(x_0; h) := y_0$$

$$\eta(x + h; h) := \eta(x; h) + h \cdot f(x, \eta(x; h)).$$

Das Eulersche Verfahren ist ein typisches *Einschrittverfahren*. Allgemein sind solche Verfahren durch eine Funktion

$$\Phi(x, y; h; f)$$

gegeben. Ausgehend von den Anfangswerten x_0, y_0 des Anfangswertproblems (A) (7.2.1.1) erhält man dabei Näherungswerte η_i für die Größen $y_i := y(x_i)$ der exakten Lösung $y(x)$ durch

(7.2.1.4)
$$\begin{aligned} &\eta_0 := y_0 \\ \text{für} \quad &i = 0, 1, 2, \ldots \\ &\eta_{i+1} := \eta_i + h\Phi(x_i, \eta_i; h; f) \\ &x_{i+1} := x_i + h. \end{aligned}$$

Bei dem Verfahren von Euler ist beispielsweise $\Phi(x, y; f) := f(x, y)$; hier ist Φ von h unabhängig.

Im weiteren soll der Einfachheit halber bei der Funktion Φ das Argument f fortgelassen werden. Wie bei dem Eulerschen Verfahren (s. oben) schreiben wir auch deutlicher $\eta(x_i; h)$ statt η_i, um die Abhängigkeit der Näherungswerte von der benutzten Schrittweite h anzudeuten.

Seien nun x und y beliebig aber fest gewählt und sei $z(t)$ die exakte Lösung des Anfangswertproblems

(7.2.1.5)
$$z'(t) = f(t, z(t)), \qquad z(x) = y$$

mit den Anfangswerten x, y.

Dann gibt die Funktion

(7.2.1.6)
$$\Delta(x, y; h; f) := \begin{cases} \dfrac{z(x+h) - y}{h} & h \neq 0 \\ f(x, y) & h = 0 \end{cases}$$

den Differenzenquotienten der exakten Lösung $z(t)$ von (7.2.1.5) zur Schrittweite h an, während $\Phi(x, y; h)$ der Differenzenquotient zur Schrittweite h der durch Φ gelieferten Näherungslösung von (7.2.1.5) ist. Wie bei Φ soll auch bei Δ im weiteren auf das Argument f verzichtet werden.

Die Größe der Differenz $\tau(x, y; h) := \Delta(x, y; h) - \Phi(x, y; h)$ gibt an, wie gut die exakte Lösung der Differentialgleichung die Gleichung des Einschrittverfahrens erfüllt: Sie ist ein Maß für die Güte des Näherungsverfahrens. $\tau(x, y; h)$ wird *lokaler Diskretisierungsfehler* an der Stelle (x, y) des betreffenden Verfahrens genannt. Für eine vernünftige Einschrittmethode wird man

$$\lim_{h \to 0} \tau(x, y; h) = 0$$

verlangen. Wegen $\lim_{h \to 0} \Delta(x, y; h) = f(x, y)$ ist dies äquivalent mit

(7.2.1.7) $$\lim_{h \to 0} \Phi(x, y; h) = f(x, y).$$

Man nennt Φ bzw. das zugehörige Einschrittverfahren *konsistent*, wenn (7.2.1.7) für alle $x \in [a, b]$, $y \in \mathbb{R}$ und alle $f \in F_1(a, b)$ (s. (7.1.3)) erfüllt ist.

Beispiel: Das Eulersche Verfahren, $\Phi(x, y; h) := f(x, y)$, ist offensichtlich konsistent. Dieses Resultat läßt sich verschärfen: Wenn f genügend oft stetig partiell differenzierbar ist, läßt sich etwas darüber aussagen, mit welcher Ordnung $\tau(x, y; h)$ gegen 0 geht für $h \to 0$. Dazu entwickle man die Lösung $z(t)$ von (7.2.1.5) in eine Taylorreihe um den Punkt $t = x$:

$$z(x + h) = z(x) + hz'(x) + \frac{h^2}{2} z''(x) + \ldots + \frac{h^p}{p!} z^{(p)}(x + \theta h), \qquad 0 < \theta < 1.$$

Nun ist aber wegen $z(x) = y$, $z'(t) = f(t, z(t))$

$$z''(x) = \frac{d}{dt} f(t, z(t))\big|_{t=x} = f_x(t, z(t))\big|_{t=x} + f_y(t, z(t))\, z'(t)\big|_{t=x}$$

$$= f_x(x, y) + f_y(x, y) f(x, y),$$

$$z'''(x) = f_{xx}(x, y) + 2 f_{xy}(x, y) f(x, y) + f_{yy}(x, y) f(x, y)^2 + f_y(x, y) z''(x)$$

usw. und daher

(7.2.1.8) $$\Delta(x, y; h) = z'(x) + \frac{h}{2!} z''(x) + \ldots + \frac{h^{p-1}}{p!} z^{(p)}(x + \theta h)$$

$$= f(x, y) + \frac{h}{2} [f_x(x, y) + f_y(x, y) f(x, y)] + \ldots.$$

Für das Eulersche Verfahren, $\Phi(x, y; h) := f(x, y)$, folgt

$$\tau(x, y; h) = \Delta(x, y; h) - \Phi(x, y; h) = \frac{h}{2} [f_x(x, y) + f_y(x, y) f(x, y)] + \ldots$$

$$= 0(h).$$

Allgemein spricht man von einem *Verfahren der Ordnung p*, falls

(7.2.1.9) $$\tau(x, y; h) = 0(h^p)$$

für alle $x \in [a, b]$, $y \in \mathbb{R}$ und alle $f \in F_p(a, b)$ gilt.

Das Eulersche Verfahren ist also ein Verfahren 1. Ordnung.

Das letzte Beispiel zeigt, wie man einfach Verfahren höherer als 1. Ordnung gewinnen kann. Man nehme als $\Phi(x, y; h)$ Abschnitte der Taylorreihe (7.2.1.8) von $\Delta(x, y; h)$. Z. B. wird durch

(7.2.1.10) $$\Phi(x, y; h) := f(x, y) + \frac{h}{2} [f_x(x, y) + f_y(x, y) f(x, y)]$$

ein Verfahren 2. Ordnung geliefert. Die so gewonnenen Methoden höherer Ordnung sind jedoch kaum brauchbar, da man in jedem Schritt $(x_i, \eta_i) \to$

$\to (x_{i+1}, \eta_{i+1})$ zusätzlich zu f auch noch partielle Ableitungen f_x, f_y etc. von f berechnen muß.

Einfachere Verfahren höherer Ordnung erhält man z. B. mit Hilfe des Ansatzes

(7.2.1.11) $$\Phi(x, y; h) := a_1 \cdot f(x, y) + a_2 \cdot f(x + p_1 h, y + p_2 h f(x, y)),$$

indem man die Konstanten a_1, a_2, p_1, p_2 so bestimmt, daß die Taylorentwicklung von $\Delta(x, y; h) - \Phi(x, y; h)$ nach h mit einer möglichst hohen Potenz anfängt. Für $\Phi(x, y; h)$ (7.2.1.11) hat man folgende Taylorentwicklung

$$\Phi(x, y; h) = (a_1 + a_2) f(x, y) + a_2 h [p_1 f_x(x, y) + p_2 f_y(x, y) f(x, y)] + 0(h^2).$$

Ein Vergleich mit (7.2.1.8) ergibt die Bedingungen

$$a_1 + a_2 = 1, \qquad a_2 p_1 = \tfrac{1}{2}, \qquad a_2 p_2 = \tfrac{1}{2}$$

für Verfahren 2. Ordnung. Eine Lösung dieser Gleichungen ist

$$a_1 = \tfrac{1}{2}, \qquad a_2 = \tfrac{1}{2}, \qquad p_1 = 1, \qquad p_2 = 1$$

und man erhält das Verfahren von Heun (1900):

(7.2.1.12) $$\Phi(x, y; h) = \tfrac{1}{2}[f(x, y) + f(x + h, y + h f(x, y))],$$

das pro Schritt lediglich die zweimalige Auswertung von f erfordert. Eine andere Lösung ist

$$a_1 = 0, \qquad a_2 = 1, \qquad p_1 = \tfrac{1}{2}, \qquad p_2 = \tfrac{1}{2},$$

die zu dem *modifizierten Euler-Verfahren* (Collatz (1960)) führt

(7.2.1.13) $$\Phi(x, y; h) := f\left(x + \frac{h}{2}, y + \frac{h}{2} f(x, y)\right),$$

das wiederum von 2. Ordnung ist und pro Schritt 2 Auswertungen von f erfordert.

Das *Verfahren von Runge-Kutta* (1895) erhält man aus einem etwas allgemeineren Ansatz für Φ als (7.2.1.11). Es hat die Form

(7.2.1.14) $$\Phi(x, y; h) := \tfrac{1}{6}[k_1 + 2k_2 + 2k_3 + k_4]$$

mit

$$k_1 := f(x, y)$$

$$k_2 := f\left(x + \frac{h}{2}, y + \frac{1}{2} h k_1\right)$$

$$k_3 := f\left(x + \frac{h}{2}, y + \frac{1}{2} h k_2\right)$$

$$k_4 := f(x + h, y + h k_3).$$

Durch Taylorentwicklung nach h findet man

$$\Phi(x, y; h) - \Delta(x, y; h) = 0(h^4).$$

Damit ist das Verfahren von Runge-Kutta ein Verfahren 4. Ordnung. Pro Schritt sind bei ihm 4 Auswertungen von f erforderlich.

Hängt $f(x, y)$ nicht von y ab, so ist die Lösung des Anfangswertproblems

$$y' = f(x), \qquad y(x_0) = y_0$$

gerade durch das Integral $y(x) = y_0 + \int_{x_0}^{x} f(t)\, dt$ gegeben. Das Verfahren von Heun entspricht dann der Approximation von $y(x)$ mittels Trapezsummen, das modifizierte Euler-Verfahren der midpoint-rule und das Verfahren von Runge-Kutta der Simpson-Regel (s. 3.1).

Weitere Verfahren dieses Typs und Varianten des Runge-Kutta-Verfahrens von höherer als 4. Ordnung sind von Butcher [6], Fehlberg [17, 18, 19] und Shanks [33] angegeben worden; eine neuere Darstellung von Einschrittverfahren findet man in Grigorieff [25] und Stetter [47].

7.2.2 Die Konvergenz von Einschrittverfahren

In diesem Abschnitt wollen wir das Konvergenzverhalten der von einem Einschrittverfahren gelieferten Näherungslösung $\eta(x; h)$ für $h \to 0$ untersuchen. Dazu sei $f \in F_1(a, b)$ und $y(x)$ die exakte Lösung des Anfangswertproblems

$$\text{(A)} \qquad y' = f(x, y), \qquad y(x_0) = y_0.$$

Durch $\Phi(x, y; h)$ sei ein Einschrittverfahren gegeben,

$$\begin{aligned} &\eta_0 := y_0 \\ \text{für} \quad &i = 0, 1, \ldots \\ &\eta_{i+1} := \eta_i + h\Phi(x_i, \eta_i; h) \\ &x_{i+1} := x_i + h, \end{aligned}$$

das für $x \in R_h := \{x_0 + ih \mid i = 0, 1, 2, \ldots\}$ die Näherungslösung $\eta(x; h)$ liefert:

$$\eta(x; h) := \eta_i, \quad \text{falls} \quad x = x_0 + ih.$$

Wir interessieren uns für das Verhalten des *globalen Diskretisierungsfehlers*

$$e(x; h) := \eta(x; h) - y(x)$$

bei festem x für $h \to 0$, $h \in H_x := \left\{ \frac{x - x_0}{n} \,\middle|\, n = 1, 2, \ldots \right\}$. Da $e(x; h)$ wie $\eta(x; h)$ nur für $h \in H_x$ definiert ist, bedeutet dies die Untersuchung der Konvergenz von

$$e(x; h_n), \qquad h_n := \frac{x - x_0}{n}, \qquad n \to \infty.$$

Wir nennen das Einschrittverfahren *konvergent*, falls

(7.2.2.1) $$\lim_{n \to \infty} e(x; h_n) = 0$$

für alle $x \in [a, b]$ und für alle $f \in F_1(a, b)$.

Wir werden sehen, daß Verfahren der Ordnung $p > 0$ (7.2.1.9) konvergent sind und für sie sogar gilt

$$e(x; h_n) = 0(h_n^p).$$

Die Ordnung des globalen Diskretisierungsfehlers ist also gleich der Ordnung des lokalen Diskretisierungsfehlers.

Wir zeigen zunächst den

(7.2.2.2) **Hilfssatz:** *Genügen die Zahlen* ξ_i *einer Abschätzung der Form*

$$|\xi_{i+1}| \leqq (1 + \delta)|\xi_i| + B, \qquad \delta > 0, \qquad B \geqq 0, \qquad i = 0, 1, 2, \ldots,$$

so gilt

$$|\xi_n| \leqq e^{n\delta}|\xi_0| + \frac{e^{n\delta} - 1}{\delta} B.$$

Beweis: Aus den Voraussetzungen folgt sofort

$$|\xi_1| \leqq (1 + \delta)|\xi_0| + B$$

$$|\xi_2| \leqq (1 + \delta)^2 |\xi_0| + B(1 + \delta) + B$$

. . . .

$$\begin{aligned} |\xi_n| &\leqq (1 + \delta)^n |\xi_0| + B[1 + (1 + \delta) + (1 + \delta)^2 + \ldots + (1 + \delta)^{n-1}] \\ &= (1 + \delta)^n |\xi_0| + B \frac{(1 + \delta)^n - 1}{\delta} \\ &\leqq e^{n\delta}|\xi_0| + B \frac{e^{n\delta} - 1}{\delta} \end{aligned}$$

wegen $0 < 1 + \delta \leqq e^{\delta}$ für $\delta > -1$. □

Damit können wir folgenden Hauptsatz beweisen:

(7.2.2.3) **Satz:** *Gegeben sei für* $x_0 \in [a,b]$, $y_0 \in$ *das Anfangswertproblem*

(A) $$y' = f(x, y), \qquad y(x_0) = y_0$$

mit der exakten Lösung $y(x)$. *Die Funktion* Φ *sei stetig auf* $G :=$ $:= \{(x, y, h) \mid a \leqq x \leqq b, |y - y(x)| \leqq \gamma, 0 \leqq |h| \leqq h_0\}$, $h_0 > 0$, $\gamma > 0$, *und es gebe positive Konstanten M und N, so daß*

(7.2.2.4) $$|\Phi(x, y_1; h) - \Phi(x, y_2; h)| \leqq M|y_1 - y_2|$$

für alle $(x, y_i, h) \in G$, $i = 1, 2$, $x \in [a, b]$, $|h| \leqq h_0$ *und*

(7.2.2.5) $$|\tau(x, y(x); h)| = |\Delta(x, y(x); h) - \Phi(x, y(x); h)| \leqq N|h|^p, \qquad p > 0,$$

für alle $x \in [a, b]$, $|h| \leqq h_0$. *Dann gibt es ein* $\bar{h}$, $0 < \bar{h} \leqq h_0$, *so daß für den globalen Diskretisierungsfehler* $e(x; h) = \eta(x; h) - y(x)$ *gilt*

$$|e(x; h_n)| \leqq |h_n|^p N \frac{e^{M|x - x_0|} - 1}{M}$$

für alle $x \in [a, b]$ *und alle* $h_n = \dfrac{x - x_0}{n}$, $n = 1, 2, \ldots$, *mit* $|h_n| \leqq \bar{h}$. *Für* $\gamma = \infty$ *ist* $\bar{h} = h_0$.

Beweis: Die Funktion

$$\tilde{\Phi}(x, y; h) := \begin{cases} \Phi(x, y; h) & \text{für} \quad (x, y, h) \in G \\ \Phi(x, y(x) + \gamma; h) & \text{für} \quad x \in [a, b], \quad |h| \leqq h_0, \quad y \geqq y(x) + \gamma \\ \Phi(x, y(x) - \gamma; h) & \text{für} \quad x \in [a, b], \quad |h| \leqq h_0, \quad y \leqq y(x) - \gamma \end{cases}$$

ist offensichtlich auf $\tilde{G} := \{(x, y, h) \mid x \in [a, b], y \in \mathbb{R}, |h| \leqq h_0\}$ stetig und genügt der Bedingung

(7.2.2.6) $$|\tilde{\Phi}(x, y_1; h) - \tilde{\Phi}(x, y_2; h)| \leqq M|y_1 - y_2|$$

für alle $(x, y_i, h) \in \tilde{G}$, $i = 1, 2$, und wegen $\tilde{\Phi}(x, y(x); h) = \Phi(x, y(x); h)$ auch der Bedingung

(7.2.2.7) $$|\Delta(x, y(x); h) - \tilde{\Phi}(x, y(x); h)| \leqq N|h|^p \quad \text{für} \quad x \in [a, b], \quad |h| \leqq h_0.$$

Das durch $\tilde{\Phi}$ erzeugte Einschrittverfahren liefere die Näherungswerte $\tilde{\eta}_i := \tilde{\eta}(x_i; h)$, $x_i = x_0 + ih$, für $y_i := y(x_i)$:

$$\tilde{\eta}_{i+1} = \tilde{\eta}_i + h\tilde{\Phi}(x_i, \tilde{\eta}_i; h).$$

Wegen

$$y_{i+1} = y_i + h\Delta(x_i, y_i; h)$$

erhält man durch Subtraktion für den Fehler $\tilde{e}_i := \tilde{\eta}_i - y_i$ die Rekursionsformel

(7.2.2.8)

$$\tilde{e}_{i+1} = \tilde{e}_i + h[\tilde{\Phi}(x_i, \tilde{\eta}_i; h) - \tilde{\Phi}(x_i, y_i; h)] + h[\tilde{\Phi}(x_i, y_i; h) - \Delta(x_i, y_i; h)].$$

Nun folgt aus (7.2.2.6), (7.2.2.7)

$$|\tilde{\Phi}(x_i, \tilde{\eta}_i; h) - \tilde{\Phi}(x_i, y_i; h)| \leqq M|\tilde{\eta}_i - y_i| = M|\tilde{e}_i|$$

$$|\Delta(x_i, y_i; h) - \tilde{\Phi}(x_i, y_i; h)| \leqq N|h|^p$$

und damit aus (7.2.2.8) die rekursive Abschätzung

$$|\tilde{e}_{i+1}| \leqq (1 + |h| \cdot M) |\tilde{e}_i| + N \cdot |h|^{p+1}.$$

Hilfssatz (7.2.2.2) ergibt wegen $\tilde{e}_0 = \tilde{\eta}_0 - y_0 = 0$

(7.2.2.9) $$|\tilde{e}_k| \leqq N |h|^p \frac{e^{k|h|M} - 1}{M}.$$

Sei nun $x \in [a, b]$, $x \neq x_0$, fest gewählt und $h := h_n = \dfrac{x - x_0}{n}$, $n > 0$ ganz. Dann ist $x_n = x_0 + n\, h = x$ und es folgt aus (7.2.2.9) für $k = n$ wegen $\tilde{e}(x; h_n) = \tilde{e}_n$ sofort

(7.2.2.10) $$|\tilde{e}(x; h_n)| \leqq N |h_n|^p \frac{e^{M|x - x_0|} - 1}{M}$$

für alle $x \in [a, b]$ und h_n mit $|h_n| \leqq h_0$. Wegen $|x - x_0| \leqq |b - a|$ und $\gamma > 0$ gibt es daher ein $\bar{h}$, $0 < \bar{h} \leqq h_0$, mit $|\tilde{e}(x; h_n)| \leqq \gamma$ für alle $x \in [a, b]$, $|h_n| \leqq \bar{h}$, d. h. es ist für $|h| \leqq \bar{h}$ nach Definition von $\tilde{\Phi}$

$$\tilde{\eta}_i = \eta_i, \quad \tilde{e}_i = e_i \quad \text{und} \quad \tilde{\Phi}(x_i, \tilde{\eta}_i; h) = \Phi(x_i, \eta_i; h)$$

für das von Φ erzeugte Einschrittverfahren

$$\eta_0 = y_0$$

$$\eta_{i+1} = \eta_i + \Phi(x_i, \eta_i; h).$$

Es folgt daher schließlich die Behauptung des Satzes

$$|e(x; h_n)| \leqq |h_n|^p N \frac{e^{M|x - x_0|} - 1}{M}$$

für alle $x \in [a, b]$ und alle $h_n = \dfrac{x - x_0}{n}$, $n = 1, 2, \ldots$, mit $|h_n| \leqq \bar{h}$. □

Aus dem letzten Satz folgt insbesondere, daß Verfahren der Ordnung $p > 0$, die in einer Umgebung der exakten Lösung eine Lipschitzbedingung der Form (7.2.2.4) erfüllen, konvergent (7.2.2.1) sind. Man beachte, daß die Bedingung (7.2.2.4) erfüllt ist, wenn z. B. $\dfrac{\partial}{\partial y} \Phi(x, y; h)$ in einem Gebiet G der im Satz angegebenen Form existiert und stetig ist.

Der letzte Satz gibt eine obere Schranke für den Diskretisierungsfehler an, die man im Prinzip ausrechnen kann, wenn man M und N kennt. Man könnte sie z. B. dazu benutzen, zu gegebenem x und $\varepsilon > 0$ die Schrittweite h zu ermitteln, die man verwenden muß, um $y(x)$ bis auf einen Fehler ε genau zu berechnen. Leider scheitert dies in der Praxis daran, daß die Konstanten M und N nur schwer zugänglich sind, da eine Abschätzung für M bzw. N gewöhnlich nur über die Abschätzung höherer Ableitungen von f möglich ist. Schon bei dem einfachen Eulerschen Verfahren, $\Phi(x, y; h) := f(x, y)$, ist (s. (7.2.1.8) f.) z. B.

$$N \approx \tfrac{1}{2}|f_x(x, y(x)) + f_y(x, y(x)) \cdot f(x, y(x))|$$

$$M \approx \left|\frac{\partial \Phi}{\partial y}\right| = |f_y(x, y)|.$$

Für das Verfahren von Runge und Kutta müßte man bereits Ableitungen 4. Ordnung von f abschätzen!

7.2.3 Asymptotische Entwicklungen für den globalen Diskretisierungsfehler bei Einschrittverfahren

Satz (7.2.2.3) legt die Vermutung nahe, daß die Näherungslösung $\eta(x; h)$, die von einem Verfahren p-ter Ordnung geliefert wird, eine asymptotische Entwicklung nach Potenzen von h der Form

(7.2.3.1) $$\eta(x; h) = y(x) + e_p(x) h^p + e_{p+1}(x) h^{p+1} + \dots$$

für alle $h = h_n = \dfrac{x - x_0}{n}$, $n = 1, 2, \dots$, mit gewissen von h unabhängigen Koeffizientenfunktionen $e_i(x)$, $i = p, p+1, \dots$, besitzt. Dies ist in der Tat für allgemeine Einschrittverfahren p-ter Ordnung richtig, wenn nur $\Phi(x, y; h)$ und f gewisse zusätzliche Regularitätsbedingungen erfüllen. Es gilt (siehe Gragg, [23]):

(7.2.3.2) **Satz:** *Es sei $f(x, y) \in F_{N+2}(a, b)$ (7.1.3) und $\eta(x; h)$ die von einem Einschrittverfahren der Ordnung p, $p \leqq N$, gelieferte Näherungslösung $y(x)$ des Anfangswertproblems*

(A) $$y' = f(x, y), \qquad y(x_0) = y_0, \qquad x_0 \in [a, b].$$

Dann besitzt $\eta(x; h)$ eine asymptotische Entwicklung der Form

(7.2.3.3)
$$\eta(x; h) = y(x) + h^p e_p(x) + h^{p+1} e_{p+1}(x) + \dots + h^N e_N(x) + h^{N+1} E_{N+1}(x; h),$$

mit $e_p(x_0) = 0$, die für alle $x \in [a, b]$ und alle $h = h_n = \dfrac{x - x_0}{n}$, $n = 1, 2, \dots$, gilt. Dabei sind die Funktionen $e_i(x)$ von h unabhängig und das Restglied $E_{N+1}(x; h)$ ist bei festem x für alle $h = h_n = \dfrac{x - x_0}{n}$, $n = 1, 2, \dots$, beschränkt.

Asymptotische Gesetze der Art (7.2.3.1) bzw. (7.2.3.3) sind aus zwei Gründen praktisch bedeutsam. Man kann sie einmal dazu benutzen, den globalen Dis-

 $f(x,y) \in F_{N+2}(a,b)$,
d.h. alle partiellen Abl. von f bis zur Ordnung $N+2$ ex.,
auf dem Streifen $\{(x,y) \mid a \le x \le b, y \in \mathbb{R}^n\}$
dort stetig, beschränkt

kretisierungsfehler $e(x;h)$ abzuschätzen: Das Verfahren p-ter Ordnung habe z. B. eine asymptotische Entwicklung der Form (7.2.3.1), d. h., es gelte

$$e(x;h) = \eta(x;h) - y(x) = h^p e_p(x) + 0(h^{p+1}).$$

Hat man mit der Schrittweite h den Näherungswert $\eta(x;h)$ gefunden, so berechne man anschließend mit einer anderen Schrittweite, z. B. mit der Schrittweite $\frac{h}{2}$, für dasselbe x den Näherungswert $\eta\left(x;\frac{h}{2}\right)$. Für genügend kleines h (und $e_p(x) \neq 0$) ist dann in 1. Näherung

$$\eta(x;h) - y(x) \doteq e_p(x) \cdot h^p \tag{7.2.3.4}$$

$$\eta\left(x;\frac{h}{2}\right) - y(x) \doteq e_p(x) \cdot \left(\frac{h}{2}\right)^p. \tag{7.2.3.5}$$

Subtraktion der zweiten Gleichung von der ersten ergibt

$$\eta(x;h) - \eta\left(x;\frac{h}{2}\right) \doteq e_p(x) \cdot \left(\frac{h}{2}\right)^p (2^p - 1)$$

$$e_p(x)\left(\frac{h}{2}\right)^p \doteq \frac{\eta(x;h) - \eta\left(x;\frac{h}{2}\right)}{2^p - 1}$$

und man erhält durch Einsetzen in (7.2.3.5)

$$\eta\left(x;\frac{h}{2}\right) - y(x) \doteq \frac{\eta(x;h) - \eta\left(x;\frac{h}{2}\right)}{2^p - 1}. \tag{7.2.3.6}$$

Für das Verfahren von Runge-Kutta ist $p = 4$ und man bekommt die häufig benutzte Formel

$$\eta\left(x;\frac{h}{2}\right) - y(x) \doteq \frac{\eta(x;h) - \eta\left(x;\frac{h}{2}\right)}{15}.$$

Die andere, wichtigere Bedeutung asymptotischer Entwicklungen liegt darin, daß sie die Anwendung von Extrapolationsverfahren (s. 3.4) rechtfertigen. Da wir später (s. (7.2.12.7) f.) ein Diskretisierungsverfahren kennenlernen werden, für das die asymptotische Entwicklung von $\eta(x;h)$ nur gerade Potenzen von

h enthält und das daher für Extrapolationsalgorithmen besser geeignet ist (s. 3.4) als das Eulersche Verfahren, wollen wir die Beschreibung der Extrapolationsalgorithmen bis zum Abschnitt 7.2.14 verschieben.

7.2.4 Rundungsfehlereinfluß bei Einschrittverfahren

Bei der praktischen Durchführung eines Einschrittverfahrens

$$
\begin{aligned}
&\eta_0 := y_0 \\
\text{für}\quad & i = 0, 1, \ldots \\
&\eta_{i+1} := \eta_i + h\Phi(x_i, \eta_i; h) \\
&x_{i+1} := x_i + h
\end{aligned}
\tag{7.2.4.1}
$$

erhält man bei der Benutzung von Gleitpunktarithmetik (t Dezimalstellen) der relativen Genauigkeit eps $= 5 \cdot 10^{-t}$ statt der η_i andere Zahlen $\tilde{\eta}_i$, die einer Rekursionsformel der Form

$$
\begin{aligned}
&\tilde{\eta}_0 := y_0 \\
\text{für}\quad & i = 0, 1, \ldots \\
&c_i := \mathrm{gl}\,(\Phi(x_i, \tilde{\eta}_i; h)) \\
&d_i := \mathrm{gl}\,(h \cdot c_i) \\
&\tilde{\eta}_{i+1} := \mathrm{gl}\,(\tilde{\eta}_i + d_i) = \tilde{\eta}_i + h\Phi(x_i, \tilde{\eta}_i; h) + \varepsilon_{i+1}
\end{aligned}
\tag{7.2.4.2}
$$

genügen, wobei sich der gesamte Rundungsfehler ε_{i+1} in 1. Näherung aus 3 Anteilen zusammensetzt

$$\varepsilon_{i+1} \doteq h\Phi(x_i, \tilde{\eta}_i; h)\,(\alpha_{i+1} + \mu_{i+1}) + \tilde{\eta}_{i+1}\sigma_{i+1}.$$

Dabei ist

$$\alpha_{i+1} = [\mathrm{gl}\,(\Phi(x_i, \tilde{\eta}_i; h)) - \Phi(x_i, \tilde{\eta}_i; h)]/\Phi(x_i, \tilde{\eta}_i; h)$$

der relative Rundungsfehler, der bei der Berechnung von Φ in Gleitpunktarithmetik entsteht, μ_{i+1} ist der relative Rundungsfehler, der sich bei der Berechnung des Produktes $h \cdot c_i$ ergibt, und σ_{i+1} ist der relative Rundungsfehler, der bei der Addition $\tilde{\eta}_i + d_i$ auftritt. Gewöhnlich ist in der Praxis die Schrittweite h so klein, daß $|h\Phi(x_i, \tilde{\eta}_i; h)| \ll |\tilde{\eta}_i|$ gilt, und man hat, wenn $|\alpha_{i+1}| \leqq$ eps und $|\mu_{i+1}| \leqq$ eps, somit $\varepsilon_{i+1} \doteq \tilde{\eta}_{i+1}\sigma_{i+1}$, d. h. der Rundungsfehlereinfluß wird in erster Linie durch die Additionsfehler σ_{i+1} bestimmt.

Anmerkung: Es liegt daher nahe, durch Ausführung der Addition in doppelter Genauigkeit ($2t$ Dezimalstellen) den Rundungsfehlereinfluß herabzudrücken. Bezeichnet $\mathrm{gl}_2(a+b)$ die doppelt genaue Addition, $\tilde{\eta}_i$ eine doppelt genaue Zahl ($2t$ Dezimalstellen), $\bar{\eta}_i := \mathrm{rd}_1(\tilde{\eta}_i)$ die auf t Dezimalstellen gerundete Zahl, so lautet der Algorithmus statt (7.2.4.2) nun

$$
\begin{aligned}
&\tilde{\eta}_0 := y_0 \\
\text{für}\quad &i = 0, 1, \ldots \\
&\bar{\eta}_i := \mathrm{rd}_1(\tilde{\eta}_i) \\
&c_i := \mathrm{gl}(\Phi(x_i, \bar{\eta}_i; h)) \\
&d_i := \mathrm{gl}(h \cdot c_i) \\
&\tilde{\eta}_{i+1} := \mathrm{gl}_2(\tilde{\eta}_i + d_i).
\end{aligned}
\tag{7.2.4.3}
$$

Wir wollen nun kurz den gesamten Einfluß aller Rundungsfehler ε_i abschätzen. Dazu seien $y_i = y(x_i)$ die Werte der exakten Lösung des Anfangswertproblems, $\eta_i = \eta(x_i; h)$ die bei exakter Rechnung von dem Einschrittverfahren (7.2.4.1) gelieferten diskretisierten Lösungen und schließlich $\tilde{\eta}_i$ die bei t-stelliger Gleitpunktarithmetik tatsächlich erhaltenen Näherungswerte für die η_i, die einer Beziehung der Form

$$
\begin{aligned}
&\tilde{\eta}_0 = y_0 \\
\text{für}\quad &i = 0, 1, \ldots \\
&\tilde{\eta}_{i+1} = \tilde{\eta}_i + h\Phi(x_i, \tilde{\eta}_i; h) + \varepsilon_{i+1}
\end{aligned}
\tag{7.2.4.4}
$$

genügen. Der Einfachheit halber setzen wir außerdem

$$|\varepsilon_{i+1}| \leqq \varepsilon \quad \text{für alle} \quad i \geqq 0$$

voraus. Für Φ gelte weiter eine Lipschitzbedingung der Form (7.2.2.4)

$$|\Phi(x, y_1; h) - \Phi(x, y_2; h)| \leqq M|y_1 - y_2|.$$

Dann folgt für den Fehler $r(x_i; h) := r_i := \tilde{\eta}_i - \eta_i$ durch Subtraktion von (7.2.4.1) und (7.2.4.4)

$$r_{i+1} = r_i + h\big(\Phi(x_i, \tilde{\eta}_i; h) - \Phi(x_i, \eta_i; h)\big) + \varepsilon_{i+1}$$

und daher

$$|r_{i+1}| \leqq (1 + |h| \cdot M) \cdot |r_i| + \varepsilon. \tag{7.2.4.5}$$

Hilfssatz (7.2.2.2) ergibt wegen $r_0 = 0$

$$|r(x; h)| \leqq \frac{\varepsilon}{|h|} \cdot \frac{e^{M|x - x_0|} - 1}{M}$$

für alle $x \in [a, b]$ und $h = h_n = \dfrac{x - x_0}{n}$, $n = 1, 2, \dots$. Für den Gesamtfehler $v(x_i; h) := v_i := \tilde{\eta}_i - y_i = (\tilde{\eta}_i - \eta_i) + (\eta_i - y_i) = r(x_i; h) + e(x_i; h)$ folgt daher bei einem Verfahren der Ordnung p unter den Voraussetzungen des Satzes (7.2.2.3) die Abschätzung

$$(7.2.4.6) \qquad |v(x; h)| \leq \left[N |h|^p + \frac{\varepsilon}{|h|} \right] \frac{e^{M|x - x_0|} - 1}{M}$$

für alle $x \in [a, b]$ und für alle hinreichend kleinen $h := h_n = \dfrac{x - x_0}{n}$.

Diese Formel läßt erkennen, daß wegen des Rundungsfehlereinflusses bei einer Verkleinerung von $|h|$ über eine gewisse Grenze hinaus der Gesamtfehler $v(x; h)$ wieder anwächst. Die folgende Tabelle zeigt dies Verhalten. Es wurde zu dem Anfangswertproblem

$$y' = -200 \cdot x \cdot y^2, \qquad y(-1) = \tfrac{1}{101}$$

mit der exakten Lösung $y(x) = \dfrac{1}{1 + 100x^2}$ ein Näherungswert $\eta(0; h)$ für $y(0) = 1$ mit dem Runge-Kutta-Verfahren bei 12-stelliger Rechnung bestimmt:

h	10^{-2}	$0.5 \cdot 10^{-2}$	10^{-3}	$0.5 \cdot 10^{-3}$
$v(0; h)$	$-0.276 \cdot 10^{-4}$	$-0.178 \cdot 10^{-5}$	$-0.229 \cdot 10^{-7}$	$-0.192 \cdot 10^{-7}$

h	10^{-4}	$0.5 \cdot 10^{-4}$	10^{-5}
$v(0; h)$	$-0.478 \cdot 10^{-6}$	$-0.711 \cdot 10^{-6}$	$-0.227 \cdot 10^{-5}$

Das Auftreten des Terms $\varepsilon/|h|$ in (7.2.4.6) wird plausibel, bedenkt man, daß die Zahl der Schritte, um von x_0 nach x bei Benutzung der Schrittweite h zu gelangen, gerade $(x - x_0)/h$ ist und daß alle an und für sich unabhängigen Rundungsfehler ε_i gleich ε angenommen wurden. Im übrigen ist die Abschätzung viel zu grob, um praktisch bedeutsam zu sein.

7.2.5 Einschrittverfahren in der Praxis

In der Praxis stellen sich Anfangswertprobleme meist in der folgenden Form: Gesucht ist der Wert, den die exakte Lösung $y(x)$ für ein bestimmtes $x \neq x_0$ annimmt. Es liegt nahe, diese Lösung näherungsweise mittels eines Einschrittverfahrens in einem Schritt, d. h. durch Wahl der Schrittweite $\bar{h} = x - x_0$, zu berechnen. Für großes $x - x_0$ führt dies natürlich zu einem großen Diskretisierungsfehler $e(x; \bar{h})$; die getroffene Wahl von $\bar{h}$ erweist sich als völlig unzureichend. Gewöhnlich wird man daher passende Zwischenpunkte x_i, $i = 1, \ldots, k-1$, $x_0 < x_1 < \ldots < x_k = x$ einführen und ausgehend von x_0, $y_0 = y(x_0)$ die Werte $y(x_i)$ näherungsweise berechnen. Nachdem man einen Näherungswert $\bar{y}(x_i)$ für $y(x_i)$ bestimmt hat, berechne man $\bar{y}(x_{i+1})$ durch einen Schritt des Verfahrens mit der Schrittweite $h_i := x_{i+1} - x_i$:

$$\bar{y}(x_{i+1}) = \bar{y}(x_i) + h_i \cdot \Phi(x_i, \bar{y}(x_i); h_i)$$

$$x_{i+1} = x_i + h_i.$$

Damit stellt sich jedoch wieder das Problem, wie die Schrittweiten h_i gewählt werden sollen. Da der Rechenaufwand des Verfahrens proportional der Zahl der Einzelschritte ist, wird man bestrebt sein, die Schrittweiten h_i möglichst groß zu wählen. Sie dürfen andererseits nicht zu groß gewählt werden, wenn man den Diskretisierungsfehler klein halten will. Im Prinzip ist dies folgendes Problem: Bestimme zu gegebenem x_0, y_0 eine möglichst große Schrittweite h, so daß der Diskretisierungsfehler $e(x_0 + h; h)$ nach einem Schritt mit dieser Schrittweite noch unterhalb einer gewissen Schranke ε bleibt. Diese Schranke ε sollte man nicht kleiner als $K \cdot \text{eps}$ wählen, d. h. $\varepsilon \geqq K \cdot \text{eps}$, wobei eps die relative Maschinengenauigkeit und K eine Schranke für die Lösung $y(x)$ in dem in Frage kommenden Bereich ist

$$K \approx \max\{|y(x)| : x \in [x_0, x_0 + h]\}.$$

Eine $\varepsilon = K \cdot \text{eps}$ entsprechende Wahl von h garantiert dann, daß die gefundene Näherungslösung $\eta(x_0 + h; h)$ im Rahmen der Maschinengenauigkeit mit der exakten Lösung $y(x_0 + h)$ übereinstimmt. Eine solche Schrittweite $h = h(\varepsilon)$ mit

$$|e(x_0 + h; h)| \approx \varepsilon, \qquad \varepsilon \geqq K \cdot \text{eps},$$

kann mit den Methoden von Abschnitt 7.2.3 näherungsweise gewonnen werden: Bei einem Verfahren der Ordnung p gilt in 1. Näherung

(7.2.5.1) $$e(x; h) \doteq e_p(x) h^p.$$

Nun ist $e_p(x_0) = 0$, also in 1. Näherung

(7.2.5.2) $$e_p(x) \doteq (x - x_0) e_p'(x_0).$$

Es ist damit $e(x_0 + h; h) \doteq \varepsilon$ falls

(7.2.5.3) $$\varepsilon \doteq |e_p(x_0 + h) h^p| \doteq |h^{p+1} e_p'(x_0)|.$$

Daraus kann man h berechnen, wenn man $e'_p(x_0)$ kennt. Einen Näherungswert für $e'_p(x_0)$ kann man aber mittels (7.2.3.6) gewinnen. Benutzt man zunächst die Schrittweite H um $\eta(x_0 + H; H)$ und $\eta\left(x_0 + H; \frac{H}{2}\right)$ zu berechnen, so gilt nach (7.2.3.6)

$$(7.2.5.4) \qquad e\left(x_0 + H; \frac{H}{2}\right) \doteq \frac{\eta(x_0 + H; H) - \eta\left(x_0 + H; \frac{H}{2}\right)}{2^p - 1}.$$

Andererseits ist wegen (7.2.5.1), (7.2.5.2)

$$e\left(x_0 + H; \frac{H}{2}\right) \doteq e_p(x_0 + H)\left(\frac{H}{2}\right)^p$$

$$\doteq e'_p(x_0)\; H\left(\frac{H}{2}\right)^p.$$

Also folgt aus (7.2.5.4) der Schätzwert

$$e'_p(x_0) \doteq \frac{1}{H^{p+1}}\,\frac{2^p}{2^p - 1}\left[\eta(x_0 + H; H) - \eta\left(x_0 + H; \frac{H}{2}\right)\right].$$

(7.2.5.3) liefert daher für h die Formel

$$(7.2.5.5) \qquad \frac{H}{h} \doteq \sqrt[p+1]{\frac{2^p}{2^p - 1}\,\frac{\eta(x_0 + H; H) - \eta\left(x_0 + H; \frac{H}{2}\right)}{\varepsilon}},$$

die man folgendermaßen benutzen kann: Man wähle eine Schrittweite H, berechne $\eta(x_0 + H; H)$, $\eta\left(x_0 + H; \frac{H}{2}\right)$ und h aus (7.2.5.5). Falls $\frac{H}{h} \gg 2$ ist wegen (7.2.5.4) der Fehler $e\left(x_0 + H; \frac{H}{2}\right)$ viel größer als das vorgeschriebene ε. Es ist daher zweckmäßig H zu reduzieren. Dazu ersetze man H durch $2h$, berechne mit dem neuen H wieder $\eta(x_0 + H; H)$, $\eta\left(x_0 + H; \frac{H}{2}\right)$ und aus (7.2.5.5) das zugehörige h, bis schließlich $\left|\frac{H}{h}\right| \leqq 2$ wird. Sobald dies der Fall ist, akzeptiere man $\eta\left(x_0 + H; \frac{H}{2}\right)$ als Näherungslösung für $y(x_0 + H)$ und gehe zu dem nächsten Integrationsschritt über, indem man x_0, y_0 und H durch die neuen Startwerte $x_0 + H$, $\eta\left(x_0 + H; \frac{H}{2}\right)$ und $2h$ ersetzt (s. Flußdiagramm).

(7.2.5.6)

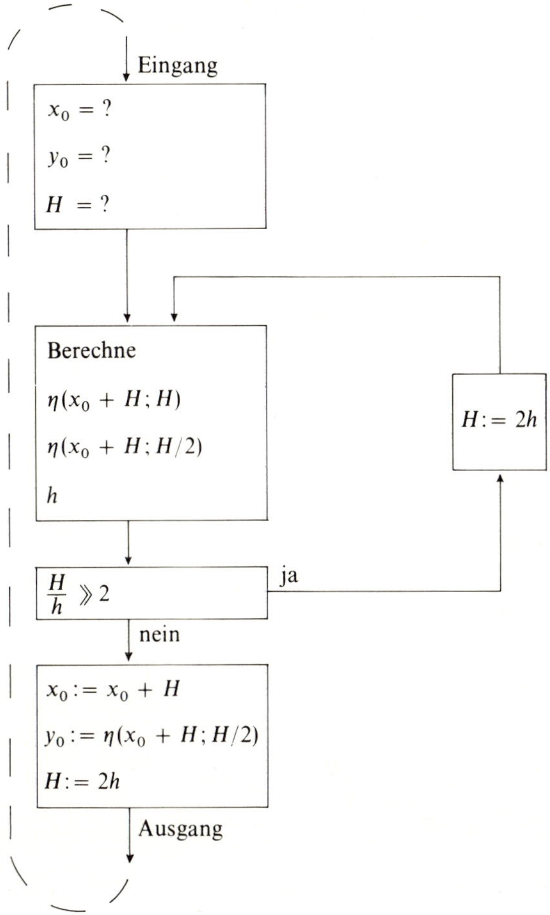

Beispiel: Betrachtet wurde das Anfangswertproblem

$$y' = -200xy^2, \qquad y(-3) = \tfrac{1}{901}$$

mit der exakten Lösung $y(x) = \dfrac{1}{1 + 100x^2}$. Mit dem Runge-Kutta-Verfahren und der besprochenen „Schrittweitensteuerung" wurde ein Näherungswert η für $y(0) = 1$ berechnet. Dabei wurde in (7.2.5.6) das Kriterium $\dfrac{H}{h} \gg 2$ durch die Abfrage $\dfrac{H}{h} \geqq 3$ ersetzt. 12-stellige Rechnung liefert:

$\eta - y(0)$	Zahl der benötigten Runge-Kutta-Schritte	auftretende kleinste Schrittweite H
$-0.13585 \cdot 10^{-6}$	1476	$0.1226 \ldots \cdot 10^{-2}$

Für die feste Schrittweite h liefert das Runge-Kutta-Verfahren:

h	$\eta(0;h) - y(0)$	Zahl der Runge-Kutta-Schritte
$\frac{3}{1476} = 0.2032 \ldots \cdot 10^{-2}$	$-0.5594 \cdot 10^{-6}$	1476
$0.1226 \ldots \cdot 10^{-2}$	$-0.4052 \cdot 10^{-6}$	$\frac{3}{0.1226 \ldots \cdot 10^{-2}} = 2446$

Eine feste Schrittweitenwahl liefert also bei gleichem bzw. größerem Rechenaufwand schlechtere Resultate! Im ersten Fall dürfte die Schrittweite $h = 0.2032 \ldots \cdot 10^{-2}$ in dem „kritischen" Bereich nahe 0 zu groß sein; der Diskretisierungsfehler wird zu groß. Die Schrittweite $h = 0.1226 \ldots \cdot 10^{-2}$ wird dagegen in dem „harmlosen" Bereich von -3 bis nahe 0 zu klein sein; man macht unnötig viele Schritte und erhält dadurch einen großen Rundungsfehler.

Die Überlegungen zeigen, daß zwei Näherungswerte $\eta(x_0 + H; H)$ und $\eta\left(x_0 + H; \frac{H}{2}\right)$, — gewonnen aus dem gleichen Diskretisierungsverfahren — für die exakte Lösung $y(x_0 + H)$ vorliegen müssen, um Aussagen über die Größenordnung einer annähernd optimalen Schrittweite h machen zu können. Leistungsfähige Verfahren zur Steuerung der Schrittweite lassen sich aber noch auf andere Weise gewinnen. Anstatt zwei Näherungen (mit unterschiedlichem H) aus demselben Diskretisierungsverfahren zu vergleichen, werden nach einer Idee von Fehlberg zwei Näherungen (mit gleichem H), die aus (verschiedenen) Diskretisierungsverfahren der Ordnungen p und $p+1$ stammen, zur Schrittweitensteuerung herangezogen, sogenannte Runge-Kutta-Fehlberg-Verfahren. Die explizite Durchführung der Idee sei am Beispiel der RKF-Verfahren der Ordnungen 2 und 3 erläutert. Es sei

(7.2.5.7)
$$\begin{aligned} \bar{y}_{i+1} &= \bar{y}_i + h\Phi_{\mathrm{I}}(x_i, \bar{y}_i; h) \\ \hat{y}_{i+1} &= \bar{y}_i + h\Phi_{\mathrm{II}}(x_i, \bar{y}_i; h) \end{aligned}$$

wobei nach (7.2.2.5) gelten möge

(7.2.5.8)
$$\begin{aligned} |\Delta(x, y(x); h) - \Phi_{\mathrm{I}}(x, y(x); h)| &\leqq N_{\mathrm{I}} h^2 \\ |\Delta(x, y(x); h) - \Phi_{\mathrm{II}}(x, y(x); h)| &\leqq N_{\mathrm{II}} h^3 . \end{aligned}$$

Für die Φ_{I}, Φ_{II} wird folgender Ansatz gemacht:

$$\text{(7.2.5.9)} \qquad \begin{aligned} \Phi_{\mathrm{I}}(x, y; h) &= \sum_{k=0}^{2} c_k f_k(x, y; h) \\ \Phi_{\mathrm{II}}(x, y; h) &= \sum_{k=0}^{3} \hat{c}_k f_k(x, y; h) \end{aligned}$$

mit

$$\text{(7.2.5.10)} \qquad f_k = f_k(x, y; h) = f\left(x + \alpha_k h, y + h \sum_{l=0}^{k-1} \beta_{kl} f_l\right), \qquad k = 0,1,2,3 .$$

Man bemerke, daß bei einer Berechnung von Φ_{II} die bereits bei Verfahren I benützten Funktionswerte f_0, f_1, f_2 wieder Verwendung finden und lediglich eine zusätzliche Auswertung f_3 benötigt wird.

Die Konstanten α_k, β_{kl}, c_k und $\hat{c}_k$ werden nun ähnlich wie bei (7.2.1.11) so bestimmt, daß die Relationen (7.2.5.8) erfüllt sind. Das liefert unter den Annahmen

$$\alpha_k = \sum_{j=0}^{k-1} \beta_{kj}, \quad k = 1,2,3$$

die Bedingungen

$$\text{(7.2.5.11)} \qquad \begin{aligned} &\sum_{k=0}^{2} c_k - 1 = 0, \qquad \sum_{k=1}^{2} \alpha_k c_k - \frac{1}{2} = 0 \\ &\sum_{k=0}^{3} \hat{c}_k - 1 = 0, \qquad \sum_{k=1}^{3} \alpha_k \hat{c}_k - \frac{1}{2} = 0 \\ &\sum_{k=1}^{3} \alpha_k^2 \hat{c}_k - \frac{1}{3} = 0, \qquad \sum_{k=2}^{3} P_{k1} \hat{c}_k - \frac{1}{6} = 0 \\ &P_{21} := \alpha_1 \beta_{21}, \qquad P_{31} := \alpha_1 \beta_{31} + \alpha_2 \beta_{32} . \end{aligned}$$

Das Gleichungssystem läßt unendlich viele Lösungen zu. Man kann deshalb noch zusätzliche Forderungen hinsichtlich der Ökonomie der Rechnung stellen: so soll der Wert f_3 aus dem i-ten Schritt als f_0 beim $i+1$-ten Schritt verwendet werden können.

Wegen

$$f_3 = f(x + \alpha_3 h, y + h(\beta_{30} f_0 + \beta_{31} f_1 + \beta_{32} f_2))$$

und

$$\text{„neues"}\quad f_0 = f(x_{i+1}, \bar{y}_{i+1})$$

impliziert das

$$\alpha_3 = 1, \qquad \beta_{30} = c_0, \qquad \beta_{31} = c_1, \qquad \beta_{32} = c_2 .$$

Es lassen sich weitere Forderungen an die Größe der Koeffizienten der Fehlerterme $\triangle - \Phi_{\mathrm{I}}$, $\triangle - \Phi_{\mathrm{II}}$ stellen. Diese Überlegungen sollen aber nicht mehr ausgeführt werden, stattdessen sei auf die Arbeiten von Fehlberg [39] verwiesen.

Für den Koeffizientensatz ergibt sich dann

k	α_k	β_{kl}			c_k	$\hat{c}_k$
		$l=0$	$l=1$	$l=2$		
0	0	0	—	—	$\frac{214}{891}$	$\frac{533}{2106}$
1	$\frac{1}{4}$	$\frac{1}{4}$	—	—	$\frac{1}{33}$	0
2	$\frac{27}{40}$	$-\frac{189}{800}$	$\frac{729}{800}$	—	$\frac{650}{891}$	$\frac{800}{1053}$
3	1	$\frac{214}{891}$	$\frac{1}{33}$	$\frac{650}{891}$	—	$-\frac{1}{78}$

Die Steuerung der Schrittweite geschieht wie folgt: Man betrachte die Differenz $\bar{y}_{i+1} - \hat{y}_{i+1}$.

Aus (7.2.5.7) folgt

$$\bar{y}_{i+1} - \hat{y}_{i+1} = h[\Phi_{\mathrm{I}}(x_i, \bar{y}_i; h) - \Phi_{\mathrm{II}}(x_i, \bar{y}_i; h)]$$

und aus (7.2.5.8)

$$\text{(7.2.5.12)} \qquad \begin{aligned} \Phi_{\mathrm{I}} - \triangle &= h^2 \cdot C_{\mathrm{I}}(x) + \text{Terme höherer Ordnung} \\ \Phi_{\mathrm{II}} - \triangle &= h^3 \cdot C_{\mathrm{II}}(x) + \text{Terme höherer Ordnung}. \end{aligned}$$

Daraus ergibt sich

$$\text{(7.2.5.13)} \qquad \bar{y}_{i+1} - \hat{y}_{i+1} = h^3 C_{\mathrm{I}}(x_i) + \text{Terme höherer Ordnung}.$$

Die Integration von $x_i \to x_{i+1}$ sei erfolgreich gewesen, d. h. zu vorgegebener Fehlerschranke $\varepsilon > 0$ sei

$$|\bar{y}_{i+1} - \hat{y}_{i+1}| \leqq \varepsilon$$

erreicht worden. Vernachlässigt man die Terme höherer Ordnung, so ist dann auch

$$|C_{\mathrm{I}}(x_i)h^3| \leqq \varepsilon .$$

Soll die „neue“ Schrittweite $h_{\text{neu}} = x_{i+2} - x_{i+1}$ erfolgreich sein, so muß gelten

$$|C_{\mathrm{I}}(x_{i+1})h_{\text{neu}}^3| \leqq \varepsilon .$$

Nun gilt bis auf Fehler 1. Ordnung die Näherung

$$C_{\mathrm{I}}(x_i) \doteq C_{\mathrm{I}}(x_{i+1}) .$$

Für $C_{\mathrm{I}}(x_i)$ hat man aber aus (7.2.5.13) die Approximation

$$|C_{\mathrm{I}}(x_i)| \doteq \frac{|\bar{y}_{i+1} - \hat{y}_{i+1}|}{|h|^3} .$$

Das liefert die Näherungsbeziehung

$$\frac{|\bar{y}_{i+1} - \hat{y}_{i+1}|}{|h|^3} \, |h_{\text{neu}}^3| \leqq \varepsilon ,$$

die man zu einem Vorschlag für die neue Schrittweite nutzen kann:

(7.2.5.14) $$h_{\text{neu}} \doteq h \cdot \sqrt[3]{\frac{\varepsilon}{|\bar{y}_{i+1} - \hat{y}_{i+1}|}} .$$

Wären $\bar{y}_{i+1}$ und $\hat{y}_{i+1}$ Näherungswerte aus Verfahren der Ordnung p und $p+1$ gewesen, so wäre (7.2.5.14) zu ersetzen durch

(7.2.5.15) $$h_{\text{neu}} \doteq h \cdot \sqrt[p]{\frac{\varepsilon}{|\bar{y}_{i+1} - \hat{y}_{i+1}|}} .$$

Man vergleiche mit der entsprechenden Beziehung (7.2.5.5): Da die Berechnung von $\eta\left(x_i + H; \frac{H}{2}\right)$ weitere Auswertungen der rechten Seite $f(x,y)$ der Differentialgleichung notwendig macht (Verdreifachung), ist die Schrittweitensteuerung nach (7.2.5.15) ökonomischer als die nach (7.2.5.5).

Schließlich sei noch vermerkt, daß manche Autoren aufgrund ausgedehnter numerischer Experimente eine Modifikation der Beziehung (7.2.5.15) empfehlen gemäß

$$h_{\text{neu}} \doteq \alpha h \cdot \sqrt[p-1]{\frac{\varepsilon}{|\bar{y}_{i+1} - \hat{y}_{i+1}|}}$$

wobei α ein geeigneter Anpassungsfaktor ist: $\alpha \doteq 0.9$.

7.2.6 Beispiele für Mehrschrittverfahren

In einem Mehrschrittverfahren zur Lösung des Anfangswertproblems

(A) $$y' = f(x, y), \qquad y(x_0) = y_0$$

wird zu je $r \geqq 2$ gegebenen Näherungswerten η_k für $y(x_k)$, $k = j, j+1, \ldots, j+r-1$, an den äquidistanten Stellen $x_k = x_0 + k \cdot h$ ein weiterer Näherungswert η_{j+r} für $y(x_{j+r})$ berechnet:

(7.2.6.1) $$\text{für} \quad j = 0, 1, 2, \ldots: \qquad \eta_j, \eta_{j+1}, \ldots, \eta_{j+r-1} \succ \eta_{j+r}.$$

Zum Start solcher Verfahren ist natürlich erforderlich, daß man über r Startwerte $\eta_0, \eta_1, \ldots, \eta_{r-1}$ verfügt, die man sich auf andere Weise, z. B. mit Hilfe eines Einschrittverfahrens, beschaffen muß.

Wir wollen zunächst einige Beispiele von Mehrschrittverfahren kennenlernen. Eine Klasse solcher Verfahren erhält man ausgehend von der Formel

(7.2.6.2) $$y(x_{p+k}) - y(x_{p-j}) = \int_{x_{p-j}}^{x_{p+k}} f(t, y(t))\, dt,$$

die man durch Integration der Identität $y'(x) = f(x, y(x))$ erhält. Man ersetzt nun in (7.2.6.2) ähnlich der Herleitung der Newton-Cotes-Formeln (s. 3.1) den Integranden durch ein interpolierendes Polynom $P_q(x)$ mit

1) Grad $P_q(x) \leqq q$

2) $P_q(x_i) = f(x_i, y(x_i)), \qquad i = p, p-1, \ldots, p-q.$

Dabei seien die x_i äquidistant und $h := x_{i+1} - x_i$. Mit der Abkürzung $y_i :=$ $:= y(x_i)$ und unter Benutzung der Lagrangeschen Interpolationsformel (2.1.1.3)

$$P_q(x) = \sum_{i=0}^{q} f(x_{p-i}, y_{p-i}) L_i(x), \qquad L_i(x) := \prod_{\substack{l=0 \\ l \neq i}}^{q} \frac{x - x_{p-l}}{x_{p-i} - x_{p-l}}$$

erhält man näherungsweise die Formel

(7.2.6.3)
$$y_{p+k} - y_{p-j} \approx \sum_{i=0}^{q} f(x_{p-i}, y_{p-i}) \int_{x_{p-j}}^{x_{p+k}} L_i(x)\,dx$$
$$= h \sum_{i=0}^{q} \beta_{qi} \cdot f(x_{p-i}, y_{p-i})$$

mit

(7.2.6.4) $$\beta_{qi} := \frac{1}{h} \int_{x_{p-j}}^{x_{p+k}} L_i(x)\,dx = \int_{-j}^{k} \prod_{\substack{l=0 \\ l \neq i}}^{q} \frac{s+l}{-i+l}\,ds, \qquad i = 0, 1, \ldots, q.$$

Ersetzt man in (7.2.6.3) die y_i durch Näherungswerte η_i und $\approx$ durch das Gleichheitszeichen, so erhält man den Ansatz

$$\eta_{p+k} = \eta_{p-j} + h \sum_{i=0}^{q} \beta_{qi} \cdot f_{p-i}, \qquad f_i := f(x_i, \eta_i).$$

Je nach Wahl von k, j und q bekommt man verschiedene Mehrschrittverfahren.

Für $k = 1$, $j = 0$ und $q = 0, 1, 2, \ldots$ erhält man die Verfahren von Adams-Bashforth:

(7.2.6.5)
$$\eta_{p+1} = \eta_p + h[\beta_{q0} f_p + \beta_{q1} f_{p-1} + \ldots + \beta_{qq} f_{p-q}]$$
$$\text{mit} \quad \beta_{qi} := \int_0^1 \prod_{\substack{l=0 \\ l \neq i}}^{q} \frac{s+l}{-i+l}\,ds, \qquad i = 0, 1, \ldots, q.$$

Ein Vergleich mit (7.2.6.1) zeigt, daß hier $r = q + 1$ ist. Einige Zahlenwerte:

β_{qi} \ i	0	1	2	3	4
β_{0i}	1				
$2\beta_{1i}$	3	−1			
$12\beta_{2i}$	23	−16	5		
$24\beta_{3i}$	55	−59	37	−9	
$720\beta_{4i}$	1901	−2774	2616	−1274	251

Für $k = 0$, $j = 1$ und $q = 0, 1, 2, \ldots$ erhält man die Formeln von Adams-Moulton:

$$\eta_p = \eta_{p-1} + h[\beta_{q0} f_p + \beta_{q1} f_{p-1} + \ldots + \beta_{qq} f_{p-q}].$$

Ersetzung von p durch $p+1$ liefert

$$\eta_{p+1} = \eta_p + h[\beta_{q0} f(x_{p+1}, \eta_{p+1}) + \beta_{q1} f_p + \ldots + \beta_{qq} f_{p+1-q}]$$

(7.2.6.6)

$$\text{mit} \quad \beta_{qi} := \int_{-1}^{0} \prod_{\substack{l=0 \\ l \neq i}}^{q} \frac{s+l}{-i+l} \, ds.$$

Auf den ersten Blick scheint es, daß (7.2.6.6) nicht mehr die Form (7.2.6.1) hat, da η_{p+1} links und rechts vom Gleichheitszeichen in (7.2.6.6) vorkommt: (7.2.6.6) stellt bei gegebenen $\eta_p, \eta_{p-1}, \ldots, \eta_{p+1-q}$ eine i. a. nichtlineare Gleichung für η_{p+1} dar, das Verfahren von Adams-Moulton ist ein *implizites Verfahren.* Folgendes Iterationsverfahren zur Bestimmung von η_{p+1} liegt nahe:

(7.2.6.7) $$\eta_{p+1}^{(i+1)} = \eta_p + h[\beta_{q0} f(x_{p+1}, \eta_{p+1}^{(i)}) + \beta_{q1} f_p + \ldots + \beta_{qq} f_{p+1-q}],$$
$$i = 0, 1, \ldots.$$

Diese Iteration hat die Form $\eta_{p+1}^{(i+1)} = \Psi(\eta_{p+1}^{(i)})$ und es kann mit den Methoden von Abschnitt 5.2 leicht gezeigt werden, daß für genügend kleines $|h|$ die Abbildung $z \to \Psi(z)$ kontrahierend ist (siehe Übungsaufgabe 10) und daher einen Fixpunkt η_{p+1}, $\eta_{p+1} = \Psi(\eta_{p+1})$, besitzt, der (7.2.6.6) löst. Diese Lösung η_{p+1} hängt natürlich von $x_p, \eta_p, \eta_{p-1}, \ldots, \eta_{p+1-q}$ und h ab und damit ist auch das Verfahren von Adams-Moulton ein Mehrschrittverfahren des Typs (7.2.6.1). Dabei ist $r = q$.

Zu gegebenen $\eta_p, \eta_{p-1}, \ldots, \eta_{p+1-q}$ kann man sich einen guten Startwert $\eta_{p+1}^{(0)}$ für die Iteration (7.2.6.7) z. B. mit Hilfe des Verfahrens von Adams-Bashforth (7.2.6.5) verschaffen. Aus diesem Grunde bezeichnet man explizite Verfahren wie das Verfahren von Adams-Bashforth auch als *Prediktor-Verfahren* und implizite Verfahren wie das Verfahren von Adams-Moulton als *Korrektor-Verfahren* (man „korrigiert" $\eta_{p+1}^{(i)}$ durch die Iteration (7.2.6.7)).

Einige Zahlenwerte für die in (7.2.6.6) auftretenden Koeffizienten:

β_{qi} \ i	0	1	2	3	4
β_{0i}	1				
$2\beta_{1i}$	1	1			
$12\beta_{2i}$	5	8	-1		
$24\beta_{3i}$	9	19	-5	1	
$720\beta_{4i}$	251	646	-264	106	-19

Bei dem Verfahren von Nyström wählt man in (7.2.6.2) $k = 1$, $j = 1$ und erhält damit

(7.2.6.8) $$\eta_{p+1} = \eta_{p-1} + h[\beta_{q0} f_p + \beta_{q1} f_{p-1} + \ldots + \beta_{qq} f_{p-q}]$$

mit

$$\beta_{qi} := \int_{-1}^{1} \prod_{\substack{l=0 \\ l \neq i}}^{q} \frac{s+l}{-i+l} \, ds, \qquad i = 0, 1, \ldots, q.$$

Man hat es mit einem Prediktor-Verfahren zu tun, das offensichtlich die Gestalt (7.2.6.1) mit $r = q + 1$ hat.

Bemerkenswert ist der Spezialfall $q = 0$. Hier ist $\beta_{00} = \int_{-1}^{1} 1 \cdot ds = 2$ und aus (7.2.6.8) wird

(7.2.6.9) $$\eta_{p+1} = \eta_{p-1} + 2hf_p.$$

Dies ist die sog. „midpoint-rule", die der Approximation eines Integrals durch „Rechtecks-Summen" entspricht.

Die Verfahren von Milne sind wieder Korrektor-Verfahren. Man erhält sie für $k=0$, $j=2$ aus (7.2.6.2), ersetzt man p durch $p+1$:

(7.2.6.10) $$\eta_{p+1} = \eta_{p-1} + h[\beta_{q0} f(x_{p+1}, \eta_{p+1}) + \beta_{q1} f_p + \ldots + \beta_{qq} f_{p+1-q}],$$

$$\beta_{qi} := \int_{-2}^{0} \prod_{\substack{l=0 \\ l \neq i}}^{q} \frac{s+l}{-i+l} \, ds, \qquad i = 0, 1, \ldots, q.$$

Analog zu (7.2.6.7) löst man auch (7.2.6.10) iterativ.

7.2.7 Allgemeine Mehrschrittverfahren

Alle in 7.2.6 besprochenen Mehrschrittverfahren sowie die Einschrittverfahren aus Abschnitt 7.2.1 lassen sich gemeinsam in der folgenden Form schreiben

(7.2.7.1) $$\eta_{j+r} + a_{r-1}\eta_{j+r-1} + \ldots + a_0\eta_j = hF(x_j; \eta_{j+r}, \eta_{j+r-1}, \ldots, \eta_j; h; f).$$

Allgemein nennt man ein durch (7.2.7.1) gegebenes Mehrschrittverfahren ein *r-Schrittverfahren*. Bei den in 7.2.6 betrachteten Beispielen hängt darüber hinaus die Funktion F linear von f in der folgenden Weise ab:

$$F(x_j; \eta_{j+r}, \eta_{j+r-1}, \ldots, \eta_j; h; f) = b_r f(x_{j+r}, \eta_{j+r}) + \ldots + b_0 f(x_j, \eta_j).$$

Dabei sind die b_i, $i = 0, \ldots, r$, gewisse Konstanten. Man spricht dann von einem *linearen r-Schrittverfahren*; solche Verfahren werden in 7.2.11 weiter behandelt.

Z. B. ist beim Verfahren von Adams-Bashforth (7.2.6.5) $r = q + 1$,

$$a_q = -1, \qquad a_{q-1} = \dots = a_0 = 0, \qquad b_{q+1} = 0$$

und

$$b_{q-i} = \beta_{qi} = \int_0^1 \prod_{\substack{l=0 \\ l \neq i}}^{q} \frac{s+l}{-i+l}\, ds, \qquad i = 0, 1, \dots, q.$$

Zu je r Startwerten $\eta_0, \dots, \eta_{r-1}$ wird durch (7.2.7.1) eine Folge η_j, $j \geqq 0$, definiert. Als Startwerte η_i wählt man möglichst gute Näherungswerte für die exakte Lösung $y_i = y(x_i)$ von (7.2.1.1) an den Stellen $x_i = x_0 + ih$, $i = 0, 1, \dots, r-1$. Solche Näherungswerte erhält man z. B. mittels geeigneter Einschrittverfahren. Mit

$$\varepsilon_i = \eta_i - y(x_i), \qquad i = 0, 1, \dots, r-1,$$

wollen wir die Fehler in den Startwerten bezeichnen. Weitere Fehler, z. B. Rundungsfehler bei der Berechnung von F, treten bei der Auswertung von (7.2.7.1) auf. Wir wollen den Einfluß auch dieser Fehler studieren und betrachten deshalb allgemeiner als (7.2.7.1) folgende Rekursionsformeln:

$$\eta_0 := y_0 + \varepsilon_0$$

$$\vdots$$

$$\eta_{r-1} := y_{r-1} + \varepsilon_{r-1}$$

(7.2.7.2) für $j = 0, 1, 2, \dots$

$$\eta_{j+r} + a_{r-1}\eta_{j+r-1} + \dots + a_0\eta_j :=$$

$$:= hF(x_j; \eta_{j+r}, \eta_{j+r-1}, \dots, \eta_j; h; f) + h\varepsilon_{j+r}.$$

Die Lösungen η_i von (7.2.7.2) hängen von h und den ε_j ab und definieren eine Funktion

$$\eta(x; \varepsilon; h),$$

die wie die Fehlerfunktion $\varepsilon = \varepsilon(x; h)$ nur für $x \in R_h = \{x_0 + ih \mid i = 0, 1, \dots\}$ bzw. für $h \in H_x = \left\{ \frac{x - x_0}{n} \,\middle|\, n = 1, 2, \dots \right\}$ erklärt ist durch

$$\eta(x_i; \varepsilon; h) := \eta_i, \qquad x_i := x_0 + ih,$$

$$\varepsilon(x_i; h) := \varepsilon_i.$$

Wie bei Einzelschrittverfahren kann man den lokalen Diskretisierungsfehler $\tau(x, y; h)$ eines Mehrschrittverfahrens (7.2.7.1) an der Stelle x, y definieren. Dazu sei $f \in F_1(a, b)$, $x \in [a, b]$, $y \in \mathbb{R}$ und $z(t)$ die Lösung des Anfangswertproblems

$$z'(t) = f(t, z(t)), \qquad z(x) = y.$$

Als *lokalen Diskretisierungsfehler* $\tau(x, y; h)$ bezeichnet man dann die Größe

$$\begin{aligned}\tau(x, y; h) := \frac{1}{h}\Big[& z(x + rh) + \sum_{i=0}^{r-1} a_i z(x + ih) - \\ & -hF(x; z(x + rh), z(x + (r-1)h), \ldots, z(x); h; f)\Big].\end{aligned} \tag{7.2.7.3}$$

Der lokale Diskretisierungsfehler $\tau(x, y; h)$ gibt also an, wie gut die exakte Lösung einer Differentialgleichung die Rekursionsformel (7.2.7.1) erfüllt. Von einem vernünftigen Verfahren wird man erwarten, daß dieser Fehler zunächst für kleines $|h|$ klein wird. In Verallgemeinerung von (7.2.1.7) definiert man daher die Konsistenz von Mehrschrittverfahren durch:

(7.2.7.4) **Def:** *Das Mehrschrittverfahren heißt konsistent, falls es für jedes* $f \in F_1(a, b)$ *eine Funktion* $\sigma(h)$ *mit* $\lim_{h \to 0} \sigma(h) = 0$ *gibt, so daß*

$$|\tau(x, y; h)| \leqq \sigma(h) \quad \textit{für alle} \quad x \in [a, b], \qquad y \in \mathbb{R}. \tag{7.2.7.5}$$

Man spricht von einem Verfahren p-ter Ordnung, falls für $f \in F_p(a, b)$

$$\sigma(h) = 0(h^p).$$

Beispiel: Für die midpoint-rule (7.2.6.9) gilt wegen $z'(t) = f(t, z(t))$, $z(x) = y$

$$\begin{aligned}\tau(x, y; h) &= \frac{1}{h}[z(x + 2h) - z(x) - 2hf(x + h, z(x + h))] \\ &= \frac{1}{h}[z(x + 2h) - z(x) - 2hz'(x + h)].\end{aligned}$$

Durch Taylorentwicklung nach h findet man

$$\begin{aligned}\tau(x, y; h) &= \frac{1}{h}\Big[z(x) + 2hz'(x) + 2h^2 z''(x) + \frac{8h^3}{6} z'''(x) \\ &\quad - z(x) - 2h\Big(z'(x) + hz''(x) + \frac{h^2}{2} z'''(x)\Big)\Big] + 0(h^3) \\ &= \frac{h^2}{3} z'''(x) + 0(h^3).\end{aligned}$$

Das Verfahren ist also konsistent und von 2. Ordnung.

Bequemer bestimmt man die Ordnungen der Verfahren aus (7.2.6) mittels der Fehlerabschätzungen für interpolierende Polynome (z. B. (2.1.4.1)) bzw. für die Newton-Cotes-Formeln (3.1.4).

Für $f(x, y) :\equiv 0$, und $z(x) :\equiv y$ hat man bei einem konsistenten Verfahren

$$\tau(x, y; h) = \frac{1}{h}[y \cdot (1 + a_{r-1} + \ldots + a_0) - hF(x; y, y, \ldots, y; h; 0)]$$

$$|\tau(x, y; h)| \leqq \sigma(h), \qquad \lim_{h \to 0} \sigma(h) = 0.$$

Für stetiges $F(x; y, y, \ldots, y; .\,; 0)$ folgt daraus, da y beliebig ist,

$$1 + a_{r-1} + \ldots + a_0 = 0. \tag{7.2.7.6}$$

Wir werden im weiteren an F häufig die Bedingung stellen

$$F(x; u_r, u_{r-1}, \ldots, u_0; h; 0) \equiv 0 \tag{7.2.7.7}$$

für alle $x \in [a, b]$, alle h und alle u_i. Für lineare Mehrschrittverfahren ist (7.2.7.7) sicher immer erfüllt. Zusammen mit (7.2.7.6) garantiert (7.2.7.7), daß die exakte Lösung $y(x) \equiv y_0$ der trivialen Differentialgleichung $y' = 0$, $y(x_0) = y_0$, auch exakte Lösung von (7.2.7.2) ist, falls $\varepsilon_i = 0$ für alle i.

Da die von einem Mehrschrittverfahren (7.2.7.2) gelieferte Näherungslösung $\eta(x; \varepsilon; h)$ auch von den Fehlern ε_i abhängt, ist die Definition der Konvergenz komplizierter als bei Einschrittverfahren. Man kann natürlich nur erwarten, daß der *globale Diskretisierungsfehler*

$$e(x; \varepsilon; h) := \eta(x; \varepsilon, h) - y(x)$$

bei festem x für $h = h_n = \dfrac{x - x_0}{n}$, $n = 1, 2, \ldots$, gegen 0 konvergiert, wenn auch die Fehler $\varepsilon(x; h)$ mit $h \to 0$ beliebig klein werden. Man definiert deshalb:

(7.2.7.8) **Def:** *Das durch* (7.2.7.2) *gegebene Mehrschrittverfahren heißt konvergent, falls*

$$\lim_{n \to \infty} \eta(x; \varepsilon; h_n) = y(x), \qquad h_n := \frac{x - x_0}{n}, \qquad n = 1, 2, \ldots,$$

für alle $x \in [a, b]$, *für alle* $f \in F_1(a, b)$ *und alle Funktionen* $\varepsilon(z; h)$, *für die es ein* $\rho(h)$ *gibt mit*

$$\begin{aligned} &|\varepsilon(z; h)| \leqq \rho(h) \quad \textit{für alle} \quad z \in R_h \\ &\lim_{h \to 0} \rho(h) = 0. \end{aligned} \tag{7.2.7.9}$$

7.2.8 Ein Beispiel

Die Resultate von Abschnitt 7.2.2, insbesondere Satz (7.2.2.3), legen die Vermutung nahe, daß auch Mehrschrittverfahren umso besser konvergieren, je höher die Ordnung p des lokalen Diskretisierungsfehlers (s. (7.2.7.4)) ist. Daß diese Vermutung falsch ist, soll das folgende Beispiel zeigen. Gleichzeitig liefert das Beispiel eine Konstruktionsmethode für Mehrschrittverfahren möglichst hoher Ordnung.

Wir wollen ein Mehrschrittverfahren des Typs (7.2.7.1) mit $r = 2$ der folgenden Form

$$\eta_{j+2} + a_1\eta_{j+1} + a_0\eta_j = h[b_1 f(x_{j+1}, \eta_{j+1}) + b_0 f(x_j, \eta_j)]$$

konstruieren. Die Konstanten a_0, a_1, b_0, b_1 sollen so bestimmt werden, daß ein Verfahren möglichst hoher Ordnung entsteht. Ist $z'(t) = f(t, z(t))$, so gilt für den lokalen Diskretisierungsfehler $\tau(x, y; h)$ (7.2.7.3)

$$h\tau(x, y; h) = z(x + 2h) + a_1 z(x + h) + a_0 z(x) - h[b_1 z'(x + h) + b_0 z'(x)].$$

Wir entwickeln die rechte Seite in eine Taylorreihe nach h

$$\begin{aligned} h\tau(x, y; h) = z(x)&[1 + a_1 + a_0] \\ &+ hz'(x)[2 + a_1 - b_1 - b_0] \\ &+ h^2 z''(x)[2 + \tfrac{1}{2}a_1 - b_1] \\ &+ h^3 z'''(x)[\tfrac{4}{3} + \tfrac{1}{6}a_1 - \tfrac{1}{2}b_1] + 0(h^4). \end{aligned}$$

Man bestimmt nun die Koeffizienten a_0, a_1, b_0, b_1 so, daß möglichst viele h-Potenzen verschwinden, also ein Verfahren möglichst hoher Ordnung entsteht.

Dies führt zu den Gleichungen

$$\begin{aligned} 1 + a_1 + a_0 \qquad\qquad &= 0 \\ 2 + a_1 \qquad - b_1 - b_0 &= 0 \\ 2 + \frac{a_1}{2} \qquad - b_1 \qquad &= 0 \\ \frac{4}{3} + \frac{a_1}{6} \qquad - \frac{b_1}{2} \qquad &= 0 \end{aligned}$$

mit der Lösung $a_1 = 4$, $a_0 = -5$, $b_1 = 4$, $b_0 = 2$ und zu dem Verfahren

$$\eta_{j+2} + 4\eta_{j+1} - 5\eta_j = h[4f(x_{j+1}, \eta_{j+1}) + 2f(x_j, \eta_j)]$$

der Ordnung $3(h\tau(x, y; h) = 0(h^4)$ d. h. $\tau(x, y; h) = 0(h^3))$.

Versucht man mit dieser Methode das Anfangswertproblem

$$y' = -y, \qquad y(0) = 1$$

mit der exakten Lösung $y(x) = e^{-x}$ zu lösen, so findet man bei 10-stelliger Rechnung für $h = 10^{-2}$, selbst wenn man als Startwerte $\eta_0 := 1$, $\eta_1 := e^{-h}$ die (bis auf die Maschinengenauigkeit) exakten Startwerte benutzt, folgendes Resultat:

j	$\eta_j - y_j$	$-\frac{x_j^4}{216} \cdot \frac{(-5)^j}{j^4} e^{3x_j/5}$ (vgl. 7.2.8.3)
2	$-0.164 \cdot 10^{-8}$	$-0.753 \cdot 10^{-9}$
3	$+0.501 \cdot 10^{-8}$	$+0.378 \cdot 10^{-8}$
4	$-0.300 \cdot 10^{-7}$	$-0.190 \cdot 10^{-7}$
5	$+0.144 \cdot 10^{-6}$	$+0.958 \cdot 10^{-7}$
.	.	.
.	.	.
96	$-0.101 \cdot 10^{58}$	$-0.668 \cdot 10^{57}$
97	$+0.512 \cdot 10^{58}$	$+0.336 \cdot 10^{58}$
98	$-0.257 \cdot 10^{59}$	$-0.169 \cdot 10^{59}$
99	$+0.129 \cdot 10^{60}$	$+0.850 \cdot 10^{59}$
100	$-0.652 \cdot 10^{60}$	$-0.427 \cdot 10^{60}$

Wie erklärt sich dieses oszillierende Verhalten der η_j? Wenn wir voraussetzen, daß als Startwerte die exakten Werte $\eta_0 := 1$, $\eta_1 := e^{-h}$ benutzt werden und bei der Ausführung des Verfahrens keine Rundungsfehler auftreten, $\varepsilon_j = 0$ für alle j, bekommen wir eine Folge von Zahlen η_j mit

$$\eta_0 = 1$$

$$\eta_1 = e^{-h}$$

$$\eta_{j+2} + 4\eta_{j+1} - 5\eta_j = h[-4\eta_{j+1} - 2\eta_j] \quad \text{für} \quad j = 0, 1, \ldots,$$

oder

(7.2.8.1) $\eta_{j+2} + 4(1+h)\eta_{j+1} + (-5+2h)\eta_j = 0 \quad \text{für} \quad j = 0, 1, \ldots .$

Solche *Differenzengleichungen* haben spezielle Lösungen der Gestalt $\eta_j = \lambda^j$. Geht man mit diesem Ansatz in (7.2.8.1) ein, so findet man für λ die Gleichung

$$\lambda^j[\lambda^2 + 4(1+h)\lambda + (-5+2h)] = 0,$$

die neben der trivialen Lösung $\lambda = 0$ die Lösungen

$$\lambda_1 = -2 - 2h + 3\sqrt{1 + \tfrac{2}{3}h + \tfrac{4}{9}h^2}$$

$$\lambda_2 = -2 - 2h - 3\sqrt{1 + \tfrac{2}{3}h + \tfrac{4}{9}h^2}$$

besitzt. Für kleines h ist

$$\sqrt{1 + \tfrac{2}{3}h + \tfrac{4}{9}h^2} = 1 + \tfrac{1}{3}h + \tfrac{1}{6}h^2 - \tfrac{1}{18}h^3 + \tfrac{1}{216}h^4 + 0(h^5)$$

und daher

(7.2.8.2)
$$\lambda_1 = 1 - h + \frac{h^2}{2} - \frac{h^3}{6} + \frac{h^4}{72} + 0(h^5)$$
$$\lambda_2 = -5 - 3h + 0(h^2).$$

Man kann nun zeigen, daß sich jede Lösung η_j von (7.2.8.1) als Linearkombination

$$\eta_j = \alpha\lambda_1^j + \beta\lambda_2^j$$

der beiden eben gefundenen partikulären Lösungen λ_1^j, λ_2^j schreiben läßt (s. (7.2.9.9)). In unserem Fall sind die Konstanten α und β durch die Anfangsbedingungen $\eta_0 = 1$, $\eta_1 = e^{-h}$ bestimmt, die auf folgendes Gleichungssystem für α, β führen

$$\eta_0 = \alpha + \beta = 1$$

$$\eta_1 = \alpha\lambda_1 + \beta\lambda_2 = e^{-h}.$$

Seine Lösung läßt sich angeben:

$$\alpha = \frac{\lambda_2 - e^{-h}}{\lambda_2 - \lambda_1}, \qquad \beta = \frac{e^{-h} - \lambda_1}{\lambda_2 - \lambda_1}.$$

Wegen (7.2.8.2) bestätigt man leicht

$$\alpha = 1 + 0(h^2), \qquad \beta = -\tfrac{1}{216}h^4 + 0(h^5).$$

Also gilt bei festem $x \neq 0$, $h = h_n = \dfrac{x}{n}$, $n = 0, 1, \ldots$, für die Näherungslösung $\eta_n = \eta(x; h_n)$:

$$\begin{aligned}\eta(x; h_n) &= \alpha\lambda_1^n + \beta\lambda_2^n \\ &= \left[1 + 0\left(\frac{x}{n}\right)^2\right]\left[1 - \frac{x}{n} + 0\left(\frac{x}{n}\right)^2\right]^n - \\ &\quad - \frac{1}{216}\frac{x^4}{n^4}\left[1 + 0\left(\frac{x}{n}\right)\right]\left[-5 - 3\frac{x}{n} + 0\left(\frac{x}{n}\right)^2\right]^n.\end{aligned}$$

Der 1. Term strebt für $n \to \infty$ gegen e^{-x}, der 2. Term verhält sich für $n \to \infty$ wie

$$-\frac{x^4}{216}\frac{(-5)^n}{n^4}e^{3x/5}. \tag{7.2.8.3}$$

Wegen $\lim\limits_{n\to\infty} \dfrac{5^n}{n^4} = \infty$ oszilliert dieser Term für $n \to \infty$ immer heftiger. Dies erklärt das oszillatorische Verhalten und die Divergenz des Verfahrens. Wie man leicht sieht, ist der Grund für dieses Verhalten darin zu suchen, daß -5 Wurzel der quadratischen Gleichung $\mu^2 + 4\mu - 5 = 0$ ist. Es steht zu erwarten, daß auch im allgemeinen Fall (7.2.7.2) die Nullstellen des Polynoms $\Psi(\mu) = \mu^r + a_{r-1}\mu^{r-1} + \ldots + a_0$ eine für die Konvergenz des Verfahrens bedeutsame Rolle spielen.

7.2.9 Lineare Differenzengleichungen

Für den folgenden Abschnitt benötigen wir einige einfache Resultate über lineare Differenzengleichungen. Unter einer *linearen homogenen Differenzengleichung r-ter Ordnung* versteht man eine Gleichung der Form

(7.2.9.1) $$u_{j+r} + a_{r-1}u_{j+r-1} + a_{r-2}u_{j+r-2} + \ldots + a_0 u_j = 0, \qquad j = 0, 1, 2, \ldots .$$

Zu jedem Satz von Startwerten $u_0, u_1, \ldots, u_{r-1}$ kann man offensichtlich genau eine Folge von Zahlen u_j, $j = 0, 1, \ldots$, bestimmen, die (7.2.9.1) löst.

In den Anwendungen auf Mehrschrittverfahren interessiert das Wachstumsverhalten der u_n für $n \to \infty$ in Abhängigkeit von den Startwerten $u_0, u_1, \ldots, u_{r-1}$. Insbesondere möchte man Bedingungen dafür haben, daß

(7.2.9.2) $$\lim_{n \to \infty} \frac{u_n}{n} = 0 \quad \textit{für alle reellen Startwerte} \quad u_0, u_1, \ldots, u_{r-1}.$$

Da die Lösungen $u_n = u_n(U_0)$, $U_0 := (u_0, \ldots, u_{r-1})^T$, offensichtlich linear von dem Startvektor U_0 abhängen,

$$u_n(\alpha U_0 + \beta V_0) = \alpha u_n(U_0) + \beta u_n(V_0),$$

ist die Beschränkung auf reelle Startvektoren $U_0 \in \mathbb{R}^r$ überflüssig und (7.2.9.2) äquivalent mit

(7.2.9.3) $$\lim_{n \to \infty} \frac{u_n}{n} = 0 \quad \text{für alle (komplexen) Startwerte} \quad u_0, \ldots, u_{r-1}.$$

Zu der Differenzengleichung (7.2.9.1) gehört das Polynom

(7.2.9.4) $$\psi(\mu) := \mu^r + a_{r-1}\mu^{r-1} + \ldots + a_0.$$

Man sagt nun, daß (7.2.9.1) die

(7.2.9.5) *Stabilitätsbedingung*

erfüllt, falls für jede Nullstelle λ von $\psi(\mu)$ gilt $|\lambda| \leqq 1$ und weiter aus $\psi(\lambda) = 0$ und $|\lambda| = 1$ folgt, daß λ nur einfache Nullstelle von ψ ist.

(7.2.9.6) **Satz:** *Die Stabilitätsbedingung* (7.2.9.5) *ist notwendig und hinreichend für* (7.2.9.3).

Beweis: 1) Sei (7.2.9.3) erfüllt und λ Nullstelle von Ψ (7.2.9.4). Dann ist die Folge $u_j := \lambda^j$, $j = 0, 1, \ldots$ eine Lösung von (7.2.9.1). Für $|\lambda| > 1$ divergiert die Folge

$\frac{u_n}{n} = \frac{\lambda^n}{n}$, so daß aus (7.2.9.3) sofort $|\lambda| \leqq 1$ folgt. Sei nun λ eine mehrfache Nullstelle von Ψ mit $|\lambda| = 1$. Dann gilt

$$\Psi'(\lambda) = r\lambda^{r-1} + (r-1)a_{r-1}\lambda^{r-2} + \ldots + 1 \cdot a_1 = 0\,.$$

Die Folge $u_j := j \cdot \lambda^j$, $j \geqq 0$, ist daher eine Lösung von (7.2.9.1):

$$\begin{aligned} u_{j+r} + a_{r-1}u_{j+r-1} + \ldots + a_0 u_j = j\lambda^j(\lambda^r + a_{r-1}\lambda^{r-1} + \ldots + a_0) \\ + \lambda^{j+1}(r\lambda^{r-1} + (r-1)a_{r-1}\lambda^{r-2} + \ldots + a_1) \\ = 0\,. \end{aligned}$$

Da $\frac{u_n}{n} = \lambda^n$ für $n \to \infty$ nicht gegen 0 konvergiert, muß λ einfache Nullstelle sein.

2) Sei nun umgekehrt die Stabilitätsbedingung (7.2.9.5) erfüllt. Wir benutzen zunächst, daß mit den Abkürzungen

$$U_j := \begin{bmatrix} u_j \\ u_{j+1} \\ \vdots \\ u_{j+r-1} \end{bmatrix} \in \mathbb{C}^r, \qquad A := \begin{bmatrix} 0 & 1 & 0 & \cdots & 0 \\ \vdots & \ddots & \ddots & \ddots & \vdots \\ \vdots & & \ddots & \ddots & 0 \\ 0 & \cdots & \cdots & 0 & 1 \\ -a_0 & \cdots & \cdots & \cdots & -a_{r-1} \end{bmatrix}$$

die Differenzengleichung (7.2.9.1) zur Rekursionsformel

$$U_{j+1} = A U_j$$

äquivalent ist.

A ist eine Frobeniusmatrix mit dem charakteristischen Polynom $\Psi(\mu)$ (7.2.9.4) (Satz (6.3.4)). Wenn daher die Stabilitätsbedingung (7.2.9.5) erfüllt ist, läßt sich nach Satz (6.9.2) eine Norm $\|\ \|$ auf dem $\mathbb{C}^r$ so wählen, daß für die zugehörige Matrixnorm $\operatorname{lub}(A) = 1$ gilt. Es folgt daher für alle $U_0 \in \mathbb{C}^r$

(7.2.9.7) $$\|U_n\| = \|A^n U_0\| \leqq \|U_0\| \quad \text{für} \quad n = 0, 1, \ldots\,.$$

Da auf dem $\mathbb{C}^r$ alle Normen äquivalent sind (Satz (4.4.6)) gibt es ein $k > 0$ mit $\frac{1}{k}\|U\| \leqq \|U\|_\infty \leqq k\|U\|$ und man erhält insbesondere aus (7.2.9.7)

$$\|U_n\|_\infty \leqq k^2 \|U_0\|_\infty, \qquad n = 0, 1, \ldots,$$

d. h. es gilt $\lim_{n \to \infty} \frac{1}{n} \|U_n\|_\infty = 0$ und daher (7.2.9.3). □

Im Beweis des letzten Satzes wurde ausgenutzt, daß die Nullstellen λ_i von Ψ spezielle Lösungen der Form $u_j := \lambda_i^j$, $j = 0, 1, \dots$ von (7.2.9.1) liefern. Der folgende Satz zeigt, daß man in ähnlicher Weise alle Lösungen von (7.2.9.1) mit Hilfe der Nullstellen von Ψ darstellen kann:

(7.2.9.8) **Satz:** *Das Polynom*

$$\Psi(\mu) := \mu^r + a_{r-1}\mu^{r-1} + \dots + a_0$$

habe die k verschiedenen Nullstellen λ_i, $i = 1, 2, \dots, k$ mit den Vielfachheiten σ_i, $i = 1, 2, \dots, k$, und es sei $a_0 \neq 0$. Dann ist für beliebige Polynome $p_i(t)$ mit Grad $p_i < \sigma_i$, $i = 1, 2, \dots, k$, die Folge

(7.2.9.9) $$u_j := p_1(j)\lambda_1^j + p_2(j)\lambda_2^j + \dots + p_k(j)\lambda_k^j, \quad j = 0, 1, \dots$$

eine Lösung der Differenzengleichung (7.2.9.1). *Umgekehrt läßt sich jede Lösung von* (7.2.9.1) *eindeutig in der Form* (7.2.9.9) *darstellen.*

Beweis: Wir zeigen nur den ersten Teil des Satzes. Da mit $\{u_j\}$, $\{v_j\}$ auch $\{u_j + v_j\}$ Lösung von (7.2.9.1) ist, genügt es zu zeigen, daß zu einer σ-fachen Nullstelle λ von Ψ die Folge

$$u_j := p(j)\lambda^j, \qquad j = 0, 1, \dots$$

eine Lösung von (7.2.9.1) ist, wenn $p(t)$ ein beliebiges Polynom mit Grad $p < \sigma$ ist. Für festes $j \geqq 0$ läßt sich nun $p(j+t)$ mit Hilfe der Newton'schen Interpolationsformel (2.1.3.1) in folgender Form darstellen

$$p(j+t) = \alpha_0 + \alpha_1 t + \alpha_2 t(t-1) + \dots + \alpha_r t(t-1)\dots(t-r+1)$$

mit $\alpha_\sigma = \alpha_{\sigma+1} = \dots = \alpha_r = 0$ wegen Grad $p < \sigma$. Mit der Abkürzung $a_r := 1$ gilt daher

$$\begin{aligned} u_{j+r} + a_{r-1}u_{j+r-1} + \dots + a_0 u_j &= \lambda^j \sum_{\varrho=0}^{r} a_\varrho \lambda^\varrho p(j+\varrho) \\ &= \lambda^j \sum_{\varrho=0}^{r} a_\varrho \lambda^\varrho \left[\alpha_0 + \sum_{\tau=1}^{r} \alpha_\tau \varrho(\varrho-1)\dots(\varrho-\tau+1)\right] \\ &= \lambda^j[\alpha_0\Psi(\lambda) + \alpha_1\lambda\Psi'(\lambda) + \dots + \alpha_{\sigma-1}\lambda^{\sigma-1}\Psi^{(\sigma-1)}(\lambda)] \\ &= 0, \end{aligned}$$

weil λ σ-fache Nullstelle von Ψ ist und deshalb $\Psi^{(\tau)}(\lambda) = 0$ für $0 \leqq \tau \leqq \sigma - 1$ gilt. Dies zeigt den ersten Teil des Satzes.

Nun ist ein Polynom $p(t) = c_0 + c_1 t + \dots + c_{\sigma-1}t^{\sigma-1}$ vom Grad $< \sigma$ gerade durch seine σ Koeffizienten c_m, $m = 0, 1, \dots, \sigma - 1$ bestimmt, so daß wegen $\sigma_1 + \sigma_2 + \dots + \sigma_k = r$ in der Darstellung (7.2.9.9) insgesamt r frei wählbare Parameter, nämlich die Koeffizienten der $p_i(t)$, enthalten sind. Der zweite Teil des Satzes besagt deshalb, daß man durch passende Wahl dieser r Parameter jede Lösung von (7.2.9.1) erhalten kann, d. h., daß zu jeder Wahl von r Anfangswerten $u_0, u_1, \ldots, u_{r-1}$ folgendes lineare Gleichungssystem aus r Gleichungen für die r unbekannten Koeffizienten der $p_i(t)$, $i = 1, \ldots, k$ eindeutig lösbar ist:

$$p_1(j)\lambda_1^j + p_2(j)\lambda_2^j + \ldots + p_k(j)\lambda_k^j = u_j \quad \text{für} \quad j = 0, 1, \ldots, r-1 .$$

Der Beweis dafür ist zwar elementar aber mühselig. Wir lassen ihn deshalb fort.

7.2.10 Die Konvergenz von Mehrschrittverfahren

Wir wollen nun die Resultate des letzten Abschnitts benutzen, um das Konvergenzverhalten des Mehrschrittverfahrens (7.2.7.2) zu untersuchen. Es wird sich herausstellen, daß bei einem konsistenten Verfahren (7.2.7.4) die Stabilitätsbedingung (7.2.9.5) notwendig und hinreichend für die Konvergenz des Verfahrens ist, wenn F noch gewissen zusätzlichen Regularitätsbedingungen genügt (s. (7.2.10.3)).

Im Zusammenhang mit der Stabilitätsbedingung (7.2.9.5) beachte man, daß bei einem konsistenten Verfahren nach (7.2.7.6) $\lambda = 1$ Nullstelle von $\psi(\mu) = \mu^r + a_{r-1}\mu^{r-1} + \ldots + a_0$ ist.

Wir zeigen zunächst, daß die Stabilitätsbedingung notwendig für die Konvergenz ist:

(7.2.10.1) **Satz:** *Wenn das Mehrschrittverfahren* (7.2.7.2) *konvergent* (7.2.7.8) *ist und F der Bedingung* (7.2.7.7), $F(x; u_r, u_{r-1}, \ldots, u_0; h; 0) \equiv 0$, *genügt, so ist die Stabilitätsbedingung* (7.2.9.5) *erfüllt.*

Beweis: Da das Verfahren (7.2.7.2) konvergent (7.2.7.8) sein soll, muß es für die Integration der Differentialgleichung $y' \equiv 0$, $y(x_0) = 0$, mit der exakten Lösung $y(x) \equiv 0$ eine Näherungslösung $\eta(x; \varepsilon; h)$ liefern mit

$$\lim_{h \to 0} \eta(x; \varepsilon; h) = 0$$

für alle $x \in [a, b]$ und alle ε mit $|\varepsilon(z; h)| \leqq \rho(h)$, $\rho(h) \to 0$ für $h \to 0$.

Man gebe $x \neq x_0$, $x \in [a, b]$, fest vor. Für $h = h_n = \frac{x - x_0}{n}$, $n = 1, 2, \ldots$, folgt $x_n = x$ und $\eta(x; \varepsilon; h_n) = \eta_n$, wobei η_n wegen $F(x; u_r, \ldots, u_0; h; 0) \equiv 0$ durch die Rekursionsformel

$$\eta_i = \varepsilon_i, \qquad i = 0, 1, \ldots, r-1,$$

$$\eta_{j+r} + a_{r-1}\eta_{j+r-1} + \ldots + a_0\eta_j = h_n\varepsilon_{j+r}, \qquad j = 0, 1, \ldots, n-r,$$

mit $\varepsilon_i := \varepsilon(x_0 + ih_n; h_n)$ bestimmt ist. Wir wählen $\varepsilon_{j+r} := 0$, $j = 0, 1, \ldots, n-r$,

$\varepsilon_i := h_n u_i$, $i = 0, 1, \ldots, r-1$, mit beliebigen Konstanten $u_0, u_1, \ldots, u_{r-1}$. Für

$$\rho(h) := |h| \cdot \max_{0 \leqq i \leqq r-1} |u_i|$$

hat man dann

$$|\varepsilon_i| \leqq \rho(h_n), \qquad i = 0, 1, \ldots, n,$$

und

$$\lim_{h \to 0} \rho(h) = 0.$$

Nun ist $\eta_n = h_n u_n$, wobei u_n rekursiv aus $u_0, u_1, \ldots, u_{r-1}$ gewonnen wird durch die Differenzengleichung

$$u_{j+r} + a_{r-1} u_{j+r-1} + \ldots + a_0 u_j = 0, \qquad j = 0, 1, \ldots, n-r.$$

Da das Verfahren nach Voraussetzung konvergent sein soll, gilt

$$\lim_{n \to \infty} \eta_n = (x - x_0) \lim_{n \to \infty} \frac{u_n}{n} = 0,$$

d. h. es folgt (7.2.9.2), denn $u_0, u_1, \ldots, u_{r-1}$ waren beliebig gewählt. Satz (7.2.9.6) zeigt die Behauptung. □

Es soll jetzt an F die zusätzliche Bedingung gestellt werden, im folgenden Sinne „Lipschitz-stetig" zu sein:

Zu jeder Funktion $f \in F_1(a, b)$ gibt es Konstanten $h_0 > 0$ und M, so daß

(7.2.10.2)
$$\begin{aligned} &|F(x; u_r, u_{r-1}, \ldots, u_0; h; f) - F(x; v_r, v_{r-1}, \ldots, v_0; h; f)| \leqq \\ &\leqq M \sum_{i=0}^{r} |u_i - v_i| \end{aligned}$$

für alle $x \in [a, b]$, $|h| \leqq h_0$, $u_i, v_i \in \mathbb{R}$ (vgl. die analoge Bedingung (7.2.2.4)).

Wir zeigen nun, daß für konsistente Verfahren die Stabilitätsbedingung auch hinreichend für die Konvergenz ist:

(7.2.10.3) **Satz:** *Das Mehrschrittverfahren* (7.2.7.2) *sei konsistent* (7.2.7.4) *und F genüge der Bedingung* (7.2.10.2). *Dann ist das Verfahren für alle $f \in F_1(a, b)$ konvergent* (7.2.7.8) *genau dann, wenn die Stabilitätsbedingung* (7.2.9.5) *erfüllt ist.*

Beweis: Daß die Stabilitätsbedingung notwendig für die Konvergenz ist, folgt aus (7.2.10.1). Um zu zeigen, daß sie unter den angegebenen Voraussetzungen auch hinreichend ist, geht man analog zum Beweis von Satz (7.2.2.3) so vor: Sei $y(x)$ die exakte Lösung von $y' = f(x, y)$, $y(x_0) = y_0$, $y_i := y(x_i)$, $x_i = x_0 + ih$ und η_i Lösung von (7.2.7.2)

$$\eta_i = y_i + \varepsilon_i, \qquad i = 0, \ldots, r-1,$$

$$\eta_{j+r} + a_{r-1}\eta_{j+r-1} + \ldots + a_0 \eta_j = hF(x_j; \eta_{j+r}, \ldots, \eta_j; h; f) + h\varepsilon_{j+r},$$

$$j = 0, 1, \ldots,$$

mit $|\varepsilon_i| \leqq \rho(h)$, $\lim_{h \to 0} \rho(h) = 0$.

Für den Fehler $e_i := \eta_i - y_i$ gilt

(7.2.10.4)
$$\begin{aligned} &e_i = \varepsilon_i, \qquad i = 0, \ldots, r-1, \\ &e_{j+r} + a_{r-1} e_{j+r-1} + \ldots + a_0 e_j = c_{j+r}, \qquad j = 0, 1, \ldots, \end{aligned}$$

mit

$$\begin{aligned} c_{j+r} &:= h[F(x_j; \eta_{j+r}, \ldots, \eta_j; h; f) - F(x_j; y_{j+r}, \ldots, y_j; h; f)] \\ &\quad + h(\varepsilon_{j+r} - \tau_{j+r}) \\ \tau_{j+r} &:= \tau(x_j, y_j; h). \end{aligned}$$

Wegen der Konsistenz (7.2.7.4) hat man für eine geeignete Funktion $\sigma(h)$

$$|\tau_{j+r}| \leqq \sigma(h), \qquad \lim_{h \to 0} \sigma(h) = 0$$

und wegen (7.2.10.2)

(7.2.10.5)
$$|c_{j+r}| \leqq |h| \, M \sum_{i=0}^{r} |e_{j+i}| + |h| \cdot [\rho(h) + \sigma(h)].$$

Mit Hilfe der Vektoren

$$E_j := \begin{bmatrix} e_j \\ e_{j+1} \\ \cdot \\ \cdot \\ \cdot \\ \cdot \\ e_{j+r-1} \end{bmatrix}, \qquad B := \begin{bmatrix} 0 \\ \cdot \\ \cdot \\ \cdot \\ 0 \\ 1 \end{bmatrix} \in \mathbb{R}^r$$

und der Matrix

$$A := \begin{bmatrix} 0 & 1 & \cdot & \cdots & \cdot & 0 \\ \cdot & \ddots & \ddots & & & \cdot \\ \cdot & & \ddots & \ddots & & \cdot \\ \cdot & & & \ddots & \ddots & \cdot \\ 0 & \cdot & \cdots & \cdot & 0 & 1 \\ -a_0 & \cdot & \cdots & \cdots & \cdot & -a_{r-1} \end{bmatrix}$$

läßt sich (7.2.10.4) äquivalent formulieren

(7.2.10.6)
$$E_{j+1} = AE_j + c_{j+r}B, \qquad E_0 := \begin{bmatrix} \varepsilon_0 \\ \cdot \\ \cdot \\ \cdot \\ \cdot \\ \varepsilon_{r-1} \end{bmatrix}.$$

Da nach Voraussetzung die Stabilitätsbedingung (7.2.9.5) zutrifft, läßt sich nach Satz (6.9.2) eine Norm $\|\cdot\|$ auf dem $\mathbb{C}^r$ wählen mit $\operatorname{lub}(A) = 1$. Nun sind auf dem $\mathbb{C}^r$ alle Normen äquivalent (s. (4.4.6)), d. h. es gibt eine Konstante $k > 0$ mit

$$\frac{1}{k}\|E_j\| \leqq \sum_{i=0}^{r-1} |e_{j+i}| \leqq k\|E_j\|.$$

Wegen

$$\sum_{i=0}^{r-1} |e_{j+i}| \leqq k\|E_j\|, \qquad \sum_{i=1}^{r} |e_{j+i}| \leqq k\|E_{j+1}\|$$

wird damit aus (7.2.10.5)

$$|c_{j+r}| \leqq |h|\, Mk(\|E_j\| + \|E_{j+1}\|) + |h|[\rho(h) + \sigma(h)].$$

Unter Benutzung von (7.2.10.6) und $\|B\| \leqq k$ folgt

(7.2.10.7)
$$(1 - |h|\, Mk^2)\|E_{j+1}\| \leqq (1 + |h|\, Mk^2)\|E_j\| + k|h|[\rho(h) + \sigma(h)], \qquad j = 0, 1, \ldots,$$
$$\|E_0\| \leqq k \cdot r \cdot \rho(h).$$

Für $|h| \leqq \dfrac{1}{2Mk^2}$ ist nun $(1 - |h|\, Mk^2) \geqq \frac{1}{2}$ und

$$\frac{1 + |h|\, Mk^2}{1 - |h|\, Mk^2} \leqq 1 + 4|h|\, Mk^2.$$

(7.2.10.7) ergibt somit für $|h| \leqq \dfrac{1}{2Mk^2}$

$$\|E_{j+1}\| \leqq (1 + 4|h|\, Mk^2)\|E_j\| + 2k|h|[\rho(h) + \sigma(h)], \qquad j = 0, 1, \ldots,$$
$$\|E_0\| \leqq k \cdot r \cdot \rho(h).$$

Hilfssatz (7.2.2.2) zeigt

$$\|E_n\| \leqq e^{4n|h|Mk^2} kr\rho(h) + [\rho(h) + \sigma(h)]\, \frac{e^{4n|h|Mk^2} - 1}{2Mk},$$

d. h. man hat für $x \neq x_0$, $h = h_n = \dfrac{x - x_0}{n}$, $|h_n| \leqq \dfrac{1}{2Mk^2}$

$$\|E_n\| \leqq e^{4Mk^2|x-x_0|} kr\rho(h_n) + [\rho(h_n) + \sigma(h_n)] \frac{e^{4Mk^2|x-x_0|} - 1}{2Mk}.$$

Es gibt daher von h unabhängige Konstanten C_1 und C_2 mit

(7.2.10.8) $$|e_n| = |\eta(x; \varepsilon; h_n) - y(x)| \leqq C_1 \rho(h_n) + C_2 \sigma(h_n)$$

für alle genügend großen n. Wegen $\lim\limits_{h \to 0} \rho(h) = \lim\limits_{h \to 0} \sigma(h) = 0$ folgt die Konvergenz des Verfahrens. □

Aus (7.2.10.8) erhält man sofort

(7.2.10.9) **Korollar:** *Ist zusätzlich zu den Voraussetzungen von Satz* (7.2.10.3) *das Mehrschrittverfahren ein Verfahren p-ter Ordnung* (7.2.7.7), $\sigma(h) = 0(h^p)$ *und ist* $f \in F_p(a, b)$, *dann gilt auch für den globalen Diskretisierungsfehler*

$$|\eta(x; \varepsilon; h_n) - y(x)| = 0(h_n^p)$$

für alle $h_n = \dfrac{x - x_0}{n}$, *n genügend groß, wenn es für die Fehler*

$$\varepsilon_i = \varepsilon(x_0 + ih_n; h_n), \qquad i = 0, 1, \ldots, n,$$

eine Abschätzung

$$|\varepsilon_i| \leqq \rho(h_n), \qquad i = 0, \ldots, n,$$

mit

$$\rho(h_n) = 0(h_n^p) \quad \textit{für} \quad n \to \infty$$

gibt.

7.2.11 Lineare Mehrschrittverfahren

In den folgenden Abschnitten wollen wir voraussetzen, daß in (7.2.7.2) außer den Startfehlern ε_i, $0 \leqq i \leqq r - 1$, keine weiteren Rundungsfehler auftreten, $\varepsilon_j = 0$ für $j \geqq r$. Da aus dem Zusammenhang stets klar hervorgehen wird, welche Startwerte benutzt werden, und damit die Startfehler feststehen, soll außerdem einfacher $\eta(x; h)$ statt $\eta(x; \varepsilon; h)$ für die durch das Mehrschrittverfahren (7.2.7.2) gelieferte Näherungslösung geschrieben werden.

Die gebräuchlichsten Mehrschrittverfahren sind lineare Mehrschrittverfahren. Bei ihnen hat in (7.2.7.1) die Funktion $F(x_j; \eta_{j+r}, \eta_{j+r-1}, \ldots, \eta_j; h; f)$ folgende Gestalt

$$F(x_j; \eta_{j+r}, \ldots, \eta_j; h; f) \equiv$$

(7.2.11.1) $$\equiv b_r f(x_{j+r}, \eta_{j+r}) + b_{r-1} f(x_{j+r-1}, \eta_{j+r-1}) + \ldots + b_0 f(x_j, \eta_j)$$

mit $x_{j+i} := x_j + ih$, $i = 0, 1, \ldots, r$. Ein lineares Mehrschrittverfahren ist damit durch Angabe der Koeffizienten $a_0, \ldots, a_{r-1}$, $b_0, \ldots, b_r$ bestimmt. Es liefert mittels der Rekursionsformel

$$\eta_{j+r} + a_{r-1}\eta_{j+r-1} + \ldots + a_0\eta_j = h[b_r f(x_{j+r}, \eta_{j+r}) + \ldots + b_0 f(x_j, \eta_j)],$$
$$x_i := x_0 + ih$$

zu jedem Satz von Startwerten $\eta_0, \eta_1, \ldots, \eta_{r-1}$ und zu jeder (genügend kleinen) Schrittweite $h \neq 0$ Näherungswerte η_j für die Werte $y(x_j)$ der exakten Lösung $y(x)$ eines Anfangswertproblems $y' = f(x, y)$, $y(x_0) = y_0$.

Ist $b_r \neq 0$, hat man es mit einem Korrektor-Verfahren zu tun, ist $b_r = 0$, mit einem Prediktor-Verfahren.

Jedes lineare Mehrschrittverfahren erfüllt offensichtlich für $f \in F_1(a, b)$ die Bedingungen (7.2.10.2) und (7.2.7.7). Deshalb ist nach Satz (7.2.10.1) die Stabilitätsbedingung (7.2.9.5) für das Polynom

$$\psi(\mu) := \mu^r + a_{r-1}\mu^{r-1} + \ldots + a_0$$

notwendig für die Konvergenz (7.2.7.8) dieser Verfahren. Nach Satz (7.2.10.3) ist die Stabilitätsbedingung für ψ zusammen mit der Konsistenz (7.2.7.4) auch hinreichend für die Konvergenz.

Zur Prüfung der Konsistenz hat man nach Definition (7.2.7.4) das Verhalten des Ausdrucks

$$L[z(x); h] := z(x + rh) + \sum_{i=0}^{r-1} a_i z(x + ih) - h \sum_{i=0}^{r} b_i f(x + ih, z(x + ih))$$

(7.2.11.2)
$$\equiv z(x + rh) + \sum_{i=0}^{r-1} a_i z(x + ih) - h \sum_{i=0}^{r} b_i z'(x + ih)$$
$$\equiv h \cdot \tau(x, y; h)$$

für die Lösungen $z(t)$ mit $z'(t) = f(t, z(t))$, $z(x) = y$, $x \in [a, b]$, $y \in \mathbb{R}$ zu untersuchen. Nimmt man an, daß $z(t)$ genügend oft differenzierbar ist (dies ist der Fall, wenn f genügend oft stetig partiell differenzierbar ist), dann findet man durch Taylorentwicklung von $L[z(x); h]$ nach h

$$L[z(x); h] = C_0 z(x) + C_1 h z'(x) + \ldots + C_q h^q z^{(q)}(x)(1 + 0(h))$$
$$= h\tau(x, y; h).$$

Hier sind die C_i von $z(x)$ und h unabhängig und man hat speziell

$$C_0 = a_0 + a_1 + \ldots + a_{r-1} + 1$$
$$C_1 = a_1 + 2a_2 + \ldots + (r-1)a_{r-1} + r \cdot 1 - (b_0 + b_1 + \ldots + b_r).$$

Mit Hilfe des Polynoms $\psi(\mu)$ und des weiteren Polynoms

(7.2.11.3)
$$\chi(\mu) := b_0 + b_1\mu + \ldots + b_r\mu^r, \qquad \mu \in \mathbb{C},$$

lassen sich C_0 und C_1 schreiben in der Form

$$C_0 = \psi(1)$$
$$C_1 = \psi'(1) - \chi(1).$$

Nun ist

$$\tau(x, y; h) = \frac{1}{h} L[z(x); h] = \frac{C_0}{h} z(x) + C_1 z'(x) + 0(h)$$

und für ein konsistentes Mehrschrittverfahren muß nach Definition (7.2.7.5) gelten

$$C_0 = C_1 = 0,$$

d. h. ein konsistentes lineares Mehrschrittverfahren hat mindestens die Ordnung 1.

Allgemein hat es für $f \in F_p(a, b)$ die Ordnung p (s. Def. (7.2.7.4)), falls

$$C_0 = C_1 = \ldots = C_p = 0, \qquad C_{p+1} \neq 0.$$

Über die Sätze (7.2.10.1) und (7.2.10.3) hinaus gilt nun für lineare Mehrschrittverfahren

(7.2.11.4) **Satz:** *Falls ein lineares Mehrschrittverfahren konvergent ist, ist es auch konsistent.*

Beweis: Man betrachte das Anfangswertproblem

$$y' = 0, \qquad y(0) = 1$$

mit der exakten Lösung $y(x) \equiv 1$. Zu den Startwerten $\eta_i := 1$, $i = 0, 1, \ldots, r-1$, liefert das Verfahren Werte η_{j+r}, $j = 0, 1, \ldots,$ mit

(7.2.11.5) $$\eta_{j+r} + a_{r-1}\eta_{j+r-1} + \ldots + a_0\eta_j = 0.$$

Setzt man $h_n := \dfrac{x}{n}$, gilt $\eta(x; h_n) = \eta_n$ und wegen der Konvergenz des Verfahrens

$$\lim_{n\to\infty} \eta(x; h_n) = \lim_{n\to\infty} \eta_n = y(x) = 1.$$

Für $j \to \infty$ folgt daher aus (7.2.11.5) sofort

$$C_0 = 1 + a_{r-1} + \ldots + a_0 = 0.$$

Um auch $C_1 = 0$ zu zeigen, wird ausgenutzt, daß das Verfahren auch für das Anfangswertproblem

$$y' = 1, \qquad y(0) = 0$$

mit der exakten Lösung $y(x) \equiv x$ konvergiert. Wir wissen bereits $C_0 = \psi(1) = 0$. Nach Satz (7.2.10.1) ist die Stabilitätsbedingung (7.2.9.5) erfüllt, mithin ist

$\lambda = 1$ nur einfache Nullstelle von ψ, d. h. $\psi'(1) \neq 0$; damit ist die Konstante

$$K := \frac{\chi(1)}{\psi'(1)}$$

wohldefiniert. Mit den Startwerten

$$\eta_j := j \cdot h \cdot K, \qquad j = 0, 1, \ldots, r-1,$$

gilt für das Anfangswertproblem $y' = 1$, $y(0) = 0$ wegen $y(x_j) = x_j = jh$

$$\eta_j = y(x_j) + \varepsilon_j \quad \text{mit} \quad \varepsilon_j := jh(K-1), \qquad j = 0, 1, \ldots, r-1.$$

Dabei ist

$$\lim_{h \to 0} \varepsilon_j = 0 \quad \text{für} \quad j = 0, 1, \ldots, r-1.$$

Das Verfahren liefert zu den Startwerten eine Folge η_j mit

(7.2.11.6) $\quad \eta_{j+r} + a_{r-1}\eta_{j+r-1} + \ldots + a_0\eta_j = h(b_0 + b_1 + \ldots + b_r) = h \cdot \chi(1).$

Durch Einsetzen in (7.2.11.6) sieht man unter Beachtung von $C_0 = 0$ leicht, daß für *alle* j gilt

$$\eta_j = j \cdot h \cdot K.$$

Nun hat man $\eta_n = \eta(x; h_n)$, $h_n := \dfrac{x}{n}$. Wegen der Konvergenz des Verfahrens muß daher gelten

$$x = y(x) = \lim_{n \to \infty} \eta(x; h_n) = \lim_{n \to \infty} \eta_n = \lim_{n \to \infty} n \cdot h_n \cdot K = x \cdot K.$$

Es folgt $K = 1$ und damit

$$C_1 = \psi'(1) - \chi(1) = 0. \qquad \square$$

Zusammen mit den Sätzen (7.2.10.1), (7.2.10.3) ergibt dies

(7.2.11.7) **Satz:** *Ein lineares Mehrschrittverfahren ist genau dann für $f \in F_1(a, b)$ konvergent, wenn es die Stabilitätsbedingung* (7.2.9.5) *für ψ erfüllt und konsistent ist* $\big($*d. h.* $\psi(1) = 0$, $\psi'(1) - \chi(1) = 0\big)$.

Mit Hilfe des folgenden Satzes kann man die Ordnung eines linearen Mehrschrittverfahrens bestimmen:

(7.2.11.8) **Satz:** *Ein lineares Mehrschrittverfahren ist genau dann ein Verfahren p-ter Ordnung, wenn die Funktion* $\varphi(\mu) := \dfrac{\psi(\mu)}{\ln(\mu)} - \chi(\mu)$ *die Zahl $\mu = 1$ als p-fache Nullstelle besitzt.*

Beweis: In $L[z(x);h]$ (7.2.11.2) setze man speziell $z(x):=e^x$. Für ein Verfahren p-ter Ordnung gilt dann

$$L[e^x;h] = C_{p+1}h^{p+1}e^x(1+0(h)).$$

Andererseits ist

$$L[e^x;h] = e^x[\psi(e^h) - h\chi(e^h)].$$

Es liegt also ein Verfahren der Ordnung p genau dann vor, wenn

$$\varphi(e^h) = \frac{1}{h}[\psi(e^h) - h\chi(e^h)] = C_{p+1}h^p(1+0(h)),$$

d. h., falls $h=0$ p-fache Nullstelle von $\varphi(e^h)$ ist, oder m. a. W. falls $\varphi(\mu)$ die p-fache Nullstelle $\mu = 1$ besitzt. □

Dieser Satz legt folgendes Verfahrens nahe: Zu gegebenen Konstanten $a_0, a_1, \ldots, a_{r-1}$ bestimme man weitere Konstanten $b_0, b_1, \ldots, b_r$ so, daß ein Mehrschrittverfahren möglichst hoher Ordnung entsteht. Dazu entwickle man die für konsistente Verfahren in einer Umgebung von $\mu = 1$ holomorphe Funktion $\psi(\mu)/\ln(\mu)$ in eine Taylorreihe um $\mu = 1$:

(7.2.11.9)
$$\psi(\mu)/\ln(\mu) = c_0 + c_1(\mu-1) + c_2(\mu-1)^2 + \ldots + c_{r-1}(\mu-1)^{r-1} + c_r(\mu-1)^r + \ldots .$$

Wählt man

(7.2.11.10)
$$\chi(\mu) := c_0 + c_1(\mu-1) + \ldots + c_r(\mu-1)^r = b_0 + b_1\mu + \ldots + b_r\mu^r,$$

so erhält man ein Korrektor-Verfahren mindestens der Ordnung $r+1$. Für

$$\chi(\mu) := c_0 + c_1(\mu-1) + \ldots + c_{r-1}(\mu-1)^{r-1} = b_0 + b_1\mu + \ldots + b_{r-1}\mu^{r-1} + 0\cdot\mu^r$$

erhält man ein Prediktor-Verfahren mindestens der Ordnung r.

Um zu Verfahren noch höherer Ordnung zu gelangen, könnte man weiter daran denken, die Konstanten $a_0, \ldots, a_{r-1}$ so zu bestimmen, daß in (7.2.11.9) gilt

(7.2.11.11)
$$\psi(1) = 1 + a_{r-1} + \ldots + a_0 = 0$$
$$c_{r+1} = c_{r+2} = \ldots = c_{2r-1} = 0.$$

Der Ansatz (7.2.11.10) für $\chi(\mu)$ würde dann zu einem Korrektor-Verfahren der Ordnung $2r$ führen. Leider sind die so erhaltenen Verfahren nicht mehr konvergent, weil die Polynome ψ, für die (7.2.11.11) gilt, nicht mehr die Stabilitätsbedingung (7.2.9.5) erfüllen: Dahlquist [13, 14] konnte zeigen, daß ein lineares

r-Schrittverfahren, welches der Stabilitätsbedingung (7.2.9.5) genügt, eine Ordnung

$$p \leqq \begin{cases} r+1, & \text{falls} \quad r \quad \text{ungerade} \\ r+2, & \text{falls} \quad r \quad \text{gerade} \end{cases}$$

besitzt (vgl. Abschnitt 7.2.8).

Beispiel: Das konsistente Verfahren höchster Ordnung für $r = 2$ erhält man über den Ansatz

$$\psi(\mu) = \mu^2 - (1 + a)\mu + a = (\mu - 1)(\mu - a).$$

Die Taylorentwicklung von $\psi(\mu)/\ln(\mu)$ um $\mu = 1$ liefert

$$\psi(\mu)/\ln(\mu) = 1 - a + \frac{3 - a}{2}(\mu - 1) + \frac{a + 5}{12}(\mu - 1)^2 - \frac{1 + a}{24}(\mu - 1)^3 + \ldots .$$

Setzt man

$$\chi(\mu) := 1 - a + \frac{3 - a}{2}(\mu - 1) + \frac{a + 5}{12}(\mu - 1)^2,$$

so hat das resultierende lineare Mehrschrittverfahren für $a \neq -1$ die Ordnung 3 und für $a = -1$ die Ordnung 4. Wegen $\psi(\mu) = (\mu - 1)(\mu - a)$ ist die Stabilitätsbedingung (7.2.9.5) nur für $-1 \leqq a < 1$ erfüllt. Insbesondere erhält man für $a = 0$

$$\psi(\mu) = \mu^2 - \mu, \qquad \chi(\mu) = \tfrac{1}{12}(5\mu^2 + 8\mu - 1).$$

Dies ist gerade das Adams-Moulton-Verfahren (7.2.6.6) für $q = 2$, das demnach die Ordnung 3 besitzt. Für $a = -1$ erhält man

$$\psi(\mu) = \mu^2 - 1, \qquad \chi(\mu) = \tfrac{1}{3}\mu^2 + \tfrac{4}{3}\mu + \tfrac{1}{3},$$

das dem Verfahren von Milne (7.2.6.10) für $q=2$ entspricht und die Ordnung 4 besitzt (siehe auch Übungsaufgabe 11).

Man übersehe nicht, daß für Mehrschrittverfahren der Ordnung p der Integrationsfehler nur dann von der Ordnung $0(h^p)$ ist, falls die Lösung $y(x)$ der Differentialgleichung mindestens $p + 1$ mal differenzierbar ist $(f \in F_p(a, b))$.

7.2.12 Asymptotische Entwicklungen des globalen Diskretisierungsfehlers für lineare Mehrschrittverfahren

Analog zu Abschnitt 7.2.3 kann man versuchen, auch für die Näherungslösungen, die von Mehrschrittverfahren geliefert werden, asymptotische Entwicklungen nach der Schrittweite h zu finden. Dabei treten jedoch eine Reihe von Schwierigkeiten auf:

Zunächst hängt die Näherungslösung $\eta(x; h)$ und damit sicher auch ihre asymptotische Entwicklung (falls sie existiert) von den benutzten Startwerten ab. Darüber hinaus muß es nicht unbedingt eine asymptotische Entwicklung der Form (vgl. (7.2.3.3))

(7.2.12.1)
$$\eta(x;h) = y(x) + h^p e_p(x) + h^{p+1} e_{p+1}(x) + \ldots$$
$$+ h^N e_N(x) + h^{N+1} E_{N+1}(x;h)$$

für alle $h = h_n = \dfrac{x - x_0}{n}$ geben mit von h unabhängigen Funktionen $e_i(x)$ und einem Restglied $E_{N+1}(x;h)$, das für jedes x in h beschränkt ist.

Dies soll für ein einfaches lineares Mehrschrittverfahren, die midpoint-rule (s. (7.2.6.9)), d. h.

(7.2.12.2)
$$\eta_{j+1} = \eta_{j-1} + 2hf(x_j, \eta_j), \qquad x_j = x_0 + jh, \qquad j = 1, 2, \ldots,$$

gezeigt werden. Wir wollen mit dieser Methode das Anfangswertproblem

$$y' = -y, \qquad x_0 = 0, \qquad y_0 = y(0) = 1$$

mit der exakten Lösung $y(x) = e^{-x}$ behandeln. Als Startwerte nehmen wir

$$\eta_0 = 1$$
$$\eta_1 = 1 - h$$

(η_1 ist der durch das Eulersche Polygonzug-Verfahren (7.2.1.3) gelieferte Näherungswert für $y(x_1) = e^{-h}$). Ausgehend von diesen Startwerten ist dann durch (7.2.12.2) die Folge $\{\eta_j\}$ und damit die Funktion $\eta(x;h)$ für alle $x \in R_h = \{x_j = jh \mid j = 0, 1, 2, \ldots\}$ definiert durch

$$\eta(x;h) := \eta_j = \eta_{x/h} \quad \text{falls} \quad x = x_j = jh.$$

Nach (7.2.12.2) genügen die η_j wegen $f(x_j, \eta_j) = -\eta_j$ folgender Differenzengleichung

$$\eta_{j+1} + 2h\eta_j - \eta_{j-1} = 0, \qquad j = 1, 2, \ldots .$$

Mit Hilfe von Satz (7.2.9.8) lassen sich die η_j explizit angeben: Das Polynom

$$\mu^2 + 2h\mu - 1 = 0$$

besitzt die Nullstellen

$$\lambda_1 = \lambda_1(h) = -h + \sqrt{1 + h^2} = \sqrt{1 + h^2}\left(1 - \frac{h}{\sqrt{1 + h^2}}\right)$$

$$\lambda_2 = \lambda_2(h) = -h - \sqrt{1 + h^2} = -\sqrt{1 + h^2}\left(1 + \frac{h}{\sqrt{1 + h^2}}\right).$$

Damit gilt nach (7.2.9.8)

(7.2.12.3) $$\eta_j = c_1\lambda_1^j + c_2\lambda_2^j, \qquad j = 0, 1, 2, \ldots,$$

wobei die Konstanten c_1, c_2 mit Hilfe der Startwerte $\eta_0 = 1$, $\eta_1 = 1 - h$ bestimmt werden können. Man findet

$$\eta_0 = 1 = c_1 + c_2$$
$$\eta_1 = 1 - h = c_1\lambda_1 + c_2\lambda_2$$

und daher

$$c_1 = c_1(h) = \frac{\lambda_2 - (1-h)}{\lambda_2 - \lambda_1} = \frac{1 + \sqrt{1+h^2}}{2\sqrt{1+h^2}}$$

$$c_2 = c_2(h) = \frac{1 - h - \lambda_1}{\lambda_2 - \lambda_1} = \frac{h^2}{2} \cdot \frac{1}{\sqrt{1+h^2} + 1 + h^2}.$$

Somit ist für $x \in R_h$, $h \neq 0$,

(7.2.12.4) $$\eta(x; h) := \eta_{x/h} = c_1(h)\,\lambda_1(h)^{x/h} + c_2(h)\,\lambda_2(h)^{x/h}.$$

Man überzeugt sich leicht, daß die Funktion

$$\varphi_1(h) := c_1(h) \cdot \lambda_1(h)^{x/h}$$

eine für $|h| < 1$ analytische Funktion von h ist. Ferner ist

$$\varphi_1(h) = \varphi_1(-h),$$

denn offensichtlich gilt $c_1(-h) = c_1(h)$ sowie $\lambda_1(-h) = \lambda_1(h)^{-1}$. Der 2. Term in (7.2.12.4) zeigt ein komplizierteres Verhalten. Es ist

$$c_2(h)\,\lambda_2(h)^{x/h} = (-1)^{x/h}\varphi_2(h)$$

mit der für $|h| < 1$ analytischen Funktion

$$\varphi_2(h) = c_2(h)\,(\lambda_1(-h))^{x/h} = c_2(h)\,\lambda_1(h)^{-x/h}.$$

Wie eben sieht man $\varphi_2(-h) = \varphi_2(h)$. φ_1 und φ_2 besitzen daher für $|h| < 1$ konvergente Potenzreihenentwicklungen der Form

$$\varphi_1(h) = u_0(x) + u_1(x)\,h^2 + u_2(x)\,h^4 + \ldots$$
$$\varphi_2(h) = v_0(x) + v_1(x)\,h^2 + v_2(x)\,h^4 + \ldots$$

mit gewissen analytischen Funktionen $u_j(x)$, $v_j(x)$. Aus den expliziten Formeln für $c_i(h)$, $\lambda_i(h)$ findet man leicht die ersten Glieder dieser Reihen:

$$u_0(x) = e^{-x}, \qquad u_1(x) = \frac{e^{-x}}{4}[-1 + 2x]$$

$$v_0(x) = 0, \qquad v_1(x) = \frac{e^x}{4}.$$

Damit besitzt $\eta(x;h)$ eine Entwicklung der Form

$$\eta(x;h) = y(x) + \sum_{k=1}^{\infty} h^{2k}[u_k(x) + (-1)^{x/h} v_k(x)] \tag{7.2.12.5}$$

$$\text{für alle} \quad h = \frac{x}{n}, \qquad n = 1, 2, \ldots .$$

Wegen des oszillierenden von h abhängigen Terms $(-1)^{x/h}$ ist dies *keine* asymptotische Entwicklung der Form (7.2.12.1).

Schränkt man die Wahl von h so ein, daß x/h stets gerade bzw. ungerade ist, erhält man echte asymptotische Entwicklungen

$$\eta(x;h) = y(x) + \sum_{k=1}^{\infty} h^{2k}[u_k(x) + v_k(x)] \quad \text{für alle} \quad h = \frac{x}{2n},$$

(7.2.12.6) $$n = 1, 2, \ldots$$

$$\eta(x;h) = y(x) + \sum_{k=1}^{\infty} h^{2k}[u_k(x) - v_k(x)] \quad \text{für alle} \quad h = \frac{x}{2n-1},$$

$$n = 1, 2, \ldots .$$

Berechnet man den Startwert η_1 statt mit dem Eulerverfahren mit dem Verfahren von Runge-Kutta (7.2.1.14), erhält man als Startwerte

$$\eta_0 := 1$$

$$\eta_1 := 1 - h + \frac{h^2}{2} - \frac{h^3}{6} + \frac{h^4}{24}.$$

Für c_1 und c_2 bekommt man auf dieselbe Weise wie oben

$$c_1 = c_1(h) = \frac{1}{2\sqrt{1+h^2}}\left[1 + \sqrt{1+h^2} + \frac{h^2}{2} - \frac{h^3}{6} + \frac{h^4}{24}\right]$$

$$c_2 = c_2(h) = \frac{\sqrt{1+h^2} - 1 - \dfrac{h^2}{2} + \dfrac{h^3}{6} - \dfrac{h^4}{24}}{2\sqrt{1+h^2}}.$$

Da $c_1(h)$ und $c_2(h)$ und damit $\eta(x;h)$ keine geraden Funktionen von h sind, wird $\eta(x;h)$ keine Entwicklung der Form (7.2.12.5) mehr besitzen, sondern nur noch eine Entwicklung der Art

$$\eta(x;h) = y(x) + \sum_{k=2}^{\infty} h^k[\tilde{u}_k(x) + (-1)^{x/h}\tilde{v}_k(x)] \quad \text{für} \quad h = \frac{x}{n}, \quad n = 1, 2, \ldots .$$

Die Form der asymptotischen Entwicklung hängt also entscheidend von den benutzten Startwerten ab.

Allgemein wurde von Gragg [24] folgender Satz bewiesen:

(7.2.12.7) **Satz:** *Es sei* $f \in F_{2N+2}(a, b)$ *und* $y(x)$ *die exakte Lösung des Anfangswertproblems*

(A) $$y' = f(x, y), \qquad y(x_0) = y_0, \qquad x_0 \in [a, b].$$

Für $x \in R_h = \{x_0 + ih \mid i = 0, 1, 2, \dots\}$ *sei* $\eta(x; h)$ *definiert durch*

$$\eta(x_0; h) := y_0$$

(7.2.12.8) $$\eta(x_0 + h; h) := y_0 + hf(x_0, y_0)$$ Euler

$$\eta(x + h; h) := \eta(x - h; h) + 2hf(x, \eta(x; h)).$$ Midpoint rule

Dann besitzt $\eta(x; h)$ *eine Entwicklung der Form*

(7.2.12.9) $$\eta(x; h) = y(x) + \sum_{k=1}^{N} h^{2k}[u_k(x) + (-1)^{x/h} v_k(x)] + h^{2N+2} E_{2N+2}(x; h),$$

die für $x \in [a, b]$ *und alle* $h = \dfrac{x - x_0}{n}$, $n = 1, 2, \dots$, *gilt. Die Funktionen* $u_k(x)$, $v_k(x)$ *sind von* h *unabhängig. Das Restglied* $E_{2N+2}(x; h)$ *bleibt bei festem* x *für alle* $h = \dfrac{x - x_0}{n}$, $n = 1, 2, \dots$, *beschränkt.*

Es sei an dieser Stelle explizit darauf hingewiesen, daß Satz (7.2.12.7) auch für Systeme von Differentialgleichungen (7.0.3) gilt: $f, y_0, \eta, y, u_k, v_k$ usw. sind dann als Vektoren zu verstehen.

Der Fehler $e(x; h) := \eta(x; h) - y(x)$ ist unter den Voraussetzungen von Satz (7.2.12.7) in erster Näherung gleich

$$h^2[u_1(x) + (-1)^{x/h} v_1(x)].$$

Wegen des Terms $(-1)^{x/h}$ zeigt er ein oszillierendes Verhalten:

$$e(x \pm h; h) \doteq h^2[u_1(x) - (-1)^{x/h} v_1(x)].$$

Man sagt aus diesem Grunde, daß die midpoint-rule „schwach instabil" sei. Den führenden Oszillationsterm $(-1)^{x/h} v_1(x)$ kann man mit Hilfe eines Tricks beseitigen. Man setzt (Gragg [24]):

(7.2.12.10) $$S(x; h) := \tfrac{1}{2}[\eta(x; h) + \eta(x - h; h) + hf(x, \eta(x; h))],$$

wobei $\eta(x, h)$ durch (7.2.12.9) definiert ist. Wegen (7.2.12.8) ist nun

$$\eta(x + h; h) = \eta(x - h; h) + 2hf(x, \eta(x; h)).$$

Also gilt auch

$\eta(x+h; h) - h f(x, \eta(x; h)) = \eta(x-h, h) + h f(x, \eta(x; h))$

(7.2.12.10) $S(x;h) = \frac{1}{2}[\eta(x;h) + \eta(x-h;h) + h f(x, \eta(x;h))]$

(7.2.12.11) $$S(x;h) = \tfrac{1}{2}[\eta(x;h) + \eta(x+h;h) - hf(x, \eta(x;h))].$$

Addition von (7.2.12.10) und (7.2.12.11) ergibt

(7.2.12.12) $$S(x;h) = \tfrac{1}{2}[\eta(x;h) + \tfrac{1}{2}\eta(x-h;h) + \tfrac{1}{2}\eta(x+h;h)].$$

Wegen (7.2.12.12) erhält man so für S eine Entwicklung der Form

$$\begin{aligned} S(x;h) = \tfrac{1}{2}\Big\{ & y(x) + \tfrac{1}{2}[y(x+h) + y(x-h)] \\ & + \sum_{k=1}^{N} h^{2k}[u_k(x) + \tfrac{1}{2}(u_k(x+h) + u_k(x-h)) \\ & \qquad + (-1)^{x/h}(v_k(x) - \tfrac{1}{2}(v_k(x+h) + v_k(x-h)))]\Big\} \\ & + 0(h^{2N+2}). \end{aligned}$$

Entwickelt man $y(x \pm h)$ und die Koeffizientenfunktionen $u_k(x \pm h)$, $v_k(x \pm h)$ in Taylorreihen nach h, findet man schließlich für $S(x;h)$ eine Entwicklung der Form

(7.2.12.13) $$\begin{aligned} S(x;h) = {} & y(x) + h^2[u_1(x) + \tfrac{1}{2}y''(x)] \\ & + \sum_{k=2}^{N} h^{2k}[\tilde{u}_k(x) + (-1)^{x/h}\tilde{v}_k(x)] + 0(h^{2N+2}), \end{aligned}$$

in der der führende Fehler-Term kein Oszillationsglied mehr enthält.

7.2.13 Mehrschrittverfahren in der Praxis

Das nicht voraussagbare Verhalten der Lösungen von Differentialgleichungen erzwingt bei der numerischen Integration eine i. allg. Fall von Diskretisierungspunkt zu Diskretisierungspunkt sich ändernde Schrittweite, wenn man eine vorgegebene Genauigkeitsschranke annähernd einhalten will. Mehrschrittverfahren, die mit äquidistanten Stützstellen x_i und einer festen Ordnung arbeiten, sind deshalb für die Praxis wenig geeignet. Jede Änderung der Schrittweite verlangt eine Neuberechnung von Startdaten, vgl. (7.2.6), bzw. impliziert einen komplizierten Interpolationsprozeß, was die Leistungsfähigkeit dieser Integrationsmethoden stark herabsetzt.

Für den Aufbau effizienter Mehrschrittverfahren muß auf die Äquidistanz der Stützstellen x_i verzichtet werden. Die Konstruktion sei im folgenden skizziert. Wir knüpfen dazu an die Gleichung (7.2.6.2) an, die durch formale Integration von $y' = f(x, y)$ erhalten wurde:

$$y(x_{p+k}) - y(x_{p-j}) = \int_{x_{p-j}}^{x_{p+k}} f(t, y(t))dt\,.$$

Wie in (7.2.6.3) ersetzen wir den Integranden durch ein interpolierendes Polynom Q_q vom Grad q, verwenden aber hier die Newtonsche Interpolationsformel (2.1.3.6), die für die Zwecke der Schrittweitensteuerung einige Vorteile bietet. Man erhält zunächst mit dem interpolierenden Polynom eine Näherungsformel

$$\eta_{p+k}-\eta_{p-j}=\int_{x_{p-j}}^{x_{p+k}} Q_q(x)dx$$

und daraus die Rekursionsvorschrift

$$\eta_{p+k}-\eta_{p-j}=\sum_{i=0}^{q} f[x_p,\ldots,x_{p-i}]\int_{x_{p-j}}^{x_{p+k}} \bar{Q}_i(x)dx$$

mit

$$\bar{Q}_i(x)=(x-x_p)\ldots(x-x_{p-i+1}), \qquad \bar{Q}_0(x)\equiv 1 .$$

Im Fall $k=1$, $j=0$, $q=0, 1, 2, \ldots$ erhält man eine „explizite" Formel (Prediktor)

(7.2.13.1) $$\eta_{p+1}=\eta_p+\sum_{i=0}^{q} g_i f[x_p,\ldots,x_{p-i}],$$

wo

$$g_i=\int_{x_p}^{x_{p+1}} \bar{Q}_i(x)dx .$$

Für $k=0$, $j=1$, $q=0, 1, 2, \ldots$ und Ersatz von p durch $p+1$ ergibt sich eine „implizite" Formel (Korrektor)

(7.2.13.2) $$\eta_{p+1}=\eta_p+\sum_{i=0}^{q} g_i^* f[x_{p+1},\ldots,x_{p-i+1}]$$

mit

$$g_i^*=\int_{x_p}^{x_{p+1}} (x-x_{p+1})\ldots(x-x_{p+2-i})dx \quad \text{für} \quad i>0,$$

$$g_0^*=\int_{x_p}^{x_{p+1}} dx .$$

Der Näherungswert $\eta_{p+1}=\eta_{p+1}^{(0)}$ aus der Prediktorformel läßt sich nach Ziff. 7.2.6 als „Startwert" für die Iteration an der Korrektorformel benützen. Wir führen aber nur einen Iterationsschritt aus und bezeichnen den erhaltenen Näherungswert mit $\eta_{p+1}^{(1)}$.

Aus der Differenz der beiden Näherungswerte lassen sich wieder Aussagen über den Fehler und damit die Schrittweite gewinnen. Subtraktion der Prediktorformel von der Korrektorformel liefert

$$\eta_{p+1}^{(1)}-\eta_{p+1}^{(0)}=\int_{x_p}^{x_{p+1}} (Q_q^{(1)}(x)-Q_q^{(0)}(x))dx .$$

$Q_q^{(1)}(x)$ ist das interpolierende Polynom der Korrektorformel (7.2.13.2) zu den Stützstellen

$$(x_{p-q+1}, f_{p-q+1}), \ldots, (x_p, f_p), (x_{p+1}, f_{p+1}^{(1)})$$

mit

$$f_{p+1}^{(1)} = f(x_{p+1}, \eta_{p+1}^{(0)}).$$

$Q_q^{(0)}(x)$ ist das interpolierende Polynom der Prediktorformel zu den Stützstellen $(x_{p-q}, f_{p-q}), \ldots, (x_p, f_p)$. Definiert man $f_{p+1}^{(0)} := Q_q^{(0)}(x_{p+1})$, dann ist $Q_q^{(0)}(x)$ auch durch die Stützstellen

$$(x_{p-q+1}, f_{p-q+1}), \ldots, (x_p, f_p), (x_{p+1}, f_{p+1}^{(0)})$$

eindeutig definiert. Das Differenzpolynom $Q_q^{(1)}(x) - Q_q^{(0)}(x)$ verschwindet also an den Stellen $x_{p-q+1}, \ldots, x_p$ und besitzt bei x_{p+1} den Wert

$$f_{p+1}^{(1)} - f_{p+1}^{(0)}.$$

Also ist

(7.2.13.3) $$\eta_{p+1}^{(1)} - \eta_{p+1}^{(0)} = C_q \cdot (f_{p+1}^{(1)} - f_{p+1}^{(0)}).$$

Es bezeichne nun $y(x)$ die exakte Lösung der Differentialgleichung $y' = f(x, y)$ zum Anfangswert $y(x_p) = \eta_p$. Wir setzen voraus, daß die „zurückliegenden" Näherungswerte $\eta_p, \eta_{p-1}, \ldots, \eta_{p-q}$ „exakt" sind, und machen noch die zusätzliche Annahme, daß $f(x, y(x))$ durch das Polynom $Q_{q+1}^{(1)}$ exakt dargestellt wird, Stützpunkte:

$$(x_{p-q}, f_{p-q}), \ldots, (x_p, f_p), (x_{p+1}, f_{p+1}^{(1)}).$$

Es ist dann

$$\begin{aligned} y(x_{p+1}) &= \eta_p + \int_{x_p}^{x_{p+1}} f(x, y(x))dx \\ &= \eta_p + \int_{x_p}^{x_{p+1}} Q_{q+1}^{(1)}(x)dx. \end{aligned}$$

Für den Fehler

$$E_p := y(x_{p+1}) - \eta_{p+1}^{(1)}$$

ergibt sich

$$\begin{aligned} E_q &= \eta_p + \int_{x_p}^{x_{p+1}} Q_{q+1}^{(1)}(x)dx - \eta_p - \int_{x_p}^{x_{p+1}} Q_q^{(1)}dx \\ &= \int_{x_p}^{x_{p+1}} (Q_{q+1}^{(1)}(x) - Q_q^{(0)})dx - \int_{x_p}^{x_{p+1}} (Q_q^{(1)}(x) - Q_q^{(0)}(x))dx. \end{aligned}$$

In der ersten Formel dürfen wir $Q_q^{(0)}(x)$ durch $Q_{q+1}^{(0)}(x)$ ersetzen, wenn als Interpolationsstellen gerade

$$(x_{p-q}, f_{p-q}), \ldots, (x_p\, f_p), (x_{p+1}, f_{p+1}^{(0)})$$

genommen werden. Analog zu (7.2.13.3) ist dann gerade

$$\begin{aligned} E_q &= C_{q+1}(f_{p+1}^{(1)} - f_{p+1}^{(0)}) - C_q(\, f_{p+1}^{(1)} - f_{p+1}^{(0)}) \\ &= (C_{q+1} - C_q)(f_{p+1}^{(1)} - f_{p+1}^{(0)}) \,. \end{aligned}$$

Liegen nun die Stützpunkte $x_{p+1}, x_p, \ldots, x_{p-q}$ äquidistant und ist $h := x_{j+1} - x_j$, so gilt für den Fehler

$$E_q = y(x_{p+1}) - \eta_{p+1}^{(1)} = 0(h^{q+2}) \,.$$

Die weiteren Überlegungen gestalten sich nun nach früherem Muster (vgl. (7.2.5)).

Sei ε eine vorgegebene Toleranzschranke. Der „alte" Schritt h_{alt} wird als „erfolgreich" akzeptiert, falls

$$|E_q| = |C_{q+1} - C_q| \cdot |f_{p+1}^{(1)} - f_{p+1}^{(0)}| \doteq |C \cdot h_{\text{alt}}^{q+2}| \leqq \varepsilon \,.$$

Der neue Schritt h_{neu} wird als „erfolgreich" angesehen, falls

$$|C \cdot h_{\text{neu}}^{q+2}| \leqq \varepsilon$$

gemacht werden kann. Elimination von C liefert wieder

$$h_{\text{neu}} \doteq h_{\text{alt}} \left(\frac{\varepsilon}{|E_q|} \right)^{\frac{1}{q+2}} .$$

Diese Strategie läßt sich noch verbinden mit einer Änderung von q (Änderung der Ordnung des Verfahrens). Man ermittelt die drei Größen

$$\left(\frac{\varepsilon}{|E_{q-1}|} \right)^{\frac{1}{q+1}}, \quad \left(\frac{\varepsilon}{|E_q|} \right)^{\frac{1}{q+2}}, \quad \left(\frac{\varepsilon}{|E_{q+1}|} \right)^{\frac{1}{q+3}}$$

und bestimmt das maximale Element.

Ist der 1. Term maximal, wird q um 1 verringert.

Ist der 2. Term maximal, wird q beibehalten.

Ist der 3. Term maximal, wird q um 1 erhöht.

Entscheidend ist, daß sich die Größen E_{q-1}, E_q, E_{q+1} aus dem Schema der dividierten Differenzen rekursiv berechnen lassen. Man hat

$$\begin{aligned} E_{q-1} &= g_{q-1,2}\, f^{(1)}[x_{p+1}, x_p, \ldots, x_{p-q+1}] \\ E_q &= g_{q,2}\, f^{(1)}[x_{p+1}, x_p, \ldots, x_{p-q}] \\ E_{q+1} &= g_{q+1,2}\, f^{(1)}[x_{p+1}, x_p, \ldots, x_{p-q-1}], \end{aligned}$$

wobei die Größen $f^{(1)}[x_{p+1}, x_p, \ldots, x_{p-i}]$ die dividierten Differenzen für die Stützpunkte $(x_{p+1}, f_{p+1}^{(1)}), (x_p, f_p), \ldots, (x_{p-i}, f_{p-i})$ und die Größen g_{ij} durch

$$g_{ij} = \int_{x_p}^{x_{p+1}} \bar{Q}_i(x)(x - x_{p+1})^{j-1} dx, \qquad i,j \geqq 1$$

definiert sind. Die g_{ij} genügen der Rekursion

$$g_{ij} = (x_{p+1} - x_{p+1-i}) g_{i-1,j} + g_{i-1,j+1} \qquad \begin{array}{l} j = 1, 2, \ldots, q+2-i \\ i = 2, 3, \ldots, q \end{array}$$

mit

$$g_{1j} = \frac{(-(x_{p+1} - x_p))^{j+1}}{j(j+1)} \qquad j = 1, \ldots, q+1 .$$

Das so besprochene Verfahren ist „selbststartend": Man beginnt mit $q=0$, erhöht im nächsten Schritt auf $q=1$ u.s.f. Die für Mehrschrittverfahren mit äquidistanten Schrittweiten und festem q notwendige „Anlaufrechnung" (vgl. 7.2.6) entfällt.

Für ein eingehendes Studium muß auf die Spezialliteratur verwiesen werden. etwa Shampine und Gordon [45], Gear [40], auch Sedgwick [44], Krogh [42].

7.2.14 Extrapolationsverfahren zur Lösung des Anfangswertproblems

Wie in Abschnitt 3.4 ausgeführt, legen asymptotische Entwicklungen die Anwendung von Extrapolationsverfahren nahe. Besonders effektive Extrapolationsverfahren erhält man für Diskretisierungsverfahren, die asymptotische Entwicklungen besitzen, bei denen nur gerade h-Potenzen auftreten. Man beachte, daß das für die midpoint-rule bzw. für die modifizierte midpoint-rule der Fall ist (s. (7.2.12.8), (7.2.12.9) bzw. (7.2.12.10), (7.2.12.13)).

In der Praxis verwendet man insbesondere die Graggsche Funktion $S(x; h)$ (7.2.12.10), deren Definition wegen ihrer Wichtigkeit wiederholt sei:

Gegeben sei das Tripel (f, x_0, y_0), eine reelle Zahl H und eine natürliche Zahl $n > 0$. Man definiere $\bar{x} := x_0 + H$, $h := \frac{H}{n}$. Zu dem Anfangswertproblem

$$y' = f(x, y), \qquad y(x_0) = y_0$$

mit der exakten Lösung $y(x)$ kann man dann den Funktionswert $S(\bar{x}; h)$ auf folgende Weise berechnen:

$$\begin{aligned}
&\eta_0 := y_0 \\
&\eta_1 := \eta_0 + hf(x_0, \eta_0), \qquad x_1 := x_0 + h, \\
(7.2.14.1) \quad \text{für } &j = 1, 2, \ldots, n-1 \\
&\eta_{j+1} := \eta_{j-1} + 2hf(x_j, \eta_j), \qquad x_{j+1} := x_j + h, \\
&S(\bar{x}; h) := \tfrac{1}{2}[\eta_n + \eta_{n-1} + hf(x_n, \eta_n)].
\end{aligned}$$

Bei einem Extrapolationsverfahren zur Berechnung von $y(\bar{x})$ hat man dann (s. 3.3, 3.4) eine Folge

$$F = \{n_0, n_1, n_2, \dots\}, \qquad 0 < n_0 < n_1 < n_2 < \dots,$$

von natürlichen Zahlen zu wählen und für $h_i := H/n_i$ die Werte $S(\bar{x}; h_i)$ zu berechnen. Wegen des Oszillationsterms $(-1)^{x/h}$ in (7.2.12.13) darf F jedoch nur gerade oder nur ungerade Zahlen enthalten. Gewöhnlich nimmt man die Folge

$$(7.2.14.2) \qquad F = \{2, 4, 6, 8, 12, 16, \dots\}, \ n_i := 2 \cdot n_{i-2} \quad \text{für} \quad i \geqq 3.$$

Wie in Abschnitt 3.3 beschrieben, berechnet man dann ausgehend von der 0. Spalte mit Hilfe von Interpolationsformeln ein Tableau von Zahlen T_{ik}, und zwar Schrägzeile für Schrägzeile:

$$(7.2.14.3) \qquad \begin{array}{llll} S(\bar{x}; h_0) =: T_{00} & & & \\ & T_{11} & & \\ S(\bar{x}; h_1) =: T_{10} & & T_{22} \searrow & \\ & T_{21} \searrow & & T_{33} \\ S(\bar{x}; h_2) =: T_{20} \searrow & & T_{32} \nearrow & \\ & T_{31} \nearrow & & \\ S(\bar{x}; h_3) =: T_{30} \nearrow & & & \\ \dots\dots\dots & & & \end{array}$$

Dabei ist

$$T_{ik} := \tilde{T}_{ik}(0)$$

gerade der Wert des interpolierenden Polynoms (besser nimmt man rationale Funktionen)

$$\tilde{T}_{ik}(h) = a_0 + a_1 h^2 + \dots + a_k h^{2k}$$

k-ten Grades in h^2 mit $\tilde{T}_{ik}(h_j) = S(\bar{x}; h_j)$ für $j = i, i-1, \dots, i-k$. Wie in 3.4 gezeigt wurde, konvergiert jede Spalte von (7.2.14.3) gegen $y(\bar{x})$

$$\lim_{i \to \infty} T_{ik} = y(\bar{x}) \quad \text{für} \quad k = 0, 1, \dots .$$

Insbesondere konvergieren bei festem k die T_{ik} für $i \to \infty$ wie ein Verfahren $(2k+2)$-ter Ordnung gegen $y(\bar{x})$. In erster Näherung gilt wegen (7.2.12.13) (s. (3.4.2))

$$T_{ik} - y(\bar{x}) \doteq (-1)^k h_i^2 h_{i-1}^2 \dots h_{i-k}^2 [\tilde{u}_{k+1}(\bar{x}) + \tilde{v}_{k+1}(\bar{x})].$$

Weiter kann man, wie in 3.4 beschrieben, das Monotonieverhalten der T_{ik} ausnutzen, um explizite Abschätzungen für den Fehler $T_{ik} - y(\bar{x})$ zu berechnen.

Hat man ein hinreichend genaues $T_{ik} =: \bar{y}$ gefunden, wird $\bar{y}$ als Näherungswert für $y(\bar{x})$ akzeptiert. Anschließend kann man auf dieselbe Weise $y(\bar{\bar{x}})$ an einer weiteren Stelle $\bar{\bar{x}} = \bar{x} + \bar{H}$ näherungsweise berechnen, indem man x_0, y_0, H durch $\bar{x}$, $\bar{y}$, $\bar{H}$ ersetzt und das neue Anfangswertproblem wieder wie eben löst.

Es sei ausdrücklich darauf hingewiesen, daß das Extrapolationsverfahren auch zur Lösung eines Anfangswertproblems (7.0.3), (7.0.4) für Systeme von n gewöhnlichen Differentialgleichungen anwendbar ist. In diesem Fall sind $f(x, y)$ und $y(x)$ Vektoren von Funktionen, y_0, η_i und schließlich $S(\bar{x}; h)$ (7.2.14.1) sind Vektoren des $\mathbb{R}^n$. Die asymptotischen Entwicklungen (7.2.12.9) und (7.2.12.13) sind nach wie vor richtig und bedeuten, daß jede Komponente von $S(\bar{x}; h) \in \mathbb{R}^n$ eine asymptotische Entwicklung der angegebenen Form besitzt. Die Elemente T_{ik} von (7.2.14.3) sind ebenfalls Vektoren aus dem $\mathbb{R}^n$, die komponentenweise aus den entsprechenden Komponenten von $S(\bar{x}: h_i)$ wie eben berechnet werden.

Bei der praktischen Realisierung des Verfahrens tritt das Problem auf, wie groß man die Grundschrittweite H zu wählen hat. Wählt man H zu groß, muß man ein sehr großes Tableau (7.2.14.3) berechnen, bevor man ein genügend genaues T_{ik} findet; k ist eine große Zahl und, um T_{ik} zu finden, hat man $S(\bar{x}: h_j)$ für $j = 0, 1, \ldots, i$ zu berechnen. Um $S(\bar{x}; h_j)$ zu berechnen, benötigt man $n_j + 1$ Auswertungen der rechten Seite $f(x, y)$ der Differentialgleichung.

Bei der oben gewählten Folge F (7.2.14.2) wachsen die Zahlen $s_i := \sum_{j=0}^{i} (n_j + 1)$ und damit der Rechenaufwand für ein Tableau mit $i + 1$ Schrägzeilen mit i rasch an: es gilt $s_{i+1} \approx 1.4 s_i$.

Wenn andererseits die Schrittweite H zu klein ist, werden unnötig kleine und damit zu viele Integrationsschritte $(x_0, y(x_0)) \to (x_0 + H, y(x_0 + H))$ gemacht. Es ist deshalb für die Effizienz des Verfahrens sehr wichtig, daß man ähnlich wie in 7.2.5 einen Mechanismus für die Schätzung einer vernünftigen Schrittweite H in das Verfahren einbaut. Dieser Mechanismus muß zweierlei leisten:

a) Er muß sicherstellen, daß eine zu große Schrittweite H reduziert wird, so daß kein unnötig großes Tableau konstruiert wird.

b) Er sollte dem Benutzer des Verfahrens (des Programms) für den nächsten Integrationsschritt eine brauchbare Schrittweite $\bar{H}$ vorschlagen.

Wir wollen jedoch auf solche Mechanismen nicht weiter eingehen und es mit der Bemerkung bewenden lassen, daß man im Prinzip ebenso wie in Abschnitt 7.2.5 vorgeben kann.

Ein Algol-Programm für die Lösung von Anfangswertproblemen mittels Extrapolationsverfahren findet man in [4].

7.2.15 Vergleich der Verfahren zur Lösung von Anfangswertproblemen

Die beschriebenen Verfahren zerfallen in drei Klassen,

a) Einschrittverfahren,

b) Mehrschrittverfahren,

c) Extrapolationsverfahren.

Alle Verfahren gestatten eine Änderung der Schrittweite h in jedem Integrationsschritt, eine Anpassung der jeweiligen Schrittweite stößt bei ihnen auf keine grundsätzlichen Schwierigkeiten. Die modernen Mehrschrittverfahren und auch die Extrapolationsverfahren arbeiten darüber hinaus nicht mit festen Ordnungen. Bei Extrapolationsverfahren kann die Ordnung beispielsweise mühelos durch Anhängen einer weiteren Spalte an das Tableau der extrapolierten Werte erhöht werden. Einschrittverfahren vom Runge-Kutta-Fehlberg-Typ sind von der Konstruktion her an eine feste Ordnung gebunden, doch lassen sich mit entsprechend komplizierten Ansätzen auch Verfahren mit variabler Ordnung konstruieren. Untersuchungen darüber sind im Gange.

Um die Vor- bzw. Nachteile der verschiedenen Integrationsmethoden herauszufinden, wurden mit größter Sorgfalt Rechenprogramme für die oben erwähnten Verfahren erstellt und umfangreiche numerische Experimente mit einer Vielzahl von Differentialgleichungen durchgeführt.

Das Ergebnis darf etwa wie folgt beschrieben werden: Den geringsten Rechenaufwand gemessen in Auswertungen der rechten Seite einer Differentialgleichung erfordern die Mehrschrittverfahren. Pro Schritt muß bei einem Prediktor-Verfahren die rechte Seite der Differentialgleichungen nur einmal zusätzlich ausgewertet werden, bei einem Korrektor-Verfahren ist diese Zahl gleich der im allgemeinen geringen Zahl der Iterationen. Der Aufwand, den die Schrittweitensteuerung bei Mehrschrittverfahren verursacht, gleicht diesen Vorteil jedoch wieder weitgehend aus. Mehrschrittverfahren haben den höchsten Aufwand an Unkosten-Zeit (overhead-time). Vorteile sind insbesondere dann gegeben, wenn die rechte Seite der Differentialgleichung sehr kompliziert gebaut ist (hoher numerischer Aufwand zur Auswertung der rechten Seite). Im Gegensatz dazu haben Extrapolationsverfahren den geringsten Aufwand an Unkosten-Zeit, dagegen reagieren sie manchmal nicht so „feinfühlig" auf Änderungen der vorgegebenen Genauigkeitsschranke ε wie Einschrittverfahren oder Mehrschrittverfahren: häufig werden mehr gültige Ziffern als notwendig geliefert. Die Zuverlässigkeit der Extrapolationsverfahren ist sehr groß, bei geringeren Genauigkeitsanforderungen arbeiten sie aber nicht mehr wirtschaftlich genug (zu teuer).

Bei geringen Genauigkeitsanforderungen sind Runge-Kutta-Fehlberg-Verfahren mit niedrigen Approximationsordnungen p vorzuziehen. Runge-Kutta-Fehlberg-Verfahren gewisser Ordnungen reagieren auf Unstetigkeiten der rechten Seite der Differentialgleichung manchmal weniger empfindlich als Mehrschritt- oder Extrapolations-Verfahren. Zwar wird, wenn keine besonderen Vorkehrungen getroffen werden, bei *RKF*-Verfahren die Genauigkeit an einer Unstetigkeitsstelle zunächst drastisch reduziert, ansonsten arbeiten diese Verfahren dann aber wieder störungsfrei weiter. Bei gewissen Problemen der Praxis kann das von Vorteil sein.

Keine der Methoden weist solche Vorteile auf, daß sie allen anderen vorgezogen werden könnte (vorausgesetzt, daß für alle Methoden mit größter Sorgfalt erstellte Rechenprogramme benützt werden). Welches Verfahren für ein bestimmtes Problem herangezogen werden soll, hängt von so vielen Dingen ab, die hier nicht im einzelnen erläutert werden können, dazu muß auf die Originalarbeiten verwiesen werden, siehe z. B. Clark [9], Crane und Fox [14], Hull et al. [28], Shampine et al. [46], Diekhoff et al. [38].

7.2.16 Steife Differentialgleichungen

Viele Probleme aus den Anwendungen (Chemie der kinetischen Reaktionen, Regelungstheorie u. a.) führen auf Systeme von Differentialgleichungen, deren numerische Integration eigenartige Schwierigkeiten bereitet. Zur Erläuterung diene das folgende Beispiel (vgl. dazu Grigorieff [25]). Gegeben sei das System

$$
\begin{aligned}
y_1' &= \frac{\lambda_1+\lambda_2}{2} y_1 + \frac{\lambda_1-\lambda_2}{2} y_2 \\
y_2' &= \frac{\lambda_1-\lambda_2}{2} y_1 + \frac{\lambda_1+\lambda_2}{2} y_2
\end{aligned}
\tag{7.2.16.1}
$$

mit Konstanten $\lambda_1, \lambda_2; \lambda_i < 0$.

Die allgemeine Lösung lautet

$$
\begin{aligned}
y_1(x) &= C_1 e^{\lambda_1 x} + C_2 e^{\lambda_2 x} \\
y_2(x) &= C_1 e^{\lambda_1 x} - C_2 e^{\lambda_2 x}, \qquad x \geqq 0 .
\end{aligned}
\tag{7.2.16.2}
$$

mit Integrationskonstanten C_1, C_2.

Integriert man (7.2.16.1) mit dem Euler-Verfahren, vgl. (7.2.1.3), so lassen sich die numerischen Näherungen „geschlossen" darstellen, es ist

$$
\begin{aligned}
\eta_{1i} &= C_1(1+h\lambda_1)^i + C_2(1+h\lambda_2)^i \\
\eta_{2i} &= C_1(1+h\lambda_1)^i - C_2(1+h\lambda_2)^i .
\end{aligned}
\tag{7.2.16.3}
$$

Offensichtlich konvergieren die Näherungen nur dann, falls die Schrittweite h so klein gewählt wird, daß

$$
|1+h\lambda_1| < 1 \quad \text{und} \quad |1+h\lambda_2| < 1 . \tag{7.2.16.4}
$$

Es sei nun $|\lambda_2|$ groß gegen $|\lambda_1|$. Wegen $\lambda_2 < 0$ ist dann in (7.2.16.2) der Einfluß der Komponente $e^{\lambda_2 x}$ gegenüber $e^{\lambda_1 x}$ vernachlässigbar klein. Leider gilt das nicht für die numerische Integration. Wegen (7.2.16.4) muß nämlich die Schrittweite $h > 0$ so klein gewählt werden, daß

$$
h < \frac{2}{|\lambda_2|} .
$$

Für den Fall $\lambda_1 = -1$, $\lambda_2 = -1000$ ist $h \leqq 0.005$. Obwohl also e^{-1000x} zur Lösung praktisch nichts beiträgt, bestimmt der Faktor 1000 im Exponenten die Schrittweite. Dieses Verhalten bei der numerischen Integration bezeichnet man als „steif" (angelsächsisch „stiff" equations).

Das Euler-Verfahren (7.2.1.3) ist für die numerische Integration solcher Systeme kaum geeignet; gleiches gilt für die RKF-Verfahren, Mehrschrittverfahren und Extrapolationsverfahren, die oben behandelt wurden.

Geeignete Methoden zur Integration steifer Differentialgleichungen leiten sich aus den sogenannten *impliziten* Verfahren ab. Als Beispiel diene das *implizite* Euler-Verfahren.

(7.2.16.5) $$\eta_{i+1}=\eta_i+hf(x_{i+1},\eta_{i+1}), \qquad i=0,1,\ldots$$

Die „neue" Näherung η_{i+1} läßt sich nur iterativ bestimmen. Der numerische Aufwand wächst also beträchtlich.

Man findet häufig, daß bei konstanter Schrittweite $h>0$ viele Verfahren angewandt auf das lineare Differentialgleichungssystem

(7.2.16.6) $$y'=Ay, \qquad y(0)=y_0$$
$$A\colon n\times n\text{-Matrix},$$

eine Folge von Näherungsvektoren η_i für die Lösung $y(x_i)$ liefern, die einer Rekursionsformel

(7.2.16.7) $$\eta_{i+1}=g(hA)\eta_i$$

genügen. Die Funktion $g(z)$ hängt nur von dem betreffenden Verfahren ab und ist gewöhnlich eine rationale Funktion, in die man eine Matrix als Argument einsetzen darf.

Beispiel: Für das explizite Euler-Verfahren (7.2.1.3) findet man

$$\eta_{i+1}=\eta_i+hA\eta_i=(1+hA)\eta_i\colon\ g(z)=1+z,$$

für das implizite Euler-Verfahren (7.2.16.5):

$$\eta_{i+1}=\eta_i+hA\eta_{i+1}\Rightarrow\eta_{i+1}=(1-hA)^{-1}\eta_i\colon\ g(z)=1/(1-z).$$

Nimmt man an, daß in (7.2.16.6) die Matrix A nur Eigenwerte λ_j mit $\operatorname{Re}\lambda_j<0$ besitzt (vgl. (7.2.16.1)), so konvergiert die Lösung $y(x)$ von (7.2.16.6) für $x\to\infty$ gegen 0, während wegen (7.2.16.7) die diskrete Lösung $\{\eta_i\}$ für $i\to\infty$ nur für solche Schrittweiten $h>0$ gegen 0 konvergiert, für die $|g(h\lambda_j)|<1$ für alle Eigenwerte λ_j von A gilt.

Weil das Vorkommen von Eigenwerten λ_j mit $\operatorname{Re}\lambda_j\ll 0$ *nicht notwendig* die Verwendung kleiner Schrittweiten $h>0$ erzwingt, ist deshalb ein Verfahren für die Integration steifer Differentialgleichungen geeignet, wenn es absolut stabil in folgendem Sinne ist:

(7.2.16.8) **Def.**: *Ein Verfahren* (7.2.16.7) *heißt absolut stabil, falls* $|g(z)|<1$ *für alle* $\operatorname{Re}z<0$ *gilt.*

Eine genauere Beschreibung des Verhaltens einer Methode (7.2.16.7) liefert ihr *absolutes Stabilitätsgebiet*, unter dem man die Menge

(7.2.16.9) $$\mathfrak{M} = \{z \in \mathbb{C} \mid |g(z)| < 1\}$$

versteht: Ein Verfahren ist umso geeigneter für die Integration steifer Differentialgleichungen, je größer der Durchschnitt $\mathfrak{M} \cap \mathbb{C}_-$ von $\mathfrak{M}$ mit der linken Halbebene $\mathbb{C}_- = \{z \mid \mathrm{Re}\, z < 0\}$ ist; es ist absolut stabil, falls $\mathfrak{M}$ sogar $\mathbb{C}_-$ enthält.

Beispiel: Absolutes Stabilitätsgebiet des expliziten Euler-Verfahrens:

$$\{z \mid |1+z| < 1\},$$

des impliziten Euler-Verfahrens:

$$\{z \mid 1/|1-z| < 1\}.$$

Das implizite Euler-Verfahren ist also absolut stabil, das explizite nicht.

In Anlehnung an die Runge-Kutta-Fehlberg-Methoden, siehe Gl. (7.2.5.7) u. f. haben Kaps und Rentrop [52] für Systeme der Form*) $y' = f(y)$ Verfahren zur Integration von steifen Differentialgleichungen konstruiert, die sich durch einfachen Aufbau, Effizienz und eine robuste Schrittweitensteuerung auszeichnen. Numerisch getestet wurden sie bis zu den extremen Werten

$$\left|\frac{\lambda_{\max}}{\lambda_{\min}}\right| = 10^7 \quad \text{(bei 12ziffriger Rechnung)}.$$

Analog zu (7.2.5.7) hat man

(7.2.16.10) $$\begin{aligned} \bar{y}_{i+1} &= \bar{y}_i + h\Phi_{\mathrm{I}}(\bar{y}_i; h) \\ \hat{y}_{i+1} &= \bar{y}_i + h\Phi_{\mathrm{II}}(\bar{y}_i; h) \end{aligned}$$

mit

(7.2.16.11) $$\begin{aligned} |\Delta(x, y(x); h) - \Phi_{\mathrm{I}}(y(x); h)| &\leqq N_{\mathrm{I}} h^3 \\ |\Delta(x, y(x); h) - \Phi_{\mathrm{II}}(y(x); h)| &\leqq N_{\mathrm{II}} h^4 \end{aligned}$$

und

$$\Phi_{\mathrm{I}}(y; h) = \sum_{k=1}^{3} c_k \frac{f_k^*(y; h)}{h}$$

$$\Phi_{\mathrm{II}}(y; h) = \sum_{k=1}^{4} \hat{c}_k \frac{f_k^*(y; h)}{h},$$

*) Jede Differentialgleichung $\tilde{y}' = \tilde{f}(x, \tilde{y})$ läßt sich durch Einführung einer zusätzlichen Funktion $\tilde{x} = \tilde{x}(x) := x$ äquivalent in diese Form transformieren: $\begin{bmatrix} \tilde{y} \\ \tilde{x} \end{bmatrix}' = \begin{bmatrix} \tilde{f}(\tilde{x}, \tilde{y}) \\ 1 \end{bmatrix}$.

wobei

$$f_k^* = f_k^*(y;h) = hf\left(y + \sum_{l=1}^{4} \beta_{kl} f_l^*\right) + hf'(y) \cdot \sum_{l=1}^{4} \gamma_{kl} f_l^* \tag{7.2.16.12}$$
$$k = 1, 2, 3, 4 .$$

Bei gegebenen Konstanten müssen die f_k^* aus diesen Systemen iterativ bestimmt werden. Die Konstanten genügen Gleichungen, die ähnlich gebaut sind, wie in (7.2.5.11).

Kaps und Rentrop geben folgende Werte an:

$\gamma\ = 0.220428410$
$\gamma_{21} = 0.822867461$
$\gamma_{31} = 0.695700194 \qquad \gamma_{32} = 0$
$\gamma_{41} = 3.90481342 \qquad \gamma_{42} = 0 \quad \gamma_{43} = 1$
$\beta_{21} = -0.554591416$
$\beta_{31} = 0.252787696 \qquad \beta_{32} = 1$
$\beta_{41} = \beta_{31} \qquad \beta_{42} = \beta_{32} \quad \beta_{43} = 0$
$\hat{c}_1 = 0.545211088 \qquad \hat{c}_2 = 0.301486480$
$\hat{c}_3 = 0.177064668 \qquad \hat{c}_4 = -0.237622363_{10}-1$
$c_1 = -0.162871035 \qquad c_2 = 1.18215360$
$c_3 = -0.192825995_{10}-1$

Hier ist

$$\gamma = \gamma_{ii}, \qquad i = 1,2,3,4$$
$$\gamma_{ij} = 0 \quad \text{für} \quad i < j$$

und

$$\beta_{ij} = 0 \quad \text{für} \quad i \leqq j .$$

Die Schrittweitensteuerung erfolgt nach (7.2.5.15)

$$h_{\text{neu}} = 0.9 h_{\text{alt}} \sqrt[4]{\frac{\varepsilon}{(\hat{y}_{i+1} - \bar{y}_{i+1})}} .$$

Für ein eingehenderes Studium sei auf die Spezialliteratur verwiesen, vgl. dazu Grigorieff [25], Gear [40], Enright, Hull, Lindberg [50], Kaps, Rentrop [52], Hindmarsh [51], Willoughby [53].

7.3 Randwertprobleme

7.3.0 Einleitung

Allgemeiner als Anfangswertprobleme sind Randwertprobleme. Bei diesen wird eine Lösung $y(x)$ eines Systems

$$y' = f(x, y), \qquad y = \begin{bmatrix} y_1 \\ \vdots \\ y_n \end{bmatrix}, \qquad f(x, y) = \begin{bmatrix} f_1(x, y_1, \ldots, y_n) \\ \vdots \\ f_n(x, y_1, \ldots, y_n) \end{bmatrix} \tag{7.3.0.1a}$$

von n gewöhnlichen Differentialgleichungen gesucht, die eine Randbedingung der Form

(7.3.0.1b) $$Ay(a) + By(b) = c$$

erfüllt. Dabei sind $a \neq b$ gegebene Zahlen, A, B $n \times n$-Matrizen und c ein Vektor des $\mathbb{R}^n$. In der Praxis sind die Randbedingungen meistens *separiert*:

(7.3.0.1b') $$A_1 y(a) = c_1, \qquad B_2 y(b) = c_2,$$

d. h. in (7.3.0.1b) können die Zeilen der Matrix (A, B, c) so vertauscht werden, daß für die umgeordnete Matrix $(\bar{A}, \bar{B}, \bar{c})$ gilt.

$$(\bar{A}, \bar{B}, \bar{c}) = \left[\begin{array}{c|c|c} A_1 & 0 & c_1 \\ \hline 0 & B_2 & c_2 \end{array}\right].$$

Die Randbedingungen (7.3.0.1b) sind linear (genauer affin) in $y(a), y(b)$.

Gelegentlich kommen in der Praxis auch nichtlineare Randbedingungen der Form

(7.3.0.1b'') $$r(y(a), y(b)) = 0$$

vor, die mittels eines Vektors r von n Funktionen r_i, $i = 1, \ldots, n$, von $2n$ Variablen gegeben sind:

$$r(u, v) \equiv \begin{bmatrix} r_1(u_1, \ldots, u_n, v_1, \ldots, v_n) \\ \vdots \\ r_n(u_1, \ldots, u_n, v_1, \ldots, v_n) \end{bmatrix}.$$

Selbst separierte lineare Randwertprobleme sind noch sehr allgemein. So lassen sich z. B. Anfangswertprobleme als spezielle Randwertprobleme dieses Typs auffassen (mit $A = I$, $c = x_0$, $B = 0$).

Während Anfangswertprobleme gewöhnlich (s. Satz (7.1.1)) eindeutig lösbar sind, können Randwertprobleme auch keine Lösung oder mehrere Lösungen besitzen.

Beispiel: Die Differentialgleichung

(7.3.0.2a) $$w'' + w = 0$$

für die reelle Funktion $w: \mathbb{R} \to \mathbb{R}$ läßt sich mit den Abkürzungen $y_1(x) := w(x)$, $y_2(x) := w'(x)$ in der Form (7.3.0.1a) schreiben

$$\begin{bmatrix} y_1 \\ y_2 \end{bmatrix}' = \begin{bmatrix} y_2 \\ -y_1 \end{bmatrix}.$$

Sie besitzt die allgemeine Lösung

$$w(x) = c_1 \cdot \sin x + c_2 \cdot \cos x, \qquad c_1, c_2 \quad \text{beliebig.}$$

Die spezielle Lösung $w(x) := \sin x$ ist die einzige Lösung, die den Randbedingungen

(7.3.0.2b) $$w(0) = 0, \quad w(\pi/2) = 1$$

genügt. Sämtliche Funktionen $w(x) := c_1 \cdot \sin x$, c_1 beliebig, erfüllen die Randbedingungen

(7.3.0.2c) $$w(0) = 0, \quad w(\pi) = 0,$$

während es keine Lösung $w(x)$ von (7.3.0.2a) gibt, die den Randbedingungen

(7.3.0.2d) $$w(0) = 0, \quad w(\pi) = 1$$

genügt. (Man beachte, daß alle Randbedingungen (7.3.0.2b–d) die Form (7.3.0.1b′) mit $A_1 = B_2 = [1, 0]$ haben!).

Das vorstehende Beispiel zeigt, daß es keinen ähnlich allgemeinen Satz wie (7.1.1) für die Existenz und Eindeutigkeit von Lösungen von Randwertproblemen geben wird (siehe dazu 7.3.3).

Viele praktisch wichtige Probleme lassen sich auf Randwertprobleme (7.3.0.1) reduzieren. So z. B.

Eigenwertprobleme für Differentialgleichungen,

bei denen die rechte Seite f eines Systems von n Differentialgleichungen von einem Parameter λ abhängt,

(7.3.0.3a) $$y' = f(x, y, \lambda),$$

und $n + 1$ Randbedingungen der Form

(7.3.0.3b) $$r(y(a), y(b), \lambda) = 0, \qquad r(u, v, \lambda) = \begin{bmatrix} r_1(u_1, \dots, u_n, v_1, \dots, v_n, \lambda) \\ \vdots \\ r_{n+1}(u_1, \dots, u_n, v_1, \dots, v_n, \lambda) \end{bmatrix}$$

zu erfüllen sind. Das Problem (7.3.0.3) ist überbestimmt und besitzt daher bei beliebiger Wahl von λ i. a. keine Lösung $y(x)$. Das Eigenwertproblem (7.3.0.3) besteht darin, diejenigen Zahlen λ_i, die „Eigenwerte" von (7.3.0.3), zu bestimmen, für die (7.3.0.3) eine Lösung $y(x)$ besitzt. Durch Einführung einer weiteren Funktion

$$y_{n+1}(x) := \lambda$$

und einer weiteren Differentialgleichung

$$y'_{n+1}(x) = 0$$

ist (7.3.0.3) mit dem Problem

$$\bar{y}' = \bar{f}(x, \bar{y}), \qquad \bar{r}(\bar{y}(a), \bar{y}(b)) = 0$$

äquivalent, das nun die Form (7.3.0.1) besitzt. Dabei ist

$$\bar{y} := \begin{bmatrix} y \\ y_{n+1} \end{bmatrix}, \qquad \bar{f}(x, \bar{y}) := \begin{bmatrix} f(x, y, y_{n+1}) \\ 0 \end{bmatrix}$$

$$\bar{r}(u_1, \ldots, u_n, u_{n+1}, v_1, \ldots, v_n, v_{n+1}) := r(u_1, \ldots, u_n, v_1, \ldots, v_n, v_{n+1}).$$

Weiter sind die sog.

Randwertprobleme mit freiem Rand

auf (7.3.0.1) rückführbar. Bei diesen Problemen ist lediglich eine Randabszisse a gegeben, und es ist b so zu bestimmen, daß das System von n gewöhnlichen Differentialgleichungen

$$y' = f(x, y) \tag{7.3.0.4a}$$

eine Lösung y besitzt, die $n + 1$ Randbedingungen erfüllt

$$r(y(a), y(b)) = 0, \qquad r(u, v) = \begin{bmatrix} r_1(u, v) \\ \vdots \\ r_{n+1}(u, v) \end{bmatrix}. \tag{7.3.0.4b}$$

Hier führt man statt x eine neue unabhängige Variable t und eine noch zu bestimmende Konstante $z_{n+1} := b - a$ ein durch

$$x - a = t \cdot z_{n+1}, \qquad 0 \leqq t \leqq 1,$$

$$\dot{z}_{n+1} = \frac{dz_{n+1}}{dt} = 0.$$

(Statt dieser Parameterwahl eignet sich auch irgendein Ansatz der Form $x - a = \Phi(t, z_{n+1})$ mit $\Phi(1, z_{n+1}) = z_{n+1}$.)

Damit gilt für $z(t) := y(a + t \cdot z_{n+1})$, $y(x)$ eine Lösung von (7.3.0.4),

$$\dot{z}(t) = D_t z(t) = D_x y(a + t \cdot z_{n+1}) \cdot z_{n+1} = f(a + t \cdot z_{n+1}, z(t)) \cdot z_{n+1}.$$

(7.3.0.4) ist daher mit dem Randwertproblem vom Typ (7.3.0.1)

$$\begin{bmatrix} \dot{z}_1 \\ \vdots \\ \dot{z}_n \\ \dot{z}_{n+1} \end{bmatrix} = \begin{bmatrix} z_{n+1} \cdot f_1(a + t \cdot z_{n+1}, z_1, \ldots, z_n) \\ \vdots \\ z_{n+1} \cdot f_n(a + t \cdot z_{n+1}, z_1, \ldots, z_n) \\ 0 \end{bmatrix}, \tag{7.3.0.5}$$

$$r_i(z_1(0), \ldots, z_n(0), z_1(1), \ldots, z_n(1)) = 0, \qquad i = 1, \ldots, n + 1,$$

für die Funktionen $z_i(t)$, $i = 1, \ldots, n + 1$, äquivalent.

7.3.1 Das einfache Schießverfahren

Wir wollen das *einfache Schießverfahren* zunächst an einem Beispiel erläutern. Gegeben sei das Randwertproblem

$$\begin{aligned} w'' &= f(x, w, w') \\ w(a) &= \alpha, \qquad w(b) = \beta \end{aligned} \tag{7.3.1.1}$$

mit separierten Randbedingungen. Das Anfangswertproblem

$$(7.3.1.2) \qquad w'' = f(x, w, w'), \qquad w(a) = \alpha, \qquad w'(a) = s$$

besitzt dann i. a. eine eindeutig bestimmte Lösung $w(x) \equiv w(x; s)$, die natürlich von der Wahl des Anfangswertes s für $w'(a)$ abhängt. Um das Randwertproblem (7.3.1.1) zu lösen, müssen wir $s = \bar{s}$ so bestimmen, daß die zweite Randbedingung erfüllt wird, $w(b) = w(b; \bar{s}) = \beta$. Mit anderen Worten: man hat eine Nullstelle $\bar{s}$ der Funktion $F(s) :\equiv w(b; s) - \beta$ zu finden. Für jedes Argument s kann man $F(s)$ berechnen. Man hat dazu, z. B. mit den Methoden von Abschnitt 7.2, den Wert $w(b) = w(b; s)$ der Lösung $w(x; s)$ des Anfangswertproblems (7.3.1.2) an der Stelle $x = b$ zu bestimmen. Eine Berechnung von $F(s)$ läuft also auf die Lösung eines Anfangswertproblems hinaus.

Zur Bestimmung einer Nullstelle $\bar{s}$ von $F(s)$ kann man im Prinzip alle Methoden von Kapitel 5 benutzen. Kennt man z. B. Werte $s^{(0)}, s^{(1)}$ mit

$$F(s^{(0)}) < 0, \qquad F(s^{(1)}) > 0$$

(s. Fig.) kann man $\bar{s}$ durch ein einfaches *Bisektionsverfahren* (s. 5.6) berechnen.

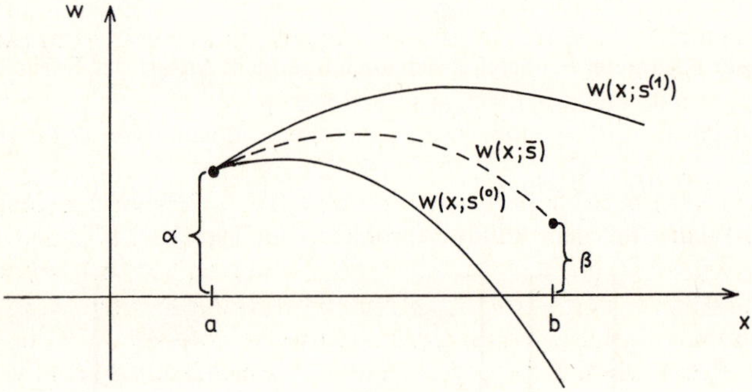

Fig. 4

Da $w(b; s)$ und damit $F(s)$ i. a. (s. Satz (7.1.8)) stetig differenzierbare Funktionen von s sind, kann man auch das Newton-Verfahren zur Bestimmung von $\bar{s}$ benutzen. Dazu hat man ausgehend von einem Startwert $s^{(0)}$ iterativ Werte $s^{(i)}$ nach der Vorschrift

$$(7.3.1.3) \qquad s^{(i+1)} = s^{(i)} - \frac{F(s^{(i)})}{F'(s^{(i)})}$$

zu berechnen. $w(b; s^{(i)})$ und damit $F(s^{(i)})$ kann man durch Lösung des Anfangswertproblems

$$(7.3.1.4) \qquad w'' = f(x, w, w'), \qquad w(a) = \alpha, \qquad w'(a) = s^{(i)}$$

bestimmen. Den Wert der Ableitung von F,

$$F'(s) = \frac{\partial}{\partial s} w(b; s),$$

für $s = s^{(i)}$ erhält man z. B. durch Behandlung eines weiteren Anfangswertproblems: Mit Hilfe von (7.1.8) bestätigt man leicht, daß für die Funktion

$$v(x) :\equiv v(x; s) = \frac{\partial}{\partial s} w(x; s)$$

$$(7.3.1.5) \quad v'' = f_w(x, w, w')\, v + f_{w'}(x, w, w')\, v', \qquad v(a) = 0, \qquad v'(a) = 1$$

gilt. Wegen der partiellen Ableitungen $f_w, f_{w'}$ ist das Anfangswertproblem (7.3.1.5) i. a. wesentlich komplizierter als (7.3.1.4). Aus diesem Grund ersetzt man in der Newton-Formel (7.3.1.3) die Ableitung $F'(s^{(i)})$ durch einen Differenzenquotienten $\Delta F(s^{(i)})$,

$$\Delta F(s^{(i)}) := \frac{F(s^{(i)} + \Delta s^{(i)}) - F(s^{(i)})}{\Delta s^{(i)}},$$

wobei $\Delta s^{(i)}$ „genügend" klein zu wählen ist. $F(s^{(i)} + \Delta s^{(i)})$ berechnet man wie $F(s^{(i)})$ durch Lösung eines Anfangswertproblems. Dabei ergeben sich folgende Schwierigkeiten:

Wählt man $\Delta s^{(i)}$ zu groß, ist $\Delta F(s^{(i)})$ nur eine schlechte Approximation für $F'(s^{(i)})$ und die Iteration

$$(7.3.1.3a) \qquad s^{(i+1)} = s^{(i)} - \frac{F(s^{(i)})}{\Delta F(s^{(i)})}$$

konvergiert wesentlich schlechter gegen $\bar{s}$ als (7.3.1.3) (falls sie überhaupt konvergiert). Wählt man $\Delta s^{(i)}$ zu klein, wird $F(s^{(i)} + \Delta s^{(i)}) \approx F(s^{(i)})$ und bei der Subtraktion $F(s^{(i)} + \Delta s^{(i)}) - F(s^{(i)})$ tritt Auslöschung auf, so daß selbst kleine Fehler bei der Berechnung von $F(s^{(i)})$, $F(s^{(i)} + \Delta s^{(i)})$ das Resultat $\Delta F(s^{(i)})$ stark verfälschen. Die Lösung der Anfangswertprobleme (7.3.1.4), d. h. die Berechnung von F, hat man daher möglichst genau vorzunehmen. Der relative Fehler von $F(s^{(i)})$, $F(s^{(i)} + \Delta s^{(i)})$ darf nur die Größenordnung der Maschinengenauigkeit eps haben. Diese Genauigkeit kann man mit Extrapolationsverfahren erreichen (s. 7.2.14). Wenn dann $\Delta s^{(i)}$ außerdem so bemessen ist, daß $F(s^{(i)})$ und $F(s^{(i)} + \Delta s^{(i)})$ bei t-stelliger Rechnung etwa die ersten $\frac{t}{2}$ Stellen gemeinsam haben, $\Delta s^{(i)} \cdot \Delta F(s^{(i)}) \approx \sqrt{\text{eps}} \cdot F(s^{(i)})$, sind die Auswirkungen der Auslöschung noch erträglich. In der Regel ist dies bei der Wahl $\Delta s^{(i)} = \sqrt{\text{eps}} \cdot s^{(i)}$ der Fall.

Beispiel: Zu lösen sei das Randwertproblem

$$w'' = \tfrac{3}{2} w^2$$

$$w(0) = 4, \qquad w(1) = 1.$$

Nach (7.3.1.2) berechnet man sich zunächst die Lösung des Anfangswertproblems

$$w'' = \tfrac{3}{2}w^2$$

$$w(0;s) = 4, \qquad w'(0;s) = s.$$

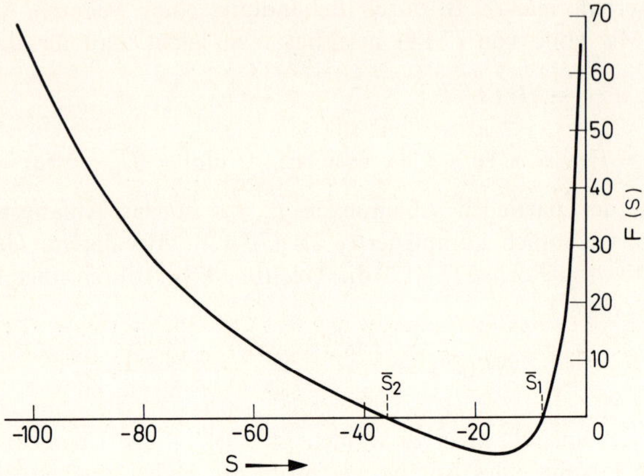

Fig. 5

Fig. 5 zeigt den Graphen von $F(s) := w(1;s) - 1$. Man sieht, daß $F(s)$ zwei Nullstellen $\bar{s}_1, \bar{s}_2$ besitzt. Die Iteration nach (7.3.1.3a) liefert

$$\bar{s}_1 = \quad - 8.0000000000$$

$$\bar{s}_2 = - 35.8585487278.$$

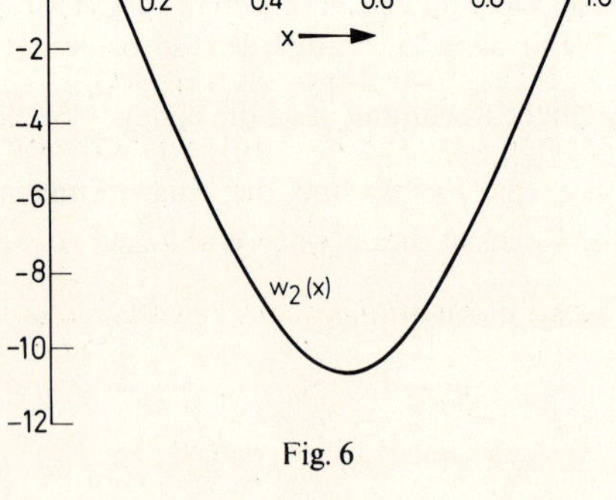

Fig. 6

Fig. 6 zeigt die Graphen der beiden Lösungen $w_i(x) = w(x;\bar{s}_i)$, $i = 1, 2$, der Randwertaufgabe. Die Lösungen wurden auf etwa 10 Ziffern genau berechnet. Beide Lösungen lassen sich übrigens geschlossen darstellen, es ist

$$w(x;\bar{s}_1) = \frac{4}{(1+x)^2}$$

$$w(x;\bar{s}_2) = C_1^2 \left(\frac{1 - \operatorname{cn}(C_1 x - C_2, k)}{1 + \operatorname{cn}(C_1 x - C_2, k)} - \frac{1}{\sqrt{3}} \right),$$

wo $\operatorname{cn}(\xi, k)$ die Jacobische elliptische Funktion zum Modul

$$k = \frac{\sqrt{2+\sqrt{3}}}{2}$$

bezeichnet. Für die beiden Integrationskonstanten C_1, C_2 erhält man aus der Theorie der elliptischen Funktionen und einem Iterationsverfahren nach 5.2 die Werte

$$C_1 = 4.30310990 \ldots.$$

$$C_2 = 2.33464196 \ldots. \; .$$

Ähnlich wie in dem obigen Beispiel verfährt man bei der Lösung eines allgemeinen Randwertproblems (7.3.0.1a), (7.3.0.1b″) für n gesuchte Funktionen $y_i(x)$, $i = 1, \ldots, n$,

$$\text{(7.3.1.6)} \qquad y' = f(x, y), \qquad r\big(y(a), y(b)\big) = 0, \qquad y = (y_1, \ldots, y_n)^T,$$

wo $f(x, y)$ und $r(u, v)$ Vektoren von n Funktionen sind. Man versucht wieder einen Startvektor $s \in \mathbb{R}^n$ für das Anfangswertproblem

$$\text{(7.3.1.7)} \qquad y' = f(x, y), \qquad y(a) = s$$

so zu bestimmen, daß die Lösung $y(x) = y(x; s)$ den Randbedingungen von (7.3.1.6) genügt

$$r\big(y(a; s), y(b; s)\big) \equiv r\big(s, y(b; s)\big) = 0.$$

Dazu hat man eine Lösung $s = (\sigma_1, \sigma_2, \ldots, \sigma_n)^T$ der Gleichung

$$\text{(7.3.1.8)} \qquad F(s) = 0, \qquad F(s) :\equiv r\big(s, y(b; s)\big),$$

zu finden. Dies macht man z. B. mit Hilfe des allgemeinen Newton-Verfahrens (5.1.6)

$$\text{(7.3.1.9)} \qquad s^{(i+1)} = s^{(i)} - DF(s^{(i)})^{-1} \cdot F(s^{(i)}).$$

Dabei ist in jedem Iterationsschritt $F(s^{(i)})$, die Funktionalmatrix

$$DF(s^{(i)}) = \left[\frac{\partial F_j}{\partial \sigma_k} \right]_{s = s^{(i)}}$$

und die Lösung $d^{(i)} := s^{(i)} - s^{(i+1)}$ des linearen Gleichungssystems $DF(s^{(i)})\, d^{(i)} = F(s^{(i)})$ zu berechnen. Zur Berechnung von $F(s^{(i)}) = r(s^{(i)}, y(b; s^{(i)}))$ hat man $y(b; s^{(i)})$ zu bestimmen, d. h. das Anfangswertproblem (7.3.1.7) für $s = s^{(i)}$ zu lösen. Zur Berechnung von $DF(s^{(i)})$ beachte man

$$DF(s) = D_u r(s, y(b; s)) + D_v r(s, y(b; s)) \cdot Z(b; s) \tag{7.3.1.10}$$

mit den Matrizen

$$D_u r(u, v) = \left[\frac{\partial r_i(u, v)}{\partial u_j} \right], \qquad D_v r(u, v) = \left[\frac{\partial r_i(u, v)}{\partial v_j} \right],$$

(7.3.1.11)

$$Z(b; s) = D_s y(b; s) = \left[\frac{\partial y_i(b; s)}{\partial \sigma_j} \right].$$

Bei nichtlinearen Funktionen f und r wird man $DF(s)$ jedoch nicht mittels dieser komplizierten Formeln berechnen, sondern stattdessen durch Differenzenquotienten approximieren. Dazu ersetzt man $DF(s)$ näherungsweise durch die Matrix

$$\triangle F(s) = (\triangle_1 F(s), \ldots, \triangle_n F(s))$$

mit

$$\triangle_j F(s) = \frac{F(\sigma_1, \ldots, \sigma_j + \triangle\sigma_j, \ldots, \sigma_n) - F(\sigma_1, \ldots, \sigma_j, \ldots, \sigma_n)}{\triangle\sigma_j}. \tag{7.3.1.12}$$

Wegen $F(s) = r(s, y(b; s))$ hat man zur Berechnung von $\triangle_j F(s)$ natürlich $y(b; s) = y(b; \sigma_1, \ldots, \sigma_n)$ und $y(b; \sigma_1, \ldots, \sigma_j + \triangle\sigma_j, \ldots, \sigma_n)$ durch Lösung der entsprechenden Anfangswertprobleme zu bestimmen.

Bei linearen Randbedingungen (7.3.0.1b)

$$r(u, v) \equiv Au + Bv - c, \qquad D_u r = A, \qquad D_v r = B$$

vereinfachen sich diese Formeln etwas. Es ist

$$F(s) \equiv As + By(b; s) - c$$

$$DF(s) \equiv A + BZ(b; s).$$

In diesem Fall hat man zur Bildung von $DF(s)$ die Matrix

$$Z(b; s) = \left[\frac{\partial y(b; s)}{\partial \sigma_1}, \ldots, \frac{\partial y(b; s)}{\partial \sigma_n} \right]$$

zu bestimmen. Wie eben ersetzt man die j-te Spalte $\dfrac{\partial y(b; s)}{\partial \sigma_j}$ von $Z(b; s)$ durch einen Differenzenquotienten

$$\triangle_j y(b; s) := \frac{y(b; \sigma_1, \ldots, \sigma_j + \triangle\sigma_j, \ldots, \sigma_n) - y(b; \sigma_1, \ldots, \sigma_j, \ldots, \sigma_n)}{\triangle\sigma_j}.$$

Man erhält die Näherung

$$(7.3.1.13)\quad \Delta F(s) = A + B \cdot \Delta y(b;s), \qquad \Delta y(b;s) := \big(\Delta_1 y(b;s), \ldots, \Delta_n y(b;s)\big).$$

Zur Durchführung des näherungsweisen Newton-Verfahrens

$$(7.3.1.14)\qquad s^{(i+1)} = s^{(i)} - \Delta F(s^{(i)})^{-1}\, F(s^{(i)})$$

hat man also folgendes zu tun

0. Wähle einen Startwert $s^{(0)}$.

Für $i = 0, 1, 2, \ldots$:

1. Bestimme $y(b; s^{(i)})$ durch Lösung des Anfangswertproblems (7.3.1.7) für $s = s^{(i)}$ und berechne $F(s^{(i)}) = r\big(s^{(i)}, y(b; s^{(i)})\big)$.
2. Wähle (genügend kleine) Zahlen $\Delta\sigma_j \neq 0$, $j = 1, \ldots, n$, und bestimme $y(b; s^{(i)} + \Delta\sigma_j e_j)$ durch Lösung der n Anfangswertprobleme (7.3.1.7) für $s = s^{(i)} + \Delta\sigma_j e_j = (\sigma_1^{(i)}, \ldots, \sigma_j^{(i)} + \Delta\sigma_j, \ldots, \sigma_n^{(i)})^T, j = 1, 2, \ldots, n$.
3. Berechne $\Delta F(s^{(i)})$ mittels (7.3.1.12) (bzw. (7.3.1.13)) und weiter die Lösung $d^{(i)}$ des linearen Gleichungssystems $\Delta F(s^{(i)})\, d^{(i)} = F(s^{(i)})$ und setze $s^{(i+1)} :=$ $:= s^{(i)} - d^{(i)}$.

In jedem Schritt des Verfahrens hat man also $n + 1$ Anfangswertprobleme und ein n-reihiges Gleichungssystem zu lösen.

Wegen der nur lokalen Konvergenz des (näherungsweisen) Newton-Verfahrens (7.3.1.14) divergiert das Verfahren im allgemeinen, wenn nicht der Startvektor $s^{(0)}$ bereits genügend nahe bei einer Lösung $\bar{s}$ von $F(s) = 0$ liegt (s. Satz (5.3.2)). Da solche Startwerte in der Regel nicht bekannt sind, ist das Verfahren in der Form (7.3.1.9) bzw. (7.3.1.14) praktisch nicht sehr brauchbar. Aus diesem Grunde ersetzt man (7.3.1.9) bzw. (7.3.1.14) durch das modifizierte Newton-Verfahren (s. (5.4.2.4)), das gewöhnlich auch bei nicht sonderlich guten Startvektoren $s^{(0)}$ noch konvergiert (sofern das Randwertproblem überhaupt lösbar ist).

7.3.2 Das einfache Schießverfahren bei linearen Randwertproblemen

Bei der Ersetzung von $DF(s^{(i)})$ durch $\Delta F(s^{(i)})$ in (7.3.1.9) geht i. a. die (lokale) quadratische Konvergenz des Newton-Verfahrens verloren. Das Ersatzverfahren (7.3.1.14) ist in der Regel nur noch (lokal) linear konvergent und zwar umso besser, je besser $\Delta F(s^{(i)})$ und $DF(s^{(i)})$ übereinstimmen.

In dem Sonderfall *linearer Randwertprobleme* ist nun $DF(s) = \Delta F(s)$ für alle s (bei beliebiger Wahl der $\Delta\sigma_j$) und damit stimmt (7.3.1.9) mit (7.3.1.14) überein. Von einem linearen Randwertproblem spricht man dabei, falls $f(x, y)$ eine affine Funktion in y ist und lineare Randbedingungen (7.3.0.1b) vorliegen, d. h. es ist

$$(7.3.2.1)\qquad \begin{aligned} y' &= T(x) \cdot y + g(x) \\ Ay(a) &+ By(b) = c \end{aligned}$$

mit einer $n \times n$-Matrix $T(x)$, einer Funktion $g: \mathbb{R} \to \mathbb{R}^n$, $c \in \mathbb{R}^n$ und konstanten $n \times n$-Matrizen A und B. Wir setzen im folgenden voraus, daß $T(x)$ und $g(x)$ auf $[a, b]$ stetige Funktionen sind. Mit $y(x; s)$ bezeichnen wir wieder die Lösung des Anfangswertproblems

(7.3.2.2) $$y' = T(x) \cdot y + g(x), \qquad y(a; s) = s.$$

Für $y(x; s)$ läßt sich eine explizite Formel angeben

(7.3.2.3) $$y(x; s) = Y(x) \cdot s + y(x; 0),$$

wobei die $n \times n$-Matrix $Y(x)$ die Lösung des Anfangswertproblems

$$Y' = T(x) \cdot Y, \qquad Y(a) = I$$

ist.

Bezeichnet man die rechte Seite von (7.3.2.3) mit $u(x; s)$, so gilt nämlich

$$\begin{aligned} u(a; s) &= Y(a) \cdot s + y(a; 0) = I \cdot s + 0 = s \\ D_x u(x; s) &= u'(x; s) = Y'(x) \cdot s + y'(x; 0) \\ &= T(x) \cdot Y(x) \cdot s + T(x) \cdot y(x; 0) + g(x) \\ &= T(x) \cdot u(x; s) + g(x), \end{aligned}$$

d. h. $u(x; s)$ ist eine Lösung von (7.3.2.2). Da unter den oben getroffenen Voraussetzungen über $T(x)$ und $g(x)$ das Anfangswertproblem eindeutig lösbar ist, folgt $u(x; s) = y(x; s)$. Mit (7.3.2.3) ergibt sich für die Funktion $F(s)$ (7.3.1.8)

(7.3.2.4) $$F(s) = As + By(b; s) - c = [A + BY(b)] \cdot s + By(b; 0) - c.$$

$F(s)$ ist also auch eine affine Funktion von s. Daher gilt (vgl. (7.3.1.13))

$$DF(s) = \Delta F(s) = A + BY(b) = \Delta F(0).$$

Die Lösung $\bar{s}$ von $F(s) = 0$ ist (die Existenz von $\Delta F(0)^{-1}$ vorausgesetzt)

$$\begin{aligned} \bar{s} &= -[A + BY(b)]^{-1} \cdot [By(b; 0) - c] \\ &= 0 - \Delta F(0)^{-1} F(0) \end{aligned}$$

oder etwas allgemeiner

(7.3.2.5) $$\bar{s} = s^{(0)} - \Delta F(s^{(0)})^{-1} F(s^{(0)})$$

für beliebiges $s^{(0)} \in \mathbb{R}^n$. Mit anderen Worten, die Lösung $\bar{s}$ von $F(s) = 0$ und damit die Lösung des linearen Randwertproblems (7.3.2.1) wird ausgehend von beliebigen Startwerten $s^{(0)}$ durch das Verfahren (7.3.1.14) in *einem* Iterationsschritt geliefert.

7.3.3 Ein Existenz- und Eindeutigkeitssatz für die Lösung von Randwertproblemen

Unter sehr einschränkenden Bedingungen kann die eindeutige Lösbarkeit gewisser Randwertprobleme gezeigt werden. Dazu betrachten wir im folgenden Randwertprobleme mit nichtlinearen Randbedingungen

(7.3.3.1)
$$y' = f(x, y)$$
$$r(y(a), y(b)) = 0.$$

Das durch (7.3.3.1) gegebene Problem ist genau dann lösbar, wenn die Funktion $F(s)$ (7.3.1.8) eine Nullstelle $\bar{s}$ besitzt

(7.3.3.2)
$$F(\bar{s}) = r(\bar{s}, y(b; \bar{s})) = 0.$$

Letzteres ist sicherlich erfüllt, falls man eine nichtsinguläre $n \times n$-Matrix Q finden kann, so daß

(7.3.3.3)
$$\Phi(s) := s - QF(s)$$

eine kontrahierende Abbildung des $\mathbb{R}^n$ ist; die Nullstelle $\bar{s}$ von $F(s)$ ist dann Fixpunkt von Φ, $\Phi(\bar{s}) = \bar{s}$.

Mit Hilfe von Satz (7.1.8) können wir nun folgendes Resultat beweisen, das für lineare Randbedingungen von Keller [30] stammt.

(7.3.3.4) **Satz:** *Für das Randwertproblem* (7.3.3.1) *gelte*

a) *f und $D_y f$ sind stetig auf $S := \{(x, y) \mid a \leqq x \leqq b,\ y \in \mathbb{R}^n\}$.*

b) *Es gibt ein $k \in C[a, b]$ mit $\|D_y f(x, y)\| \leqq k(x)$ für alle $(x, y) \in S$.*

c) *Die Matrix*

$$P(u, v) := D_u r(u, v) + D_v r(u, v)$$

besitzt für alle $u, v \in \mathbb{R}^n$ eine Darstellung der Form

$$P(u, v) = P_0(I + M(u, v))$$

mit einer konstanten nichtsingulären Matrix P_0 und einer Matrix $M = M(u, v)$, und es gibt Konstanten μ und m mit

$$\|M(u, v)\| \leqq \mu < 1, \qquad \|P_0^{-1} D_v r(u, v)\| \leqq m$$

für alle $u, v \in \mathbb{R}^n$.

d) *Es gibt eine Zahl $\lambda > 0$ mit $\lambda + \mu < 1$, so daß*

$$\int_a^b k(t)\, dt \leqq \ln\left(1 + \frac{\lambda}{m}\right).$$

Dann besitzt das Randwertproblem (7.3.3.1) *genau eine Lösung $y(x)$.*

Beweis: Wir zeigen, daß bei passender Wahl von Q, nämlich $Q := P_0^{-1}$, für die Funktion $\Phi(s)$ (7.3.3.3) gilt

$$(7.3.3.5) \qquad \|D_s\Phi(s)\| \leqq K < 1 \quad \text{für alle} \quad s \in \mathbb{R}^n, \qquad K := \lambda + \mu < 1.$$

Daraus folgt dann sofort

$$\|\Phi(s_1) - \Phi(s_2)\| \leqq K\|s_1 - s_2\| \quad \text{für alle} \quad s_1, s_2 \in \mathbb{R}^n,$$

d. h. Φ ist eine kontrahierende Abbildung, die nach Satz (5.2.3) genau einen Fixpunkt $\bar{s} = \Phi(\bar{s})$ besitzt, der wegen der Nichtsingularität von Q eine Nullstelle von $F(s)$ ist.

Man hat für $\Phi(s) := s - P_0^{-1}r(s, y(b; s))$:

$$(7.3.3.6) \qquad \begin{aligned} D_s\Phi(s) &= I - P_0^{-1}[D_u r(s, y(b; s)) + D_v r(s, y(b; s)) \cdot Z(b; s)] \\ &= I - P_0^{-1}[P(s, y(b; s)) + D_v r(s, y(b; s)) \cdot (Z(b; s) - I)] \\ &= I - P_0^{-1}[P_0(I + M) + D_v r \cdot (Z - I)] \\ &= -M(s, y(b; s)) - P_0^{-1} D_v r(s, y(b; s)) \cdot (Z(b; s) - I), \end{aligned}$$

wobei die Matrix

$$Z(x; s) := D_s y(x; s)$$

Lösung des Anfangswertproblems

$$Z' = T(x)Z, \qquad Z(a; s) = I, \qquad T(x) := D_y f(x, y(x; s))$$

ist (s. (7.1.8), (7.1.9)). Aus Satz (7.1.11) folgt daher wegen Voraussetzung b) für Z die Abschätzung

$$\|Z(b; s) - I\| \leqq \exp\left(\int_a^b k(t)\,dt\right) - 1$$

und weiter aus (7.3.3.6) und Voraussetzung c) und d)

$$\begin{aligned} \|D_s\Phi(s)\| &\leqq \mu + m \cdot \left[\exp\left(\int_a^b k(t)\,dt\right) - 1\right] \\ &\leqq \mu + m \cdot \left[1 + \frac{\lambda}{m} - 1\right] \\ &= \mu + \lambda = K < 1. \end{aligned}$$

Damit ist der Satz bewiesen. □

Anmerkung: Die Voraussetzungen des Satzes sind nur hinreichend und zudem sehr einschränkend. Voraussetzung c) ist z. B. schon im Fall $n = 2$ für so einfache Randbedingungen wie

$$y_1(a) = c_1, \qquad y_1(b) = c_2$$

nicht erfüllt (s. Übungsaufgabe 20). Obwohl sich einige der Voraussetzungen, so z. B. c), abschwächen lassen, erhält man trotzdem nur Sätze, deren Voraussetzungen in der Praxis sehr selten erfüllt sind.

7.3.4 Schwierigkeiten bei der Durchführung des einfachen Schießverfahrens

Von einem Verfahren zur Lösung des Randwertproblems

$$y' = f(x, y), \qquad r\bigl(y(a), y(b)\bigr) = 0$$

wird man verlangen, daß es zu jedem x_0 aus dem Definitionsbereich einer Lösung y von (7.3.4.1) einen näherungsweisen Wert für $y(x_0)$ liefert. Bei der bisher besprochenen Schießmethode wird nur der Anfangswert $y(a) = \bar{s}$ bestimmt. Man könnte meinen, daß damit das Problem gelöst ist, da man den Wert der Lösung $y(x_0)$ an jeder anderen Stelle x_0 durch Behandlung des Anfangswertproblems

(7.3.4.1) $$y' = f(x, y), \qquad y(a) = \bar{s}$$

etwa mit den Methoden von Kapitel 7.2 (näherungsweise) bestimmen kann. Dies ist jedoch nur im Prinzip richtig. In der Praxis treten dabei häufig erhebliche Ungenauigkeiten auf, wenn die Lösung $y(x) = y(x; \bar{s})$ von (7.3.4.1) sehr empfindlich von $\bar{s}$ abhängt. Ein Beispiel soll dies zeigen.

Beispiel: Das lineare System von Differentialgleichungen

(7.3.4.2) $$\begin{bmatrix} y_1 \\ y_2 \end{bmatrix}' = \begin{bmatrix} 0 & 1 \\ 110 & 1 \end{bmatrix} \cdot \begin{bmatrix} y_1 \\ y_2 \end{bmatrix}$$

besitzt die allgemeine Lösung

(7.3.4.3) $$y(x) = \begin{bmatrix} y_1(x) \\ y_2(x) \end{bmatrix} = c_1 e^{-10x} \begin{bmatrix} 1 \\ -10 \end{bmatrix} + c_2 e^{11x} \begin{bmatrix} 1 \\ 11 \end{bmatrix}, \qquad c_1, c_2 \text{ beliebig.}$$

$y(x; s)$ sei diejenige Lösung von (7.3.4.2), die der Anfangsbedingung

$$y(0) = s = \begin{bmatrix} s_1 \\ s_2 \end{bmatrix}$$

genügt. Man verifiziert sofort

(7.3.4.4) $$y(x; s) = \frac{11 s_1 - s_2}{21} e^{-10x} \begin{bmatrix} 1 \\ -10 \end{bmatrix} + \frac{10 s_1 + s_2}{21} e^{11x} \begin{bmatrix} 1 \\ 11 \end{bmatrix}.$$

Wir wollen nun die Lösung $y(x)$ von (7.3.4.2) bestimmen, die den linearen separierten Randbedingungen

$$(7.3.4.5)\qquad \begin{bmatrix} 1 & 0 \\ 0 & 0 \end{bmatrix} y(0) + \begin{bmatrix} 0 & 0 \\ 1 & 0 \end{bmatrix} y(10) - \begin{bmatrix} 1 \\ 1 \end{bmatrix} = \begin{bmatrix} 0 \\ 0 \end{bmatrix},$$

oder einfacher

$$y_1(0) = 1, \qquad y_1(10) = 1$$

genügt. Man findet mit Hilfe von (7.3.4.3) die exakte Lösung

$$(7.3.4.6)\qquad y(x) = \frac{e^{110} - 1}{e^{110} - e^{-100}} e^{-10x} \begin{bmatrix} 1 \\ -10 \end{bmatrix} + \frac{1 - e^{-100}}{e^{110} - e^{-100}} e^{11x} \begin{bmatrix} 1 \\ 11 \end{bmatrix}.$$

Der Anfangswert $\bar{s} = y(0)$ der exakten Lösung ist

$$\bar{s} = \begin{bmatrix} 1 \\ -10 + \dfrac{21(1 - e^{-100})}{e^{110} - e^{-100}} \end{bmatrix}.$$

Bei Berechnung von $\bar{s}$ in z. B. 10-stelliger Gleitpunktarithmetik erhält man statt $\bar{s}$ bestenfalls einen Näherungswert $\tilde{s}$ der Form

$$\tilde{s} = \mathrm{gl}(\bar{s}) = \begin{bmatrix} 1(1 + \varepsilon_1) \\ -10(1 + \varepsilon_2) \end{bmatrix}$$

mit $|\varepsilon_i| \leqq \mathrm{eps} = 10^{-10}$. Sei z. B. $\varepsilon_1 = 0, \varepsilon_2 = -10^{-10}$. Zum Anfangswert

$$\tilde{s} = \begin{bmatrix} 1 \\ -10 + 10^{-9} \end{bmatrix}$$

gehört aber nach (7.3.4.4) eine exakte Lösung $y(x; \tilde{s})$ mit

$$y_1(10; \tilde{s}) \approx \frac{10^{-9}}{21} e^{110} \approx 2.8 \cdot 10^{37}.$$

Das obige Beispiel zeigt: Selbst die Berechnung des Startwertes $\bar{s} = y(a)$ mit voller Maschinengenauigkeit garantiert nicht, daß sich weitere Werte $y(x)$ genau bestimmen lassen. Wegen (7.3.4.4) hat man bei dem betrachteten Beispiel für genügend großes $x > 0$

$$\|y(x; s_1) - y(x; s_2)\| = 0(e^{11x}) \cdot \|s_1 - s_2\|,$$

d. h. der Einfluß fehlerhafter Anfangsdaten wächst exponentiell mit x.

Satz (7.1.4) zeigt, daß dies allgemein richtig ist! Für die Lösung $y(x; s)$ des Anfangswertproblems $y' = f(x, y)$, $y(a; s) = s$ gilt

$$\|y(x; s_1) - y(x; s_2)\| \leqq \|s_1 - s_2\| \cdot e^{L|x-a|},$$

falls die Voraussetzungen von Satz (7.1.4) erfüllt sind.

Diese Abschätzung zeigt aber auch, daß der Einfluß ungenauer Anfangsdaten $s = y(a)$ durch Verkleinerung des Intervalls $|x - a|$ beliebig klein gemacht werden kann. Das Dilemma wäre also damit beseitigt, wenn man die Werte $\bar{s}_k = y(x_k)$, $k = 1, 2, \ldots, m$, der Lösung $y(x)$ an *mehreren* genügend eng benachbarten Stellen x_k mit

$$a = x_1 < x_2 < \ldots < x_m = b$$

kennen würde: Sind die x_k so gewählt, daß $e^{L|x_{k+1} - x_k|}$ nicht zu groß ist, kann man $y(\xi)$ für jedes $\xi \in [a, b]$, etwa $\xi \in [x_k, x_{k+1}]$, mit hinreichender Genauigkeit durch Lösung des Anfangswertproblems

$$y' = f(x, y), \qquad y(x_k) = \bar{s}_k$$

über das kleine Intervall $[x_k, \xi]$ mit den Methoden von 7.2 bestimmen. Damit stellt sich das Problem, wie man für spezielles x_k den Wert $y(x_k) = \bar{s}_k$ berechnen kann. Dazu kann man aber, ähnlich wie für den Anfangswert $\bar{s} = y(a)$, wieder das einfache Schießverfahren verwenden. Bezeichnet man nämlich mit $y(x; x_k, s)$ die Lösung des Anfangswertproblems

$$y' = f(x, y), \qquad y(x_k) = s, \tag{7.3.4.7}$$

so ist $\bar{s}_k$ jetzt Nullstelle der Funktion

$$F^{(k)}(s) :\equiv r\big(y(a; x_k, s), y(b; x_k, s)\big).$$

Diese Nullstelle kann man wieder iterativ, $s_k^{(i)} \to s_k^{(i+1)}$, $\lim_{i \to \infty} s_k^{(i)} = \bar{s}_k$, etwa mittels des (modifizierten) Newton-Verfahrens bestimmen, wie in (7.3.1) beschrieben. Der einzige Unterschied zum einfachen Schießverfahren besteht darin, daß man jetzt in jedem Newton-Schritt $s_k^{(i)} \to s_k^{(i+1)}$ zur Bestimmung von $\bar{s}_k$ *zwei* Lösungswerte, nämlich $y(a; x_k, s_k^{(i)})$ und $y(b; x_k, s_k^{(i)})$ durch Lösung von Anfangswertproblemen des Typs (7.3.4.7) berechnen muß. Als Startwert $s_k^{(0)}$ für die Newton-Iteration zur Bestimmung von $\bar{s}_k$ bietet sich für $k \geqq 2$ der Wert $s_k^{(0)} := := y(x_k; x_{k-1}, \bar{s}_{k-1})$ an, für den theoretisch $s_k^{(0)} = \bar{s}_k$ gilt (vorausgesetzt, daß $\bar{s}_{k-1}$ exakt gleich $y(x_{k-1})$ wäre und $y(x_k; x_{k-1}, \bar{s}_{k-1})$ rundungsfehlerfrei berechnet werden könnte). Sofern nur $|x_k - x_{k-1}|$ genügend klein ist, hält sich nach Satz (7.1.4) der Einfluß von Fehlern in $\bar{s}_{k-1}$ auf $s_k^{(0)}$ in Schranken, $s_k^{(0)} \approx \bar{s}_k$.

Damit sind jedoch nicht alle Schwierigkeiten beseitigt. Bei der Berechnung der $\bar{s}_k$, $k = 1, 2, \ldots, m$, tritt nämlich oft das folgende Problem auf, das die praktische Bedeutung des einfachen Schießverfahrens sehr einschränkt: Häufig besitzt bei einer Differentialgleichung $y' = f(x, y)$ die Funktion f für $\bar{x} \in [a, b]$ zwar stetige partielle Ableitungen nach y, doch ist $\|D_y f(x, y)\|$ auf $S = = \{(x, y) \mid a \leqq x \leqq b, y \in \mathbb{R}^n\}$ unbeschränkt. In diesem Fall braucht die Lösung $y(x) = y(x; \bar{x}, s)$ des Anfangswertproblems $y' = f(x, y)$, $y(\bar{x}) = s$ nur noch in einer gewissen Umgebung $U_s(\bar{x})$ von $\bar{x}$ definiert zu sein, deren Größe von s abhängt. Damit existieren eventuell $y(a; \bar{x}, s)$ und $y(b; \bar{x}, s)$ nur für die Werte s aus einer kleinen Menge M. Dabei ist überdies in der Regel M nicht bekannt. Das einfache Schießverfahren muß daher immer zusammenbrechen, wenn man als Startwert des Newton-Verfahrens einen Vektor $s^{(0)} \notin M$ wählt.

Beispiel: Gegeben sei die Randwertaufgabe (vgl. B. A. Troesch "Intrinsic difficulties in the numerical solution of a boundary value problem". Space Tech. Labs., Tech. Note NN-142(1960)):

$$y'' = \lambda \cdot \sinh(\lambda y) \tag{7.3.4.8}$$

$$y(0) = 0, \qquad y(1) = 1 \tag{7.3.4.9}$$

(λ ein fester Parameter).

Um die Aufgabe nach dem einfachen Schießverfahren behandeln zu können, muß zunächst die Anfangssteigung $y'(0) = s$ „geschätzt" werden. Bei der numerischen Integration des Anfangswertproblems (7.3.4.8) mit $\lambda = 5$, $y(0) = 0$, $y'(0) = s$ stellt sich heraus, daß die Lösung $y(x; s)$ überaus empfindlich von s abhängt: für $s = 0.1, 0.2, \ldots$ bricht die Rechnung noch vor Erreichen des rechten Randes ($x = 1$) wegen Exponentenüberlaufs ab, d. h. $y(x; s)$ besitzt bei einem $x_s \leqq 1$ eine von s abhängende singuläre Stelle. Der Einfluß der Anfangssteigung $y'(0) = s$ auf die Lage der Singularität läßt sich hier abschätzen:

$$y'' = \lambda \cdot \sinh(\lambda y)$$

besitzt das erste Integral

$$\frac{(y')^2}{2} = \cosh(\lambda y) + C. \tag{7.3.4.10}$$

Die Bedingung $y(0) = 0$, $y'(0) = s$ definiert die Integrationskonstante

$$C = \frac{s^2}{2} - 1.$$

Integration von (7.3.4.10) führt auf

$$x = \frac{1}{\lambda} \cdot \int_0^{\lambda \cdot y} \frac{d\eta}{\sqrt{s^2 + 2\cosh(\eta) - 2}}.$$

Die *singuläre* Stelle ist dann durch

$$x_s = \frac{1}{\lambda} \cdot \int_0^{\infty} \frac{d\eta}{\sqrt{s^2 + 2\cosh(\eta) - 2}}$$

gegeben.

Zur näherungsweisen Berechnung des Integrals zerlegen wir das Integrationsintervall

$$\int_0^\infty = \int_0^\varepsilon + \int_\varepsilon^\infty, \qquad \varepsilon > 0 \quad \text{beliebig,}$$

und schätzen die Teilintegrale getrennt ab. Es ist

$$\int_0^\varepsilon \frac{d\eta}{\sqrt{s^2 + 2\cosh(\eta) - 2}} = \int_0^\varepsilon \frac{d\eta}{\sqrt{s^2 + \eta^2 + \frac{\eta^4}{12} + \ldots}} \leqq \int_0^\varepsilon \frac{d\eta}{\sqrt{s^2 + \eta^2}} = \ln\left(\frac{\varepsilon}{|s|} + \sqrt{1 + \frac{\varepsilon^2}{s^2}}\right),$$

und

$$\int_\varepsilon^\infty \frac{d\eta}{\sqrt{s^2+2\cosh(\eta)-2}} = \int_\varepsilon^\infty \frac{d\eta}{\sqrt{s^2+4\sinh^2\left(\frac{\eta}{2}\right)}} \leqq \int_\varepsilon^\infty \frac{d\eta}{2\sinh\left(\frac{\eta}{2}\right)} =$$

$$= -\ln\left(\tanh\left(\frac{\varepsilon}{4}\right)\right).$$

Es gilt also die Abschätzung

$$x_s \leqq \frac{1}{\lambda}\ln\left(\frac{\frac{\varepsilon}{|s|}+\sqrt{1+\frac{\varepsilon^2}{s^2}}}{\tanh\left(\frac{\varepsilon}{4}\right)}\right) =: H(\varepsilon, s).$$

Für jedes $\varepsilon > 0$ ist $H(\varepsilon, s)$ eine obere Schranke für x_s, also insbesondere

$$x_s \leqq H(\sqrt{|s|}, s) \quad \text{für alle} \quad s \neq 0.$$

Das asymptotische Verhalten von $H(\sqrt{|s|}, s)$ für $s \to 0$ läßt sich leicht angeben: In erster Näherung gilt nämlich für kleines $|s|$

$$\tanh\left(\frac{\sqrt{|s|}}{4}\right) \doteq \frac{\sqrt{|s|}}{4}, \qquad \frac{1}{\sqrt{|s|}} + \sqrt{1+\frac{1}{|s|}} \doteq \frac{2}{\sqrt{|s|}},$$

so daß asymptotisch für $s \to 0$

(7.3.4.11) $$x_s \leqq H(\sqrt{|s|}, s) \doteq \frac{1}{\lambda}\ln\left(\frac{\frac{2}{\sqrt{|s|}}}{\frac{\sqrt{|s|}}{4}}\right) = \frac{1}{\lambda}\ln\frac{8}{|s|}.$$

(Man kann darüber hinaus sogar zeigen (s. unten), daß asymptotisch für $s \to 0$

(7.3.4.12) $$x_s \doteq \frac{1}{\lambda}\ln\left(\frac{8}{|s|}\right)$$

gilt.)

Damit man beim „Schießen“ den rechten Rand $x = 1$ erreicht, darf $|s|$ also höchstens so groß gewählt werden, daß

$$1 \mathrel{\dot{\leqq}} \frac{1}{\lambda}\ln\left(\frac{8}{|s|}\right), \quad \text{d. h.} \quad |s| \mathrel{\dot{\leqq}} 8e^{-\lambda};$$

für $\lambda = 5$ erhält man den kleinen Bereich

(7.3.4.13) $$|s| \mathrel{\dot{\leqq}} 0.05.$$

Für den „Kenner“ sei noch folgendes hinzugefügt:

Das Anfangswertproblem

(7.3.4.14) $$y'' = \lambda\sinh(\lambda y), \qquad y(0) = 0, \qquad y'(0) = s$$

besitzt die exakte Lösung

$$y(x; s) = \frac{2}{\lambda} \operatorname{arsinh}\left(\frac{s}{2} \frac{\operatorname{sn}(\lambda x, k)}{\operatorname{cn}(\lambda x, k)}\right), \qquad k^2 = 1 - \frac{s^2}{4};$$

dabei sind sn, cn die Jacobischen elliptischen Funktionen zum Modul k, der hier von der Anfangssteigung s abhängt. Bezeichnet $K(k)$ die Viertelperiode von cn, so hat cn bei

$$x_s = \frac{K(k)}{\lambda} \tag{7.3.4.15}$$

eine Nullstelle und folglich $y(x; s)$ dort eine logarithmische Singularität. $K(k)$ besitzt aber die Entwicklung

$$K(k) = \ln \frac{4}{\sqrt{1 - k^2}} + \frac{1}{4}\left(\ln \frac{4}{\sqrt{1 - k^2}} - 1\right)(1 - k^2) + \dots$$

oder umgerechnet auf s

$$K(k) = \ln \frac{8}{|s|} + \frac{s^2}{16}\left(\ln \frac{8}{|s|} - 1\right) + \dots,$$

woraus (7.3.4.12) folgt.

Für die Lösung des eigentlichen Randwertproblems d. h.

$$y(1; s) = 1$$

erhält man für $\lambda = 5$ den Wert

$$s = 4.57504614 \cdot 10^{-2}$$

(vgl. dazu (7.3.4.13)). Dieser Wert ergibt sich als Folge einer Relation zwischen den Jacobifunktionen verbunden mit einem Iterationsverfahren nach 5.10. Der Vollständigkeit halber sei noch eine weitere Beziehung angeführt, die mit Hilfe der Theorie der Jacobifunktionen abgeleitet werden kann. Die Lösung der Randwertaufgabe (7.3.4.8), (7.3.4.9) besitzt eine logarithmische Singularität bei

$$\lambda x_s \doteq \lambda + \frac{1}{\cosh \frac{\lambda}{2}}. \tag{7.3.4.16}$$

Für $\lambda = 5$ folgt

$$x_s \doteq 1.0326\dots,$$

die Singularität der exakten Lösung liegt in unmittelbarer Nähe des rechten Randes! Das Beispiel beleuchtet hinreichend die Schwierigkeiten, die bei der numerischen Lösung von Randwertproblemen auftreten können.

Für eine direkte numerische Lösung des Problems ohne Kenntnis der Theorie der elliptischen Funktionen s. 7.3.6.

Ein weiteres Beispiel für das Auftreten von Singularitäten findet man in Aufgabe 19.

7.3.5 Die Mehrzielmethode

Die Mehrzielmethode* wurde schon verschiedentlich in der Literatur beschrieben, so in Keller [30], Osborne [31] und [3]. In [3] findet man ein Fortran-Programm, ein Algol-Programm in [5]. Bei der Mehrzielmethode werden die Werte

$$\bar{s}_k = y(x_k), \qquad k = 1, 2, \ldots, m,$$

der exakten Lösung $y(x)$ eines Randwertproblems

$$y' = f(x, y), \qquad r(y(a), y(b)) = 0 \tag{7.3.5.1}$$

an mehreren Stellen

$$a = x_1 < x_2 < \ldots < x_m = b$$

gleichzeitig iterativ berechnet. Sei dazu $y(x; x_k, s_k)$ die Lösung des Anfangswertproblems

$$y' = f(x, y), \qquad y(x_k) = s_k.$$

Die Aufgabe besteht nun darin, die Vektoren s_k, $k = 1, 2, \ldots, m$, so zu bestimmen, daß die aus den $y(x; x_k, s_k)$ stückweise zusammengesetzte Funktion

$$y(x) := y(x; x_k, s_k) \quad \text{für} \quad x \in [x_k, x_{k+1}[, \qquad k = 1, 2, \ldots, m-1,$$
$$y(b) := s_m$$

stetig ist, also eine Lösung der Differentialgleichung $y' = f(x, y)$ darstellt, und darüber hinaus die Randbedingungen $r(y(a), y(b)) = 0$ erfüllt (s. Fig. 7).

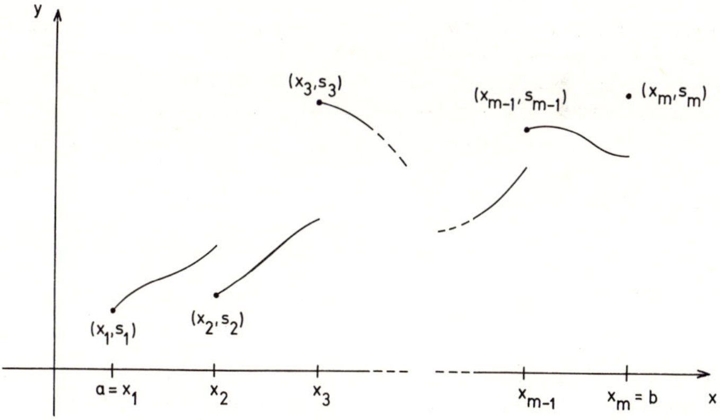

Fig. 7

* Auch Mehrfachschießverfahren ("multiple shooting method") genannt.

Dies ergibt die folgenden $n \times m$ Bedingungen

$$(7.3.5.2) \qquad \begin{aligned} &y(x_{k+1}; x_k, s_k) = s_{k+1}, \qquad k = 1, 2, \ldots, m-1, \\ &r(s_1, s_m) = 0 \end{aligned}$$

für die $n \times m$ unbekannten Komponenten σ_{kj}, $j = 1, 2, \ldots, n$, $k = 1, 2, \ldots, m$, der s_k,

$$s_k = (\sigma_{k1}, \sigma_{k2}, \ldots, \sigma_{kn})^T.$$

Insgesamt stellt (7.3.5.2) ein Gleichungssystem der Form

$$(7.3.5.3) \qquad F(s) := \begin{bmatrix} F_1(s_1, s_2) \\ F_2(s_2, s_3) \\ \cdots\cdots\cdots \\ F_{m-1}(s_{m-1}, s_m) \\ F_m(s_1, s_m) \end{bmatrix} := \begin{bmatrix} y(x_2; x_1, s_1) - s_2 \\ y(x_3; x_2, s_2) - s_3 \\ \cdots\cdots\cdots\cdots \\ y(x_m; x_{m-1}, s_{m-1}) - s_m \\ r(s_1, s_m) \end{bmatrix} = 0$$

in $s = \begin{pmatrix} s_1 \\ \vdots \\ s_m \end{pmatrix}$ dar. Es kann mit Hilfe des Newton-Verfahrens

$$(7.3.5.4) \qquad s^{(i+1)} = s^{(i)} - DF(s^{(i)})^{-1} F(s^{(i)}), \qquad i = 0, 1, \ldots$$

iterativ gelöst werden. Damit das Verfahren auch bei schlechter Wahl des Startvektors $s^{(0)}$ möglichst noch konvergiert, nimmt man in der Praxis statt (7.3.5.4) das modifizierte Newton-Verfahren (5.4.2.4) (s. Abschnitt 7.3.6 für weitere Hinweise zur Realisierung des Verfahrens). In jedem Schritt des Verfahrens müssen $F(s)$ und $DF(s)$ für $s = s^{(i)}$ berechnet werden. Zur Berechnung von $F(s)$ hat man für $k = 1, 2, \ldots, m-1$ durch Lösung der Anfangswertprobleme

$$y' = f(x, y), \qquad y(x_k) = s_k$$

die Werte $y(x_{k+1}; x_k, s_k)$, $k = 1, 2, \ldots, m-1$, zu bestimmen, und $F(s)$ gemäß (7.3.5.3) zu berechnen. Die Funktionalmatrix

$$DF(s) = [D_{s_k} F_i(s)]_{i,k=1,\ldots,m}$$

hat wegen der besonderen Struktur der F_i (7.3.5.3) die Gestalt

$$(7.3.5.5) \qquad DF(s) = \begin{bmatrix} G_1 & -I & 0 & & & 0 \\ 0 & G_2 & -I & & & \\ & & \ddots & \ddots & & \\ & & & \ddots & \ddots & 0 \\ 0 & & & & G_{m-1} & -I \\ A & 0 & & & 0 & B \end{bmatrix},$$

wobei die $n \times n$-Matrizen A, B, G_k, $k=1, \ldots, m-1$, selbst wieder Funktionalmatrizen sind:

$$
\begin{aligned}
& G_k :\equiv D_{s_k} F_k(s) \equiv D_{s_k} y(x_{k+1}; x_k, s_k), \qquad k = 1, 2, \ldots, m-1, \\
(7.3.5.6) \quad & B :\equiv D_{s_m} F_m(s) \equiv D_{s_m} r(s_1, s_m), \\
& A :\equiv D_{s_1} F_m(s) \equiv D_{s_1} r(s_1, s_m).
\end{aligned}
$$

Wie beim einfachen Schießverfahren beschrieben, ersetzt man in der Praxis zweckmäßig die Differentialquotienten in den Matrizen A, B, G_k wieder durch Differenzenquotienten, die man durch Lösen weiterer $(m-1) \cdot n$ Anfangswertprobleme berechnen kann (für jede Matrix $G_1, \ldots, G_{m-1}$ je n Anfangswertprobleme). Die Berechnung von $s^{(i+1)}$ aus $s^{(i)}$ gemäß (7.3.5.4) kann man so vornehmen: Mit den Abkürzungen

$$
(7.3.5.7) \qquad \begin{bmatrix} \Delta s_1 \\ \vdots \\ \Delta s_m \end{bmatrix} := s^{(i+1)} - s^{(i)}, \qquad F_k := F_k(s_k^{(i)}, s_{k+1}^{(i)})
$$

ist (7.3.5.4) (bzw. das leicht abgewandelte Ersatzproblem) mit folgendem linearen Gleichungssystem äquivalent

$$
(7.3.5.8) \qquad
\begin{aligned}
G_1 \Delta s_1 - \Delta s_2 &= -F_1 \\
G_2 \Delta s_2 - \Delta s_3 &= -F_2 \\
\cdots\cdots\cdots\cdots&\cdots\cdots \\
G_{m-1} \Delta s_{m-1} - \Delta s_m &= -F_{m-1} \\
A \Delta s_1 + B \Delta s_m &= -F_m .
\end{aligned}
$$

Ausgehend von der ersten Gleichung kann man alle Δs_k sukzessive durch Δs_1 ausdrücken. Man findet so

$$
(7.3.5.9) \qquad
\begin{aligned}
\Delta s_2 &= G_1 \Delta s_1 + F_1 \\
&\cdots\cdots\cdots\cdots \\
\Delta s_m &= G_{m-1} G_{m-2} \ldots G_1 \Delta s_1 + \sum_{j=1}^{m-1} \left(\prod_{l=j+1}^{m-1} G_l \right) F_j
\end{aligned}
$$

und daraus schließlich mit Hilfe der letzten Gleichung

$$
(7.3.5.10) \qquad (A + B G_{m-1} G_{m-2} \ldots G_1) \Delta s_1 = w,
$$

wobei $w = -(F_m + BF_{m-1} + BG_{m-1} F_{m-2} + \ldots + BG_{m-1} G_{m-2} \ldots G_2 F_1)$.

Dies ist ein lineares Gleichungssystem für den unbekannten Vektor Δs_1, das man mit Hilfe des Gaußschen Eliminationsverfahrens lösen kann. Sobald man $\triangle s_1$ bestimmt hat, erhält man $\triangle s_2, \triangle s_3, \ldots, \triangle s_m$ sukzessive aus (7.3.5.8) und $s^{(i+1)}$ aus (7.3.5.7).

Es sei noch erwähnt, daß man unter den Voraussetzungen des Satzes (7.3.3.4) zeigen kann, daß die Matrix $A + BG_{m-1} \ldots G_1$ in (7.3.5.10) nichtsingulär ist. Ferner gibt es dann wieder eine $n \times m$-reihige nichtsinguläre Matrix Q, so daß die Funktion

$$\Phi(s) := s - QF(s)$$

kontrahierend ist, also genau einen Fixpunkt $\bar{s}$ besitzt mit $F(\bar{s}) = 0$.

Man sieht überdies, daß $F(s)$ und im wesentlichen auch $DF(s)$ für alle Vektoren $s = \begin{pmatrix} s_1 \\ \vdots \\ s_m \end{pmatrix} \in M := M^{(1)} \times M^{(2)} \times \ldots \times M^{(m-1)} \times R^n$ definiert ist und damit eine Iteration (7.3.5.4) der Mehrzielmethode für $s \in M$ ausführbar ist. Dabei ist $M^{(k)}$, $k = 1, 2, \ldots, m-1$, die Menge aller Vektoren s_k, für die die Lösung $y(x; x_k, s_k)$ (zumindest) auf dem kleinen Intervall $[x_k, x_{k+1}]$ erklärt ist. Diese Menge $M^{(k)}$ umfaßt die Menge M_k aller s_k, für die $y(x; x_k, s_k)$ auf ganz $[a, b]$ definiert ist. Das Newton-Verfahren zur Berechnung von $\bar{s}_k$ mittels des einfachen Schießverfahrens ist aber nur für $s_k \in M_k \subset M^{(k)}$ ausführbar. Dies zeigt, daß die Anforderungen der Mehrzielmethode an die Güte der Startwerte für das Newton-Verfahren wesentlich geringer sind als die des einfachen Schießverfahrens.

7.3.6 Hinweise zur praktischen Realisierung der Mehrzielmethode

In der im letzten Abschnitt beschriebenen Form ist die Mehrzielmethode noch recht aufwendig. Zum Beispiel hat im modifizierten Newton-Verfahren (5.4.2.4) die Iterationsvorschrift die Gestalt

(7.3.6.1) $$s^{(i+1)} = s^{(i)} - \lambda_i d^{(i)}, \qquad d^{(i)} := \triangle F(s^{(i)})^{-1} F(s^{(i)}),$$

und es ist in jedem Schritt zumindest die Approximation $\triangle F(s^{(i)})$ für die Funktionalmatrix $DF(s^{(i)})$ mittels Bildung geeigneter Differenzenquotienten zu berechnen. Die Berechnung von $\triangle F(s^{(i)})$ allein läuft auf die Lösung von n Anfangswertproblemen hinaus. Diesen enormen Rechenaufwand kann man mit Hilfe der in Abschnitt (5.4.3) beschriebenen Techniken erheblich reduzieren, in dem man nur gelegentlich die Matrix $\triangle F(s^{(i)})$ neu berechnet und für die übrigen Iterationsschritte das Rang 1-Verfahren von Broyden verwendet, um Approximationen an $\triangle F(s^{(i)})$ zu erhalten.

Als nächstes soll das Problem behandelt werden, wie die Zwischenpunkte x_k, $k = 1, \ldots, m$, in $[a, b]$ gewählt werden sollen, sofern eine Näherungslösung (*Starttrajektorie*) $\eta(x)$ für das Randwertproblem bekannt ist: Man setze $x_1 := a$. Hat man bereits x_i $(< b)$ gewählt, so integriere man das Anfangswertproblem

$$\eta_i' = f(x, \eta_i), \qquad \eta_i(x_i) = \eta(x_i)$$

mit Hilfe der Methoden von 7.2, breche die Integration an der ersten Stelle $x = \xi$ ab, für die die Lösung $\|\eta_i(\xi)\|$ „zu groß" gegenüber $\|\eta(\xi)\|$ wird, etwa $\|\eta_i(\xi)\| \geqq 2 \cdot \|\eta(\xi)\|$ und setze $x_{i+1} := \xi$.

Beispiel 1: Gegeben sei die Randwertaufgabe

$$y'' = 5 \cdot \sinh(5y), \qquad y(0) = 0, \qquad y(1) = 1 \tag{7.3.6.2}$$

(vgl. das Beispiel von Abschnitt 7.3.4).

Als Ausgangstrajektorie $\eta(x)$ wird die beide Randpunkte verbindende Gerade genommen $(\eta(x) \equiv x)$.

Die durch den Rechner gefundene Unterteilung $0 = x_1 < x_2 < \ldots < x_m = 1$ zeigt Fig. 8. Von dieser Unterteilung und den Werten $s_k := \eta(x_k)$, $s_k' := \eta'(x_k)$ ausgehend liefert die Mehrzielmethode nach 7 Iterationen die Lösung auf etwa 9 Ziffern genau.

Die Aufgabe legt eine noch „günstigere" Starttrajektorie nahe: das *linearisierte* Problem

$$y'' = 5 \cdot 5y, \qquad y(0) = 0, \qquad y(1) = 1$$

besitzt die Lösung $y(x) = \sinh(5x)/\sinh(5)$. Diese Funktion wäre eine etwas „bessere" Starttrajektorie gewesen.

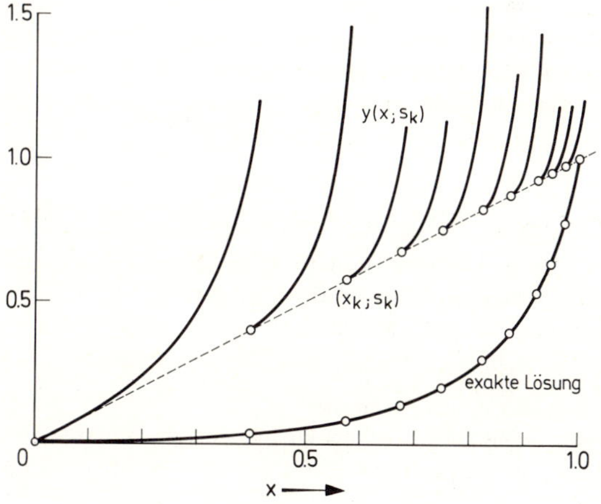

Fig. 8

Bei einigen praktischen Problemen ist die rechte Seite $f(x, y)$ der Differentialgleichung als Funktion von x auf $[a, b]$ nur stückweise stetig oder auch nur stückweise stetig differenzierbar. In diesen Fällen achte man darauf, daß die Unstetigkeitsstellen als Teilpunkte x_i auftreten, andernfalls gibt es Konvergenzschwierigkeiten (s. Beispiel 2).

Es bleibt das Problem, wie man eine erste Näherungslösung $\eta(x)$ für ein Randwertproblem findet. In vielen Fällen kennt man z. B. aus physikalischen Gründen den qualitativen Verlauf der Lösung, so daß man sich leicht zumindest eine grobe Näherung verschaffen kann. Gewöhnlich reicht dies auch für die

Konvergenz aus, weil das modifizierte Newton-Verfahren keine besonders hohen Anforderungen an die Qualität des Startvektors stellt.

In komplizierten Fällen hilft meistens die sog. *Fortsetzungsmethode* (Homotopie-Methode). Hier tastet man sich allmählich über die Lösung „benachbarter" Probleme an die Lösung des eigentlich gestellten Problems heran: Fast alle Probleme enthalten gewisse Parameter α,

$$(P_\alpha): y' = f(x, y; \alpha), \qquad r(y(a), y(b); \alpha) = 0, \tag{7.3.6.3}$$

und die Aufgabe lautet, die Lösung $y(x)$, die natürlich auch von α abhängt, $y(x) = y(x; \alpha)$, für einen bestimmten Wert $\alpha = \bar{\alpha}$ zu bestimmen. Meistens ist es so, daß das Randwertproblem P_α für einen gewissen anderen Wert $\alpha = \alpha_0$ einfacher gebaut ist, so daß zumindest eine gute Näherung $\eta_0(x)$ für die Lösung $y(x; \alpha_0)$ von P_{α_0} bekannt ist. Die Fortsetzungsmethode besteht nun darin, daß man zunächst ausgehend von $\eta_0(x)$ die Lösung $y(x; \alpha_0)$ von P_{α_0} bestimmt. Man wählt dann eine endliche Folge genügend eng benachbarter Zahlen ε_i mit $0 < \varepsilon_1 < \varepsilon_2 < \ldots < \varepsilon_l = 1$, setzt $\alpha_i := \alpha_0 + \varepsilon_i(\bar{\alpha} - \alpha_0)$, und nimmt für $i = 0, 1, 2, \ldots, l-1$ die Lösung $y(x; \alpha_i)$ von P_{α_i} als Startnäherung für die Bestimmung der Lösung $y(x; \alpha_{i+1})$ von $P_{\alpha_{i+1}}$. Mit $y(x; \alpha_l) = y(x; \bar{\alpha})$ hat man schließlich die gesuchte Lösung von $P_{\bar{\alpha}}$. Für das Funktionieren des Verfahrens ist es wichtig, daß man keine zu großen Schritte $\varepsilon_i \to \varepsilon_{i+1}$ macht, und daß man „natürliche", dem Problem inhärente Parameter α wählt: Die Einführung künstlicher Parameter α, etwa Ansätze des Typs

$$f(x, y; \alpha) = \alpha f(x, y) + (1 - \alpha) g(x, y), \qquad \bar{\alpha} = 1, \qquad \alpha_0 = 0,$$

wo $f(x, y)$ die gegebene rechte Seite der Differentialgleichung und $g(x, y)$ eine willkürlich gewählte „einfache" Funktion ist, die mit dem Problem nichts zu tun hat, führt in kritischen Fällen nicht zum Ziel.

Eine raffiniertere Variante der Fortsetzungsmethode, die sich im Zusammenhang mit der Mehrzielmethode bewährt hat, wird bei Deuflhard [37] beschrieben.

Beispiel 2: Singuläre Randwertaufgabe.

Die stationäre Temperaturverteilung im Innern eines Zylinders vom Radius 1 wird beschrieben durch die Lösung $y(x; \alpha)$ der nichtlinearen Randwertaufgabe (vgl. z. B. T. Y. Na and S. C. Tang: A method for the solution of conduction heat transfer with non-linear heat generation. ZAMM **49**, 45–52(1969)):

$$\begin{aligned} y'' &= -\frac{y'}{x} - \alpha e^y \\ y'(0) &= y(1) = 0. \end{aligned} \tag{7.3.6.4}$$

α ist hier ein „natürlicher" Parameter mit

$$\alpha \doteq \frac{\text{Wärmeerzeugung}}{\text{Leitfähigkeit}}, \qquad 0 < \alpha \leqq 0.8.$$

Zur numerischen Berechnung der Lösung für $\alpha = 0.8$ könnte man die Unterteilung

$$\alpha = 0, 0.1, \ldots, 0.8$$

benützen und ausgehend von der explizit angebbaren Lösung $y(x;0) \equiv 0$ die Homotopiekette zur Berechnung von $y(x;0.8)$ konstruieren. Die Aufgabe weist jedoch noch eine weitere Schwierigkeit auf: die rechte Seite der Differentialgleichung besitzt bei $x = 0$ eine Singularität! Zwar ist $y'(0) = 0$ und die Lösung $y(x;\alpha)$ im ganzen Intervall $0 \leqq x \leqq 1$ erklärt und sogar analytisch, gleichwohl treten erhebliche Konvergenzschwierigkeiten auf. Der Grund ist in folgendem zu suchen: Eine Rückwärtsanalyse (vgl. Teil I, 1.3) zeigt, daß das Ergebnis $\tilde{y}$ der numerischen Rechnung gedeutet werden kann, als exakte Lösung des Randwertproblems (7.3.6.4) mit leicht abgeänderten Randdaten

$$\tilde{y}'(0) = \varepsilon_1, \qquad \tilde{y}(1) = \varepsilon_2$$

(s. z. B. [1]). Diese Lösung $\tilde{y}(x;\alpha)$ ist der Lösung $y(x;\alpha)$ „benachbart", besitzt aber im Gegensatz zu $y(x;\alpha)$ bei $x = 0$ nur eine stetige Ableitung, denn

$$\lim_{x\to 0} \tilde{y}'' = -\lim_{x\to 0} \frac{\varepsilon_1}{x} = \pm\infty .$$

Da die Konvergenzordnung jedes numerischen Verfahrens nicht nur von der Methode selbst sondern auch von der Existenz und Beschränktheit der höheren Ableitungen der Lösung abhängt, was gerne übersehen wird, wird im vorliegenden Beispiel die Konvergenzordnung beträchtlich reduziert (im wesentlichen auf 1). Diese Schwierigkeiten sind charakteristisch für viele praktische Randwertprobleme und nicht nur diese. Die Ursache des Versagens wird meistens nicht erkannt und die „Schuld" der Methode oder dem Computer zugeschrieben.

Durch einen einfachen Kunstgriff lassen sich diese Schwierigkeiten vermeiden. Die „benachbarten" Lösungen mit $y'(0) \neq 0$ werden durch einen Potenzreihenansatz um $x = 0$ *ausgeblendet:*

$$y(x) = y(0) + \frac{x^2}{2!}y^{(2)}(0) + \frac{x^3}{3!}y^{(3)}(0) + \frac{x^4}{4!}y^{(4)}(0) + \dots . \tag{7.3.6.5}$$

Die Koeffizienten $y^{(i)}(0)$, $i = 2, 3, 4, \dots$, lassen sich alle durch $\lambda := y(0)$, also eine unbekannte Konstante, ausdrücken; durch Einsetzen in die Differentialgleichung (7.3.6.4) findet man

$$y^{(2)}(x) = -\left(y^{(2)}(0) + \frac{x}{2!}y^{(3)}(0) + \frac{x^2}{3!}y^{(4)}(0) + \dots\right) - \alpha e^{y(x)}, \tag{7.3.6.6}$$

woraus für $x \to 0$ wird

$$y^{(2)}(0) = -y^{(2)}(0) - \alpha e^{y(0)}, \quad \text{d. h.} \quad y^{(2)}(0) = -\tfrac{1}{2}\alpha e^{\lambda}.$$

Durch Differentiation ergibt sich

$$y^{(3)}(x) = -\left(\tfrac{1}{2}y^{(3)}(0) + \tfrac{1}{3}xy^{(4)}(0) + \dots\right) - \alpha y'(x)\, e^{y(x)}$$

mit

$$y^{(3)}(0) = 0.$$

Weiter ist

$$y^{(4)}(x) = -\left(\tfrac{1}{3}y^{(4)}(0) + x(\dots)\right) - \alpha\left\{(y'(x))^2 + y^{(2)}(x)\right\} e^{y(x)}$$

und

$$y^{(4)}(0) = \tfrac{3}{8}\alpha^2 e^{2\lambda}.$$

Man kann zeigen, daß $y^{(5)}(0) = 0$, allgemein $y^{(2i+1)}(0) = 0$.

Die singuläre Randwertaufgabe läßt sich nun wie folgt behandeln. Als Information über $y(x;\alpha)$ benutze man in der Nähe von $x = 0$ die Potenzreihendarstellung (7.3.6.5) und in „genügender" Entfernung von der Singularität $x = 0$ die Differentialgleichung (7.3.6.4) selbst. Man hat z. B.

$$y''(x) = \begin{cases} -\frac{1}{2}\alpha e^{\lambda}[1 - \frac{3}{8}x^2\alpha e^{\lambda}], & 0 \leqq x \leqq 10^{-2} \\ -\dfrac{y'(x)}{x} - \alpha e^{y(x)}, & 10^{-2} \leqq x \leqq 1. \end{cases} \tag{7.3.6.7}$$

Der Fehler ist von der Größenordnung 10^{-8}. Die rechte Seite enthält jetzt noch den unbekannten Parameter $\lambda = y(0)$. Wie in 7.3.0 gezeigt, läßt sich dies aber als erweiterte Randwertaufgabe interpretieren. Man setzt

$$\begin{aligned} y_1(x) &:= y(x) \\ y_2(x) &:= y'(x) \\ y_3(x) &:= y(0) = \lambda \end{aligned}$$

und erhält das System von Differentialgleichungen in $0 \leqq x \leqq 1$

$$\begin{aligned} y_1' &= y_2 \\ y_2' &= \begin{cases} -\frac{1}{2}\alpha e^{y_3}[1 - \frac{3}{8}x^2\alpha e^{y_3}], & 0 \leqq x \leqq 10^{-2} \\ -\dfrac{y_2}{x} - \alpha e^{y_1}, & 10^{-2} \leqq x \leqq 1 \end{cases} \\ y_3' &= 0 \end{aligned} \tag{7.3.6.8}$$

mit den Randbedingungen

$$r = \begin{bmatrix} y_2(0) - 0 \\ y_1(1) - 0 \\ y_3(0) - y_1(0) \end{bmatrix} = 0. \tag{7.3.6.9}$$

Zur Behandlung mit dem Mehrzielverfahren wähle man die „Heftstelle" 10^{-2} als einen Unterteilungspunkt, etwa

$$x_1 = 0, \quad x_2 = 10^{-2}, \quad x_3 = 0.1, \quad \ldots, \quad x_{11} = 0.9, \quad x_{12} = 1.$$

Um die Glätte der Lösung bei der Heftstelle braucht man sich nicht zu kümmern, sie ist durch den Ansatz gesichert. In Verbindung mit der Homotopie (s. 7.3.6.3) erhält man ausgehend von $y(x;\alpha_0) \equiv 0$ die Lösung $y(x;\alpha_k)$ aus $y(x;\alpha_{k-1})$ mit nur 3 Iterationen mühelos auf etwa 6 Ziffern genau (Gesamtrechenzeit für alle 8 Trajektorien CDC 3600: 40 sec.).

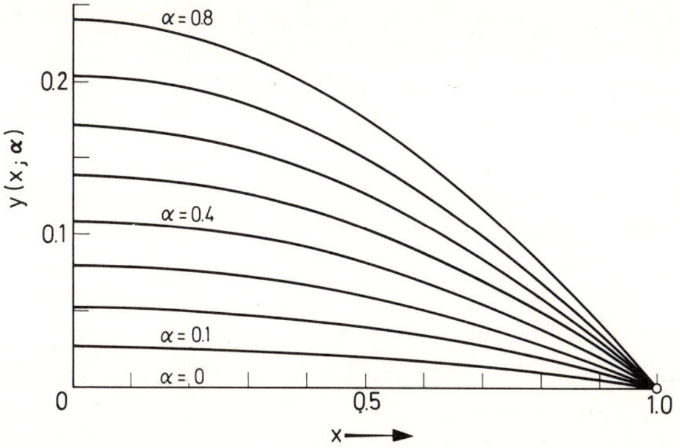

Fig. 9

7.3.7 Ein Beispiel: Optimales Bremsmanöver eines Raumfahrzeugs in der Erdatmosphäre (Re-entry Problem)

Die folgende umfangreiche Aufgabe entstammt der Raumfahrt. Das abschließende Beispiel soll illustrieren, wie nichtlineare Randwertprobleme praktisch angepackt und gelöst werden, denn erfahrungsgemäß bereitet die konkrete Lösung solcher Aufgaben dem Unerfahrenen die größten Schwierigkeiten. Die numerische Lösung wurde mit der Mehrzielmethode durchgeführt, Prozedur in [5].

Die Bahnkoordinaten eines Fahrzeugs vom Apollo-Typ genügen beim Flug des Fahrzeugs durch die Lufthülle der Erde den folgenden Differentialgleichungen:

$$\dot{v} = V(v, \gamma, \xi, u) = -\frac{S\rho v^2}{2m} C_W(u) - \frac{g \sin \gamma}{(1 + \xi)^2}$$

$$\dot{\gamma} = \Gamma(v, \gamma, \xi, u) = \frac{S\rho v}{2m} C_A(u) + \frac{v \cos \gamma}{R(1 + \xi)} - \frac{g \cos \gamma}{v(1 + \xi)^2}$$

(7.3.7.1)

$$\dot{\xi} = \Xi(v, \gamma, \xi, u) = \frac{v \sin \gamma}{R}$$

$$\dot{\zeta} = Z(v, \gamma, \xi, u) = \frac{v}{1 + \xi} \cos \gamma.$$

Es bedeuten: v: Tangentialgeschwindigkeit, γ: Bahnneigungswinkel, h: Höhe über Erdoberfläche, R: Erdradius, $\xi = h/R$: normalisierte Höhe, ζ: Distanz auf der Erdoberfläche, $\rho = \rho_0 \exp(-\beta R \xi)$: Luftdichte, $C_W(u) = 1.174 - 0.9 \cos u$: aerodynamischer Widerstandskoeffizient, $C_A(u) = 0.6 \sin u$: aerodynamischer Auftriebskoeffizient, u: Steuerparameter beliebig zeitabhängig wählbar, g: Erdbeschleunigung, S/m: Frontfläche/Fahrzeugmasse; Zahlenwerte: $R=209$, ($209_{10}5$ ft); $\beta = 4.26$; $\rho_0 = 2.704_{10} - 3$; $g = 3.2172_{10} - 4$; $S/m = 53200$; (1 Fuß = 0.3048 m) (s. Fig.10).

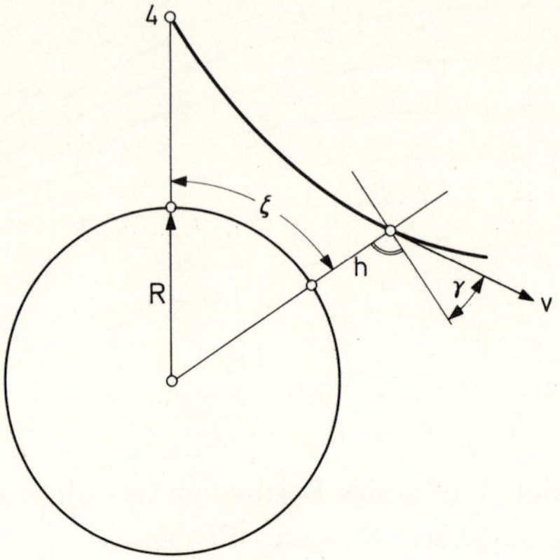

Fig. 10

Die Differentialgleichungen wurden unter den Annahmen a) ruhende, kugelförmige Erde, b) Flugbahn liegt in einer Großkreisebene, c) Astronauten beliebig hoch belastbar, etwas vereinfacht. Gleichwohl enthalten die rechten Seiten der Differentialgleichungen alle physikalisch wesentlichen Terme. Die größte Wirkung haben die mit $C_W(u)$ bzw. $C_A(u)$ multiplizierten Glieder, es sind dies die trotz der geringen Luftdichte ρ durch das schnell fliegende Fahrzeug ($v \doteq \doteq 11$ km/sec) besonders einflußreichen Luftkräfte; sie lassen sich über den Parameter u (Bremsklappen, Bremskonus des Fahrzeugs) beeinflussen. Die mit g multiplizierten Terme sind die auf das Fahrzeug einwirkenden Gravitationskräfte der Erde, die übrigen Glieder sind eine Konsequenz des gewählten Koordinatensystems.

Beim Flug durch die Lufthülle der Erde erhitzt sich das Fahrzeug. Die durch konvektive Wärmeübertragung hervorgerufene Aufheizung im Staupunkt vom Zeitpunkt $t=0$ des Eintritts in die „fühlbare" Erdatmosphäre ($h=400000$ ft) bis zu einem Zeitpunkt $t=T$ ist gegeben durch das Integral

(7.3.7.2) $$J = \int_0^T \dot{q}\,dt, \quad \dot{q} = 10v^3\sqrt{\rho}.$$

Die Kapsel soll in eine für die Wasserung im Pazifik günstige Ausgangsposition gesteuert werden. Über den frei wählbaren Parameter u ist die Steuerung so vorzunehmen, daß die Aufheizung J minimal wird und folgende Randbedingungen erfüllt werden:

Daten beim Eintritt in Erdatmosphäre:

$$v(0) = 0.36 \left(= 36\,000 \frac{\text{ft}}{\text{sec}} \right).$$

(7.3.7.3) $$\gamma(0) = -8.1^\circ \frac{\pi}{180^\circ}$$

$$\xi(0) = \frac{4}{R} \qquad (h(0) = 400\,000 \text{ ft}).$$

Daten der Ausgangsposition für die Landung:

$$v(T) = 0.27 \left(= 27\,000 \frac{\text{ft}}{\text{sec}} \right)$$

(7.3.7.4) $$\gamma(T) = 0$$

$$\xi(T) = \frac{2.5}{R} \qquad (h(T) = 250\,000 \text{ ft}).$$

Die Endzeit T ist frei. ζ bleibt beim Optimierungsprozeß unberücksichtigt.

Die Variationsrechnung (vgl. z. B. Hestenes [27]) lehrt nun folgendes: Man bilde mit Parametern (Lagrange-Multiplikatoren) den Ausdruck

(7.3.7.5) $$H := 10v^3\sqrt{\rho} + \lambda_v V + \lambda_\gamma \Gamma + \lambda_\xi \Xi,$$

wobei die λ_v, λ_γ, λ_ξ den drei gewöhnlichen Differentialgleichungen genügen

$$\dot{\lambda}_v = -\frac{\partial H}{\partial v}$$

(7.3.7.6) $$\dot{\lambda}_\gamma = -\frac{\partial H}{\partial \gamma}$$

$$\dot{\lambda}_\xi = -\frac{\partial H}{\partial \xi}.$$

Die optimale Steuerung u ist dann gegeben durch

(7.3.7.7) $$\sin u = \frac{-0.6\lambda_\gamma}{\alpha}, \qquad \cos u = \frac{-0.9v\lambda_v}{\alpha}, \qquad \alpha = \sqrt{(0.6\lambda_\gamma)^2 + (0.9v\lambda_v)^2}.$$

Man beachte: (7.3.7.6) ist wegen (7.3.7.7) nichtlinear in λ_v, λ_γ.

Da keine Bedingung an die Endzeit T gestellt wird, muß die weitere Randbedingung erfüllt sein:

(7.3.7.8) $$H\big|_{t=T} = 0.$$

Die Aufgabe ist damit auf ein Randwertproblem für die 6 Differentialgleichungen (7.3.7.1) (7.3.7.6) mit den 7 Randbedingungen (7.3.7.3) (7.3.7.4) (7.3.7.8) zurückgeführt. Es handelt sich also um ein *freies* Randwertproblem (vgl. (7.3.0.4a, b)). Eine geschlossen angebbare Lösung ist nicht möglich, man muß numerische Methoden benutzen.

Es wäre nun verfehlt, eine Starttrajektorie $\eta(x)$ ohne Bezugnahme auf die Realität konstruieren zu wollen. Der Unerfahrene möge sich nicht durch die harmlos aussehende rechte Seite der Differentialgleichung (7.3.7.1) täuschen lassen: Bei der numerischen Integration stellt man schnell fest, daß v, γ, ξ, λ_v, λ_γ, λ_ξ äußerst empfindlich von den Anfangsdaten abhängen. Die Lösung besitzt bewegliche Singularitäten, die in unmittelbarer Nachbarschaft des Integrationsanfangspunktes liegen (siehe dazu das vergleichsweise triviale Beispiel (7.3.6.2)). Diese Sensitivität ist eine Folge des Einflusses der Luftkräfte, und die physikalische Interpretation der Singularität ist „Absturz" der Kapsel auf die Erde bzw. „Zurückschleudern" in den Weltraum. Wie man durch eine *a posteriori*-Rechnung zeigen kann, existieren nur für einen äußerst schmalen Bereich von Randdaten differenzierbare Lösungen des Randwertproblems. Das ist die mathematische Aussage über die Gefährlichkeit des Landemanövers.

Konstruktion einer Starttrajektorie. Aus aerodynamischen Gründen wird der Graph des Steuerparameters u den in Fig. 11 dargestellten Verlauf haben (Information der Raumfahrtingenieure).

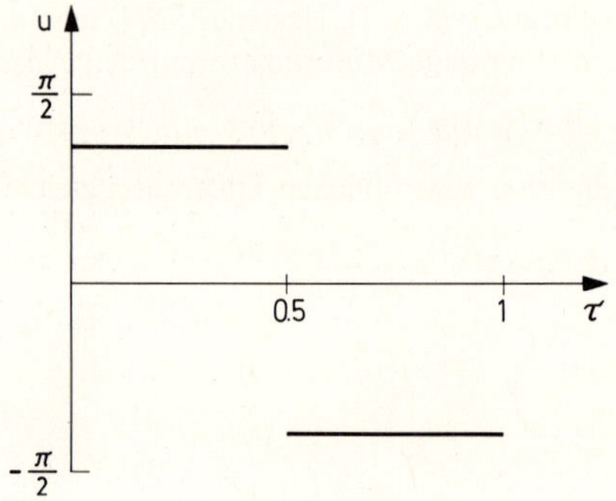

Fig. 11

Diese Funktion läßt sich etwa approximieren durch

(7.3.7.9) $$u = p_1 \operatorname{erf}(p_2(p_3 - \tau))$$

wo

$$\tau = \frac{t}{T}, \qquad 0 < \tau < 1,$$

$$\operatorname{erf}(x) = \frac{2}{\sqrt{\pi}} \int_0^x e^{-\sigma^2} d\sigma,$$

und p_1, p_2, p_3 zunächst unbekannte Konstante sind.

Zur Bestimmung der p_i löst man das folgende Hilfsrandwertproblem: Differentialgleichungen (7.3.7.1) mit u aus (7.3.7.9) und zusätzlich

$$\dot{p}_1 = 0$$

$$\dot{p}_2 = 0 \tag{7.3.7.10}$$

$$\dot{p}_3 = 0.$$

Randbedingungen: (7.3.7.3), (7.3.7.4) und $T = 230$.

Die Randvorgabe $T = 230$ sec ist eine Schätzung für die Dauer des Bremsmanövers. Mit den relativ schlechten Approximationen

$$p_1 = 1.6, \qquad p_2 = 4.\,, \qquad p_3 = 0.5$$

läßt sich das Hilfsrandwertproblem sogar mit dem einfachen Schießverfahren lösen, falls man von „rückwärts" her integriert (Anfangspunkt $\tau = 1$, Endpunkt $\tau = 0$).

Ergebnis nach 11 Iterationen

$$p_1 = 1.09835, \qquad p_2 = 6.48578, \qquad p_3 = 0.347717. \tag{7.3.7.11}$$

Lösung der eigentlichen Randwertaufgabe: Mit der „nichtoptimalen" Steuerfunktion u aus (7.3.7.9), (7.3.7.11) erhält man durch Integration von (7.3.7.1) Näherungswerte für $v(t)$, $\gamma(t)$, $\xi(t)$. Diese „halbe" Starttrajektorie läßt sich zu einer „vollen" Starttrajektorie ergänzen: wegen $\cos u > 0$ folgt aus (7.3.7.7) $\lambda_v < 0$; man wählt

$$\lambda_v \equiv -1.$$

Weiter ergibt sich aus

$$\tan u = \frac{6\lambda_\gamma}{9v\lambda_v}$$

eine Näherung für λ_γ. Eine Approximation für λ_ξ erhält man aus der Relation $H \equiv 0$, H nach (7.3.7.5), denn $H = \text{const}$ ist ein erstes Integral der Bewegungsgleichungen.

Mit dieser Näherungstrajektorie für $v, \gamma, \ldots, \lambda_\xi, T$ ($T = 230$) und der Technik nach 7.3.6 kann man nun die Teilpunkte für die Mehrzielmethode ermitteln ($m = 6$ genügt).

Die Fig. 12, 13 zeigen das Ergebnis der Rechnung (nach 14 Iterationen); die Dauer des optimalen Bremsmanövers ergibt sich zu $T = 224.9$ sec, Genauigkeit der Resultate ca. 7 Ziffern.

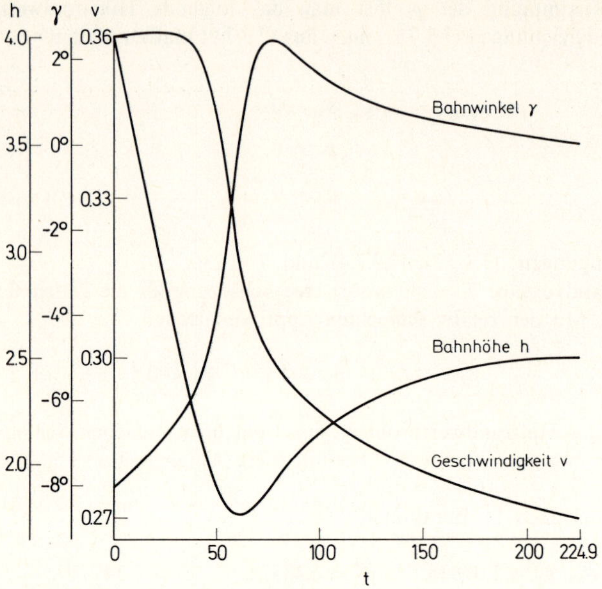
h
γ
v
4.0
3.5
3.0
2.5
2.0
2°
0°
-2°
-4°
-6°
-8°
0.36
0.33
0.30
0.27
Bahnwinkel γ
Bahnhöhe h
Geschwindigkeit v
0
50
100
150
200
224.9
t

Fig. 12

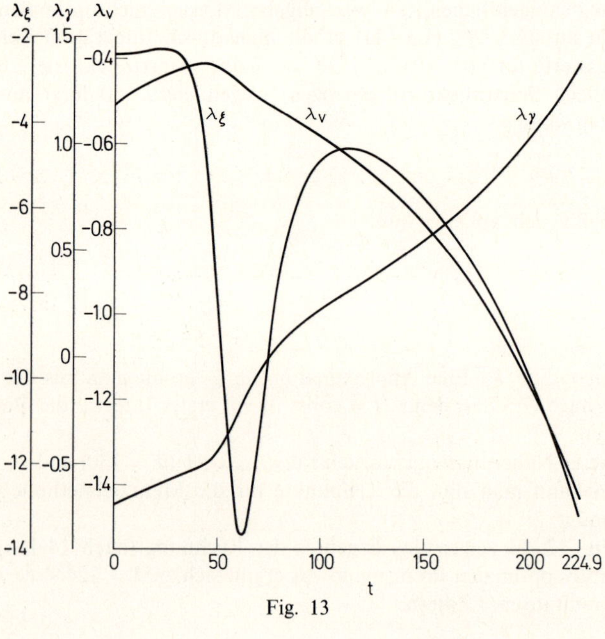
λξ
λγ
λv
-2
-4
-6
-8
-10
-12
-14
1.5
1.0
0.5
0
-0.5
-0.4
-0.6
-0.8
-1.0
-1.2
-1.4
λξ
λv
λγ
0
50
100
150
200
224.9
t

Fig. 13

Fig. 14 zeigt das Verhalten der Steuerung $u = \arctan \dfrac{6\lambda_\gamma}{9v\lambda_v}$ während der Iteration. Man sieht, wie die anfänglich großen Sprunghöhen an den Stützpunkten des Mehrzielverfahrens „eingeebnet" werden.

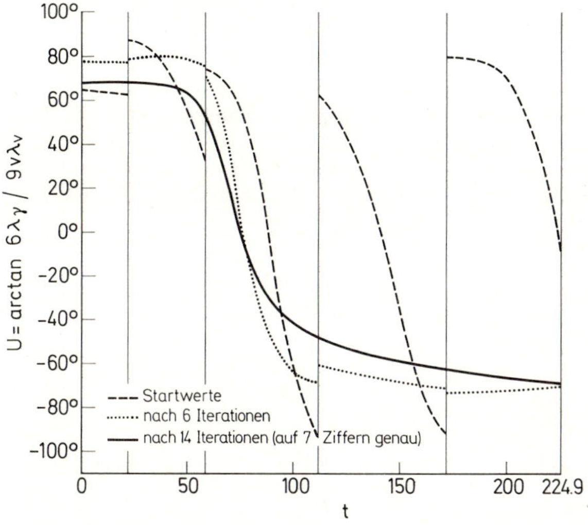

Fig. 14

Die folgende Tabelle zeigt das Konvergenzverhalten des modifizierten Newton-Verfahrens (s. (5.4.2), (5.4.3)):

Fehler $\|F(s^{(i)})\|^2$ (s. (7.3.5.3))	Schrittlänge (in (5.4.3.5)) λ	Fehler $\|F(s^{(i)})\|^2$ (s. (7.3.5.3))	Schrittlänge (in (5.4.3.5)) λ
$5 \cdot 10^2$			
$3 \cdot 10^2$	0.250	$1 \cdot 10^{-1}$	1.000
$6 \cdot 10^4$	0.500 (Versuch)	$6 \cdot 10^{-2}$	1.000
$7 \cdot 10^2$	0.250 (Versuch)	$3 \cdot 10^{-2}$	1.000
$2 \cdot 10^2$	0.125	$1 \cdot 10^{-2}$	1.000
$1 \cdot 10^2$	0.125	$1 \cdot 10^{-3}$	1.000
$8 \cdot 10^1$	0.250	$4 \cdot 10^{-5}$	1.000
$1 \cdot 10^1$	0.500	$3 \cdot 10^{-7}$	1.000
$1 \cdot 10^0$	1.000	$1 \cdot 10^{-9}$	1.000

7.3.8 Der Grenzfall m → ∞ der Mehrzielmethode. (Allgemeines Newton-Verfahren, Quasilinearisierung)

Macht man die Unterteilung des Intervalls $[a, b]$ feiner und feiner ($m \to \infty$), so konvergiert die Mehrzielmethode gegen ein allgemeines Newton-Verfahren für Randwertaufgaben (vgl. etwa Collatz [11]), das in der angelsächsischen Literatur auch unter dem Namen *Quasilinearisierung* bekannt ist.

Bei dieser Methode wird eine Näherungslösung $\eta(x)$ für die exakte Lösung $y(x)$ des *nichtlinearen* Randwertproblems (7.3.5.1) durch Lösung von *linearen* Randwertproblemen verbessert: Durch Taylorentwicklung von $f(x, y(x))$ und $r(y(a), y(b))$ um $\eta(x)$ findet man in erster Näherung (vgl. die Herleitung des Newton-Verfahrens in 5.1)

$$y'(x) = f(x, y(x)) \doteq f(x, \eta(x)) + D_y f(x, \eta(x))(y(x) - \eta(x))$$
$$0 = r(y(a), y(b)) \doteq r(\eta(a), \eta(b)) + A(y(a) - \eta(a)) + B(y(b) - \eta(b))$$

mit $A := D_u r(\eta(a), \eta(b))$, $B := D_v r(\eta(a), \eta(b))$. Es ist daher zu erwarten, daß die Lösung $\bar{\eta}(x)$ des linearen Randwertproblems

$$\text{(7.3.8.1)} \qquad \begin{aligned} \bar{\eta}' &= f(x, \eta(x)) + D_y f(x, \eta(x)) \cdot (\bar{\eta} - \eta(x)) \\ A(\bar{\eta}(a) - \eta(a)) + B(\bar{\eta}(b) - \eta(b)) &= -r(\eta(a), \eta(b)) \end{aligned}$$

eine bessere Lösung von (7.3.5.1) als $\eta(x)$ ist. Für später führen wir die Korrekturfunktion $\Delta\eta(x) := \bar{\eta}(x) - \eta(x)$ ein, die nach Definition Lösung des Randwertproblems

$$\text{(7.3.8.2)} \qquad \begin{aligned} \Delta\eta' &= f(x, \eta(x)) - \eta'(x) + D_y f(x, \eta(x)) \cdot \Delta\eta \\ A\Delta\eta(a) + B\Delta\eta(b) &= -r(\eta(a), \eta(b)) \end{aligned}$$

ist, so daß

$$\text{(7.3.8.3)} \quad \Delta\eta(x) = \Delta\eta(a) + \int_a^x [D_y f(t, \eta(t))\Delta\eta(t) + f(t, \eta(t)) - \eta'(t)]\,dt.$$

Ersetzt man in (7.3.8.1) η durch $\bar{\eta}$, so erhält man eine weitere Näherung $\bar{\bar{\eta}}$ für y usw. Trotz seiner einfachen Herleitung besitzt dieses Iterationsverfahren schwerwiegende Nachteile, die es als wenig praktikabel erscheinen lassen:

1. Die Vektorfunktionen $\eta(x), \bar{\eta}(x), \ldots$ müssen in ihrem ganzen Verlauf über $[a, b]$ abgespeichert werden.

2. Die Matrixfunktion $D_y f(x, y)$ muß explizit analytisch berechnet werden und ebenfalls in ihrem Verlauf über $[a, b]$ abgespeichert werden. Beides ist bei den heute in der Praxis auftretenden Problemen (z. B. f mit 25 Komponenten, 500–1000 arithmetischen Operationen pro Auswertung von f) so gut wie unmöglich.

Wir wollen zeigen, daß die Mehrzielmethode für $m \to \infty$ gegen das Verfahren (7.3.8.1) in folgendem Sinne konvergiert:

Sei $\eta(x)$ eine auf $[a, b]$ genügend glatte Funktion und sei ferner (7.3.8.1) eindeutig lösbar mit der Lösung $\bar{\eta}(x)$, $\Delta\eta(x) := \bar{\eta}(x) - \eta(x)$. Dann gilt: Wählt man für die Mehrzielmethode (7.3.5.3)–(7.3.5.10) irgendeine Unterteilung $a = x_1 < x_2 < \ldots < x_m = b$ der Feinheit $h := \max_k |x_{k+1} - x_k|$ und als Startvektor s für die Mehrzielmethode den Vektor

$$s = \begin{bmatrix} s_1 \\ s_2 \\ \vdots \\ s_m \end{bmatrix} \quad \text{mit} \quad s_k := \eta(x_k),$$

dann erhält man als Lösung von (7.3.5.8) einen Korrekturvektor

$$\Delta s = \begin{bmatrix} \Delta s_1 \\ \Delta s_2 \\ \vdots \\ \Delta s_m \end{bmatrix} \quad \text{mit} \quad \max_k \|\Delta s_k - \Delta\eta(x_k)\| = 0(h). \tag{7.3.8.4}$$

Zum Beweis nehmen wir der Einfachheit halber $|x_{k+1} - x_k| = h$, $k = 1, 2, \ldots, m-1$, an. Wir wollen zeigen, daß es zu jedem h eine differenzierbare Funktion $\Delta\bar{s}\colon [a, b] \to \mathbb{R}^n$ gibt mit $\max_k \|\Delta s_k - \Delta\bar{s}(x_k)\| = 0(h)$, $\Delta\bar{s}(a) = \Delta s_1$ und $\max_{x\in[a,b]} \|\Delta\bar{s}(x) - \Delta\eta(x)\| = 0(h)$.

Dazu zeigen wir als erstes, daß die in (7.3.5.9), (7.3.5.10) auftretenden Produkte

$$G_{k-1}G_{k-2} \ldots G_{j+1} = G_{k-1}G_{k-2} \ldots G_1(G_jG_{j-1} \ldots G_1)^{-1}$$

einfache Grenzwerte für $h \to 0$ ($h \cdot k = \text{const}$, $h \cdot j = \text{const}$) besitzen. Die Darstellung (7.3.5.9) für Δs_k läßt sich so schreiben

$$\Delta s_k = F_{k-1} + G_{k-1} \ldots G_1 \left[\Delta s_1 + \sum_{j=1}^{k-2} (G_j \ldots G_1)^{-1} F_j\right], \tag{7.3.8.5}$$

$$2 \leqq k \leqq m.$$

Nach (7.3.5.3) ist F_k gegeben durch

$$F_k = y(x_{k+1}; x_k, s_k) - s_{k+1}, \qquad 1 \leqq k \leqq m-1,$$

also

$$F_k = s_k + \int_{x_k}^{x_{k+1}} f(t, y(t; x_k, s_k))\, dt - s_{k+1}$$

und mit Hilfe des Mittelwertsatzes

$$(7.3.8.6) \quad F_k = [f(\tau_k, y(\tau_k; x_k, s_k)) - \eta'(\tilde{\tau}_k)] \cdot h, \qquad x_k < \tau_k, \tilde{\tau}_k < x_{k+1}.$$

Sei nun die Matrix $Z(x)$ Lösung des Anfangswertproblems

$$(7.3.8.7) \qquad Z' = D_y f(x, \eta(x)) \cdot Z, \qquad Z(a) = I,$$

sowie die Matrix $\bar{Z}_k$ die Lösung von

$$\bar{Z}_k' = D_y f(x, \eta(x)) \cdot \bar{Z}_k, \qquad \bar{Z}_k(x_k) = I, \quad 1 \leqq k \leqq m-1,$$

also

$$(7.3.8.8) \qquad \bar{Z}_k(x) = I + \int_{x_k}^{x} D_y f(t, \eta(t)) \bar{Z}_k(t)\, dt.$$

Für die Matrizen $Z_k := \bar{Z}_k(x_{k+1})$ zeigt man nun leicht durch vollständige Induktion nach k, daß

$$(7.3.8.9) \qquad Z(x_{k+1}) = Z_k Z_{k-1} \dots Z_1.$$

In der Tat, wegen $\bar{Z}_1 = Z$ ist dies für $k = 1$ richtig. Ist die Behauptung für $k-1$ richtig, dann genügt die Funktion

$$\bar{Z}(x) := \bar{Z}_k(x) Z_{k-1} \dots Z_1$$

der Differentialgleichung $\bar{Z}' = D_y f(x, \eta(x)) \bar{Z}$ und den Anfangsbedingungen $\bar{Z}(x_k) = \bar{Z}_k(x_k) Z_{k-1} \dots Z_1 = Z_{k-1} \dots Z_1 = Z(x_k)$. Wegen der eindeutigen Lösbarkeit von Anfangswertproblemen folgt $\bar{Z}(x) = Z(x)$ und damit (7.3.8.9).

Nach Satz (7.1.8) gilt ferner für die Matrizen $\bar{G}_k(x) := D_{s_k} y(x; x_k, s_k)$

$$(7.3.8.10) \qquad \begin{aligned} \bar{G}_k(x) &= I + \int_{x_k}^{x} D_y f(t, y(t; x_k, s_k)) \bar{G}_k(t)\, dt \\ G_k &= \bar{G}_k(x_{k+1}). \end{aligned}$$

Mit der Abkürzung

$$\varphi(x) := \|\bar{Z}_k(x) - \bar{G}_k(x)\|$$

ergibt sich nach Subtraktion von (7.3.8.8) und (7.3.8.10) die Abschätzung

$$(7.3.8.11) \qquad \begin{aligned} \varphi(x) \leqq & \int_{x_k}^{x} \|D_y f(t, \eta(t)) - D_y f(t, y(t; x_k, s_k))\| \cdot \|\bar{Z}_k(t)\|\, dt \\ & + \int_{x_k}^{x} \|D_y f(t, y(t; x_k, s_k))\| \cdot \varphi(t)\, dt. \end{aligned}$$

Wenn $D_y f(t, y)$ bzgl. y für alle $t \in [a, b]$ gleichmäßig Lipschitzstetig ist, zeigt man leicht für $x_k \leqq t \leqq x_{k+1}$

$$\|D_y f(t, \eta(t)) - D_y f(t, y(t; x_k, s_k))\| \leqq L \cdot \|\eta(t) - y(t; x_k, s_k)\| = 0(h)$$

sowie die gleichmäßige Beschränktheit von $\|\bar{Z}_k(t)\|$, $\|D_y f(t, y(t; x_k, s_k))\|$ für $t \in [a, b]$, $k = 1, 2, \ldots, m-1$. Aus (7.3.8.11) erhält man damit und mit Hilfe der Beweismethoden der Sätze (7.1.4), (7.1.11) eine Abschätzung der Form

$$\varphi(x) = 0(h^2) \quad \text{für} \quad x \in [x_k, x_{k+1}],$$

insbesondere für $x = x_{k+1}$

$$\|Z_k - G_k\| \leqq c_1 h^2, \qquad 1 \leqq k \leqq m-1, \tag{7.3.8.12}$$

mit einer von k und h unabhängigen Konstanten c_1,

Aus der Identität

$$Z_k Z_{k-1} \ldots Z_1 - G_k G_{k-1} \ldots G_1 = (Z_k - G_k) Z_{k-1} \ldots Z_1 + \\ + G_k(Z_{k-1} - G_{k-1}) Z_{k-2} \ldots Z_1 + \ldots + G_k G_{k-1} \ldots G_2 (Z_1 - G_1)$$

und den aus Satz (7.1.11) folgenden weiteren Abschätzungen

$$\|G_k\| \leqq 1 + c_2 h, \qquad \|Z_k\| \leqq 1 + c_2 h, \qquad 1 \leqq k \leqq m-1,$$

c_2 von k und h unabhängig, folgt daher wegen $k \cdot h \leqq b - a$ und (7.3.8.9)

$$\|Z(x_{k+1}) - G_k G_{k-1} \ldots G_1\| \leqq c_1 h^2 \cdot k(1 + c_2 h)^{k-1} \leqq Dh, \\ 1 \leqq k \leqq m-1, \tag{7.3.8.13}$$

mit einer von k und h unabhängigen Konstanten D.

Aus (7.3.8.5), (7.3.8.6), (7.3.8.9), (7.3.8.12), (7.3.8.13) ergibt sich

(7.3.8.14)

$$\Delta s_k = (Z(x_k) + 0(h^2)) \left[\Delta s_1 + \sum_{j=1}^{k-2} (Z(x_{j+1}) + 0(h^2))^{-1} (f(\tau_j, y(\tau_j; x_j, s_j)) - \right. \\ \left. - \eta'(\tilde{\tau}_j)) h \right] + 0(h)$$

$$= Z(x_k) \cdot \Delta s_1 + Z(x_k) \cdot \int_a^{x_k} Z(t)^{-1} [f(t, \eta(t)) - \eta'(t)]\, dt + 0(h)$$

$$= \Delta \bar{s}(x_k) + 0(h).$$

Dabei ist $\Delta \bar{s}(x)$ die Funktion

$$\Delta \bar{s}(x) := Z(x) \cdot \Delta s_1 + Z(x) \cdot \int_a^x Z(t)^{-1} [f(t, \eta(t)) - \eta'(t)]\, dt, \tag{7.3.8.15}$$

$$\Delta \bar{s}(a) = \Delta s_1.$$

Man beachte, daß $\Delta\bar{s}(x)$ auch von h abhängt, weil Δs_1 von h abhängig ist. Offensichtlich ist $\Delta\bar{s}$ nach x differenzierbar und es gilt wegen (7.3.8.7)

$$\Delta\bar{s}'(x) = Z'(x)\left[\Delta s_1 + \int_a^x Z(t)^{-1}[f(t,\eta(t)) - \eta'(t)]\,dt\right] + f(x,\eta(x)) - \eta'(x)$$

$$= D_y f(x,\eta(x))\,\Delta\bar{s}(x) + f(x,\eta(x)) - \eta'(x),$$

so daß

$$\Delta\bar{s}(x) = \Delta\bar{s}(a) + \int_a^x [D_y f(t,\eta(t))\,\Delta\bar{s}(t) + f(t,\eta(t)) - \eta'(t)]\,dt.$$

Durch Subtraktion dieser Gleichung von (7.3.8.3) folgt für die Differenz

$$\theta(x) := \Delta\eta(x) - \Delta\bar{s}(x)$$

die Gleichung

$$\text{(7.3.8.16)} \qquad \theta(x) = \theta(a) + \int_a^x D_y f(t,\eta(t))\,\theta(t)\,dt$$

und weiter mit Hilfe von (7.3.8.7)

$$\text{(7.3.8.17)} \qquad \theta(x) = Z(x)\cdot\theta(a), \qquad \|\theta(x)\| \leqq K\cdot\|\theta(a)\| \quad \text{für} \quad a \leqq x \leqq b$$

mit einer geeigneten Konstanten K.

Wegen (7.3.8.14) und (7.3.8.17) genügt es, $\|\theta(a)\| = 0(h)$ zu zeigen, um den Beweis von (7.3.8.4) abzuschließen. Nun zeigt man mit Hilfe von (7.3.5.10) und (7.3.8.15) auf dieselbe Weise wie (7.3.8.14), daß $\Delta s_1 = \Delta\bar{s}(a)$ einer Gleichung der Form

$$[A + B(Z(b) + 0(h^2))]\,\Delta s_1 = -F_m - BZ(b)\int_a^b Z(t)^{-1}(f(t,\eta(t)) - \eta'(t))\,dt + 0(h)$$

$$= -F_m - B[\Delta\bar{s}(b) - Z(b)\,\Delta s_1] + 0(h)$$

genügt.

Wegen $F_m = r(s_1, s_m) = r(\eta(a), \eta(b))$ folgt

$$A\Delta\bar{s}(a) + B\Delta\bar{s}(b) = -r(\eta(a), \eta(b)) + 0(h).$$

Durch Subtraktion von (7.3.8.2) und wegen (7.3.8.17) folgt

$$A\cdot\theta(a) + B\cdot\theta(b) = [A + BZ(b)]\cdot\theta(a) = 0(h),$$

und damit $\theta(a) = 0(h)$, weil (7.3.8.1) nach Voraussetzung eindeutig lösbar und damit $A + BZ(b)$ nichtsingulär ist. Wegen (7.3.8.14), (7.3.8.17) ist damit (7.3.8.4) bewiesen.

7.4 Differenzenverfahren

Die allen Differenzenverfahren zugrunde liegende Idee ist, in einer Differentialgleichung die Differentialquotienten durch passende Differenzenquotienten zu ersetzen und die so erhaltenen diskretisierten Gleichungen zu lösen.

Wir wollen dies an folgendem einfachen Randwertproblem 2. Ordnung für eine Funktion $y: [a, b] \to \mathbb{R}$ erläutern

$$\text{(7.4.1)} \qquad \begin{aligned} -y'' + q(x)\,y &= g(x) \\ y(a) = \alpha, \qquad y(b) &= \beta. \end{aligned}$$

Unter den Voraussetzungen $q, g \in C[a, b]$ (d. h. q und g sind auf $[a, b]$ stetige Funktionen) und $q(x) \geqq 0$ für $x \in [a, b]$ läßt sich zeigen, daß (7.4.1) eine eindeutig bestimmte Lösung $y(x)$ besitzt.

Um (7.4.1) zu diskretisieren, teilen wir $[a, b]$ in $n + 1$ äquidistante Teile

$$a = x_0 < x_1 < \ldots < x_n < x_{n+1} = b, \qquad x_j = a + j \cdot h, \qquad h := \frac{b - a}{n + 1},$$

und ersetzen mit der Abkürzung $y_j := y(x_j)$ den Differentialquotienten $y_i'' = y''(x_i)$ für $i = 1, 2, \ldots, n$ durch den 2. Differenzenquotienten

$$\Delta^2 y_i := \frac{y_{i+1} - 2y_i + y_{i-1}}{h^2}.$$

Wir wollen nun den Fehler $\tau_i(y) := y''(x_i) - \Delta^2 y_i$ abschätzen. Dazu setzen wir voraus, daß y auf $[a, b]$ 4 mal stetig differenzierbar ist, $y \in C^4[a, b]$. Man findet dann durch Taylorentwicklung von $y(x_i \pm h)$ um x_i

$$y_{i\pm 1} = y_i \pm h y_i' + \frac{h^2}{2!} y_i'' \pm \frac{h^3}{3!} y_i''' + \frac{h^4}{4!} y^{(4)}(x_i \pm \theta_i^{\pm} h), \qquad 0 < \theta_i^{\pm} < 1,$$

und damit

$$\Delta^2 y_i = y_i'' + \frac{h^2}{24} [y^{(4)}(x_i + \theta_i^+ h) + y^{(4)}(x_i - \theta_i^- h)].$$

Da $y^{(4)}(x)$ noch stetig ist, folgt

$$\text{(7.4.2)} \qquad \tau_i(y) = y''(x_i) - \Delta^2 y_i = -\frac{h^2}{12} y^{(4)}(x_i + \theta_i h) \quad \text{für ein} \quad |\theta_i| < 1.$$

Wegen (7.4.1) erfüllen die Werte $y_i = y(x_i)$ die Gleichungen

$$\text{(7.4.3)} \qquad \begin{aligned} &y_0 = \alpha \\ &\frac{2y_i - y_{i-1} - y_{i+1}}{h^2} + q(x_i)\,y_i = g(x_i) + \tau_i(y), \qquad i = 1, 2, \ldots, n, \\ &y_{n+1} = \beta. \end{aligned}$$

Mit den Abkürzungen $q_i := q(x_i)$, $g_i := g(x_i)$, den Vektoren

$$\bar{y} := \begin{bmatrix} y_1 \\ y_2 \\ \cdot \\ \cdot \\ \cdot \\ \cdot \\ y_n \end{bmatrix}, \quad \tau(y) := \begin{bmatrix} \tau_1(y) \\ \tau_2(y) \\ \cdot \\ \cdot \\ \cdot \\ \cdot \\ \tau_n(y) \end{bmatrix}, \quad k := \begin{bmatrix} g_1 + \dfrac{\alpha}{h^2} \\ g_2 \\ \cdot \\ \cdot \\ \cdot \\ g_{n-1} \\ g_n + \dfrac{\beta}{h^2} \end{bmatrix}$$

und der symmetrischen $n \times n$-Tridiagonalmatrix

$$A := \frac{1}{h^2} \cdot \begin{bmatrix} 2 + q_1 h^2 & -1 & & & 0 \\ -1 & 2 + q_2 h^2 & -1 & & \\ & -1 & \ddots & \ddots & \\ & & \ddots & \ddots & -1 \\ 0 & & & -1 & 2 + q_n h^2 \end{bmatrix} \tag{7.4.4}$$

ist (7.4.3) äquivalent mit

$$A\bar{y} = k + \tau(y). \tag{7.4.5}$$

Das Differenzenverfahren besteht nun darin, in Gleichung (7.4.5) den Fehlerterm $\tau(y)$ fortzulassen und die Lösung $u = (u_1, \ldots, u_n)^T$ des erhaltenen linearen Gleichungssystems

$$Au = k \tag{7.4.6}$$

als Approximation für $\bar{y}$ zu nehmen.

Wir wollen zunächst einige Eigenschaften der Matrix A (7.4.4) zeigen. Dazu schreiben wir $A \leqq B$ für zwei $n \times n$-Matrizen, falls $a_{ij} \leqq b_{ij}$ für $i, j = 1, 2, \ldots, n$. Es gilt nun:

(7.4.7) **Satz:** *Ist $q_i \geqq 0$ für $i = 1, \ldots, n$, so ist A (7.4.4) positiv definit und es gilt $0 \leqq A^{-1} \leqq \tilde{A}^{-1}$ mit der positiv definiten $n \times n$-Matrix*

(7.4.8)
$$\tilde{A} := \frac{1}{h^2} \cdot \begin{bmatrix} 2 & -1 & & & \\ -1 & \ddots & \ddots & & \\ & \ddots & \ddots & \ddots & \\ & & \ddots & \ddots & -1 \\ & & & -1 & 2 \end{bmatrix}.$$

Beweis: Wir wollen zunächst zeigen, daß A positiv definit ist. Dazu betrachten wir die $n \times n$-Matrix $A_n := h^2 \cdot \tilde{A}$. Nach dem Satz von Gerschgorin (6.9.4) gilt für die Eigenwerte die Abschätzung $|\lambda_i - 2| \leqq 2$ also $0 \leqq \lambda_i \leqq 4$. Wäre $\lambda_i = 0$ Eigenwert von A_n, so hätte das $\det(A_n) = 0$ zur Folge; es gilt aber $\det(A_n) = n + 1$, wie man sich leicht mittels der Rekursionsformel $\det(A_{n+1}) = 2\det(A_n) - \det(A_{n-1})$ überzeugt (man erhält diese sofort durch Entwicklung von $\det(A_{n+1})$ nach der 1. Zeile). Andererseits ist auch $\lambda_i = 4$ kein Eigenwert von A_n, denn dann wäre $A_n - 4I$ singulär. Nun gilt aber

$$A_n - 4I = \begin{bmatrix} -2 & -1 & & & \\ -1 & \ddots & \ddots & & \\ & \ddots & \ddots & \ddots & \\ & & \ddots & \ddots & -1 \\ & & & -1 & -2 \end{bmatrix} = -DA_nD^{-1},$$

$$D := \operatorname{diag}(1, -1, 1, \ldots, \pm 1)$$

also $|\det(A_n - 4I)| = |\det(A_n)|$, und damit ist mit A_n auch $A_n - 4I$ nichtsingulär. Es folgt die Abschätzung $0 < \lambda_i < 4$ für die Eigenwerte von A_n. Dies zeigt insbesondere, daß $\tilde{A}$ positiv definit ist. Wegen

$$z^H A z = z^H \tilde{A} z + \sum_{i=1}^{n} q_i |z_i|^2, \qquad z^H \tilde{A} z > 0 \quad \text{für} \quad z \neq 0 \quad \text{und} \quad q_i \geqq 0$$

folgt sofort $z^H A z > 0$ für $z \neq 0$, also die positive Definitheit von A. Satz (4.3.2) zeigt die Existenz von A^{-1} und $\tilde{A}^{-1}$ und es bleibt nur noch die Ungleichung $0 \leqq A^{-1} \leqq \tilde{A}^{-1}$ zu beweisen. Dazu betrachten wir die Matrizen $D, \tilde{D}, J, \tilde{J}$ mit

$$h^2 A = D(I - J), \qquad D = \operatorname{diag}(2 + q_1 h^2, \ldots, 2 + q_n h^2),$$
$$h^2 \tilde{A} = \tilde{D}(I - \tilde{J}), \qquad \tilde{D} = 2I.$$

Offensichtlich gelten wegen $q_i \geqq 0$ die Ungleichungen

$$0 \leqq \tilde{D} \leqq D,$$

$$(7.4.9) \qquad 0 \leqq J = \begin{bmatrix} 0 & \frac{1}{2+q_1h^2} & & & 0 \\ \frac{1}{2+q_2h^2} & \ddots & \ddots & & \\ & \ddots & \ddots & \ddots & \\ & & \ddots & \ddots & \frac{1}{2+q_{n-1}h^2} \\ 0 & & & \frac{1}{2+q_nh^2} & 0 \end{bmatrix} \leqq$$

$$\leqq \tilde{J} = \begin{bmatrix} 0 & \frac{1}{2} & & & 0 \\ \frac{1}{2} & \ddots & \ddots & & \\ & \ddots & \ddots & \ddots & \\ & & \ddots & \ddots & \frac{1}{2} \\ 0 & & & \frac{1}{2} & 0 \end{bmatrix}.$$

Wegen $\tilde{J} = \frac{1}{2}(-A_n + 2I)$ und der Abschätzung $0 < \lambda_i < 4$ für die Eigenwerte von A_n gilt $-1 < \mu_i < 1$ für die Eigenwerte μ_i von $\tilde{J}$, d. h. man hat für den Spektralradius von $\tilde{J}: \rho(\tilde{J}) < 1$. Aus Satz (6.9.2) folgt leicht die Konvergenz der Reihe

$$(0 \leqq) I + \tilde{J} + \tilde{J}^2 + \tilde{J}^3 + \ldots = (I - \tilde{J})^{-1}.$$

Wegen $0 \leqq J \leqq \tilde{J}$ konvergiert dann auch

$$(0 \leqq) I + J + J^2 + J^3 + \ldots = (I - J)^{-1} \leqq (I - \tilde{J})^{-1}$$

und es gilt wegen (7.4.9) $0 \leqq D^{-1} \leqq \tilde{D}^{-1}$ und daher

$$0 \leqq (h^2A)^{-1} = (I - J)^{-1} D^{-1} \leqq (I - \tilde{J})^{-1} \tilde{D}^{-1} = (h^2\tilde{A})^{-1},$$

was zu zeigen war. □

Insbesondere folgt aus dem obigen Satz, daß das Gleichungssystem (7.4.6) eine Lösung besitzt (falls $q(x) \geqq 0$ für $x \in [a, b]$), die z. B. mittels des Cholesky-Verfahren (s. 4.3) leicht gefunden werden kann. Da A eine Tridiagonalmatrix ist, ist die Zahl der Operationen für die Auflösung von (7.4.6) proportional zu n.

Wir wollen nun eine Abschätzung für die Fehler

$$y_i - u_i$$

der aus (7.4.6) gewonnenen Näherungswerte u_i für die exakten Lösungen $y_i = y(x_i)$, $i = 1, \ldots, n$, herleiten.

(7.4.10) **Satz:** *Das Randwertproblem* (7.4.1) *habe eine Lösung* $y(x) \in C^4[a, b]$ *und es gelte* $|y^{(4)}(x)| \leqq M$ *für* $x \in [a, b]$. *Ferner sei* $q(x) \geqq 0$ *für* $x \in [a, b]$ *und* $u = (u_1, \ldots, u_n)^T$ *die Lösung von* (7.4.6). *Dann gilt*

$$|y(x_i) - u_i| \leqq \frac{Mh^2}{24}(x_i - a)(b - x_i)$$

für $i = 1, 2, \ldots, n$.

Beweis: Wegen (7.4.5) und (7.4.6) hat man für $\bar{y} - u$ die Gleichung

$$A(\bar{y} - u) = \tau(y).$$

Satz (7.4.7) und die Darstellung (7.4.2) für $\tau(y)$ ergeben mit der Schreibweise

$$|y| := \begin{bmatrix} |y_1| \\ \vdots \\ |y_n| \end{bmatrix} \quad \text{für } y \in \mathbb{R}^n:$$

(7.4.11) $$|\bar{y} - u| = |A^{-1}\tau(y)| \leqq \tilde{A}^{-1}|\tau(y)| \leqq \frac{Mh^2}{12}\tilde{A}^{-1} \cdot e$$

mit $e = (1, 1, \ldots, 1)^T$. Der Vektor $\tilde{A}^{-1} \cdot e$ kann mittels folgender Beobachtung sofort angegeben werden: Das spezielle Randwertproblem

$$-y'' = 1, \qquad y(a) = y(b) = 0$$

des Typs (7.4.1) besitzt die exakte Lösung $y(x) = \frac{1}{2}(x - a)(b - x)$. Für dieses Randwertproblem gilt aber wegen (7.4.2) $\tau(y) = 0$, und es stimmen die diskrete Lösung u von (7.4.6) und die exakte Lösung $\bar{y}$ von (7.4.5) überein. Überdies ist für dieses spezielle Randwertproblem die Matrix A (7.4.4) gerade die Matrix $\tilde{A}$ (7.4.8) und weiter $k = e$. Also gilt $\tilde{A}^{-1} \cdot e = u$, $u_i = \frac{1}{2}(x_i - a)(b - x_i)$. Zusammen mit (7.4.11) ergibt das die Behauptung des Satzes. □

Unter den Voraussetzungen von Satz (7.4.10) gehen die Diskretisierungsfehler also mit h^2 gegen 0, das Differenzenverfahren ist ein Verfahren 2. Ordnung.

In ähnlicher Weise kann man auch Differenzenverfahren für nichtlineare Randwertprobleme, etwa der Form

$$-y'' + q(x)y = g(x, y)$$
$$y(a) = \alpha, \qquad y(b) = \beta$$

ansetzen. Man erhält dann für den Vektor $u = (u_1, \ldots, u_n)^T$ der Näherungswerte u_i für $y(x_i)$ ein nichtlineares Gleichungssystem, das man i. a. nur iterativ lösen kann. In jedem Fall erhält man nur Verfahren sehr geringer Ordnung. Um eine hohe Genauigkeit zu erreichen, muß man anders als etwa bei der Mehrzielmethode das Intervall $[a, b]$ sehr fein unterteilen (s. Abschnitt 7.6 für verglei-gleichende Beispiele).

Für ein Beispiel zur Anwendung von Differenzenverfahren bei partiellen Differentialgleichungen s. Abschnitt 8.4.

7.5 Variationsmethoden

Variationsverfahren (Rayleigh-Ritz-Galerkin-Verfahren) beruhen darauf, daß die Lösungen einiger wichtiger Typen von Randwertproblemen gewisse Minimalitätseigenschaften besitzen. Wir wollen diese Verfahren an folgendem einfachen Randwertproblem für eine Funktion $u: [a, b] \to \mathbb{R}$ erläutern:

(7.5.1)
$$-(p(x)u'(x))' + q(x)u(x) = g(x, u(x))$$
$$u(a) = \alpha, \qquad u(b) = \beta.$$

Man beachte, daß das Problem (7.5.1) etwas allgemeiner ist als (7.4.1).

Unter den Voraussetzungen

(7.5.2)
$$\begin{aligned} &p \in C^1[a, b], && p(x) \geqq p_0 > 0 \\ &q \in C[a, b], && q(x) \geqq 0 \\ &g \in C^1([a,b] \times \mathbb{R}), && g_u(x,u) \leqq \lambda_0 \end{aligned}$$

λ_0 kleinster Eigenwert der Eigenwertaufgabe

$$-(p\, z')' - (\lambda - q)z = 0, \qquad z(a) = z(b) = 0$$

weiß man, daß (7.5.1) stets genau eine Lösung besitzt. Wir setzen daher für das Weitere (7.5.2) voraus und treffen die vereinfachende Annahme $g(x, u(x)) = g(x)$ (keine u-Abhängigkeit in der rechten Seite).

Ist $u(x)$ die Lösung von (7.5.1), so ist $y(x) := u(x) - l(x)$ mit

$$l(x) := \alpha \frac{b - x}{b - a} + \beta \frac{a - x}{a - b}, \qquad l(a) = \alpha, \qquad l(b) = \beta,$$

die Lösung eines Randwertproblems der Form

(7.5.3)
$$-(p \cdot y')' + qy = f$$
$$y(a) = 0, \qquad y(b) = 0$$

mit verschwindenden Randwerten. Wir können daher ohne Einschränkung der Allgemeinheit statt (7.5.1) Probleme der Form (7.5.3) betrachten. Mit Hilfe des zu (7.5.3) gehörigen *Differentialoperators*

(7.5.4)
$$L(v) :\equiv -(p \cdot v')' + q \cdot v$$

wollen wir das Problem (7.5.3) etwas anders formulieren. Der Operator L bildet die Menge

$$D_L := \{v \in C^2[a, b] \,|\, v(a) = 0, \; v(b) = 0\}$$

aller zweimal auf $[a,b]$ stetig differenzierbaren reellen Funktionen, die die Randbedingungen $v(a) = v(b) = 0$ erfüllen, in die Menge $C[a,b]$ aller auf $[a,b]$ stetigen Funktionen ab. Das Randwertproblem (7.5.3) ist also damit äquivalent, eine Lösung von

$$L(y) = f, \qquad y \in D_L \tag{7.5.5}$$

zu finden. Offensichtlich ist D_L ein reeller Vektorraum und L ein linearer Operator auf D_L: Mit $u, v \in D_L$ gehört auch $\alpha u + \beta v$ zu D_L und es ist $L(\alpha u + \beta v) = \alpha L(u) + \beta L(v)$ für alle reellen Zahlen α, β. Auf der Menge $L_2(a,b)$ aller auf $[a,b]$ quadratisch integrierbaren Funktionen führen wir nun durch die Definition

$$(u,v) := \int_a^b u(x) \cdot v(x)\, dx, \qquad \|u\|_2 := (u,u)^{1/2} \tag{7.5.6}$$

eine Bilinearform und eine Norm ein. Der Differentialoperator L (7.5.4) hat einige für das Verständnis der Variationsmethoden wichtige Eigenschaften.
Es gilt

(7.5.7) **Satz:** *L ist ein symmetrischer Operator auf D_L, d. h. es gilt*

$$(u, L(v)) = (L(u), v) \quad \textit{für alle} \quad u, v \in D_L.$$

Beweis: Durch partielle Integration findet man

$$\begin{aligned}(u, L(v)) &= \int_a^b u(x)\left[-(p(x)v'(x))' + q(x)v(x)\right] dx \\ &= -u(x)p(x)v'(x)\Big|_a^b + \int_a^b \left[p(x)u'(x)v'(x) + q(x)u(x)v(x)\right] dx \\ &= \int_a^b \left[p(x)u'(x)v'(x) + q(x)u(x)v(x)\right] dx,\end{aligned}$$

weil $u(a) = u(b) = 0$ für $u \in D_L$ gilt. Aus Symmetriegründen folgt ebenso

$$(L(u), v) = \int_a^b \left[p(x)u'(x)v'(x) + q(x)u(x)v(x)\right] dx \tag{7.5.8}$$

und damit die Behauptung. □

Die rechte Seite von (7.5.8) ist nicht nur für $u, v \in D_L$ definiert. Sei dazu $D := \{u \in \mathscr{H}^1(a,b) \mid u(a) = u(b) = 0\}$ die Menge aller auf $[a,b]$ absolutstetigen Funktionen u mit $u(a) = u(b) = 0$, für die u' auf $[a,b]$ (fast überall existiert und) noch quadratisch integrierbar ist (s. Def. (2.4.1.2)). Insbesondere gehören alle stückweise stetig differenzierbaren Funktionen, die die Randbedingungen erfüllen, zu D. D ist wieder ein reeller Vektorraum mit $D \supseteq D_L$. Durch die rechte Seite von (7.5.8) wird auf D die symmetrische Bilinearform

$$[u,v] := \int_a^b \left[p(x)u'(x)v'(x) + q(x)u(x)v(x)\right] dx \tag{7.5.9}$$

definiert, die für $u, v \in D_L$ mit $(u, L(v))$ übereinstimmt. Wie eben zeigt man für $y \in D_L$, $u \in D$ durch partielle Integration

$$(7.5.10) \qquad (u, L(y)) = [u, y].$$

Bezüglich des durch (7.5.6) auf D_L eingeführten Skalarproduktes ist L ein *positiv definiter Operator* in folgendem Sinn:

(7.5.11) **Satz:** *Unter den Voraussetzungen* (7.5.2) *ist*

$$[u, u] = (u, L(u)) > 0 \quad \textit{für alle} \quad u \neq 0, \qquad u \in D_L.$$

Es gilt sogar die Abschätzung

$$(7.5.12) \qquad \gamma \|u\|_\infty^2 \leqq [u, u] \leqq \Gamma \|u'\|_\infty^2 \quad \textit{für alle} \quad u \in D$$

mit der Norm $\|u\|_\infty := \sup\limits_{a \leqq x \leqq b} |u(x)|$ *und den Konstanten* $\gamma := \dfrac{p_0}{b-a}$, $\Gamma := \|p\|_\infty (b-a) + \|q\|_\infty (b-a)^3$.

Beweis: Wegen $\gamma > 0$ genügt es, (7.5.12) zu zeigen. Für $u \in D$ gilt wegen $u(a) = 0$

$$u(x) = \int_a^x u'(\xi)\, d\xi \quad \text{für} \quad x \in [a, b].$$

Die Schwarzsche Ungleichung liefert die Abschätzung

$$\begin{aligned} u(x)^2 &\leqq \int_a^x 1^2 d\xi \cdot \int_a^x u'(\xi)^2\, d\xi = (x-a) \int_a^x u'(\xi)^2\, d\xi \\ &\leqq (b-a) \cdot \int_a^b u'(\xi)^2\, d\xi \end{aligned}$$

und daher

$$(7.5.13) \qquad \|u\|_\infty^2 \leqq (b-a) \int_a^b u'(x)^2\, dx \leqq (b-a)^2\, \|u'\|_\infty^2.$$

Nun ist wegen Vor. (7.5.2) $p(x) \geqq p_0 > 0$, $q(x) \geqq 0$ für $x \in [a, b]$; also folgt aus (7.5.9) und (7.5.13)

$$\begin{aligned} [u, u] &= \int_a^b [p(x)\, u'(x)^2 + q(x)\, u(x)^2]\, dx \\ &\geqq p_0 \int_a^b u'(x)^2\, dx \\ &\geqq \frac{p_0}{b-a} \|u\|_\infty^2. \end{aligned}$$

Schließlich ist wegen (7.5.13) auch

$$\begin{aligned}[u, u] &= \int_a^b [p(x)\, u'(x)^2 + q(x)\, u(x)^2]\, dx \\ &\leqq \|p\|_\infty (b-a) \|u'\|_\infty^2 + \|q\|_\infty (b-a) \|u\|_\infty^2 \\ &\leqq \Gamma \|u'\|_\infty^2,\end{aligned}$$

was zu zeigen war. □

Insbesondere kann man aus (7.5.11) sofort auf die Eindeutigkeit der Lösung y von (7.5.3) bzw. (7.5.5) schließen. Für $L(y_1) = L(y_2) = f$, $y_1, y_2 \in D_L$, ist $L(y_1 - y_2) = 0$ und daher $0 = (y_1 - y_2, L(y_1 - y_2)) \geqq \gamma \|y_1 - y_2\|_\infty^2 \geqq 0$, was direkt $y_1 = y_2$ nach sich zieht.

Wir definieren nun für $u \in D$ durch

(7.5.14) $$F(u) := [u, u] - 2(u, f)$$

ein quadratisches Funktional; dabei ist f die rechte Seite von (7.5.3), (7.5.5). F ordnet jeder Funktion $u \in D$ eine reelle Zahl $F(u)$ zu. Grundlegend für die Variationsmethoden ist die Beobachtung, daß die Funktion F ihren kleinsten Wert genau für die Lösung y von (7.5.5) annimmt:

(7.5.15) **Satz:** *Es sei y die Lösung von* (7.5.5). *Dann gilt*

$$F(u) > F(y)$$

für alle $u \in D$, $u \neq y$.

Beweis: Es ist $L(y) = f$ und daher wegen (7.5.10) nach Def. von F für $u \neq y$, $u \in D$,

$$\begin{aligned}F(u) &= [u, u] - 2(u, f) = [u, u] - 2(u, L(y)) \\ &= [u, u] - 2[u, y] + [y, y] - [y, y] \\ &= [u - y, u - y] - [y, y] \\ &> -[y, y] = F(y),\end{aligned}$$

weil nach Satz (7.5.11) $[u - y, u - y] > 0$ für $u \neq y$ gilt. □

Als Nebenresultat halten wir die Identität fest:

(7.5.16) $$[u - y, u - y] = F(u) + [y, y] \quad \text{für alle} \quad u \in D.$$

Satz (7.5.15) legt es nahe, die gesuchte Lösung y dadurch zu approximieren, daß man $F(u)$ näherungsweise minimiert. Ein solches näherungsweises Minimum von F erhält man auf systematische Weise so: Man wähle einen endlichdimensionalen Teilraum S von D, $S \subset D$. Ist $\dim S = m$, läßt sich jedes $u \in S$ bezüglich einer Basis $u_1, \ldots, u_m$ von S in der Form

(7.5.17) $$u = \delta_1 u_1 + \ldots + \delta_m u_m, \qquad \delta_i \in \mathbb{R},$$

darstellen. Man bestimmt dann das Minimum $u_S \in S$ von F auf S,

$$F(u_S) = \min_{u \in S} F(u), \tag{7.5.18}$$

und nimmt u_S als Näherung für die exakte Lösung y von (7.5.5), die nach (7.5.15) die Funktion F auf dem gesamten Raum D minimiert. Zur Berechnung der Näherung u_S betrachte man die folgende Darstellung von $F(u)$, $u \in S$, die man über (7.5.17) erhält

$$\begin{aligned}
\Phi(\delta_1, \delta_2, \ldots, \delta_m) :&\equiv F(\delta_1 u_1 + \ldots + \delta_m u_m) \\
&= \left[\sum_{i=1}^{m} \delta_i u_i, \sum_{k=1}^{m} \delta_k u_k\right] - 2\left(\sum_{k=1}^{m} \delta_k u_k, f\right) \\
&= \sum_{i,k=1}^{m} [u_i, u_k]\, \delta_i \delta_k - 2 \sum_{k=1}^{m} (u_k, f)\, \delta_k .
\end{aligned}$$

Mit Hilfe der Vektoren δ, φ und der $m \times m$-Matrix A

$$\delta := \begin{bmatrix} \delta_1 \\ \vdots \\ \delta_m \end{bmatrix}, \qquad \varphi := \begin{bmatrix} (u_1, f) \\ \vdots \\ (u_m, f) \end{bmatrix}, \qquad A := \begin{bmatrix} [u_1, u_1] & \ldots & [u_1, u_m] \\ \vdots & & \vdots \\ [u_m, u_1] & \ldots & [u_m, u_m] \end{bmatrix} \tag{7.5.19}$$

erhält man für die quadratische Funktion Φ: $\mathbb{R}^m \to \mathbb{R}$

$$\Phi(\delta) = \delta^T A \delta - 2\varphi^T \delta. \tag{7.5.20}$$

Die Matrix A ist positiv definit, denn A ist wegen (7.5.9) symmetrisch und es gilt für alle Vektoren $\delta \neq 0$ auch $u := \delta_1 u_1 + \ldots + \delta_m u_m \neq 0$ und daher wegen Satz (7.5.11)

$$\delta^T A \delta = \sum_{i,k} \delta_i \delta_k [u_i, u_k] = [u, u] > 0.$$

Das lineare Gleichungssystem

$$A\delta = \varphi \tag{7.5.21}$$

besitzt somit eine eindeutige Lösung $\delta = \tilde{\delta}$, die man mit Hilfe des Cholesky-Verfahrens (s. 4.3) berechnen kann. Wegen der Identität

$$\begin{aligned}
\Phi(\delta) = \delta^T A \delta - 2\varphi^T \delta &= \delta^T A \delta - 2\tilde{\delta}^T A \delta + \tilde{\delta}^T A \tilde{\delta} - \tilde{\delta}^T A \tilde{\delta} \\
&= (\delta - \tilde{\delta})^T A (\delta - \tilde{\delta}) - \tilde{\delta}^T A \tilde{\delta} \\
&= (\delta - \tilde{\delta})^T A (\delta - \tilde{\delta}) + \Phi(\tilde{\delta})
\end{aligned}$$

und $(\delta - \tilde{\delta})^T A (\delta - \tilde{\delta}) > 0$ für $\delta \neq \tilde{\delta}$ folgt sofort, daß $\Phi(\delta) > \Phi(\tilde{\delta})$ für $\delta \neq \tilde{\delta}$ gilt und daher die zu $\tilde{\delta}$ gehörige Funktion

$$u_S := \tilde{\delta}_1 u_1 + \ldots + \tilde{\delta}_m u_m$$

das Minimum (7.5.18) von $F(u)$ auf S liefert. Mit der Lösung y von (7.5.5) folgt wegen $F(u_S) = \min_{u \in S} F(u)$ aus (7.5.16) sofort

(7.5.22) $$[u_S - y, u_S - y] = \min_{u \in S} [u - y, u - y].$$

Wir wollen diese Beziehung zu einer Abschätzung für den Fehler $\|u_S - y\|_\infty$ benutzen. Es gilt

(7.5.23) **Satz:** *Es sei y die exakte Lösung von* (7.5.3), (7.5.5). *Ferner sei $S \subset D$ ein endlichdimensionaler Teilraum von D und es sei $F(u_S) = \min_{u \in S} F(u)$. Dann gilt die Abschätzung*

$$\|u_S - y\|_\infty \leqq C \cdot \|u' - y'\|_\infty$$

für alle $u \in S$. Hierbei ist $C = \sqrt{\Gamma/\gamma}$ mit den Konstanten Γ, γ von Satz (7.5.11).

Beweis: (7.5.12) und (7.5.22) ergeben sofort für beliebiges $u \in S \subseteq D$

$$\gamma \|u_S - y\|_\infty^2 \leqq [u_S - y, u_S - y] \leqq [u - y, u - y] \leqq \Gamma \|u' - y'\|_\infty^2.$$

Dies ergibt die Behauptung. □

Jede obere Schranke für $\inf_{u \in S} [u - y, u - y]$ oder schwächer für

$$\inf_{u \in S} \|u' - y'\|_\infty,$$

gibt sofort Anlaß zu einer Abschätzung für $\|u_S - y\|_\infty$. Wir wollen eine solche Schranke für einen wichtigen Spezialfall angeben. Dazu wählen wir als Teilraum S von D die Menge

$$S = Sp_\Delta := \{ S_\Delta | S_\Delta(a) = S_\Delta(b) = 0 \}$$

aller kubischen Splinefunktionen S_Δ (s. Def. (2.4.1.1)), die zu einer festen Unterteilung

$$\Delta: a = x_0 < x_1 < x_2 < \ldots < x_n = b$$

des Intervalls $[a, b]$ gehören und an den Endpunkten a, b verschwinden. Offensichtlich ist $Sp_\Delta \subseteq D_L \subseteq D$. Wir bezeichnen mit $\|\Delta\|$ das maximale Teilintervall der Zerlegung Δ,

$$\|\Delta\| := \max_{1 \leqq i \leqq n} (x_i - x_{i-1}),$$

und setzen weiter

$$K := \max_{1 \leqq i \leqq n} \frac{\|\Delta\|}{x_i - x_{i-1}}$$

(für äquidistante Einteilungen ist $K = 1$).

Die Splinefunktion $u := S_\Delta$ mit

$$u(x_i) = y(x_i) \qquad i = 0, 1, \ldots, n,$$

$$u'(\xi) = y'(\xi) \qquad \text{für} \quad \xi = a, b,$$

wobei y die exakte Lösung von (7.5.3), (7.5.5) ist, gehört offensichtlich zu $S = Sp_\Delta$.

Aus Satz (2.4.3.1) folgt die Abschätzung

$$\|u' - y'\|_\infty \leqq \tfrac{7}{4} K \cdot \|y^{(4)}\|_\infty \cdot \|\Delta\|^3,$$

sofern $y \in C^4(a, b)$. Zusammen mit Satz (7.5.23) ergibt dies das Resultat:

(7.5.24) **Satz:** *Die exakte Lösung y von* (7.5.3) *gehöre zu $C^4(a, b)$ und es seien die Voraussetzungen* (7.5.2) *erfüllt. Es sei $S := Sp_\Delta$ und u_S diejenige Splinefunktion mit*

$$F(u_S) = \min_{u \in S} F(u).$$

Dann gibt es von y unabhängige angebbare Konstanten K und C mit

$$\|u_S - y\|_\infty \leqq \tfrac{7}{4} K C \|y^{(4)}\|_\infty \cdot \|\Delta\|^3.$$

Die Fehlerschranke geht also mit der 3. Potenz der Feinheit von Δ gegen 0; das Verfahren ist somit in dieser Hinsicht dem Differenzenverfahren des letzten Abschnitts überlegen (s. Satz (7.4.10)).

Zur praktischen Realisierung des Variationsverfahrens, etwa im Falle $S = Sp_\Delta$, hat man sich zunächst eine Basis von Sp_Δ zu verschaffen. Man überlegt sich leicht, daß $m := \dim Sp_\Delta = n + 1$ (nach Satz (2.4.1.4) ist die Splinefunktion $S_\Delta \in Sp_\Delta$ durch $n + 1$ Bedingungen

$$S_\Delta(x_i) = y_i, \qquad i = 1, 2, \ldots, n - 1,$$

$$S'_\Delta(a) = y'_0, \qquad S'_\Delta(b) = y'_n$$

bei beliebigen y_i, y'_0, y'_n eindeutig bestimmt). Ähnlich wie in Aufgabe 28, Kapitel 2, kann man eine Basis von Splinefunktionen $S_0, S_1, \ldots, S_n$ von Sp_Δ finden mit

(7.5.25) $S_j(x) = 0$ für $x \leqq \max(x_0, x_{j-2})$ und $x \geqq \min(x_n, x_{j+2})$.

Diese Basis hat den Vorteil, daß die zugehörige Matrix A (7.5.19) eine *Bandmatrix* der Form

(7.5.26) $$A = ([S_i, S_k]) = \begin{bmatrix} x & x & x & x & & 0 \\ x & \ddots & & & \ddots & \\ x & & \ddots & & & x \\ x & & & \ddots & & x \\ & \ddots & & & \ddots & x \\ 0 & & x & x & x & x \end{bmatrix}$$

ist, weil wegen (7.5.9), (7.5.25)

$$[S_i, S_k] = \int_a^b [p(x)\, S'_i(x)\, S'_k(x) + q(x)\, S_i(x)\, S_k(x)]\, dx = 0$$

für alle $|i-k| \geqq 4$ gilt. Nachdem man zu dieser Basis $S_0, \ldots, S_n$ die Komponenten der Matrix A und des Vektors φ (7.5.19) durch Integration gefunden hat, löst man das Gleichungssystem (7.5.21) nach δ auf und erhält damit die Näherung u_s für die exakte Lösung y.

Natürlich kann man statt Sp_Δ auch einen anderen Raum $S \subseteq D$ wählen. Z. B. könnte man als S die Menge

$$S = \left\{ P \,\middle|\, P(x) = (x-a)(x-b) \sum_{i=0}^{n-2} a_i x^i,\ a_i \text{ beliebig} \right\}$$

aller Polynome nehmen, die höchstens den Grad n haben und für $x = a, b$ verschwinden. In diesem Fall wäre die Matrix A i. a. keine Bandmatrix mehr (und darüber hinaus sehr schlecht konditioniert, falls als Basis von S die speziellen Polynome

$$P_i(x) := (x-a)(x-b)\,x^i, \qquad i = 0, 1, \ldots, n-2,$$

gewählt würden).

Ähnlich den Splinefunktionen kann man als S auch die Menge

$$S = H_\Delta^{(m)}$$

wählen, wobei Δ wieder eine Zerlegung $a = x_0 < x_1 < \ldots < x_n = b$ ist und $H_\Delta^{(m)}$ aus allen Funktionen $u \in C^{m-1}[a,b]$ besteht, die in jedem Teilintervall $[x_i, x_{i+1}]$, $i = 0, 1, \ldots, n-1$, mit einem Polynom vom Grad $\leqq 2m-1$ übereinstimmen („Hermitesche Funktionenräume"). Hier kann man wieder durch passende Wahl der Basis $\{u_i\}$ von $H_\Delta^{(m)}$ erreichen, daß die Matrix $A = ([u_i, u_k])$ eine Bandmatrix ist. Bei entsprechender Wahl des Parameters m erhält man auf diese Weise sogar Verfahren höherer als 3. Ordnung (vgl. Satz (7.5.24)): Für $S = H_\Delta^{(m)}$ gilt z. B. statt (7.5.24) die Abschätzung

$$\|u_s - y\|_\infty \leqq \frac{C}{2^{2m-2}(2m-2)!} \|y^{(2m)}\|_\infty \|\Delta\|^{2m-1},$$

falls $y \in C^{2m}[a,b]$; es liegt ein Verfahren mindestens der Ordnung $2m-1$ vor (Beweise dieser und ähnlicher Abschätzungen sowie die Verallgemeinerung der Variationsmethoden auf gewisse nichtlineare Randwertprobleme findet man in Ciarlet, Schultz, Varga [7]). Man beachte jedoch, daß mit wachsendem m die Matrix A immer schwieriger zu berechnen ist.

Es sei ferner darauf hingewiesen, daß das Variationsverfahren auf wesentlich allgemeinere Randwertprobleme als (7.5.3) angewandt werden kann, so z. B. auf partielle Differentialgleichungen. Wichtige Voraussetzung für die zentralen Sätze (7.5.15), (7.5.23) und die Lösbarkeit von (7.5.21) sind im wesentlichen nur die Symmetrie von L und die Möglichkeit von Abschätzungen der Form (7.5.12) (s. Abschnitt 7.7 für Anwendungen auf das Dirichlet-Problem).

Die Hauptarbeit bei Verfahren dieses Typs besteht darin, die Koeffizienten des linearen Gleichungssystems (7.5.21) mittels Integration zu berechnen, nachdem man sich für eine geeignete Basis $u_1, \ldots, u_m$ von S entschieden hat. Für Randwertprobleme bei gewöhnlichen Differentialgleichungen sind diese Verfahren in der Regel zu aufwendig und zu ungenau und mit der Mehrzielmethode nicht konkurrenzfähig (s. den nächsten Abschnitt für vergleichende Resultate). Ihr Wert zeigt sich erst bei Randwertproblemen für partielle Differentialgleichungen.

7.6 Vergleich der Methoden zur Lösung von Randwertproblemen für gewöhnliche Differentialgleichungen

Die in den vorausgegangenen Abschnitten beschriebenen Methoden, nämlich

1. Einfachschießverfahren,
2. Mehrzielmethode,
3. Differenzenverfahren,
4. Variationsverfahren,

sollen anhand des folgenden Beispiels verglichen werden. Gegeben sei das lineare Randwertproblem mit linearen separierten Randbedingungen

$$\begin{aligned} -y'' + 400y &= -400\cos^2 \pi x - 2\pi^2 \cos(2\pi x) \\ y(0) = y(1) &= 0 \end{aligned} \tag{7.6.1}$$

mit der exakten Lösung (s. Figur 15)

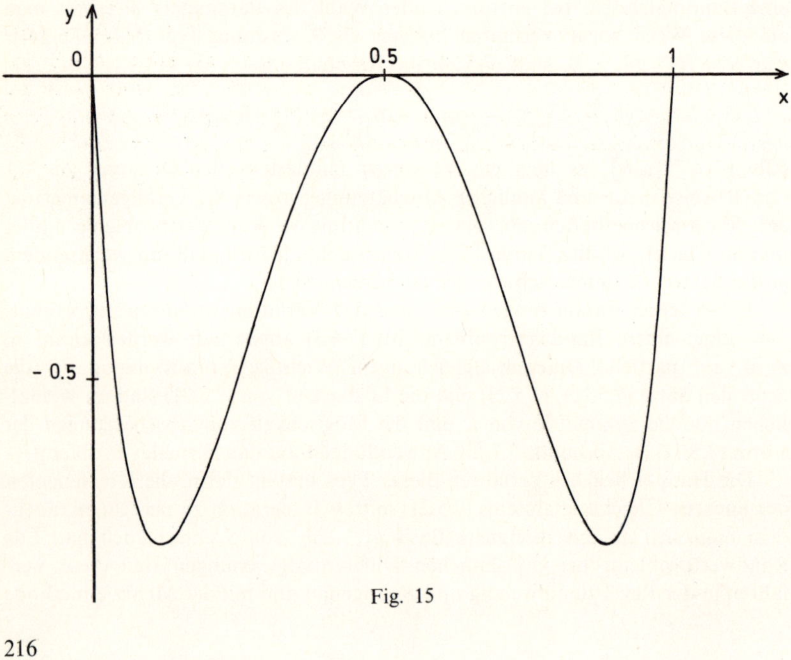

Fig. 15

$$(7.6.2) \qquad y(x) = \frac{e^{-20}}{1+e^{-20}} e^{20x} + \frac{1}{1+e^{-20}} e^{-20x} - \cos^2(\pi x).$$

Obwohl dieses Problem verglichen mit den meisten Problemen aus der Praxis als sehr einfach bezeichnet werden muß, liegen bei ihm folgende Besonderheiten vor, die Schwierigkeiten bei seiner Lösung erwarten lassen:

1. Die zu (7.6.1) gehörige homogene Differentialgleichung $-y'' + 400y = 0$ besitzt exponentiell stark wachsende bzw. fallende Lösungen der Form $y(x) = c \cdot e^{\pm 20x}$. Dies führt zu Schwierigkeiten für das Einfachschießverfahren.

2. Die Ableitungen $y^{(i)}(x)$, $i = 1, 2, \ldots$, der exakten Lösung (7.6.2) sind für $x \approx 0$ und $x \approx 1$ sehr groß. Die Fehlerabschätzungen (7.4.10) für das Differenzenverfahren bzw. (7.5.24) für die Variationsmethode lassen deshalb große Fehler erwarten.

Bei 12-stelliger Rechnung wurden folgende Ergebnisse gefunden (bei der Bewertung der Fehler, insbesondere der relativen Fehler, beachte man den Verlauf der Lösung (s. Figur 15): $\max_{0 \le x \le 1} |y(x)| = 0.77\ldots$, $y(0) = y(1) = 0$, $y(0.5) = +0.90799\,85933\,79 \cdot 10^{-4}$):

1. *Einfachschießverfahren:* Nach einer Iteration wurden die Anfangswerte

$$y(0) = 0, \qquad y'(0) = -20 \frac{1 - e^{-20}}{1 + e^{-20}} = -19.99999\,99176\ldots$$

der exakten Lösung mit einem relativen Fehler $\leqq 3.2 \cdot 10^{-11}$ gefunden. Löst man dann das (7.6.1) entsprechende Anfangswertproblem mit Hilfe eines Extrapolationsverfahren (7.2.14) (Algol-Programm *Diffsys* aus [4]), wobei man als Anfangswerte die auf Maschinengenauigkeit gerundeten exakten Anfangswerte $y(0)$, $y'(0)$ nimmt, so erhält man statt der exakten Lösung $y(x)$ (7.6.2) eine Näherungslösung $\tilde{y}(x)$ mit dem absoluten Fehler $\Delta y(x) = \tilde{y}(x) - y(x)$ bzw. dem relativen Fehler $\varepsilon_y(x) = \dfrac{\tilde{y}(x) - y(x)}{y(x)}$:

x	$\lvert\Delta y(x)\rvert$	$\lvert\varepsilon_y(x)\rvert$
0.1	$1.9 \cdot 10^{-11}$	$2.5 \cdot 10^{-11}$
0.2	$1.5 \cdot 10^{-10}$	$2.4 \cdot 10^{-10}$
0.3	$1.1 \cdot 10^{-9}$	$3.2 \cdot 10^{-9}$
0.4	$8.1 \cdot 10^{-9}$	$8.6 \cdot 10^{-8}$
0.5	$6.0 \cdot 10^{-8}$	$6.6 \cdot 10^{-4}$
0.6	$4.4 \cdot 10^{-7}$	$4.7 \cdot 10^{-5}$
0.7	$3.3 \cdot 10^{-6}$	$9.6 \cdot 10^{-6}$
0.8	$2.4 \cdot 10^{-5}$	$3.8 \cdot 10^{-5}$
0.9	$1.8 \cdot 10^{-4}$	$2.3 \cdot 10^{-4}$
1.0	$1.3 \cdot 10^{-3}$	∞

$$\max_{x \in [0,1]} |\Delta y(x)| \approx 1.3 \cdot 10^{-3}.$$

Hier wirkt sich deutlich der Einfluß der exponentiell anwachsenden Lösung $y(x) = c \cdot e^{20x}$ des homogenen Problems aus (vgl. Abschnitt 7.3.4).

2. *Mehrzielmethode:* Um den Einfluß der exponentiell anwachsenden Lösung $y(x) = c \cdot e^{20x}$ des homogenen Problems zu mindern, wurde ein großes m, $m = 21$, gewählt

$$0 = x_1 < x_2 < \ldots < x_{21} = 1, \qquad x_k = \frac{k-1}{20}.$$

3 Iterationen der Mehrzielmethode (Programm nach [5]) ergaben die absoluten bzw. relativen Fehler

x	$\lvert\Delta y(x)\rvert$	$\lvert\varepsilon_y(x)\rvert$
0.1	$9.2 \cdot 10^{-13}$	$1.2 \cdot 10^{-12}$
0.2	$2.7 \cdot 10^{-12}$	$4.3 \cdot 10^{-12}$
0.3	$4.4 \cdot 10^{-13}$	$1.3 \cdot 10^{-12}$
0.4	$3.4 \cdot 10^{-13}$	$3.6 \cdot 10^{-12}$
0.5	$3.5 \cdot 10^{-13}$	$3.9 \cdot 10^{-9}$
0.6	$1.3 \cdot 10^{-12}$	$1.4 \cdot 10^{-11}$
0.7	$1.8 \cdot 10^{-12}$	$5.3 \cdot 10^{-12}$
0.8	$8.9 \cdot 10^{-13}$	$1.4 \cdot 10^{-12}$
0.9	$9.2 \cdot 10^{-13}$	$1.2 \cdot 10^{-12}$
1.0	$5.0 \cdot 10^{-12}$	∞

$$\max_{x \in [0,1]} \lvert\Delta y(x)\rvert \approx 5 \cdot 10^{-12}.$$

3. *Differenzenverfahren:* Das Verfahren von Abschnitt 7.4 liefert für die Schrittweiten $h = \dfrac{1}{n+1}$ folgende maximale absolute Fehler $\Delta y = \max\limits_{0 \leq i \leq n+1} \lvert\Delta y(x_i)\rvert$, $x_i = i \cdot h$ (für h wurden Potenzen von 2 gewählt, damit die Matrix A (7.4.4) in der Maschine exakt berechnet werden kann):

h	Δy
2^{-4}	$2.0 \cdot 10^{-2}$
2^{-6}	$1.4 \cdot 10^{-3}$
2^{-8}	$9.0 \cdot 10^{-5}$
2^{-10}	$5.6 \cdot 10^{-6}$.

Diese Fehler stehen im Einklang mit der Abschätzung von Satz (7.4.10). Eine Halbierung von h reduziert den Fehler auf $\frac{1}{4}$ des alten Werts. Um Fehler zu erreichen, die mit denen der Mehrzielmethode vergleichbar sind, $\Delta y \approx 5 \cdot 10^{-12}$, müßte man $h \approx 10^{-6}$ wählen!

4. *Variationsmethoden:* In der Methode von Abschnitt 7.5 wurden als Räume S Räume Sp_Δ von kubischen Splinefunktionen zu äquidistanten Einteilungen

$$\Delta: 0 = x_0 < x_1 < \ldots < x_n = 1, \qquad x_i = ih, \qquad h = \frac{1}{n},$$

gewählt. Folgende maximale absolute Fehler $\Delta y = \|u_s - y\|_\infty$ (vgl. Satz (7.5.24)) wurden gefunden:

h	Δy
1/10	$6.0 \cdot 10^{-3}$
1/20	$5.4 \cdot 10^{-4}$
1/30	$1.3 \cdot 10^{-4}$
1/40	$4.7 \cdot 10^{-5}$
1/50	$2.2 \cdot 10^{-5}$
1/100	$1.8 \cdot 10^{-6}$

Um Fehler der Größenordnung $\Delta y \approx 5 \cdot 10^{-12}$ wie bei der Mehrzielmethode zu erreichen, müßte $h \approx 10^{-4}$ gewählt werden. Zur Berechnung allein der Bandmatrix A (7.5.26) wären für diese Schrittweite ca. $4 \cdot 10^4$ Integrationen nötig!

Diese Ergebnisse zeigen eindeutig die Überlegenheit der Mehrzielmethode selbst bei einfachen linearen separierten Randwertproblemen. Differenzenverfahren und Variationsmethoden kommen selbst hier nur dann in Frage, wenn die Lösung nicht sehr genau berechnet werden muß. Um die gleiche Genauigkeit zu erreichen, hat man bei Differenzenverfahren Gleichungssysteme größerer Dimension zu lösen als bei Variationsmethoden. Dieser Vorteil der Variationsmethoden fällt jedoch erst bei kleineren Schrittweiten h ins Gewicht und wird in seiner Bedeutung erheblich dadurch eingeschränkt, daß die Berechnung der Koeffizienten der Gleichungssysteme viel aufwendiger ist als bei den einfachen Differenzenverfahren. Zur Behandlung nichtlinearer Randwertprobleme für gewöhnliche Differentialgleichungen kommt eigentlich nur die Mehrzielmethode in Frage.

7.7 Variationsverfahren für partielle Differentialgleichungen. Die „Finite-Element"-Methode

Die im vorletzten Abschnitt beschriebenen Methoden können auch zur Lösung von Randwertproblemen für partielle Differentialgleichungen verwandt werden. Wir wollen dies für ein *Dirichletsches Randwertproblem* im $\mathbb{R}^2$ erläutern. Gegeben sei ein (offenes beschränktes) Gebiet $\Omega \subseteq \mathbb{R}^2$ mit dem Rand $\partial\Omega$. Gesucht wird eine Funktion $y\colon \bar{\Omega} \to \mathbb{R}$, $\bar{\Omega} := \Omega \cup \partial\Omega$ mit

(7.7.1)
$$-\left[\frac{\partial^2 y(x)}{\partial x_1^2} + \frac{\partial^2 y(x)}{\partial x_2^2}\right] + c(x)\,y(x) = f(x) \quad \text{für} \quad x = (x_1, x_2) \in \Omega$$
$$y(x) = 0 \quad \text{für} \quad x \in \partial\Omega.$$

Dabei seien $c, f\colon \bar{\Omega} \to \mathbb{R}$ gegebene stetige Funktionen mit $c(x) \geqq 0$ für $x \in \bar{\Omega}$.

Als Definitionsgebiet des zugehörigen Differentialoperators

$$L(v) := -\Delta v + c \cdot v, \qquad \Delta := \frac{\partial^2}{\partial x_1^2} + \frac{\partial^2}{\partial x_2^2},$$

nehmen wir den Vektorraum D_L aller stetigen Funktionen $v\colon \bar{\Omega} \to \mathbb{R}$, die in Ω 2mal stetig partiell differenzierbar sind und die Randbedingung $v(x) = 0$ für $x \in \partial\Omega$ erfüllen. Außerdem benutzen wir die Bezeichnungen $D_0 v = v$, $D_1 v = \frac{\partial v}{\partial x_1}$, $D_2 v = \frac{\partial v}{\partial x_2}$, $D_{12} v = \frac{\partial^2 v}{\partial x_1\, \partial x_2}$. Damit ist (7.7.1) äquivalent mit dem Problem, eine Lösung von

$$L(v) = f, \qquad v \in D_L \tag{7.7.2}$$

zu finden. Wir setzen ferner voraus, daß das Gebiet Ω so beschaffen ist, daß die Integralsätze von Gauß bzw. Green gelten (z. B. soll etwa der Rand $\partial\Omega$ stückweise glatt sein). Mit den Abkürzungen

$$(u, v) := \int_\Omega u(x)\, v(x)\, dx, \qquad \|u\|_2 := (u, u)^{1/2} \qquad (dx = dx_1\, dx_2)$$

gilt dann (vgl. (7.5.7))

(7.7.3) **Satz:** *L ist auf D_L ein symmetrischer Operator:*

$$\bigl(u, L(v)\bigr) = \bigl(L(u), v\bigr) = \int_\Omega \bigl[D_1 u(x) \cdot D_1 v(x) + D_2 u(x) \cdot D_2 v(x) + c(x)\, u(x)\, v(x)\bigr]\, dx \tag{7.7.4}$$

für alle $u, v \in D_L$.

Beweis: Eine der Greenschen Formeln lautet

$$-\int_\Omega u \Delta v\, dx = \int_\Omega \left(\sum_{i=1}^{2} D_i u\, D_i v \right) dx - \int_{\partial\Omega} u \frac{\partial v}{\partial \nu}\, d\omega.$$

Dabei ist $\frac{\partial v}{\partial \nu}$ der Differentialquotient in Richtung der äußeren Normalen und $d\omega$ das Linienelement von $\partial\Omega$. Wegen $u \in D_L$ ist $u(x) = 0$ für $x \in \partial\Omega$, also $\int_{\partial\Omega} u \frac{\partial v}{\partial \nu}\, d\omega = 0$. Daraus folgt sofort die Behauptung des Satzes. □

Wiederum (vgl. (7.5.9), (7.7.4)) definiert die rechte Seite von (7.7.4) eine Bilinearform

$$[u, v] := \int_\Omega \left(\sum_{i=1}^{2} D_i u \cdot D_i v + c \cdot uv \right) dx, \tag{7.7.5}$$

und es gilt ein Analogen zu Satz (7.5.11)

(7.7.6) **Satz:** *Es gibt Konstanten* $\gamma > 0$, $\Gamma > 0$ *mit*

$$\gamma \|u\|_{W^{(1)}}^2 \leqq [u, u] \leqq \Gamma \left(\sum_{i=1}^{2} \|D_i u\|_2^2 \right) \quad \textit{für alle} \quad u \in D_L. \tag{7.7.7}$$

Dabei ist

$$\|u\|_{W^{(1)}}^2 := \sum_{i=0}^{2} \|D_i u\|_2^2 = (u, u) + (D_1 u, D_1 u) + (D_2 u, D_2 u)$$

die sogenannte „Sobolev-Norm".

Beweis: Das Gebiet Ω ist beschränkt. Es gibt also ein Quadrat Ω_1 der Seitenlänge a, das Ω im Inneren enthält. O. B. d. A. sei der Nullpunkt Eckpunkt von Ω_1:

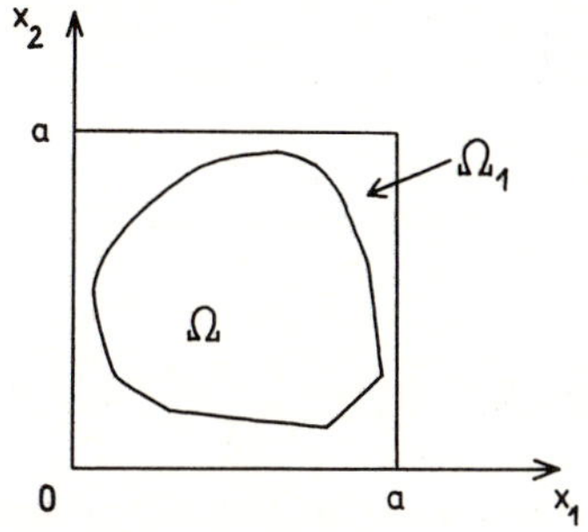

Fig. 16

Sei nun $u \in D_L$. Wegen $u(x) = 0$ für $x \in \partial\Omega$ kann u auf Ω_1 stetig fortgesetzt werden durch $u(x) := 0$ für $x \in \Omega_1 \setminus \Omega$ und es folgt wegen $u(0, x_2) = 0$

$$u(x_1, x_2) = \int_0^{x_1} D_1 u(t_1, x_2)\, dt_1 \quad \text{für alle} \quad x \in \Omega_1.$$

Die Schwarzsche Ungleichung ergibt daher

$$\begin{aligned}(u(x_1, x_2))^2 &\leqq x_1 \int_0^{x_1} [D_1 u(t_1, x_2)]^2\, dt_1 \\ &\leqq a \int_0^{a} [D_1 u(t_1, x_2)]^2\, dt_1 \quad \text{für} \quad x \in \Omega_1.\end{aligned}$$

Durch Integration dieser Ungleichung über Ω_1 erhält man

$$\begin{aligned}\int_{\Omega_1} (u(x_1, x_2))^2\, dx_1\, dx_2 &\leqq a^2 \int_{\Omega_1} [D_1 u(t_1, t_2)]^2\, dt_1\, dt_2 \\ &\leqq a^2 \int_{\Omega_1} [(D_1 u)^2 + (D_2 u)^2]\, dx.\end{aligned} \tag{7.7.8}$$

Wegen $u(x) = 0$ für $x \in \Omega_1 \setminus \Omega$ kann man die Integration auf Ω beschränken, und wegen $c(x) \geqq 0$ für $x \in \bar{\Omega}$ folgt sofort

$$a^2 [u, u] \geqq a^2 \sum_{i=1}^{2} \|D_i u\|_2^2 \geqq \|u\|_2^2$$

und daraus schließlich

$$\gamma \|u\|_{W^{(1)}}^2 \leqq [u, u] \quad \text{mit} \quad \gamma := \frac{1}{a^2 + 1}.$$

Wiederum folgt aus (7.7.8)

$$\int_\Omega c \cdot u^2 \, dx \leqq C \cdot \int_\Omega u^2 \, dx \leqq C a^2 \cdot \sum_{i=1}^{2} \|D_i u\|_2^2, \qquad C := \max_{x \in \Omega} |c(x)|,$$

und deshalb

$$[u, u] \leqq \Gamma \sum_{i=1}^{2} \|D_i u\|_2^2 \quad \text{mit} \quad \Gamma := 1 + C a^2.$$

Damit ist der Satz bewiesen. □

Wie in Abschnitt 7.5 kann man eine größere Menge $D \supseteq D_L$ finden, so daß sowohl die Def. (7.7.5) von $[u, v]$ für $u, v \in D$ sinnvoll, als auch die Aussage (7.7.7) des letzten Satzes für $u \in D$ richtig bleibt und

(7.7.9) $$[u, y] = (u, L(y)) \quad \text{für} \quad y \in D_L \quad \text{und} \quad u \in D$$

gilt.

Uns interessiert im folgenden nicht, wie eine möglichst große Menge D mit diesen Eigenschaften aussieht[1]); wir interessieren uns nur für spezielle endlichdimensionale Vektorräume S von Funktionen, für die im einzelnen leicht die Gültigkeit von (7.7.7) und (7.7.9) für $u \in S$ nachweisen kann.

Beispiel: Die Menge $\bar{\Omega}$ sei mit einer Triangulation $\mathscr{T} = \{T_1, \ldots, T_k\}$ versehen, d. h. $\bar{\Omega}$ ist Vereinigung von endlich vielen Dreiecken $T_i \in \mathscr{T}$, $\bar{\Omega} = \bigcup_{i=1}^{k} T_i$, derart, daß je zwei Dreiecke aus $\mathscr{T}$ entweder disjunkt sind, genau eine Ecke oder genau eine Kante gemeinsam haben.

Mit S_i $(i \geqq 1)$ bezeichnen wir die Menge alle Funktionen $u\colon \bar{\Omega} \to \mathbb{R}$ mit den folgenden Eigenschaften:

1. u ist stetig auf $\bar{\Omega}$.
2. $u(x) = 0$ für $x \in \partial\Omega$.
3. Auf jedem Dreieck T der Triangulation $\mathscr{T}$ von Ω stimmt u mit einem Polynom i-ten Grades

$$u(x_1, x_2) = \sum_{j+k \leqq i} a_{jk} x_1^j x_2^k$$

überein.

---

[1] Man erhält ein solches D durch „Vervollständigung" des mit der Norm $\|\cdot\|_{W^{(1)}}$ versehenen Vektorraums $C_0^1(\Omega)$ aller auf Ω 1-mal stetig differenzierbaren Funktionen φ, deren „Träger" $\operatorname{supp}(\varphi) := \overline{\{x \in \Omega \mid \varphi(x) \neq 0\}}$ kompakt ist und in Ω liegt.

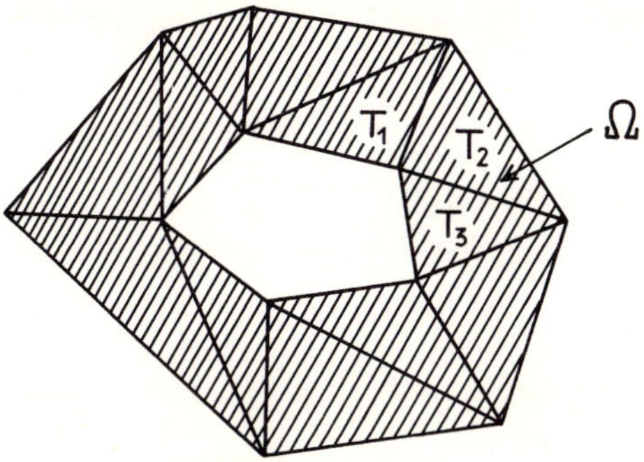

Fig. 17

Offensichtlich ist jedes S_i ein reeller Vektorraum. $u \in S_i$ muß zwar in Ω nicht einmal stetig partiell differenzierbar sein, doch ist es im Innern jedes Dreiecks $T \in \mathscr{T}$ stetig differenzierbar. Def. (7.7.5) ist für alle $u, v \in S_i$ sinnvoll, ebenso sieht man sofort, daß (7.7.7) für alle $u \in S_i$ richtig ist. Diese Funktionenräume $S = S_i$, $i = 1, 2, 3$, insbesondere S_2 und S_3, werden bei der „finite-element"-Methode im Rahmen des Rayleigh-Ritz-Verfahrens benutzt.

Genau wie im vorletzten Abschnitt ((7.5.14), (7.5.15), (7.5.22)) zeigt man

(7.7.10) **Satz:** *Sei y die Lösung von* (7.7.2) *und S ein endlichdimensionaler Raum von Funktionen, für den* (7.7.7), (7.7.9) *für alle u∈S erfüllt ist. Sei ferner F(u) definiert durch*

(7.7.11) $$F(u) := [u, u] - 2(u, f) \quad \textit{für} \quad u \in S.$$

Dann gilt:

1. *Es ist* $F(u) > F(y)$ *für alle* $u \neq y$.
2. *Es gibt ein* $u_S \in S$ *mit* $F(u_S) = \min_{u \in S} F(u)$.
3. *Für dieses* u_S *gilt*

$$[u_S - y, u_S - y] = \min_{u \in S} [u - y, u - y].$$

Die Näherungslösung u_S kann wie in (7.5.17)–(7.5.21) beschrieben und durch Lösen eines linearen Gleichungssystems der Form (7.5.21) bestimmt werden. Man hat sich dazu eine Basis von S zu verschaffen und die Koeffizienten (7.5.19) des linearen Gleichungssystems (7.5.21) auszurechnen.

Eine praktisch brauchbare Basis von S_2 zum Beispiel erhält man auf die folgende Weise: Sei $\mathscr{P}$ die Menge aller Ecken und Seitenmittelpunkte der Dreiecke T_i, $i = 1, 2, \ldots, k$, der Triangulierung $\mathscr{T}$, die *nicht* auf dem Rand $\partial\Omega$ liegen. Man kann zeigen, daß es dann zu jedem $P \in \mathscr{P}$ genau eine Funktion $u_P \in S_2$ gibt mit

$$u_P(P) = 1, \qquad u_P(Q) = 0 \quad \text{für} \quad Q \neq P, \qquad Q \in \mathscr{P}.$$

Überdies haben diese Funktionen die angenehme Eigenschaft, daß

$$u_P(x) = 0 \quad \text{für alle} \quad x \in T \quad \text{mit} \quad P \notin T;$$

daraus folgt, daß in der Matrix A von (7.5.21) alle die Elemente verschwinden,

$$[u_P, u_Q] = 0,$$

für die es kein Dreieck $T \in \mathscr{T}$ gibt, dem P und Q gemeinsam angehören: Die Matrix A ist nur schwach besetzt. Basen mit ähnlichen Eigenschaften kann man auch für die Räume S_1 und S_3 angeben (siehe Zlámal [35]).

Auch die Fehlerabschätzung von Satz (7.5.23) kann man übertragen.

(7.7.12) **Satz:** *Es sei y die exakte Lösung von* (7.7.1), (7.7.2) *und S ein endlichdimensionaler Raum von Funktionen, derart daß* (7.7.7), (7.7.9) *für alle $u \in S$ erfüllt ist. Für die Näherungslösung u_S mit $F(u_S) = \min_{u \in S} F(u)$ gilt dann die Abschätzung*

$$\|u_S - y\|_{W^{(1)}} \leqq \inf_{u \in S} \sqrt{\frac{\Gamma}{\gamma} \sum_{j=1}^{2} \|D_j u - D_j y\|_2^2}.$$

Wir wollen nun obere Schranken für

$$\inf_{u \in S} \sqrt{\sum_{j=1}^{2} \|D_j u - D_j y\|_2^2}$$

für die Räume $S = S_i$, $i = 1, 2, 3$, angeben, die im obigen Beispiel für triangulierte Gebiete Ω definiert wurden. Es gilt der folgende Satz:

(7.7.13) **Satz:** *Sei Ω ein trianguliertes Gebiet mit Triangulation $\mathscr{T}$. Es sei h die größte Seitenlänge, θ der kleinste Winkel aller in $\mathscr{T}$ vorkommenden Dreiecke. Dann gilt:*

1. *Falls $y \in C^2(\bar{\Omega})$ und*

$$\left| \frac{\partial^2 y(x_1, x_2)}{\partial x_i \, \partial x_j} \right| \leqq M_2 \quad \textit{für alle} \quad 1 \leqq i, j \leqq 2, \quad x \in \Omega,$$

dann gibt es eine Funktion $\tilde{u} \in S_1$ mit

a) $|\tilde{u}(x) - y(x)| \leqq M_2 h^2$ *für alle* $x \in \bar{\Omega}$,

b) $|D_j \tilde{u}(x) - D_j y(x)| \leqq \dfrac{6 M_2 h}{\sin \theta}$ *für* $j = 1, 2$ *und für alle* $x \in T^0$, $T \in \mathscr{T}$.

2. *Falls $y \in C^3(\bar{\Omega})$ und*

$$\left| \frac{\partial^3 y(x_1, x_2)}{\partial x_i \, \partial x_j \, \partial x_k} \right| \leqq M_3 \quad \textit{für alle} \quad 1 \leqq i, j, k \leqq 2, \quad x \in \Omega,$$

dann gibt es ein $\tilde{u} \in S_2$ mit

a) $|\tilde{u}(x) - y(x)| \leqq M_3 h^3$ *für* $x \in \bar{\Omega}$,

b) $|D_j \tilde{u}(x) - D_j y(x)| \leqq \dfrac{2}{\sin \theta} M_3 h^2$ *für* $j = 1, 2$, $x \in T^0$, $T \in \mathscr{T}$.

3. *Falls* $y \in C^4(\bar{\Omega})$ *und*

$$\left|\frac{\partial^4 y(x_1, x_2)}{\partial x_i\, \partial x_j\, \partial x_k\, \partial x_l}\right| \leqq M_4 \quad \textit{für} \quad 1 \leqq i, j, k, l \leqq 4, \quad x \in \Omega,$$

dann gibt es ein $\tilde{u} \in S_3$ *mit*

a) $|\tilde{u}(x) - y(x)| \leqq \dfrac{3}{\sin\theta} M_4 h^4$ *für* $x \in \bar{\Omega}$,

b) $|D_j \tilde{u}(x) - D_j y(x)| \leqq \dfrac{5}{\sin\theta} M_4 h^3$ *für* $j = 1, 2, \quad x \in T^0, \quad T \in \mathscr{T}$.

(Hier bedeutet T^0 das Innere des Dreiecks T. Die Einschränkung $x \in T^0$, $T \in \mathscr{T}$ für die Abschätzungen b) ist nötig, da die 1. Ableitungen $D_j\tilde{u}$ an den Rändern der Dreiecke T Sprungstellen haben können.)

Da für $u \in S_i$, $i = 1, 2, 3$, die Funktion $D_j u$ nur stückweise stetig ist, folgt wegen

$$\|D_j u - D_j y\|_2^2 = \sum_{T \in \mathscr{T}} \int_T (D_j u(x) - D_j y(x))^2\, dx$$

$$\leqq C \cdot \max_{\substack{x \in T^0 \\ T \in \mathscr{T}}} |D_j u(x) - D_j y(x)|^2, \qquad C := \int_\Omega 1 \cdot dx$$

aus jeder der unter b) angegebenen Abschätzungen über Satz (7.7.12) sofort eine obere Schranke für die Sobolev-Norm $\|u_S - y\|_{W^{(1)}}$ des Fehlers $u_S - y$ für die speziellen Funktionenräume $S = S_i$, $i = 1, 2, 3$, sofern nur die exakte Lösung y die Differenzierbarkeitsvoraussetzungen von (7.7.13) erfüllt:

$$\|u_{S_1} - y\|_{W^{(1)}} \leqq C_1 M_2 \frac{h}{\sin\theta}$$

$$\|u_{S_2} - y\|_{W^{(1)}} \leqq C_2 M_3 \frac{h^2}{\sin\theta}$$

$$\|u_{S_3} - y\|_{W^{(1)}} \leqq C_3 M_4 \frac{h^3}{\sin\theta}.$$

Die Konstanten C_i sind von der Triangulation $\mathscr{T}$ von Ω und von y unabhängig und können explizit angegeben werden, die Konstanten M_i, h, θ haben dieselbe Bedeutung wie in (7.7.13). Diese Abschätzungen besagen, daß z. B. für $S = S_3$ die Fehler (bzgl. der Sobolev-Norm) mit der dritten Potenz der Feinheit h der Triangulation gegen 0 gehen.

Satz (7.7.13) soll hier nicht bewiesen werden. Beweise findet man z. B. bei Zlámal [35], Ciarlet und Wagschal [8].

Hier soll nur soviel angedeutet werden, daß die speziellen Funktionen $\tilde{u} \in S_i$, $i = 1, 2, 3$, des Satzes durch Interpolation von y gewonnen werden: Z. B.

erhält man für $S = S_2$ die Funktion $\tilde{u} \in S_2$ durch Interpolation von y an den Punkten $P \in \mathscr{P}$ der Triangulierung (s. oben):

$$\tilde{u}(x) = \sum_{P \in \mathscr{P}} y(P)\, u_P(x).$$

Ein wichtiger Vorteil der „finite-element"-Methode liegt darin, daß man Randwertprobleme auch für verhältnismäßig komplizierte Gebiete Ω behandeln kann, sofern Ω noch triangulierbar ist. Überdies sei bemerkt, daß man mit diesen Methoden nicht nur Probleme im $\mathbb{R}^2$ der speziellen Form (7.7.1) angreifen kann, sondern auch Randwertprobleme in höherdimensionalen Räumen und für allgemeinere Differentialoperatoren als den Laplaceoperator.

Hinweise für die praktische Durchführung der „finite-element"-Methode findet man Zlámal [36] und George [22]. Eine eingehendere Darstellung der „finite-element"-Methode findet man bei Strang und Fix [48] und Oden und Reddy [43].

Übungsaufgaben zu Kapitel 7

1. Es sei A eine reelle diagonalisierbare $n \times n$-Matrix mit den reellen Eigenwerten $\lambda_1, \ldots, \lambda_n$ und den Eigenvektoren $c_1, \ldots, c_n$. Wie läßt sich die Lösungsmenge des Systems

$$y' = Ay$$

mit Hilfe der λ_k und c_k explizit darstellen?
Wie erhält man die spezielle Lösung $y(x)$ mit $y(0) = y_0$, $y_0 \in \mathbb{R}^n$?

2. Man bestimme die Lösung des Anfangswertproblems

$$y' = Jy, \qquad y(0) = y_0$$

mit $y_0 \in \mathbb{R}^n$ und der $n \times n$-Matrix $J = \begin{bmatrix} \lambda & 1 & & 0 \\ & \ddots & \ddots & \\ & & \ddots & 1 \\ 0 & & & \lambda \end{bmatrix}$, $\quad \lambda \in \mathbb{R}$.

Hinweis: Man setze die k-te Komponente des Lösungsvektor $y(x)$ in der Form $y_k(x) = p_k(x)\, e^{\lambda x}$ an, p_k Polynom vom Grad $\leqq n - k$.

3. Gegeben sei das Anfangswertproblem

$$y' = x - x^3, \qquad y(0) = 0.$$

Zur Schrittweite h sollen mit dem Eulerverfahren Näherungswerte $\eta(x_j; h)$ für $y(x_j)$, $x_j = j \cdot h$ berechnet werden. Man gebe $\eta(x_j; h)$ und $e(x_j; h) = \eta(x_j; h) - y(x_j)$ explizit an und zeige, daß $e(x; h)$ bei festem x für $h = \frac{x}{n} \to 0$ gegen Null geht.

4. Das Anfangswertproblem

$$y' = \sqrt{y}, \qquad y(0) = 0$$

hat die nichttriviale Lösung $y(x) = \left(\frac{x}{2}\right)^2$. Die Anwendung des Eulerverfahrens liefert jedoch $\eta(x;h) = 0$ für alle x und $h = \frac{x}{n}, n = 1, 2, \ldots$. Man begründe dies Verhalten!

5. Es sei $\eta(x;h)$ die Näherungslösung, die das Eulerverfahren für das Anfangswertproblem

$$y' = y, \qquad y(0) = 1$$

liefert.

a) Es ist $\eta(x;h) = (1+h)^{x/h}$.

b) Man zeige, daß $\eta(x;h)$ die für $|h| < 1$ konvergente Entwicklung

$$\eta(x;h) = \sum_{i=0}^{\infty} \tau_i(x)\, h^i \quad \text{mit} \quad \tau_0(x) = e^x$$

besitzt; dabei sind die $\tau_i(x)$ von h unabhängige analytische Funktionen.

c) Für $i = 1, 2, 3$ gebe man $\tau_i(x)$ an.

d) Die $\tau_i(x)$, $i \geqq 1$, sind die Lösungen der Anfangswertprobleme

$$\tau_i'(x) = \tau_i(x) - \sum_{k=1}^{i} \frac{\tau_{i-k}^{(k+1)}(x)}{(k+1)!}, \qquad \tau_i(0) = 0.$$

6. Man zeige, daß das modifizierte Euler-Verfahren die exakte Lösung der Differentialgleichung $y' = -2ax$ liefert.

7. Man zeige, daß das durch

$$\begin{aligned}
\Phi(x, y; h) &:= \tfrac{1}{6}[k_1 + 4k_2 + k_3],\\
k_1 &:= f(x, y),\\
k_2 &:= f\left(x + \frac{h}{2}, y + \frac{h}{2}k_1\right),\\
k_3 &:= f(x + h, y + h(-k_1 + 2k_2))
\end{aligned}$$

gegebene Einschrittverfahren („einfache Kutta-Regel") von 3. Ordnung ist.

8. Durch

$$\Phi(x, y; h) := f(x, y) + \frac{h}{2} g(x + \tfrac{1}{3}h, y + \tfrac{1}{3}hf(x, y))$$

mit

$$g(x, y) := \frac{\partial}{\partial x} f(x, y) + \left(\frac{\partial}{\partial y} f(x, y)\right) \cdot f(x, y)$$

ist ein Einschrittverfahren gegeben. Man zeige, daß es sich um ein Verfahren 3. Ordnung handelt.

9. Wie sieht die allgemeine Lösung der Differenzengleichung

$$u_{j+2} = u_{j+1} + u_j, \qquad j \geqq 0$$

aus? (Für $u_0 = 0$, $u_1 = 1$ erhält man die „Fibonacci-Folge").

10. Bei den Verfahren vom Adams-Moulton-Typ wird, ausgehend von den Näherungswerten $\eta_{p-j}, \ldots, \eta_p$ für $y(x_{p-j}), \ldots, y(x_p)$, ein Näherungswert η_{p+1} für $y(x_{p+1})$, $x_{p+1} \in [a, b]$, durch folgende Iterationsvorschrift berechnet (s. (7.2.6.7)):

$$\eta_{p+1}^{(0)} \quad \text{beliebig,}$$

$$\text{für} \quad i = 0, 1, \ldots$$

$$\eta_{p+1}^{(i+1)} := \Psi(\eta_{p+1}^{(i)}) := \eta_p + h[\beta_{q0} f(x_{p+1}, \eta_{p+1}^{(i)}) + \beta_{q1} f_p + \ldots + \beta_{qq} f_{p+1-q}].$$

Man zeige: Für $f \in F_1(a, b)$ gibt es ein $h_0 > 0$, so daß für alle $|h| \leqq h_0$ die Folge $\{\eta_{p+1}^{(i)}\}$ gegen ein η_{p+1} mit $\eta_{p+1} = \Psi(\eta_{p+1})$ konvergiert.

11. Man benutze die Fehlerabschätzungen für die Interpolation durch Polynome bzw. für die Newton-Cotes-Formeln, um zu zeigen, daß das Adams-Moulton-Verfahren für $q=2$ von 3. Ordnung und das Milne-Verfahren für $q=2$ von 4. Ordnung ist.

12. Für $q = 1$ und $q = 2$ bestimme man die Koeffizienten β_{qi} der Nyström-Formeln

$$\eta_{p+1} = \eta_{p-1} + h[\beta_{10} f_p + \beta_{11} f_{p-1}],$$

$$\eta_{p+1} = \eta_{p-1} + h[\beta_{20} f_p + \beta_{21} f_{p-1} + \beta_{22} f_{p-2}].$$

13. Man prüfe, ob das lineare Mehrschrittverfahren

$$\eta_p - \eta_{p-4} = \frac{h}{3}[8f_{p-1} - 4f_{p-2} + 8f_{p-3}]$$

konvergent ist.

14. Es sei $\psi(1) = 0$ und für die Koeffizienten von

$$\frac{\psi(\mu)}{\mu - 1} = \gamma_{r-1}\mu^{r-1} + \gamma_{r-2}\mu^{r-2} + \ldots + \gamma_1\mu + \gamma_0$$

gelte $|\gamma_{r-1}| > |\gamma_{r-2}| \geqq \ldots \geqq |\gamma_0|$. Genügt $\psi(\mu)$ der Stabilitätsbedingung?

15. Man bestimme α, β und γ so, daß das lineare Mehrschrittverfahren

$$\eta_{j+4} - \eta_{j+2} + \alpha(\eta_{j+3} - \eta_{j+1}) = h[\beta(f_{j+3} + f_{j+1}) + \gamma f_{j+2}]$$

die Ordnung 6 hat. Ist das so gewonnene Verfahren stabil?

16. Es werde das durch

$$\eta_{j+2} + a_1\eta_{j+1} + a_0\eta_j = h[b_0 f(x_j, \eta_j) + b_1 f(x_{j+1}, \eta_{j+1})]$$

gegebene Prediktor-Verfahren betrachtet.

a) Man bestimme a_0, b_0 und b_1 in Abhängigkeit von a_1 so, daß man ein Verfahren mindestens 2. Ordnung erhält.
b) Für welche a_1-Werte ist das so gewonnene Verfahren stabil?
c) Welche speziellen Verfahren erhält man für $a_1 = 0$ und $a_1 = -1$?
d) Läßt sich a_1 so wählen, daß man ein stabiles Verfahren 3. Ordnung bekommt?

17. Es soll das Verfahren

$$\eta_{j+2} + 9\eta_{j+1} - 10\eta_j = \frac{h}{2}\,[13f_{j+1} + 9f_j]$$

auf das Anfangswertproblem

$$y' = 0, \qquad y(0) = c$$

angewandt werden. Startwerte seien $\eta_0 = c$ und $\eta_1 = c + \text{eps}$ (eps: Maschinengenauigkeit). Welche Werte η_j hat man bei beliebiger Schrittweite h zu erwarten?

18. Zur Lösung des Randwertproblems

$$y'' = 100y, \qquad y(0) = 1, \qquad y(3) = e^{-30}$$

betrachte man das Anfangswertproblem

$$y'' = 100y, \qquad y(0) = 1, \qquad y'(0) = s$$

mit der Lösung $y(x; s)$ und bestimme $s = \bar{s}$ iterativ so, daß $y(3; \bar{s}) = e^{-30}$. $\bar{s}$ werde nur bis auf einen relativen Fehler ε genau berechnet, d. h. statt $\bar{s}$ erhält man $\bar{s}(1 + \varepsilon)$.
Wie groß ist $y(3; \bar{s}(1 + \varepsilon))$?
Ist in diesem Fall das einfache Schießverfahren (wie oben beschrieben) eine geeignete Methode zur Lösung des Randwertproblems?

19. Betrachtet werde das Anfangswertproblem

$$y' = \kappa(y + y^3), \qquad y(0) = s.$$

a) Man bestimme die Lösung $y(x; s)$ dieses Problems.
b) In welcher x-Umgebung $U_s(0)$ von 0 ist $y(x; s)$ erklärt?

c) Zu gegebenem $b \neq 0$ gebe man ein $k > 0$ an, so daß $y(b; s)$ für alle $|s| < k$ existiert.

20. Man zeige, daß die Vor. c) von Satz (7.3.3.4) im Fall $n = 2$ für die Randbedingungen

$$y_1(a) = c_1, \qquad y_1(b) = c_2$$

nicht erfüllt ist.

21. Unter den Voraussetzungen von Satz (7.3.3.4) beweise man: $E := A + BG_{m-1} \dots G_1$ in (7.3.5.10) ist nichtsingulär.
Hinweis: $E = P_0(I + H)$, $H = M + P_0^{-1} D_v r \cdot (Z - I)$.

22. Man zeige durch eine Fehleranalyse (Rückwärtsanalyse), daß der mit Rundungsfehlern behaftete Lösungsvektor von (7.3.5.10), (7.3.5.9) gedeutet werden kann als *exaktes* Ergebnis von (7.3.5.8) mit *leicht* abgeänderten rechten Seiten $\tilde{F}_j$ und abgeänderter letzter Gleichung

$$(A + E_1)\,\Delta s_1 + E_2 \Delta s_2 + \dots + E_{m-1} \Delta s_{m-1} + (B + E_m)\,\Delta s_m = -\tilde{F}_m,$$

$\operatorname{lub}(E_j)$ klein.

23. Sei $DF(s)$ die Matrix von (7.3.5.5). Man beweise

$$\det\bigl(DF(s)\bigr) = \det(A + BG_{m-1} \dots G_1).$$

Für die Inverse $\bigl(DF(s)\bigr)^{-1}$ gebe man eine Zerlegung in Blockmatrizen R, S, T explizit an:

$$\bigl(DF(s)\bigr)^{-1} = RST.$$

S: Diagonal-Blockmatrix, R: normierte untere Dreiecksmatrix, S, T so gewählt, daß $ST \cdot DF(s)$ normierte untere Dreiecksmatrix ist.

24. Sei $\Delta \in \mathbb{R}^n$ beliebig. Man beweise:
Für $\Delta s_1 := \Delta$ und Δs_j, $j = 2, \dots, m$, aus (7.3.5.9) gilt für $\Delta s = \begin{bmatrix} \Delta s_1 \\ \vdots \\ \Delta s_m \end{bmatrix}$

$$\bigl(DF(s) \cdot F\bigr)^T \Delta s = -F^T F + F_m^T\bigl((A + BG_{m-1} \cdots G_1)\,\Delta - w\bigr).$$

Ist Δ also Lösung von (7.3.5.10), so ist stets

$$\bigl(DF(s) \cdot F\bigr)^T \Delta s < 0.$$

25. Gegeben sei die Randwertaufgabe

$$y' = f(x, y)$$

mit den *separierten* Randbedingungen

$$\begin{pmatrix} y_1(a) - \alpha_1 \\ \vdots \\ y_k(a) - \alpha_k \\ y_{k+1}(b) - \beta_{k+1} \\ \vdots \\ y_n(b) - \beta_n \end{pmatrix} = 0.$$

Es sind also k Anfangswerte und $n - k$ Endwerte bekannt. Die Information kann benutzt werden, um die Dimension des Gleichungssystems (7.3.5.8) zu reduzieren (k Komponenten von Δs_1 und $n - k$ Komponenten von Δs_m sind null).
Für $m = 3$ stelle man das Gleichungssystem für die Korrekturen Δs_i auf. Dabei soll (unter Benutzung der Information) von $x_1 = a$ nach x_2 und ebenso von $x_3 = b$ nach x_2 integriert werden („Gegenschießen").

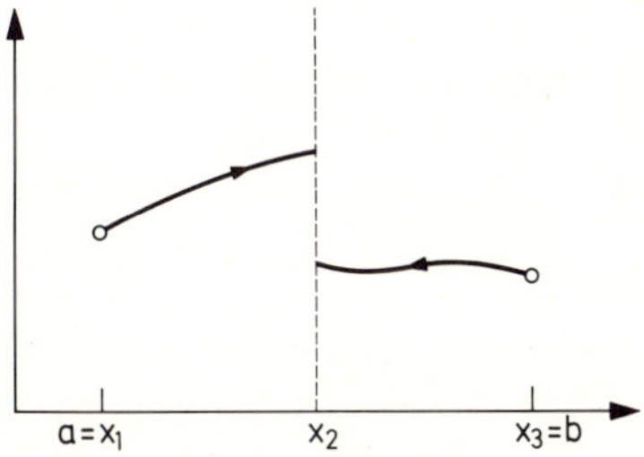

Fig. 18

26. Die Konzentration einer Substanz in einer kugelförmigen Zelle vom Radius 1 wird beim stationären Ablauf einer enzym-katalytischen Reaktion durch die Lösung $y(x;\alpha)$ des folgenden singulären Randwertproblems beschrieben (vgl. Keller [30]):

$$y'' = -\frac{2y'}{x} + \frac{y}{\alpha(y + k)}$$

$$y'(0) = 0, \qquad y(1) = 1,$$

α, k: Parameter, $k = 0.1$, $10^{-3} \leqq \alpha \leqq 10^{-1}$.
Obwohl f für $x = 0$ singulär ist, existiert eine Lösung $y(x)$, die für kleines $|x|$ analytisch ist. Trotzdem versagt jedes numerische Integrationsverfahren in der Nähe von $x = 0$. Man helfe sich wie folgt:
Unter Benutzung der Symmetrien von $y(x)$ entwickle man $y(x)$ wie in Beispiel 2, Absch. 7.3.6 um 0 in eine Potenzreihe bis x^6 einschließlich; dabei sind alle Koeffizienten durch $\lambda := y(0)$ auszudrücken. Mit Hilfe von

$p(x;\lambda) = y(0) + y'(0)\,x + \ldots + y^{(6)}(0)\dfrac{x^6}{6!}$ erhält man ein modifiziertes Problem

$$(*) \qquad y'' = F(x, y, y') = \begin{cases} \dfrac{d^2 p(x;\lambda)}{dx^2}, & 0 \leqq x \leqq 10^{-2} \\ f(x, y, y'), & 10^{-2} < x \leqq 1 \end{cases}$$

$$y(0) = \lambda, \qquad y'(0) = 0, \qquad y(1) = 1,$$

das jetzt numerisch besser lösbar ist.
Man fasse $(*)$ als Eigenwertproblem für den Eigenwert λ auf und formuliere $(*)$ wie in Abschnitt 7.3.0 als ein Randwertproblem (ohne Eigenwert).
Zur Kontrolle seien die Ableitungen angegeben:

$$y(0) = \lambda, \qquad y^{(2)}(0) = \frac{\lambda}{3\alpha(\lambda + k)}, \qquad y^{(4)}(0) = \frac{k\lambda}{5\alpha^2(\lambda + k)^3},$$

$$y^{(6)}(0) = \frac{(3k - 10\lambda)\,k\lambda}{21\alpha^3(\lambda + k)^5}, \qquad y^{(i)}(0) = 0 \quad \text{für} \quad i = 1, 3, 5.$$

27. Gegeben sei das Randwertproblem

$$y'' - p(x)\,y' - q(x)\,y = r(x), \qquad y(a) = \alpha, \qquad y(b) = \beta$$

mit $q(x) \geqq q_0 > 0$ für $a \leqq x \leqq b$. Gesucht sind Näherungswerte u_i für die exakten Werte $y(x_i)$, $i = 1, 2, \ldots, n$, $x_i = a + ih$ und $h = \dfrac{b - a}{n + 1}$. Ersetzt man $y'(x_i)$ durch $\dfrac{u_{i+1} - u_{i-1}}{2h}$ und $y''(x_i)$ durch $\dfrac{u_{i-1} - 2u_i + u_{i+1}}{h^2}$ für $i = 1, 2, \ldots, n$ und setzt man weiter $u_0 = \alpha$, $u_{n+1} = \beta$, so erhält man aus der Differentialgleichung ein Gleichungssystem für den Vektor $u = (u_1, \ldots, u_n)^T$

$$Au = k, \qquad A \ n \times n\text{-Matrix}, \qquad k \in \mathbb{R}^n.$$

a) Man gebe A und k an!
b) Man zeige, daß das Gleichungssystem für hinreichend kleines h eindeutig lösbar ist.

28. Betrachtet werde das Randwertproblem

$$y'' = g(x), \qquad y(0) = y(1) = 0$$

mit $g \in C[0, 1]$.

a) Man zeige:

$$y(x) = \int_0^1 G(x, \xi)\, g(\xi)\, d\xi \quad \text{mit}$$

$$G(x, \xi) := \begin{cases} \xi(x-1) & \text{für} \quad 0 \leqq \xi \leqq x \leqq 1 \\ x(\xi - 1) & \text{für} \quad 0 \leqq x \leqq \xi \leqq 1 \end{cases}.$$

b) Ersetzt man $g(x)$ durch $g(x) + \triangle g(x)$ mit $|\triangle g(x)| \leqq \varepsilon$ für alle x, so geht die Lösung $y(x)$ über in $y(x) + \triangle y(x)$. Man beweise

$$|\triangle y(x)| \leqq \frac{\varepsilon}{2} x(1-x) \quad \text{für} \quad 0 \leqq x \leqq 1.$$

c) Das in 7.4 beschriebene Differenzenverfahren liefert als Lösungsvektor $u = (u_1, \ldots, u_n)^T$ des Gleichungssystems (s. (7.4.4))

$$Au = k$$

Näherungswerte u_i für $y(x_i)$, $x_i = i \dfrac{1}{n+1}$ und $i = 1, 2, \ldots, n$. Ersetzt man k durch $k + \triangle k$ mit $|\triangle k_i| \leqq \varepsilon$, $i = 1, 2, \ldots, n$, so geht u über in $u + \triangle u$.

Man zeige

$$|\triangle u_i| \leqq \frac{\varepsilon}{2} x_i(1 - x_i), \qquad i = 1, 2, \ldots, n.$$

29. Sei

$$D := \{u \mid u(0) = 0, \quad u \in C^2[0, 1]\}$$

und

$$F(u) := \int_0^1 \{\tfrac{1}{2}(u'(x))^2 + f(x, u(x))\}\, dx + p(u(1))$$

mit $u \in D$, $f_{uu}(x, u) \geqq 0$, $p''(u) \geqq 0$.

Man beweise:

Ist $y(x)$ Lösung von

$$\begin{aligned} &y'' - f_u(x, y) = 0 \\ &y(0) = 0 \\ &y'(1) + p'(y(1)) = 0 \end{aligned}$$

so folgt

$$F(y) < F(u), \qquad u \in D, \qquad u \neq y$$

und umgekehrt.

30. a) T sei ein Dreieck im $\mathbb{R}^2$ mit den Eckpunkten P_1, P_3 und P_5; es sei weiter $P_2 \in (P_1, P_3)$, $P_4 \in (P_3, P_5)$ und $P_6 \in (P_5, P_1)$. Dann gibt es zu beliebigen reellen Zahlen $y_1, \ldots, y_6$ genau ein Polynom höchstens 2-ten Grades

$$u(x_1, x_2) = \sum_{0 \leq j+k \leq 2} a_{jk} x_1^j x_2^k,$$

das in den Punkten P_i die Werte y_i annimmt, $i = 1, \ldots, 6$.
Hinweis: Es genügt offenbar, dies für ein einziges Dreieck zu zeigen, dessen Koordination man geeignet wählt.

b) Gilt eine zu a) analoge Aussage bei beliebiger Lage der P_i?

c) T_1, T_2 seien 2 Dreiecke einer Triangulierung mit einer gemeinsamen Seite g und u_1 bzw. u_2 Polynome höchstens 2-ten Grades auf T_1 bzw. T_2.
Man zeige: Stimmen u_1 und u_2 in drei verschiedenen auf g liegenden Punkten überein, so ist u_2 eine stetige Fortsetzung von u_1 auf T_2 (d. h., u_1 und u_2 stimmen auf ganz g überein).

Literatur zu Kapitel 7

1. Babuška, I., Práger, M., Vitasék, E.: Numerical processes in differential equations. New York: Interscience 1966.
2. Broyden, C. G.: Quasi-Newton methods and their application to function minimisation. Math. Comp. **21**, 368–381 (1967).
3. Bulirsch, R.: Die Mehrzielmethode zur numerischen Lösung von nichtlinearen Randwertproblemen und Aufgaben der optimalen Steuerung. Report der Carl-Cranz-Gesellschaft 1971.
4. Bulirsch, R., Stoer, J.: Numerical treatment of ordinary differential equations by extrapolation methods. Num. Math. **8**, 1–13 (1966).
5. Bulirsch, R., Stoer, J., Deuflhard, P.: Numerical solution of nonlinear two-point boundary value problems I. Handbook Series Approximation, Num. Math.
6. Butcher, J. C.: On Runge-Kutta processes of high order. J. Austr. Math. Soc. **4**, 179–194 (1964).
7. Ciarlet, P. G., Schultz, M. H., Varga, R. S.: Numerical methods of high order accuracy for nonlinear boundary value problems. Num. Math. **9**, 394–430 (1967).
8. Ciarlet, P. G., Wagschal, C.: Multipoint Taylor formulas and applications to the finite element method. Num. Math. **17**, 84–100 (1971).
9. Clark, N. W.: A study of some numerical methods for the integration of systems of first order ordinary differential equations. Report ANL-7428 (1968). Argonne National Laboratories.
10. Coddington, E. A., Levinson, N.: Theory of ordinary differential equations. New York: McGraw-Hill 1955.
11. Collatz, L.: Funktionalanalysis und Numerische Mathematik. Berlin-Heidelberg-New York: Springer 1968.
12. Collatz, L.: The numerical treatment of differential equations. Berlin-Göttingen-Heidelberg: Springer 1960.

13. Collatz, L., Nicolovius, R.: Rand- und Eigenwertprobleme bei gewöhnlichen und partiellen Differentialgleichungen und Integralgleichungen. In [32], pp. 293–670.
14. Crane, P. J., Fox, P. A.: A comparative study of computer programs for integrating differential equations. Num. Math. Computer Program library one — Basic routines for general use. Vol. 2, issue 2. New Jersey: Bell Telephone Laboratories Inc., 1969.
15. Dahlquist, G.: Convergence and stability in the numerical integration of ordinary differential equations. Math. Scand. **4**, 33–53 (1956).
16. Dahlquist, G.: Stability and error bounds in the numerical integration of ordinary differential equations. Stockholm: Trans. Roy. Inst. Tech., No. 130 (1959).
17. Fehlberg, E.: New high-order Runge-Kutta formulas with step size control for systems of first- and second-order differential equations. ZAMM **44**, T17–T29 (1964).
18. Fehlberg, E.: New high-order Runge-Kutta formulas with an arbitrarily small truncation error. ZAMM **46**, 1–16 (1966).
19. Fehlberg, E.: Klassische Runge-Kutta Formeln fünfter und siebenter Ordnung mit Schrittweiten-Kontrolle. Computing **4**, 93–106 (1969).
20. Fröberg, C. E.: Introduction into numerical analysis. London: Addison-Wesley 1966.
21. Gantmacher, F. R.: Matrizenrechnung II. Berlin: VEB Deutscher Verlag der Wissenschaften 1969.
22. George, J. A.: Computer implementation of the finite element method. Report CS208 Computer Science Department, Stanford University 1971.
23. Gragg, W.: Repeated extrapolation to the limit in the numerical solution of ordinary differential equations. Thesis UCLA (1963).
24. Gragg, W.: On extrapolation algorithms for ordinary initial value problems. J. SIAM Numer. Anal. Ser. B. **2**, 384–403 (1965).
25. Grigorieff, R. D.: Numerik gewöhnlicher Differentialgleichungen 1, 2. Stuttgart: Teubner, 1972 und 1977.
26. Henrici, P.: Discrete variable methods in ordinary differential equations. New York: John Wiley 1962.
27. Hestenes, M. R.: Calculus of variations and optimal control theory. New York: John Wiley 1966.
28. Hull, T. E., Enright, W. H., Fellen, B. M., Sedgwick, A. E.: Comparing numerical methods for ordinary differential equations. SIAM J. Numer. Anal. **9**, 603–637 (1972). (Errata ibid. **11**, 681 (1974)).
29. Isaacson, E., Keller, H. B.: Analysis of numerical methods. New York: John Wiley 1966.
30. Keller, H. B.: Numerical methods for two-point boundary-value problems. London: Blaisdell 1968.
31. Osborne, M. R.: On shooting methods for boundary value problems. J. Math. Anal. Appl. **27**, 417–433 (1969).
32. Sauer, R., Szabo, I., (Hrsg.): Mathematische Hilfsmittel des Ingenieurs, Teil II. Berlin-Heidelberg-New York: Springer 1969.
33. Shanks, E. B.: Solution of differential equations by evaluation of functions. Math. Comp. **20**, 21–38 (1966).
34. Törnig, W.: Anfangswertprobleme bei gewöhnlichen und partiellen Differentialgleichungen. In [32], pp. 1–290.
35. Zlámal, M.: On the finite element method. Num. Math. **12**, 394–409 (1968).
36. Zlámal, M.: On some finite element procedures for solving second order boundary value problems. Num. Math. **14**, 42–48 (1969).

37. Deuflhard, P.: A stepsize control for continuation methods with special application to multiple shooting techniques. Report TUM-Math-7627. Technische Universität München 1976.
38. Diekhoff, H.-J., Lory, P., Oberle, H. J., Pesch, H.-J., Rentrop, P., Seydel, R.: Comparing routines for the numerical solution of initial value problems of ordinary differential equations in multiple shooting. Numer. Math. **27**, 449–469 (1977).
39. Fehlberg, E.: Klassische Runge-Kutta Formeln vierter und niedrigerer Ordnung mit Schrittweiten-Kontrolle und ihre Anwendung auf Wärmeleitungsprobleme. Computing **6**, 61–71 (1970).
40. Gear, C. W.: Numerical Initial Value Problems in Ordinary Differential Equations. Englewood Cliffs: Prentice-Hall 1971.
41. George, J. A.: Nested dissection of a regular finite element mesh. SIAM J. Numer. Anal. **10**, 345–363 (1973).
42. Krogh, F. T.: Changing step size in the integration of differential equations using modified divided differences, Proceedings of the Conference on the Numerical Solution of Ordinary Differential Equations. Lecture Notes in Mathematics, Vol. 362. Berlin-Heidelberg-New York: Springer 1974.
43. Oden, J. T., Reddy, J. N.: An introduction to the mathematical theory of finite elements. New York: Wiley 1976.
44. Sedgwick, A.: An effective variable order variable step Adams method. University of Toronto, Department of Computer Science: Technical Report No. 53, 1973.
45. Shampine, L. F., Gordon, M. K.: Computer solution of ordinary differential equations. The initial value problem. San Francisco: Freeman and Company 1975.
46. Shampine, L. F., Watts, H. A., Davenport, S. M.: Solving Nonstiff Ordinary Differential Equations — the State of the Art. SIAM Review **18**, 376–411 (1976).
47. Stetter, H. J.: Analysis of discretization methods for ordinary differential equations. Berlin-Heidelberg-New York: Springer 1973.
48. Strang, G., Fix, G. J.: An analysis of the finite element method. Englewood Cliffs: Prentice Hall 1973.
49. Velte, W.: Direkte Methoden der Variationsrechnung. Stuttgart: Teubner 1976.
50. Enright, W. H., Hull, T. E., Lindberg, B.: Comparing numerical methods for stiff systems of ordinary differential equations. BIT 15, 10–48 (1975).
51. Hindmarsh, A. C.: Gear-ordinary differential equation system solver. Lawrence Livermore Laboratory, Univ. of California: UCID-3000d Rev. 2, 1972.
52. Kaps, P., Rentrop, P.: A generalized Runge-Kutta method of order four with step size control for stiff ordinary differential equations. Erscheint in Numer. Math.
53. Willoughby, R. A.: Stiff differential systems. New York: Plenum Press 1974.

8 Iterationsverfahren zur Lösung großer linearer Gleichungssysteme, einige weitere Verfahren

8.0 Einleitung

Viele praktische Probleme führen zu der Aufgabe, sehr große lineare Gleichungssysteme $Ax=b$ zu lösen, bei denen glücklicherweise die Matrix A nur schwach besetzt ist, d. h. nur relativ wenige nicht verschwindende Komponenten besitzt. Solche Gleichungssysteme erhält man z. B. bei der Anwendung von Differenzenverfahren oder finite-element Methoden zur näherungsweisen Lösung von Randwertaufgaben bei partiellen Differentialgleichungen. Die üblichen Eliminationsverfahren (s. Kapitel 4) können hier nicht ohne weiteres zur Lösung verwandt werden, weil sie ohne besondere Maßnahmen gewöhnlich zur Bildung von mehr oder weniger voll besetzten Zwischenmatrizen führen und deshalb die Zahl der zur Lösung erforderlichen Rechenoperationen auch für die heutigen Rechner zu groß wird, abgesehen davon, daß die Zwischenmatrizen nicht mehr in die üblicherweise verfügbaren Maschinenspeicher passen.

Aus diesen Gründen hat man schon früh Iterationsverfahren zur Lösung solcher Gleichungssysteme herangezogen. Bei diesen Verfahren wird ausgehend von einem Startvektor $x^{(0)}$ eine Folge von Vektoren

$$x^{(0)} \to x^{(1)} \to x^{(2)} \to \ldots$$

erzeugt, die gegen die gesuchte Lösung x konvergiert. Allen diesen Verfahren ist gemeinsam, daß der einzelne Iterationsschritt $x^{(i)} \to x^{(i+1)}$ einen Rechenaufwand erfordert, der vergleichbar ist mit der Multiplikation von A mit einem Vektor, d. h. einen sehr geringen Aufwand, wenn A schwach besetzt ist. Aus diesem Grunde kann man mit noch erträglichem Rechenaufwand relativ viele Iterationsschritte ausführen. Dies ist schon deshalb nötig, weil diese Verfahren nur linear und zwar gewöhnlich auch noch sehr langsam konvergieren. Dies zeigt aber auch, daß diese Verfahren den Eliminationsverfahren in der Regel unterlegen sind, wenn A eine kleine Matrix (eine 100×100-Matrix ist in diesem Sinne klein) oder nicht schwach besetzt ist.

Aus diesem allgemeinen Rahmen fallen lediglich die sog. Nachiteration (s. (8.1.9)–(8.1.11)) und das *cg*-Verfahren (s. 8.7). Die Nachiteration wird verhältnismäßig oft angewandt und dient dazu, die Genauigkeit einer von einem Eliminationsverfahren gelieferten, durch Rundungsfehler verfälschten, Lösung $\tilde{x}$ eines Gleichungssystems iterativ zu verbessern. Auf das *cg*-Verfahren treffen die oben angegebenen allgemeinen Charakteristika der iterativen Verfahren zu mit der einen Ausnahme, daß das Verfahren bei exakter Rechnung nach endlich vielen Schritten mit der exakten Lösung x abbricht. Bezüglich der Anwendbarkeit des *cg*-Verfahrens gelten jedoch dieselben Bemerkungen wie für die echten iterativen Verfahren. Aus diesem Grund wird dieses Verfahren in diesem Kapitel behandelt.

Zur Lösung wichtiger spezieller großer Gleichungssysteme gibt es mittlerweile einige direkte Verfahren, die die Lösung in endlich vielen Schritten liefern und den Iterationsverfahren überlegen sind: Eines der ersten dieser Verfahren, der Algorithmus von Buneman, wird in Abschnitt 8.8 beschrieben.

Es sei ferner darauf hingewiesen, daß in jüngster Zeit eine Anzahl weiterer allgemeiner Techniken entwickelt worden sind, um große Gleichungssysteme $Ax=b$ mit schwach besetztem A zu behandeln: Diese Techniken beschäftigen sich mit der zweckmäßigen Speicherung solcher Matrizen und mit der Bestimmung geeigneter Permutationsmatrizen P_1, P_2, so daß bei der Anwendung von Eliminationsverfahren auf das äquivalente System $P_1AP_2y=P_1b$, $y=P_2^{-1}x$, die entstehenden Zwischenmatrizen möglichst schwach besetzt bleiben. Für die Beschreibung dieser Verfahren, mit denen wir uns hier nicht befassen wollen, sei auf die Spezialliteratur verwiesen, z. B. Reid [14], Rose, Willoughby [16], Tewarson [20].

Eine detaillierte Behandlung der Iterationsverfahren findet man in dem grundlegenden Buch von Varga [4], sowie bei Young [7].

8.1 Allgemeine Ansätze für die Gewinnung von Iterationsverfahren

Gegeben sei eine nichtsinguläre $n \times n$-Matrix A und ein lineares Gleichungssystem

(8.1.1) $$Ax = b$$

mit der exakten Lösung $x := A^{-1}b$. Wir betrachten Iterationsverfahren der Form (vgl. Kapitel 5)

(8.1.2) $$x^{(i+1)} = \Phi(x^{(i)}), \qquad i = 0, 1, \ldots .$$

Mit Hilfe einer beliebigen nichtsingulären $n \times n$-Matrix B erhält man solche Iterationsvorschriften aus der Gleichung

$$Bx + (A - B)\,x = b,$$

indem man setzt

$$\text{(8.1.3)} \qquad Bx^{(i+1)} + (A - B)\,x^{(i)} = b,$$

oder nach $x^{(i+1)}$ aufgelöst,

$$\text{(8.1.4)} \qquad x^{(i+1)} = x^{(i)} - B^{-1}(Ax^{(i)} - b) = (I - B^{-1}A)\,x^{(i)} + B^{-1}b.$$

In dieser Allgemeinheit wurden solche Iterationsverfahren zuerst von Wittmeyer betrachtet.

Man beachte, daß (8.1.4) mit folgender speziellen Vektoriteration (s. 6.6.3) identisch ist

$$\begin{bmatrix} 1 \\ x^{(i+1)} \end{bmatrix} = W \begin{bmatrix} 1 \\ x^{(i)} \end{bmatrix}, \qquad W := \left[\begin{array}{c|c} 1 & 0 \\ \hline B^{-1}b & I - B^{-1}A \end{array}\right],$$

wobei die $n+1$-reihige Matrix W zum Eigenwert $\lambda_0 := 1$ den Linkseigenvektor $(1, 0)$ und den Rechtseigenvektor $\begin{bmatrix} 1 \\ x \end{bmatrix}$, $x := A^{-1}b$, besitzt. Nach den Ergebnissen von Abschnitt (6.6.3) wird die Folge $\begin{bmatrix} 1 \\ x^{(i)} \end{bmatrix}$ nur dann gegen $\begin{bmatrix} 1 \\ x \end{bmatrix}$ konvergieren, wenn $\lambda_0 = 1$ einfacher betrags-dominanter Eigenwert von W ist, d. h. wenn

$$\lambda_0 = 1 > |\lambda_1| \geqq \ldots \geqq |\lambda_n|$$

die übrigen Eigenwerte $\lambda_1, \ldots, \lambda_n$ von W (dies sind die Eigenwerte von $(I - B^{-1}A)$) dem Betrage nach kleiner als 1 sind.

Jede Wahl einer nichtsingulären Matrix B führt zu einem möglichen Iterationsverfahren (8.1.4). Es wird umso brauchbarer sein, je besser B die folgenden Bedingungen erfüllt:

a) Das Gleichungssystem (8.1.3) ist leicht nach $x^{(i+1)}$ auflösbar,

b) die Eigenwerte von $I - B^{-1}A$ sollen möglichst kleine Beträge haben.

Letzteres wird umso eher der Fall sein, je besser B mit A übereinstimmt. Diese Optimalitäts- und Konvergenzfragen sollen in den nächsten Abschnitten untersucht werden. Hier wollen wir nur noch einige wichtige spezielle Iterationsverfahren (8.1.3) angeben, die sich durch die Wahl von B unterscheiden. Dazu führen wir folgende Standardzerlegung von A

$$\text{(8.1.5)} \qquad A = D - E - F$$

mit

$$D = \begin{bmatrix} a_{11} & & & 0 \\ & \ddots & & \\ & & \ddots & \\ 0 & & & a_{nn} \end{bmatrix}, \qquad E = -\begin{bmatrix} 0 & \cdots & \cdots & 0 \\ a_{21} & \ddots & & \vdots \\ \vdots & \ddots & \ddots & \vdots \\ a_{n1} & \cdots & a_{n,n-1} & 0 \end{bmatrix},$$

$$F = -\begin{bmatrix} 0 & a_{12} & \cdots & a_{1n} \\ \vdots & \ddots & \ddots & \vdots \\ \vdots & & \ddots & a_{n-1,n} \\ 0 & \cdots & \cdots & 0 \end{bmatrix},$$

sowie die Abkürzungen, falls $a_{ii} \neq 0$ für $i = 1, 2, \ldots, n$

(8.1.6) $L := D^{-1}E, \qquad U := D^{-1}F, \qquad J := L + U, \qquad H := (I - L)^{-1}U$

ein.

1. Im *Gesamtschrittverfahren* oder *Jacobi-Verfahren* wird

(8.1.7) $$B := D, \qquad I - B^{-1}A = J$$

gewählt. Man erhält so für (8.1.3) die Iterationsvorschrift

$$a_{jj}x_j^{(i+1)} + \sum_{k \neq j} a_{jk}x_k^{(i)} = b_j, \qquad j = 1, 2, \ldots, n, \qquad i = 0, 1, \ldots,$$

wobei $x^{(i)} := (x_1^{(i)}, \ldots, x_n^{(i)})^T$.

2. Im *Einzelschrittverfahren* oder *Gauß-Seidel-Verfahren* wird gewählt

(8.1.8) $$B := D - E, \qquad I - B^{-1}A = (I - L)^{-1}U = H.$$

Man erhält so für (8.1.3)

$$\sum_{k<j} a_{jk}x_k^{(i+1)} + a_{jj}x_j^{(i+1)} + \sum_{k>j} a_{jk}x_k^{(i)} = b_j, \qquad j = 1, 2, \ldots, n, \qquad i = 0, 1, \ldots .$$

3. Das Verfahren der *Nachiteration* ist ein besonderer Spezialfall. Hier wird folgende Situation vorausgesetzt. Als Resultat eines Eliminationsverfahrens zur Lösung von $Ax = b$ erhält man infolge von Rundungsfehlern eine (i. a.) gute Näherungslösung $x^{(0)}$ für die exakte Lösung x und eine untere bzw. obere Dreiecksmatrix $\bar{L}, \bar{R}$ mit $\bar{L} \cdot \bar{R} \approx A$ (s. (4.5)). Die Näherungslösung $x^{(0)}$ kann man dann anschließend iterativ mittels eines Verfahrens der Form (8.1.3) verbessern, indem man wählt

$$B := \bar{L} \cdot \bar{R}.$$

(8.1.3) ist dann äquivalent mit

$$\text{(8.1.9)} \qquad B(x^{(i+1)} - x^{(i)}) = r^{(i)}$$

mit dem Residuum

$$r^{(i)} := b - Ax^{(i)}.$$

Es folgt aus (8.1.9)

$$\text{(8.1.10)} \qquad x^{(i+1)} = x^{(i)} + u^{(i)}, \qquad u^{(i)} := \bar{R}^{-1} \bar{L}^{-1} r^{(i)}.$$

Man beachte, daß man $u^{(i)}$ durch Auflösung der gestaffelten Gleichungssysteme

$$\text{(8.1.11)} \qquad \bar{L}z = r^{(i)}, \qquad \bar{R}u^{(i)} = z,$$

einfach berechnen kann. Im allgemeinen (falls A nicht zu schlecht konditioniert ist) konvergiert das Verfahren außerordentlich rasch. Bereits $x^{(1)}$ oder $x^{(2)}$ stimmen mit der exakten Lösung x bis auf Maschinengenauigkeit überein. Da aus eben diesem Grunde bei der Berechnung der Residuen $r^{(i)} = b - Ax^{(i)}$ sehr starke Auslöschung auftritt, ist es für das Funktionieren des Verfahrens äußerst wichtig, daß die Berechnung von $r^{(i)}$ in *doppelter Genauigkeit* ausgeführt wird. Für die anschließende Berechnung von z, $u^{(i)}$ und $x^{(i+1)} = x^{(i)} + u^{(i)}$ aus (8.1.11) und (8.1.10) ist keine doppelt genaue Arithmetik nötig.

(Programme und Rechenbeispiele für die Nachiteration findet man in Wilkinson, Reinsch [6] bzw. Forsythe, Moler [1]).

8.2 Konvergenzsätze

Die betrachteten Iterationsverfahren (8.1.3), (8.1.4) liefern zu jedem Startvektor $x^{(0)}$ eine Folge $\{x^{(i)}\}_{i=0,1,\ldots}$ von Vektoren. Wir nennen nun das betreffende Verfahren *konvergent*, falls für *alle* Startvektoren $x^{(0)}$ diese Folge $\{x^{(i)}\}_{i=0,1,\ldots}$

gegen die exakte Lösung $x = A^{-1}b$ konvergiert. Mit $\rho(C)$ bezeichnen wir im folgenden wieder den Spektralradius (s. 6.9) einer Matrix C. Damit können wir folgendes Konvergenzkriterium angeben:

(8.2.1) **Satz:** 1. *Das Verfahren* (8.1.3) *ist genau dann konvergent, wenn*

$$\rho(I - B^{-1}A) < 1.$$

2. *Hinreichend für die Konvergenz von* (8.1.3) *ist die Bedingung*

$$\operatorname{lub}(I - B^{-1}A) < 1.$$

Dabei kann lub(·) *bzgl. jeder Norm genommen werden.*

Beweis: 1. Für den Fehler $f_i := x^{(i)} - x$ folgt aus

$$x^{(i+1)} = (I - B^{-1}A)\,x^{(i)} + B^{-1}b$$

$$x = (I - B^{-1}A)\,x + B^{-1}b$$

durch Subtraktion sofort die Rekursionsformel

$$f_{i+1} = (I - B^{-1}A)\,f_i$$

oder

(8.2.2) $$f_i = (I - B^{-1}A)^i f_0, \qquad i = 0, 1, \ldots .$$

a) Sei nun (8.1.3) konvergent. Dann ist $\lim_{i\to\infty} f_i = 0$ für alle f_0. Wählt man speziell f_0 als Eigenvektor zum Eigenwert λ von $(I - B^{-1}A)$, so folgt aus (8.2.2)

(8.2.3) $$f_i = \lambda^i f_0$$

und daher $|\lambda| < 1$, wegen $\lim_{i\to\infty} f_i = 0$. Also ist $\rho(I - B^{-1}A) < 1$.

b) Ist umgekehrt $\rho(I - B^{-1}A) < 1$, so folgt aus Satz (6.9.2) sofort $\lim_{i\to\infty}(I - B^{-1}A)^i = 0$ und daher $\lim_{i\to\infty} f_i = 0$ für alle f_0.

2. Für beliebige Normen gilt (s. 6.9.1) $\rho(I - B^{-1}A) \leqq \operatorname{lub}(I - B^{-1}A)$. Damit ist der Satz bewiesen. □

Dieser Satz legt die Vermutung nahe, daß die Konvergenzgeschwindigkeit umso größer ist, je kleiner $\rho(I - B^{-1}A)$ ist. Diese Aussage kann man präzisieren.

(8.2.4) **Satz:** *Für das Verfahren* (8.1.3) *gilt*

$$\sup_{f_0 \neq 0} \limsup_{i \to \infty} \sqrt[i]{\frac{\|f_i\|}{\|f_0\|}} = \rho(I - B^{-1}A) \tag{8.2.5}$$

für die Fehler $f_i = x^{(i)} - x$. *Dabei ist* $\|\cdot\|$ *eine beliebige Norm.*

Beweis: Sei $\|\cdot\|$ eine beliebige Norm und lub$(\cdot)$ die zugehörige Matrixnorm. Mit k bezeichnen wir kurz die linke Seite von (8.2.5). Man sieht sofort $k \geqq \rho(I - B^{-1}A)$, indem man für f_0 wie in (8.2.2), (8.2.3) die Eigenvektoren von $(I - B^{-1}A)$ wählt. Sei nun $\varepsilon > 0$ beliebig. Dann gibt es nach Satz (6.8.2) eine Vektornorm $N(\cdot)$, so daß für die zugehörige Matrixnorm $\text{lub}_N(\cdot)$ gilt

$$\text{lub}_N(I - B^{-1}A) \leqq \rho(I - B^{-1}A) + \varepsilon.$$

Nach Satz (4.4.6) sind alle Normen auf dem $\mathbb{C}^n$ äquivalent, und es gibt Konstantem $m, M > 0$ mit

$$m \cdot \|x\| \leqq N(x) \leqq M \cdot \|x\|.$$

Ist nun $f_0 \neq 0$ beliebig, so folgt aus diesen Ungleichungen und (8.2.2)

$$\begin{aligned} \|f_i\| &\leqq \frac{1}{m} N(f_i) = \frac{1}{m} N\big((I - B^{-1}A)^i f_0\big) \\ &\leqq \frac{1}{m} \left[\text{lub}_N(I - B^{-1}A)\right]^i N(f_0) \\ &\leqq \frac{M}{m} (\rho(I - B^{-1}A) + \varepsilon)^i \|f_0\| \end{aligned}$$

oder

$$\sqrt[i]{\frac{\|f_i\|}{\|f_0\|}} \leqq [\rho(I - B^{-1}A) + \varepsilon] \sqrt[i]{\frac{M}{m}}.$$

Wegen $\lim_{i \to \infty} \sqrt[i]{M/m} = 1$ erhält man $k \leqq \rho(I - B^{-1}A) + \varepsilon$ und da $\varepsilon > 0$ beliebig war $k \leqq \rho(I - B^{-1}A)$. Damit ist der Satz bewiesen. □

Wir wollen diese Resultate zunächst auf das Gesamtschrittverfahren (8.1.7) anwenden. Wir benutzen dabei die im letzten Abschnitt eingeführten

Bezeichnungen (8.1.5)–(8.1.8). Bezüglich der Maximumnorm $\operatorname{lub}_\infty(C) = \max_i \sum_k |c_{ik}|$ gilt für die Matrix

$$\operatorname{lub}_\infty(I - B^{-1}A) = \operatorname{lub}_\infty(J) = \max_i \frac{1}{|a_{ii}|} \sum_{k \neq i} |a_{ik}|.$$

Falls gilt: $|a_{ii}| > \sum_{k \neq i} |a_{ik}|$ für alle i, dann folgt hieraus sofort

$$\operatorname{lub}_\infty(J) < 1.$$

So folgt aus (8.2.1) 2) sofort der 1. Teil von

(8.2.6) **Satz:** 1. (*starkes Zeilensummenkriterium*). *Das Gesamtschrittverfahren ist konvergent für alle Matrizen A mit*

(8.2.7) $$|a_{ii}| > \sum_{k \neq i} |a_{ik}| \quad \textit{für} \quad i = 1, 2, \ldots, n.$$

2. (*starkes Spaltensummenkriterium*). *Das Gesamtschrittverfahren konvergiert für alle Matrizen A mit*

(8.2.8) $$|a_{kk}| > \sum_{i \neq k} |a_{ik}| \quad \textit{für} \quad k = 1, 2, \ldots, n.$$

Beweis von 2.: Ist für A (8.2.8) erfüllt, so gilt (8.2.7) für die Matrix A^T. Also konvergiert das Gesamtschrittverfahren für A^T und es ist daher wegen Satz (8.2.1) 1) $\rho(X)<1$ für $X := I - D^{-1}A^T$. Nun hat X die gleichen Eigenwerte wie X^T und $D^{-1}X^TD = I - D^{-1}A$. Also ist auch $\rho(I - D^{-1}A) < 1$, d, h. das Gesamtschrittverfahren ist auch für die Matrix A konvergent. □

Für unzerlegbare Matrizen A kann das starke Zeilen (Spalten-)-Summenkriterium verfeinert werden. Dabei heißt A *unzerlegbar* (irreduzibel), falls es keine Permutationsmatrix P gibt, so daß $P^T AP$ die Gestalt

$$P^T AP = \begin{bmatrix} \tilde{A}_{11} & \tilde{A}_{12} \\ 0 & \tilde{A}_{22} \end{bmatrix}$$

besitzt, wo $\tilde{A}_{11}$ eine $p \times p$-Matrix, $\tilde{A}_{22}$ eine $q \times q$-Matrix mit $p + q = n$, $p > 0$, $q > 0$ ist.

Die Unzerlegbarkeit einer Matrix A kann man häufig leicht mit Hilfe des der Matrix A zugeordneten (gerichteten) *Graphen* $G(A)$ prüfen. Wenn A eine $n \times n$-Matrix ist, so besteht $G(A)$ aus n Knoten $P_1, \ldots, P_n$ und es gibt eine gerichtete Kante $P_i \to P_j$ in $G(A)$ genau dann, wenn $a_{ij} \neq 0$.

Beispiel:

$$A = \begin{bmatrix} 1 & 2 & 0 \\ -1 & 1 & 0 \\ 3 & 0 & 1 \end{bmatrix}, \qquad G(A):$$

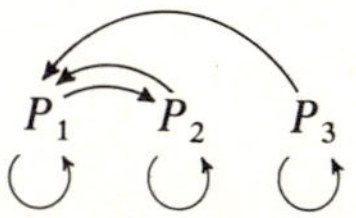

Man zeigt leicht, daß A genau dann unzerlegbar ist, falls der Graph $G(A)$ in dem Sinne *zusammenhängend* ist, daß es für jedes Knotenpaar (P_i, P_j) in $G(A)$ einen gerichteten Weg von P_i nach P_j gibt.

Für unzerlegbare Matrizen gilt:

(8.2.9) **Satz:** (*Schwaches Zeilensummenkriterium*) *Falls A unzerlegbar ist und*

$$|a_{ii}| \geqq \sum_{k \neq i} |a_{ik}| \quad \textit{für alle} \quad i = 1, 2, \ldots, n,$$

aber $|a_{i_0, i_0}| > \sum_{k \neq i_0} |a_{i_0 k}|$ *für mindestens ein i_0 gilt, dann konvergiert das Gesamtschrittverfahren.*

Analog gilt natürlich auch ein schwaches Spaltensummenkriterium für unzerlegbares A.

Beweis: Aus den Voraussetzungen des Satzes folgt wie beim Beweis von (8.2.6) 1) für das Gesamtschrittverfahren

$$\text{lub}_\infty(I - B^{-1}A) = \text{lub}_\infty(J) \leqq 1,$$

und daraus

(8.2.10) $$|J|\, e \leqq e, \qquad |J|\, e \neq e, \qquad e := (1, 1, \ldots, 1)^T.$$

(Betragsstriche $|\cdot|$, Ungleichungen für Vektoren oder Matrizen sind stets komponentenweise zu verstehen.)

Nun ist mit A auch die Matrix J unzerlegbar. Um den Satz zu beweisen, genügt es, die Ungleichung

$$|J|^n e < e$$

zu zeigen, denn daraus folgt sofort

$$\rho(J)^n = \rho(J^n) \leqq \text{lub}_\infty(J^n) \leqq \text{lub}_\infty(|J|^n) < 1.$$

Nun ist wegen (8.2.10) und $|J| \geqq 0$

$$|J|^2 e \leqq |J|\, e \underset{\neq}{\leqq} e$$

und allgemein

$$|J|^{i+1} e \leqq |J|^i e \leqq \ldots \underset{\neq}{\leqq} e,$$

d. h. für die Vektoren $t^{(i)} := e - |J|^i e$ gilt

(8.2.11)
$$0 \underset{\neq}{\leq} t^{(1)} \leqq t^{(2)} \leqq \dots .$$

Wir zeigen, daß die Zahl τ_i der von 0 verschiedenen Komponenten von $t^{(i)}$ mit i streng monoton wächst, $0 < \tau_1 < \tau_2 < \dots$, solange $\tau_i < n$. Wäre dies nicht der Fall, so hätte man wegen (8.2.11) ein erstes $i \geqq 1$ mit $\tau_i = \tau_{i+1}$, O. B. d. A. habe $t^{(i)}$ die Gestalt

$$t^{(i)} = \begin{bmatrix} a \\ 0 \end{bmatrix} \quad \text{mit einem Vektor} \quad a > 0, \quad a \in \mathbb{R}^p, \quad p > 0.$$

Wegen (8.2.11) und $\tau_i = \tau_{i+1}$ hat dann auch $t^{(i+1)}$ die Form

$$t^{(i+1)} = \begin{bmatrix} b \\ 0 \end{bmatrix} \quad \text{mit einem Vektor} \quad b > 0, \quad b \in \mathbb{R}^p.$$

Partitioniert man $|J|$ entsprechend

$$|J| = \begin{bmatrix} |J_{11}| & |J_{12}| \\ |J_{21}| & |J_{22}| \end{bmatrix}, \qquad |J_{11}| \quad \text{eine } p \times p\text{-Matrix},$$

so folgt

$$\begin{bmatrix} b \\ 0 \end{bmatrix} = t^{(i+1)} = e - |J|^{i+1} e \geqq |J| e - |J|^{i+1} e$$

$$= |J| t^{(i)} = \begin{bmatrix} |J_{11}| & |J_{12}| \\ |J_{21}| & |J_{22}| \end{bmatrix} \begin{bmatrix} a \\ 0 \end{bmatrix}.$$

Wegen $a > 0$ ist dies nur möglich, falls $J_{21} = 0$, d. h. falls J zerlegbar ist. Also gilt $0 < \tau_1 < \tau_2 < \dots$ und damit $t^{(n)} = e - |J|^n e > 0$. Damit ist der Satz bewiesen. □

Die Bedingungen der Sätze (8.2.6) und (8.2.9) sind auch hinreichend für die Konvergenz des Einzelschrittverfahrens. Wir zeigen dies nur für das starke Zeilensummenkriterium. Es gilt sogar etwas schärfer

(8.2.12) **Satz:** *Falls*

$$|a_{ii}| > \sum_{k \neq i} |a_{ik}| \quad \textit{für alle} \quad i = 1, 2, \dots, n,$$

dann ist das Einzelschrittverfahren konvergent und es gilt (s. (8.1.6))

$$\operatorname{lub}_\infty(H) \leqq \operatorname{lub}_\infty(J) < 1.$$

Beweis: Sei $\kappa_H := \operatorname{lub}_\infty(H)$, $\kappa_J := \operatorname{lub}_\infty(J)$. Wie schon öfters ausgenutzt, folgt aus der Voraussetzung des Satzes

$$|J|\, e \leqq \kappa_J e < e, \qquad e = (1, \ldots, 1)^T,$$

für die Matrix $J = L + U$. Wegen $|J| = |L| + |U|$ schließt man daraus

$$|U| e \leqq (\kappa_J I - |L|) e. \tag{8.2.13}$$

Nun ist L und $|L|$ untere Dreiecksmatrix mit verschwindender Diagonale. Für solche Matrizen gilt, wie man leicht bestätigt,

$$L^n = |L|^n = 0,$$

so daß $(I - L)^{-1}$ und $(I - |L|)^{-1}$ existieren und gilt

$$\begin{aligned} 0 \leqq |(I - L)^{-1}| &= |I + L + \ldots + L^{n-1}| \\ &\leqq I + |L| + \ldots + |L|^{n-1} = (I - |L|)^{-1}. \end{aligned}$$

Durch Multiplikation von (8.2.13) mit der nichtnegativen Matrix $(I - |L|)^{-1}$ erhält man wegen $H = (I - L)^{-1} U$

$$\begin{aligned} |H|\, e \leqq (I - |L|)^{-1} |U|\, e &\leqq (I - |L|)^{-1} \big(I - |L| + (\kappa_J - 1) I\big)\, e \\ &= \big(I + (\kappa_J - 1)(I - |L|)^{-1}\big)\, e. \end{aligned}$$

Nun ist $(I - |L|)^{-1} \geqq I$ und $\kappa_J < 1$, also kann die Ungleichungskette fortgesetzt werden

$$|H|\, e \leqq \big(I + (\kappa_J - 1) I\big)\, e = \kappa_J e.$$

Das heißt aber

$$\kappa_H = \operatorname{lub}_\infty(H) = \operatorname{lub}_\infty(|H|) \leqq \kappa_J$$

was zu zeigen war. □

Da $\operatorname{lub}_\infty(H) \geqq \rho(H)$, $\operatorname{lub}_\infty(J) \geqq \rho(J)$ sind, legt dieser Satz die Vermutung nahe, daß unter den Voraussetzungen des Satzes auch $\rho(H) \leqq \rho(J) < 1$ gilt, d. h., daß in Anbetracht von Satz (8.2.4) das Einzelschrittverfahren mindestens ebenso schnell wie das Gesamtschrittverfahren konvergiert. Dies ist jedoch, wie Beispiele zeigen, nicht allgemein richtig, sondern nur unter weiteren Voraussetzungen über A. So gilt z. B. der folgende Satz, der ohne Beweis angeführt sei (für einen Beweis s. Varga [4]).

(8.2.14) **Satz** (Stein und Rosenberg): *Ist die Matrix $J = L + U$ nichtnegativ, so gilt für J und $H = (I - L)^{-1} U$ genau eine der folgenden Beziehungen*

1) $\rho(H) = \rho(J) = 0$

2) $0 < \rho(H) < \rho(J) < 1$

3) $\rho(H) = \rho(J) = 1$

4) $\rho(H) > \rho(J) > 1$.

Die Voraussetzung $J \geqq 0$ ist insbesondere dann erfüllt (s. (8.1.5), (8.1.6)), wenn die Matrix A positive Diagonalelemente und nichtpositive Nichtdiagonalelemente besitzt: $a_{ii} > 0$, $a_{ik} \leqq 0$ für $i \neq k$. Da diese Bedingung fast bei allen linearen Gleichungssystemen zutrifft, die man durch Differenzennäherungen von linearen Differentialoperatoren erhält (vgl. z. B. Abschnitt 8.4), so gibt dieser Satz die für viele praktische Fälle bedeutsame Auskunft, daß das Einzelschrittverfahren besser als das Gesamtschrittverfahren konvergiert, wenn überhaupt eines der beiden Verfahren konvergiert.

8.3 Relaxationsverfahren

Die Ergebnisse des letzten Abschnitts legen es nahe, nach einfachen Matrizen B zu suchen, für die das zugehörige Iterationsverfahren (8.1.3) evtl. noch besser als das Einzelschrittverfahren konvergiert, $\rho(I - B^{-1}A) < \rho(H)$. Noch allgemeiner kann man Klassen geeigneter, von einem Parameter ω abhängiger Matrizen $B(\omega)$ betrachten und versuchen, den Parameter ω „optimal" zu wählen, d. h. so, daß $\rho\big(I - B(\omega)^{-1}A\big)$ als Funktion von ω möglichst klein wird. Bei den *Relaxationsverfahren* wird die folgende Klasse von Matrizen $B(\omega)$ studiert:

(8.3.1)
$$B(\omega) = \frac{1}{\omega} D(I - \omega L).$$

Dabei benutzen wir wieder die Bezeichnungen (8.1.5) (8.1.8). Auf diesen Ansatz kommt man durch folgende Überlegung.

Wir nehmen an, daß man von der $i+1$-ten Näherung $x^{(i+1)}$ schon die Komponenten $x_k^{(i+1)}$, $k = 1, 2, \ldots, j-1$ kennt. Ähnlich dem Einzelschrittverfahren (8.1.8) definiert man dann eine Hilfsgröße $\tilde{x}_j^{(i+1)}$ durch

(8.3.2)
$$a_{jj}\tilde{x}_j^{(i+1)} = -\sum_{k<j} a_{jk}x_k^{(i+1)} - \sum_{k>j} a_{jk}x_k^{(i)} + b_j, \qquad 1 \leqq j \leqq n, \qquad i \geqq 0$$

und bestimmt $x_j^{(i+1)}$ dann durch eine gewisse Mittelbildung zwischen $x_j^{(i)}$ und $\tilde{x}_j^{(i+1)}$ in der Form

(8.3.3)
$$x_j^{(i+1)} := (1-\omega)\,x_j^{(i)} + \omega\tilde{x}_j^{(i+1)} = x_j^{(i)} + \omega\big(\tilde{x}_j^{(i+1)} - x_j^{(i)}\big).$$

Eliminiert man die Hilfsgröße $\tilde{x}_j^{(i+1)}$ aus (8.3.3) mittels (8.3.2), so erhält man

$$a_{jj}x_j^{(i+1)} = a_{jj}x_j^{(i)} + \omega\left[-\sum_{k<j} a_{jk}x_k^{(i+1)} - a_{jj}x_j^{(i)} - \sum_{k>j} a_{jk}x_k^{(i)} + b_j\right],$$
$$1 \leqq j \leqq n, \qquad i \geqq 0.$$

In Matrix-Schreibweise ist dies äquivalent mit

$$B(\omega)\,x^{(i+1)} = \big(B(\omega) - A\big)\,x^{(i)} + b,$$

wobei $B(\omega)$ durch (8.3.1) definiert ist und

$$B(\omega) - A = \frac{1}{\omega} D\big((1-\omega) I + \omega U\big).$$

Für diese Methode ist somit die Konvergenzgeschwindigkeit durch den Spektralradius der Matrix

(8.3.4) $$H(\omega) := I - B(\omega)^{-1} A = (I - \omega L)^{-1} [(1-\omega) I + \omega U]$$

bestimmt.

Man nennt ω den *Relaxationsparameter* und spricht von *Überrelaxation* (*Unterrelaxation*), falls $\omega > 1$ ($\omega < 1$) gewählt wird. Für $\omega = 1$ erhält man genau das Einzelschrittverfahren zurück.

Wir wollen zunächst, zum Teil ohne Beweis, einige qualitative Resultate über $\rho(H(\omega))$ mitteilen. Der folgende Satz zeigt, daß bei Relaxationsverfahren bestenfalls Parameter ω mit $0 < \omega < 2$ zu konvergenten Verfahren führen:

(8.3.5) **Satz** (Kahan): *Für beliebige Matrizen A gilt*

$$\rho(H(\omega)) \geqq |\omega - 1|$$

für alle ω.

Beweis: $I - \omega L$ ist eine untere Dreiecksmatrix mit 1 als Diagonalelementen, also ist $\det(I - \omega L) = 1$ für alle ω. Es folgt für das char. Polynom $\varphi(\lambda)$ von $H(\omega)$

$$\begin{aligned}\varphi(\lambda) = \det(\lambda I - H(\omega)) &= \det\big((I - \omega L)(\lambda I - H(\omega))\big)\\ &= \det\big((\lambda + \omega - 1) I - \omega\lambda L - \omega U\big).\end{aligned}$$

Der konstante Term $\varphi(0)$ von $\varphi(\lambda)$ ist gleich dem Produkt der Eigenwerte $\lambda_i(H(\omega))$:

$$\prod_{i=1}^{n} \lambda_i(H(\omega)) = \varphi(0) = \det\big((\omega - 1) I - \omega U\big) \equiv (\omega - 1)^n.$$

Es folgt sofort $\rho(H(\omega)) = \max_i |\lambda_i(H(\omega))| \geqq |\omega - 1|$. □

Für Matrizen A mit $L \geqq 0$, $U \geqq 0$ läßt nur die Überrelaxation bessere Konvergenzgeschwindigkeiten als das Einzelschrittverfahren erwarten:

(8.3.6) **Satz:** *Ist die Matrix A unzerlegbar, gilt* $J = L + U \geqq 0$ *und ist das Gesamtschrittverfahren konvergent,* $\rho(J) < 1$, *so ist die Funktion* $\rho(H(\omega))$ *für ein* $\bar{\omega} \geqq 1$ *im Intervall* $0 < \omega \leqq \bar{\omega}$ *streng monoton fallend.*

Für einen Beweis siehe Varga [4] sowie Householder [3].

Weiter läßt sich zeigen:

(8.3.7) **Satz** (Ostrowski, Reich): *Für positiv definite Matrizen A gilt*

$$\rho(H(\omega)) < 1 \quad \textit{für alle} \quad 0 < \omega < 2.$$

Insbesondere konvergiert das Einzelschrittverfahren ($\omega = 1$) *für positiv definite Matrizen.*

Beweis: Sei $0 < \omega < 2$ und A positiv definit. Dann ist $F = E^H$ in der Zerlegung (8.1.5) $A = D - E - F$ von A. Für die Matrix $B = B(\omega)$ (8.3.1) gilt $B = \frac{1}{\omega} D - E$ und die Matrix

$$B + B^H - A = \frac{1}{\omega} D - E + \frac{1}{\omega} D - F - (D - E - F)$$

$$= \left(\frac{2}{\omega} - 1\right) D,$$

ist positiv definit, da die Diagonalelemente der positiv definiten Matrix A positiv sind (Satz (4.3.2)) und weil $\frac{2}{\omega} - 1 > 0$.

Wir zeigen zunächst, daß die Eigenwerte λ von $A^{-1}(2B - A)$ alle im Inneren der rechten Halbebene liegen, $\operatorname{Re} \lambda > 0$. Ist nämlich x Eigenvektor zu $A^{-1}(2B - A)$ so gilt

$$A^{-1}(2B - A)x = \lambda x,$$

$$x^H(2B - A)\,x = \lambda x^H A x.$$

Durch Übergang zum Hermitesch Konjugierten der letzten Beziehung erhält man wegen $A = A^H$

$$x^H(2B^H - A)\,x = \bar{\lambda} x^H A x.$$

Durch Addition folgt

$$x^H(B + B^H - A)\,x = \operatorname{Re} \lambda x^H A x.$$

Nun sind aber A und $(B + B^H - A)$ positiv definit und daher $Re\, \lambda > 0$. Für die Matrix $Q := A^{-1}(2B - A) = 2A^{-1}B - I$ ist

$$(Q - I)(Q + I)^{-1} = I - B^{-1}A = H(\omega).$$

(Man beachte, daß B eine nichtsinguläre Dreiecksmatrix ist, also B^{-1} und damit $(Q + I)^{-1}$ existieren). Ist μ Eigenwert von $H(\omega)$ und x zugehöriger Eigenvektor, so folgt aus

$$(Q - I)(Q + I)^{-1}\,x = H(\omega)\,x = \mu x$$

für den Vektor $y := (Q + I)^{-1}x \neq 0$

$$(Q - I)\,y = \mu(Q + I)\,y$$

$$(1 - \mu)\,Qy = (1 + \mu)\,y.$$

Wegen $y \neq 0$ muß $\mu \neq 1$ sein und man erhält schließlich

$$Qy = \frac{1+\mu}{1-\mu} y,$$

d. h. $\lambda = (1+\mu)/(1-\mu)$ ist Eigenwert von $Q = A^{-1}(2B - A)$. Hieraus erhält man $\mu = (\lambda - 1)/(\lambda + 1)$. Für $|\mu|^2 = \mu\bar{\mu}$ erhält man

$$|\mu|^2 = \frac{|\lambda|^2 + 1 - 2\operatorname{Re}\lambda}{|\lambda|^2 + 1 + 2\operatorname{Re}\lambda}$$

und wegen $\operatorname{Re}\lambda > 0$ für $0 < \omega < 2$

$$|\mu| < 1, \quad \text{d.h.} \quad \rho(H(\omega)) < 1. \quad \square$$

Für eine wichtige Klasse von Matrizen lassen sich die mehr qualitativen Aussagen der Sätze (8.3.5)–(8.3.7) erheblich verschärfen. Es ist dies die von Young eingeführte Klasse der Matrizen mit „*property A*“ (s. z. B. Young [7]), bzw. ihre erhebliche von Varga [4] stammende Verallgemeinerung, die Klasse der *konsistent geordneten* Matrizen (s. (8.3.10)):

(8.3.8) **Def:** *Die Matrix A besitzt die „property A“, wenn es eine Permutationsmatrix P gibt, so daß PAP^T die Gestalt*

$$PAP^T = \begin{bmatrix} D_1 & M_1 \\ M_2 & D_2 \end{bmatrix}, \qquad D_1, D_2 \quad \text{Diagonalmatrizen}$$

besitzt.

Die wichtigste Eigenschaft der Matrizen mit „property A“ gibt der folgende Satz an:

(8.3.9) **Satz:** *Zu jeder $n \times n$-Matrix A mit „property A“ und $a_{ii} \neq 0$, $i = 1, \ldots, n$, gibt es eine Permutationsmatrix P, so daß für die Zerlegung* (8.1.5), (8.1.6) $\bar{A} = D(I - L - U)$ *der permutierten Matrix $\bar{A} := PAP^T$ gilt: Die Eigenwerte der Matrizen*

$$J(\alpha) := \alpha L + \alpha^{-1} U, \qquad \alpha \in \mathbb{C}, \qquad \alpha \neq 0$$

sind von α unabhängig.

Beweis: Nach Def. (8.3.8) gibt es eine Permutation P, so daß

$$PAP^T = \begin{bmatrix} D_1 & M_1 \\ M_2 & D_2 \end{bmatrix} = D(I - L - U)$$

$$D := \begin{bmatrix} D_1 & 0 \\ 0 & D_2 \end{bmatrix}, \qquad L = -\begin{bmatrix} 0 & 0 \\ D_2^{-1} M_2 & 0 \end{bmatrix}, \qquad U = -\begin{bmatrix} 0 & D_1^{-1} M_1 \\ 0 & 0 \end{bmatrix}$$

Dabei sind D_1, D_2 nichtsinguläre Diagonalmatrizen. Nun ist für $\alpha \neq 0$

$$J(\alpha) = -\begin{bmatrix} 0 & \alpha^{-1} D_1^{-1} M_1 \\ \alpha D_2^{-1} M_2 & 0 \end{bmatrix} = -S_\alpha \begin{bmatrix} 0 & D_1^{-1} M_1 \\ D_2^{-1} M_2 & 0 \end{bmatrix} S_\alpha^{-1}$$
$$= -S_\alpha J(1) S_\alpha^{-1}$$

mit der nichtsingulären Diagonalmatrix

$$S_\alpha := \begin{bmatrix} I_1 & 0 \\ 0 & \alpha I_2 \end{bmatrix}, \qquad I_1, I_2 \text{ Einheitsmatrizen.}$$

Die Matrizen $J(\alpha)$ und $J(1)$ sind ähnlich, haben also die gleichen Eigenwerte. □

Matrizen A, die bzgl. der Zerlegung (8.1.5), (8.1.6) $A = D(I - L - U)$ die Eigenschaft haben, daß die Eigenwerte der Matrizen

$$J(\alpha) = \alpha L + \alpha^{-1} U$$

für $\alpha \neq 0$ von α unabhängig sind, heißen nach Varga [4]

(8.3.10) *konsistent geordnet.*

Satz (8.3.9) besagt, daß sich Matrizen mit „property A" konsistent ordnen lassen, d. h. die Zeilen und Spalten von A lassen sich mit Hilfe einer Permutation P so umordnen, daß eine konsistent geordnete (8.3.10) Matrix PAP^T entsteht.

Konsistent geordnete Matrizen A müssen aber durchaus nicht die Gestalt

$$A = \begin{bmatrix} D_1 & M_1 \\ M_2 & D_2 \end{bmatrix}, \qquad D_1, D_2 \text{ Diagonalmatrizen,}$$

besitzen. Dies zeigt das wichtige Beispiel der Blocktridiagonalmatrizen A, die die Form

$$A = \begin{bmatrix} D_1 & A_{12} & & & \\ A_{21} & \ddots & \ddots & & \\ & \ddots & \ddots & \ddots & \\ & & \ddots & \ddots & A_{N-1,N} \\ & & & A_{N,N-1} & D_N \end{bmatrix}, \qquad D_i \text{ Diagonalmatrizen,}$$

haben. Falls alle D_i nichtsingulär sind, hat man für die Matrizen

$$J(\alpha) = -\begin{bmatrix} 0 & \alpha^{-1}D_1^{-1}A_{12} & & & \\ \alpha D_2^{-1}A_{21} & 0 & \ddots & & \\ & \ddots & \ddots & \ddots & \\ & & \ddots & 0 & \alpha^{-1}D_{N-1}^{-1}A_{N-1,N} \\ & & & \alpha D_N^{-1}A_{N,N-1} & 0 \end{bmatrix}$$

die Beziehung

$$J(\alpha) = S_\alpha J(1)\, S_\alpha^{-1}, \qquad S_\alpha := \begin{bmatrix} I_1 & & & \\ & \alpha I_2 & & \\ & & \ddots & \\ & & & \alpha^{N-1} I_N \end{bmatrix},$$

also ist A konsistent geordnet. Überdies haben Blocktridiagonalmatrizen die „property A". Wir zeigen dies nur für die spezielle 3×3-Matrix

$$A = \begin{bmatrix} 1 & b & 0 \\ a & 1 & d \\ 0 & c & 1 \end{bmatrix}.$$

Für sie gilt nämlich

$$PAP^T = \left[\begin{array}{c|cc} 1 & a & d \\ \hline b & 1 & 0 \\ c & 0 & 1 \end{array}\right] \quad \text{für} \quad P := \begin{bmatrix} 0 & 1 & 0 \\ 1 & 0 & 0 \\ 0 & 0 & 1 \end{bmatrix}.$$

Im allgemeinen Fall geht man analog vor.

Es sei jedoch darauf hingewiesen, daß es konsistent geordnete (8.3.10) Matrizen gibt, die nicht die „property A" haben. Dies zeigt das Beispiel

$$A := \begin{bmatrix} 1 & 0 & 0 \\ 1 & 1 & 0 \\ 1 & 1 & 1 \end{bmatrix}.$$

Für unzerlegbare $n \times n$-Matrizen A mit nichtverschwindenden Diagonalelementen $a_{ii} \neq 0$, und der Zerlegung $A = D(I - L - U)$ läßt sich häufig leicht mit Hilfe des Graphen $G(J)$, der der Matrix $J = L + U$ zugeordnet ist, entscheiden, ob A die „property A" besitzt oder nicht. Dazu betrachte man die Längen $s_1^{(i)}, s_2^{(i)}, \ldots$ aller geschlossenen gerichteten Wege (gerichtete Zyklen)

$$P_i \to P_{k_1} \to P_{k_2} \to \ldots \to P_{k_{s(i)}} = P_i$$

in $G(J)$, die von P_i nach P_i führen. Mit l_i bezeichnen wir den größten gemeinsamen Teiler der $s_1^{(i)}, s_2^{(i)}, \ldots$

$$l_i = \mathrm{ggT}\,(s_1^{(i)}, s_2^{(i)}, \ldots)$$

und nennen den Graphen $G(J)$ *2-zyklisch*, falls $l_1 = l = \ldots = l_n = 2$, und *schwach 2-zyklisch*, falls alle l_i gerade sind. Es gilt dann der Satz, den wir ohne Beweis angeben:

(8.3.11) **Satz:** *Eine unzerlegbare Matrix A besitzt genau dann die „property A", falls $G(J)$ schwach 2-zyklisch ist.*

Beispiel: Zur Matrix

$$A := \begin{bmatrix} 4 & -1 & 0 & -1 \\ -1 & 4 & -1 & 0 \\ 0 & -1 & 4 & -1 \\ -1 & 0 & -1 & 4 \end{bmatrix}$$

gehört die Matrix

$$J := \tfrac{1}{4} \begin{bmatrix} 0 & 1 & 0 & 1 \\ 1 & 0 & 1 & 0 \\ 0 & 1 & 0 & 1 \\ 1 & 0 & 1 & 0 \end{bmatrix}$$

mit dem Graphen $G(J)$:

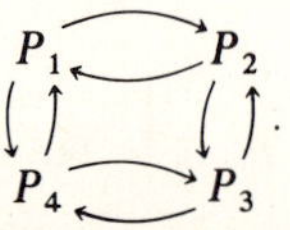

$G(J)$ ist zusammenhängend, also ist J und damit auch A unzerlegbar (8.2). Da $G(J)$ offensichtlich 2-zyklisch ist, besitzt A die „property A".

Die Bedeutung der konsistent geordneten Matrizen (und damit wegen (8.3.9) indirekt auch der Matrizen mit „property A") liegt darin, daß man explizit angeben kann, wie die Eigenwerte μ von $J = L + U$ mit den Eigenwerten $\lambda = \lambda(\omega)$ von $H(\omega) = (I - \omega L)^{-1}\big((1 - \omega)\, I + \omega U\big)$ zusammenhängen:

(8.3.12) **Satz:** *A sei eine konsistent geordnete Matrix* (8.3.10) *und $\omega \neq 0$.*

Dann gilt

a) *Mit* μ *ist auch* $-\mu$ *Eigenwert von* $J = L + U$.

b) *Falls* μ *Eigenwert von* J *ist und*

$$(\lambda + \omega - 1)^2 = \lambda\omega^2\mu^2 \tag{8.3.13}$$

gilt, dann ist λ *Eigenwert von* $H(\omega)$.

c) *Falls* $\lambda \neq 0$ *Eigenwert von* $H(\omega)$ *ist und* (8.3.13) *gilt, dann ist* μ *Eigenwert von* J.

Beweis: a) Da A konsistent geordnet ist, besitzt die Matrix $J(-1) = -L - U = -J$ dieselben Eigenwerte wie $J(1) = J = L + U$.

b) Wegen $\det(I - \omega L) = 1$ für alle ω ist

$$\begin{aligned} \det(\lambda I - H(\omega)) &= \det[(I - \omega L)(\lambda I - H(\omega))] \\ &= \det[\lambda I - \lambda\omega L - (1 - \omega) I - \omega U] \\ &= \det((\lambda + \omega - 1) I - \lambda\omega L - \omega U). \end{aligned} \tag{8.3.14}$$

Sei nun μ Eigenwert von $J = L + U$ und λ Lösung von (8.3.13). Es folgt $\lambda + \omega - 1 = \sqrt{\lambda}\omega\mu$ oder $\lambda + \omega - 1 = -\sqrt{\lambda}\omega\mu$. Wegen a) können wir o. B. d. A.

$$\lambda + \omega - 1 = \sqrt{\lambda}\omega\mu$$

annehmen. Falls $\lambda = 0$ folgt $\omega = 1$, so daß wegen (8.3.14)

$$\det(0 \cdot I - H(1)) = \det(-\omega U) = 0,$$

d. h. λ ist Eigenwert von $H(\omega)$. Für $\lambda \neq 0$ folgt aus (8.3.14)

$$\begin{aligned} \det(\lambda I - H(\omega)) &= \det\left[(\lambda + \omega - 1) I - \sqrt{\lambda}\omega\left(\sqrt{\lambda}L + \frac{1}{\sqrt{\lambda}}U\right)\right] \\ &= (\sqrt{\lambda}\omega)^n \det\left[\mu I - \left(\sqrt{\lambda}L + \frac{1}{\sqrt{\lambda}}U\right)\right] \\ &= (\sqrt{\lambda}\omega)^n \det(\mu I - (L + U)) = 0, \end{aligned} \tag{8.3.15}$$

da die Matrix $J(\sqrt{\lambda}) = \sqrt{\lambda}L + \dfrac{1}{\sqrt{\lambda}}U$ dieselben Eigenwerte wie $J = L + U$ besitzt und μ Eigenwert von J ist. Also ist $\det(\lambda I - H(\omega)) = 0$ und damit λ Eigenwert von $H(\omega)$.

c) Sei nun umgekehrt $\lambda \neq 0$ Eigenwert von $H(\omega)$ und μ eine Zahl mit (8.3.13), d. h. mit $\lambda + \omega - 1 = \pm\,\omega\sqrt{\lambda}\mu$. Wegen a) genügt es zu zeigen, daß die Zahl μ mit $\lambda + \omega - 1 = \omega\sqrt{\lambda}\mu$ Eigenwert von J ist. Dies folgt aber sofort aus (8.3.15). □

Als Nebenresultat erhalten wir für $\omega = 1$:

(8.3.16) **Korollar:** *A sei eine konsistent geordnete Matrix* (8.3.10). *Dann gilt für die Matrix* $H = H(1) = (I - L)^{-1} U$ *des Einzelschrittverfahrens*

$$\rho(H) = \rho(J)^2.$$

Wegen Satz (8.2.4) bedeutet dies, daß man mit dem Gesamtschrittverfahren etwa doppelt so viel Iterationsschritte als mit dem Einzelschrittverfahren auszuführen hat, um die gleiche Genauigkeit zu erreichen.

Wir wollen nun den optimalen Relaxationsparameter ω_b, der durch

$$\rho(H(\omega_b)) = \min_{\omega \in \mathbb{R}} \rho(H(\omega)) = \min_{0<\omega<2} \rho(H(\omega))$$

charakterisiert ist (s. Satz 8.3.5), in einem wichtigen Spezialfall explizit angeben.

(8.3.17) **Satz** (Young, Varga): *A sei eine konsistent geordnete Matrix. Ferner seien die Eigenwerte von J reell und es gelte* $\rho(J) < 1$. *Dann ist*

$$\omega_b = \frac{2}{1 + \sqrt{1 - \rho(J)^2}}, \qquad \rho(H(\omega_b)) = \omega_b - 1 = \left(\frac{\rho(J)}{1 + \sqrt{1 - \rho(J)^2}}\right)^2$$

Allgemein gilt

(8.3.18)
$$\rho(H(\omega)) = \begin{cases} \omega - 1 & \text{für} \quad \omega_b \leqq \omega \leqq 2 \\ 1 - \omega + \frac{1}{2}\omega^2\mu^2 + \omega\mu\sqrt{1 - \omega + \frac{1}{4}\omega^2\mu^2} & \text{für} \quad 0 \leqq \omega \leqq \omega_b, \end{cases}$$

wobei zur Abkürzung $\mu := \rho(J)$ *gesetzt ist* (s. Fig. 19).

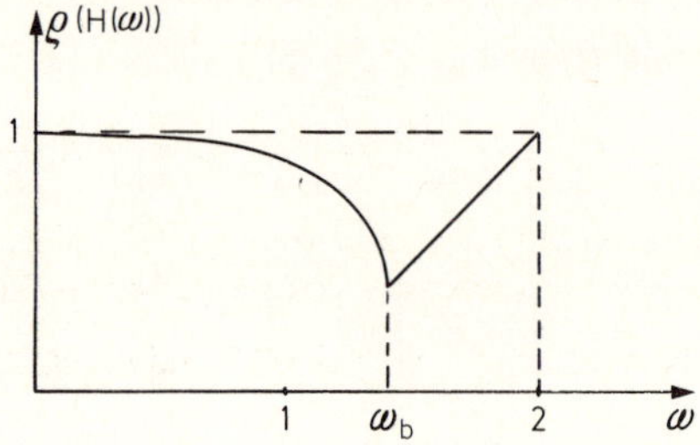

Fig. 19

Man beachte, daß der linksseitige Differentialquotient von $\rho(H(\omega))$ in ω_b gleich „$-\infty$“ ist. Man sollte daher als Relaxationsparameter ω lieber eine etwas zu große als eine zu kleine Zahl wählen, wenn man ω_b nicht genau kennt.

Beweis: Die Eigenwerte μ_i der Matrix J sind nach Voraussetzung reell und es ist

$$-\rho(J) \leqq \mu_i \leqq \rho(J) < 1.$$

Bei festem $\omega \in (0.2)$ (nach Satz (8.3.5) genügt es, nur diesen Bereich zu betrachten) gehören zu jedem μ_i zwei Eigenwerte $\lambda_i^{(1)}(\omega, \mu_i)$, $\lambda_i^{(2)}(\omega, \mu_i)$ von $H(\omega)$, die man durch

Auflösung der in λ quadratischen Gleichung (8.3.13) erhält. Geometrisch erhält man $\lambda_i^{(1)}(\omega)$, $\lambda_i^{(2)}(\omega)$ als Abszissen der Schnittpunkte der Geraden

$$g_\omega(\lambda) = (\lambda + \omega - 1)/\omega,$$

mit der Parabel $m_i(\lambda) := \pm\sqrt{\lambda}\mu_i$ (s. Fig. 20).

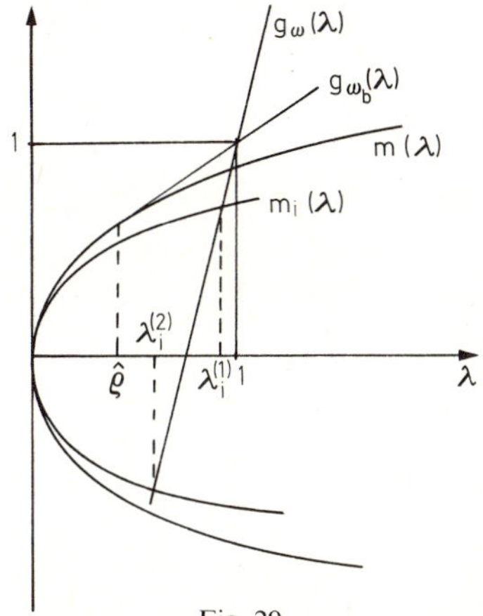

Fig. 20

Die Gerade g_ω hat die Steigung $1/\omega$ und geht durch den Punkt $(1, 1)$. Wenn die Gerade $g_\omega(\lambda)$ die Parabel $m_i(\lambda)$ nicht schneidet, sind $\lambda_i^{(1)}$, $\lambda_i^{(2)}$ konjugiert komplexe Zahlen vom Betrag $|\omega - 1|$, wie man sofort aus (8.3.13) findet. Offensichtlich ist

$$\rho(H(\omega)) = \max_i\left(|\lambda_i^{(1)}(\omega)|, |\lambda_i^{(2)}(\omega)|\right) = \max\left(|\lambda^{(1)}(\omega)|, |\lambda^{(2)}(\omega)|\right),$$

wobei $\lambda^{(1)}(\omega)$, $\lambda^{(2)}(\omega)$ sich durch Schneiden von $g_\omega(\lambda)$ mit $m(\lambda) := \pm\sqrt{\lambda}\mu$ mit $\mu = \rho(J) = \max_i |\mu_i|$ ergibt. Durch Lösung der quadratischen Gleichung (8.3.13) für $\mu = \rho(J)$ nach λ bestätigt man sofort (8.3.18) und damit die übrigen Behauptungen des Satzes. □

8.4 Anwendungen auf Differenzenverfahren — ein Beispiel

Um ein Beispiel für die Anwendbarkeit der beschriebenen Iterationsverfahren zu geben, betrachten wir das Dirichletsche Randwertproblem

$$\begin{aligned} -u_{xx} - u_{yy} &= f(x, y), \qquad 0 < x, y < 1, \\ u(x, y) &= 0 \quad \text{für} \quad (x, y) \in \partial\Omega \end{aligned} \tag{8.4.1}$$

für das Einheitsquadrat $\Omega := \{(x, y) \mid 0 < x, y < 1\} \subseteq \mathbb{R}^2$ mit dem Rand $\partial\Omega$ (vgl. Abschnitt 7.7). $f(x, y)$ sei stetig auf $\Omega \cup \partial\Omega$. Da gewöhnlich die verschiedenen Verfahren zur Lösung von Randwertproblemen anhand dieses Problems verglichen werden, heißt (8.4.1) auch das „*Modellproblem*". Um (8.4.1) mittels eines Differenzenverfahrens zu lösen, ersetzt man, wie in Abschnitt (7.4) für Randwertprobleme bei gewöhnlichen Differentialgleichungen beschrieben, den Differentialoperator durch einen Differenzenoperator. Dazu überdeckt man $\Omega \cup \partial\Omega$ mit einem Gitter $\Omega_h \cup \partial\Omega_h$:

$$\Omega_h := \{(x_i, y_j) |\quad i, j = 1, 2, \dots, N\}$$
$$\partial\Omega_h := \{(x_i, 0), (x_i, 1), (0, y_j), (1, y_j) |\quad i, j = 0, 1, \dots, N+1\},$$

wobei zur Abkürzung

$$x_i := ih, \qquad y_j := jh, \qquad i, j = 0, 1, \dots, N+1$$
$$h := 1/(N+1), \qquad N \geqq 1 \quad \text{ganz}$$

gesetzt ist (s. Fig. 21).

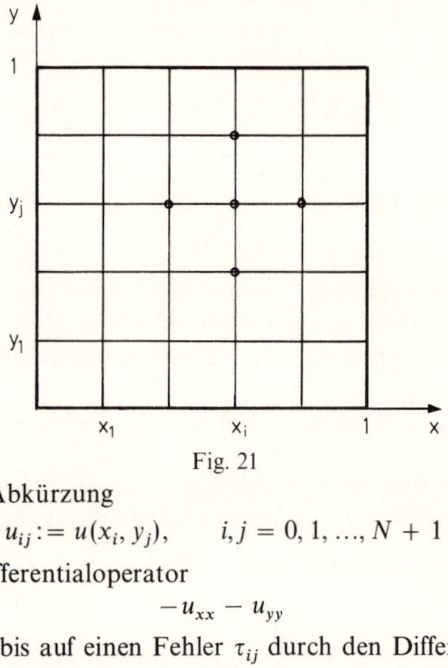

Fig. 21

Mit der weiteren Abkürzung

$$u_{ij} := u(x_i, y_j), \qquad i, j = 0, 1, \dots, N+1$$

kann man den Differentialoperator

$$-u_{xx} - u_{yy}$$

für alle $(x_i, y_j) \in \Omega_h$ bis auf einen Fehler τ_{ij} durch den Differenzenoperator

$$(8.4.2) \qquad [4u_{ij} - u_{i-1,j} - u_{i+1,j} - u_{i,j-1} - u_{i,j+1}]/h^2$$

ersetzen. Die Unbekannten u_{ij}, $1 \leqq i, j \leqq N$ (wegen der Randbedingungen kennt man die $u_{ij} = 0$ für $(x_i, y_j) \in \partial\Omega_h$) genügen daher einem Gleichungssystem der Form

$$(8.4.3) \qquad 4u_{ij} - u_{i-1,j} - u_{i+1,j} - u_{i,j-1} - u_{i,j+1} = h^2 f_{ij} + h^2 \tau_{ij},$$
$$(x_i, y_j) \in \Omega_h,$$

mit $f_{ij} := f(x_i, y_j)$. Dabei hängen die Fehler τ_{ij} natürlich von der Maschenweite h ab. Unter geeigneten Differenzierbarkeitsvoraussetzungen für die exakte

Lösung u kann man wie in Abschnitt (7.4) zeigen, daß $\tau_{ij} = 0(h^2)$ gilt. Für genügend kleines h kann man daher erwarten, daß die Lösung z_{ij}, $i, j = 1, \ldots, N$ des linearen Gleichungssystems

$$\text{(8.4.4)}\quad \begin{aligned} &4z_{ij} - z_{i-1,j} - z_{i+1,j} - z_{i,j-1} - z_{i,j+1} = h^2 f_{ij}, \qquad i, j = 1, \ldots, N, \\ &z_{0j} = z_{N+1,j} = z_{i,0} = z_{i,N+1} = 0 \quad \text{für} \quad i, j = 0, 1, \ldots, N+1, \end{aligned}$$

das man durch Fortlassen des Fehlers τ_{ij} aus (8.4.3) erhält, näherungsweise mit den u_{ij} übereinstimmt. Zu jedem Gitterpunkt (x_i, y_j) von Ω_h gehört genau eine Komponente z_{ij} der Lösung von (8.4.4). Faßt man die gesuchten N^2 Unbekannten z_{ij} und die rechten Seiten $h^2 f_{ij}$ reihenweise (s. Fig. 21) zu Vektoren zusammen

$$z = (z_{11}, z_{21}, \ldots, z_{N1}, z_{12}, \ldots, z_{N2}, \ldots, z_{1N}, \ldots z_{NN})^T,$$
$$b = h^2 (f_{11}, \ldots, f_{N1}, \ldots, f_{1N}, \ldots, f_{NN})^T$$

so ist (8.4.4) mit einem linearen Gleichungssystem der Form

$$Az = b$$

mit der N^2-reihigen Matrix

$$A = \left[\begin{array}{cccc|cccc|c|cccc}
4 & -1 & & & -1 & & & & & & & & \\
-1 & \ddots & \ddots & & & \ddots & & & & & & & \\
 & \ddots & \ddots & -1 & & & \ddots & & & & & & \\
 & & -1 & 4 & & & & -1 & & & & & \\
\hline
-1 & & & & 4 & -1 & & & \ddots & & & & \\
 & \ddots & & & -1 & \ddots & \ddots & & & \ddots & & & \\
 & & \ddots & & & \ddots & \ddots & -1 & & & \ddots & & \\
 & & & -1 & & & -1 & 4 & & & & \ddots & \\
\hline
 & & & & \ddots & & & & \ddots & -1 & & & \\
 & & & & & \ddots & & & & & \ddots & & \\
 & & & & & & \ddots & & & & & \ddots & -1 \\
\hline
 & & & & & & & & -1 & 4 & -1 & & \\
 & & & & & & & & & -1 & \ddots & \ddots & \\
 & & & & & & & & & & \ddots & \ddots & -1 \\
 & & & & & & & & -1 & & & -1 & 4
\end{array}\right] =$$

$$
(8.4.5) \qquad = \begin{bmatrix} A_{11} & A_{12} & & & 0 \\ A_{21} & \ddots & \ddots & & \\ & \ddots & \ddots & \ddots & \\ & & \ddots & \ddots & A_{N-1,N} \\ 0 & & & A_{N,N-1} & A_{N,N} \end{bmatrix}
$$

äquivalent. A ist auf natürliche Weise in N-reihige Blöcke A_{ij} partitioniert, die von der Partitionierung der Punkte (x_i, y_j) von Ω_h in horizontale Reihen $(x_1, y_j), (x_2, y_j), \ldots, (x_N, y_j)$ induziert werden.

Die Matrix A ist sehr schwach besetzt. Pro Zeile sind maximal 5 Elemente von 0 verschieden. Aus diesem Grunde benötigt man für die Durchführung eines Iterationsschritts $z^{(i)} \to z^{(i+1)}$ etwa des Gesamtschrittverfahrens (8.1.7) oder des Einzelschrittverfahrens (8.1.8) nur etwa $5N^2$ Operationen (1 Operation = 1 Multiplikation bzw. Division + 1 Addition). (Wäre die Matrix A voll besetzt, würde man dagegen N^4 Operationen pro Iterationsschritt benötigen.) Man vergleiche diesen Aufwand mit dem eines endlichen Verfahrens zur Lösung von $Az = b$. Würde man etwa mit dem Cholesky-Verfahren (weiter unten sehen wir, daß A positiv definit ist) eine Dreieckszerlegung von $A = LL^T$ berechnen, so wäre L eine N^2-reihige untere Dreiecksmatrix der Form

$$
L = \begin{bmatrix} * & & & & & \\ \vdots & \ddots & & & & \\ * & & \ddots & & & \\ & \ddots & & \ddots & & \\ & & \underbrace{* \; \cdots \; \cdots \; *}_{N+1} & & & \end{bmatrix}.
$$

Zur Berechnung von L benötigt man ca. $\frac{1}{2}N^4$ Operationen. Da z. B. das Gesamtschrittverfahren ca. $(N + 1)^2$ Iterationen (Überrelaxationsverfahren: $N + 1$ Iterationen) braucht (s. 8.4.9), um ein 2 Dezimalstellen genaues Resultat zu erhalten, wäre das Cholesky-Verfahren weniger aufwendig als das Gesamtschrittverfahren. Die Hauptschwierigkeit des Cholesky-Verfahrens liegt jedoch darin, daß man bei den heutigen Speichergrößen zur Speicherung der ca. N^3 nichtverschwindenden Elemente von L zu viel Platz benötigt. (Typische Größenordnung für N: 50–100). Hier liegen die Vorzüge der Iterationsverfahren. Der Speicherplatzbedarf hat hier lediglich die Größenordnung N^2.

Zu dem Gesamtschrittverfahren gehört die Matrix

$$J = L + U = (4I - A)/4.$$

Der zugehörige Graph $G(J)$ (für $N = 3$)

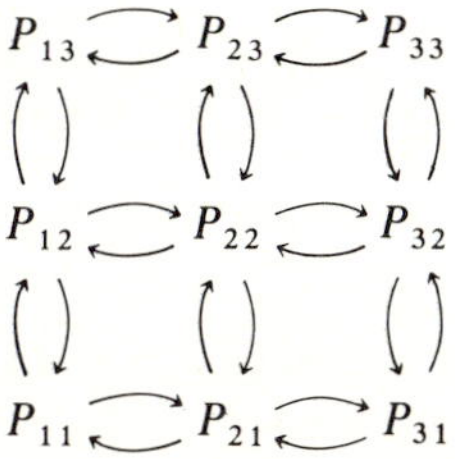

ist zusammenhängend und 2-zyklisch. A ist daher unzerlegbar (8.2) und besitzt die „property A“ (8.3.11). Man überlegt sich leicht, daß A außerdem bereits konsistent geordnet ist.

Die Eigenwerte und Eigenvektoren von $J = L + U$ können explizit angegeben werden. Man verifiziert durch Einsetzen sofort, daß für die N^2 Vektoren

$$z^{(k,l)}, \qquad k, l = 1, 2, \ldots, N$$

mit den Komponenten

$$z_{i,j}^{(k,l)} := \sin \frac{k\pi i}{N+1} \sin \frac{l\pi j}{N+1}, \qquad 1 \leqq i, j \leqq N$$

gilt

$$J z^{(k,l)} = \mu^{(k,l)} z^{(k,l)}$$

mit

$$\mu^{(k,l)} := \frac{1}{2}\left(\cos \frac{k\pi}{N+1} + \cos \frac{l\pi}{N+1} \right), \qquad 1 \leqq k, l \leqq N.$$

J besitzt also die Eigenwerte $\mu^{(k,l)}$, $1 \leqq k, l \leqq N$.

Der Spektralradius von J ist daher

(8.4.6) $$\rho(J) = \max_{k,l} |\mu^{(k,l)}| = \cos \frac{\pi}{N+1}.$$

Zum Einzelschrittverfahren gehört die Matrix $H = (I - L)^{-1} U$ mit dem Spektralradius (s. (8.3.16)):

$$\rho(H) = \rho(J)^2 = \cos^2 \frac{\pi}{N+1}.$$

Nach Satz (8.3.17) ist der optimale Relaxationsfaktor ω_b und $\rho(H(\omega_b))$ gegeben durch

$$\omega_b = \frac{2}{1 + \sqrt{1 - \cos^2 \frac{\pi}{N+1}}} = \frac{2}{1 + \sin \frac{\pi}{N+1}}$$

(8.4.7)

$$\rho(H(\omega_b)) = \frac{\cos^2 \frac{\pi}{N+1}}{\left(1 + \sin \frac{\pi}{N+1}\right)^2}.$$

Die Zahl $\kappa = \kappa(N)$ mit $\rho(J)^\kappa = \rho(H(\omega_b))$ gibt an, wie viele Schritte des Gesamtschrittverfahrens dieselbe Fehlerreduktion wie ein Schritt des optimalen Relaxationsverfahrens liefern. Für sie gilt

$$\kappa = \frac{\ln \rho(H(\omega_b))}{\ln \rho(J)}.$$

Nun ist für kleines $z, \ln(1 + z) = z - z^2/2 + 0(z^3)$ und für großes N

$$\cos \frac{\pi}{N+1} = 1 - \frac{\pi^2}{2(N+1)^2} + 0\left(\frac{1}{N^4}\right),$$

so daß

$$\ln \rho(J) = -\frac{\pi^2}{2(N+1)^2} + 0\left(\frac{1}{N^4}\right).$$

Ebenso folgt

$$\begin{aligned} \ln \rho(H(\omega_b)) &= 2\left[\ln \rho(J) - \ln\left(1 + \sin \frac{\pi}{N+1}\right)\right] \\ &= 2\left[-\frac{\pi^2}{2(N+1)^2} - \frac{\pi}{N+1} + \frac{\pi^2}{2(N+1)^2} + 0\left(\frac{1}{N^3}\right)\right] \\ &= -\frac{2\pi}{N+1} + 0\left(\frac{1}{N^3}\right), \end{aligned}$$

so daß schließlich für großes N asymptotisch gilt

(8.4.8) $$\kappa = \kappa(N) \approx \frac{4(N+1)}{\pi},$$

d. h. das optimale Relaxationsverfahren ist mehr als N mal so schnell als das Gesamtschrittverfahren. Die Größen

$$R_J := -\frac{\ln(10)}{\ln \rho(J)} \approx 0.467(N+1)^2$$

(8.4.9)
$$R_1 := \frac{1}{2} R_J \approx 0.234(N+1)^2$$

$$R_{\omega_b} := -\frac{\ln(10)}{\ln \rho(H(\omega_b))} \approx 0.367(N+1)$$

geben die Zahl der Iterationen an, die man bei dem Jacobiverfahren, dem Gauß-Seidel-Verfahren bzw. bei dem optimalen Relaxationsverfahren benötigt, um den Fehler auf 1/10 seines ursprünglichen Wertes zu vermindern.

8.5 Block-Iterationsverfahren

Wie das Beispiel des letzten Abschnitts zeigt, tragen die Matrizen A, die man bei der Anwendung von Differenzenverfahren auf partielle Differentialgleichungen erhält, häufig eine natürliche Blockstruktur,

$$A = \begin{bmatrix} A_{11} & \cdots & A_{1N} \\ \vdots & & \vdots \\ A_{N1} & \cdots & A_{NN} \end{bmatrix},$$

wobei die A_{ii} quadratische Matrizen sind. Sind nun überdies die A_{ii} alle nichtsingulär, so liegt es nahe, bezüglich der gegebenen Partition π von A Block-Iterations-Verfahren auf folgende Weise einzuführen: Analog zur Zerlegung (8.1.5) von A definiert man bezüglich π die Zerlegung

$$A = D_\pi - E_\pi - F_\pi, \qquad L_\pi := D_\pi^{-1} E_\pi, \qquad U_\pi := D_\pi^{-1} F_\pi$$

mit

(8.5.1)
$$D_\pi := \begin{bmatrix} A_{11} & & & 0 \\ & A_{22} & & \\ & & \ddots & \\ 0 & & & A_{NN} \end{bmatrix} \qquad E_\pi := -\begin{bmatrix} 0 & & & 0 \\ A_{21} & \ddots & & \\ \vdots & \ddots & \ddots & \\ A_{N1} & \cdots & A_{N,N-1} & 0 \end{bmatrix},$$

$$F_\pi := -\begin{bmatrix} 0 & A_{12} & \cdots & A_{1N} \\ & \ddots & \ddots & \vdots \\ & & \ddots & A_{N-1,N} \\ 0 & & & 0 \end{bmatrix}.$$

Man erhält das *Block-Gesamtschrittverfahren* (Block-Jacobi-Verfahren) zur Lösung von $Ax = b$, indem man in (8.1.3) analog zu (8.1.7) $B := D_\pi$ wählt. Man erhält so die Iterationsvorschrift

$$D_\pi x^{(i+1)} = b + (E_\pi + F_\pi)\, x^{(i)},$$

oder ausgeschrieben

$$(8.5.2) \qquad A_{jj} x_j^{(i+1)} = b_j - \sum_{k \neq j} A_{jk} x_k^{(i)}, \qquad j = 1, 2, \ldots, N, \qquad i = 0, 1, \ldots .$$

Dabei sind natürlich die Vektoren $x^{(s)}$, b ähnlich partitioniert wie A. In jedem Schritt des Verfahrens $x^{(i)} \to x^{(i+1)}$ müssen jetzt N lineare Gleichungssysteme der Form $A_{jj} z = y$, $j = 1, 2, \ldots, N$ aufgelöst werden. Das geschieht dadurch, daß man zunächst mit den Methoden von Abschnitt 4 eine Dreieckszerlegung (ggf. Cholesky-Zerlegung) $A_{jj} = L_j R_j$ der A_{jj} verschafft und $A_{jj} z = y$ auf die Lösung der beiden gestaffelten Gleichungssysteme reduziert

$$L_j u = y, \qquad R_j z = u.$$

Für die Effektivität des Verfahrens ist es wesentlich, daß die A_{jj} einfach gebaute Matrizen sind, für die die Dreieckszerlegung leicht durchzuführen ist. Dies ist z. B. bei der Matrix A (8.4.5) des Modellproblems der Fall. Hier sind die A_{jj} positiv definite N-reihige Tridiagonalmatrizen

$$A_{jj} = \begin{bmatrix} 4 & -1 & & & \\ -1 & \ddots & \ddots & & \\ & \ddots & \ddots & \ddots & \\ & & \ddots & \ddots & -1 \\ & & & -1 & 4 \end{bmatrix}, \qquad L_j = \begin{bmatrix} * & & & & \\ * & \ddots & & & \\ & \ddots & \ddots & & \\ & & \ddots & \ddots & \\ & & & * & * \end{bmatrix},$$

deren Cholesky-Zerlegung sehr geringen Rechenaufwand (Operationszahl proportional N) erfordert.

Für die Konvergenzgeschwindigkeit von (8.5.2) ist jetzt natürlich der Spektralradius $\rho(J_\pi)$ der Matrix

$$J_\pi := I - B^{-1}A = L_\pi + U_\pi$$

bestimmend.

Ebenso kann man analog zu (8.1.8) ein *Block-Einzelschrittverfahren* (Block-Gauß-Seidel-Verfahren) definieren durch die Wahl

$$B := D_\pi - E_\pi, \qquad H_\pi := (I - B^{-1}A) = (I - L_\pi)^{-1}\, U_\pi,$$

oder explizit:

$$\text{(8.5.3)} \qquad \begin{gathered} A_{jj}x_j^{(i+1)} = b_j - \sum_{k<j} A_{jk}x_k^{(i+1)} - \sum_{k>j} A_{jk}x_k^{(i)}, \\ j = 1, 2, \ldots, N, \qquad i = 0, 1, \ldots . \end{gathered}$$

Wiederum hat man in jedem Iterationsschritt Gleichungssysteme mit den Matrizen A_{jj} zu lösen.

Wie in (8.3) kann man auch Block-Relaxationsverfahren einführen durch die Wahl $B := B(\omega) = \dfrac{1}{\omega} D_\pi(I - \omega L_\pi)$ oder explizit (vgl. (8.3.3)): Es sei $\tilde{x}_j^{(i+1)}$ die Lösung von (8.5.3), dann gilt:

$$x_j^{(i+1)} = \omega(\tilde{x}_j^{(i+1)} - x_j^{(i)}) + x_j^{(i)}, \qquad j = 1, 2, \ldots, N.$$

Jetzt ist natürlich

$$H_\pi(\omega) := \left(I - B(\omega)^{-1} A\right) = (I - \omega L_\pi)^{-1}\left[(1 - \omega)\, I + \omega U_\pi\right].$$

Man kann auch die Theorie der konsistent geordneten Matrizen von Abschnitt (8.3) übertragen, wenn man A als konsistent geordnet definiert, falls die Eigenwerte der Matrizen

$$J_\pi(\alpha) = \alpha L_\pi + \alpha^{-1} U_\pi$$

von α unabhängig sind. Optimale Relaxationsparameter werden wie in Satz (8.3.17) mit Hilfe von $\rho(J_\pi)$ bestimmt.

Man erwartet intuitiv, daß die Blockverfahren umso besser konvergieren, je gröber die zugehörige Blockeinteilung π von A ist. Man kann dies auch unter verhältnismäßig allgemeinen Voraussetzungen für A beweisen (s. Varga [4]). Für die gröbste Partitionierung π von A in nur einen Block „konvergiert" das Iterationsverfahren z. B. nach nur einem Schritt. Es ist dann mit den geschlossenen Verfahren äquivalent. Dieses Beispiel zeigt, daß beliebig grobe Partitionierungen nur theoretisch interessant sind. Die Reduktion der Zahl der nötigen Iterationen wird gewissermaßen durch den größeren Rechenaufwand für die einzelnen Iterationsschritte kompensiert. Man kann jedoch für die gängigen Partitionierungen, bei denen A eine Block-Tridiagonalmatrix ist und die Diagonalblöcke A_{jj} gewöhnliche Tridiagonalmatrizen sind (dies ist z. B. bei dem Modellproblem der Fall), zeigen, daß der Rechenaufwand der Block-Methoden gleich dem der gewöhnlichen Methoden ist. In diesen Fällen bringen die Block-Methoden echte Vorteile. Für das Modellproblem (s. 8.4) kann man bezüglich der in (8.4.5) angegebenen Partitionierung wieder den Spektralradius $\rho(J_\pi)$ explizit angeben. Man findet

$$\rho(J_\pi) = \frac{\cos\frac{\pi}{N+1}}{2 - \cos\frac{\pi}{N+1}} < \rho(J).$$

Für die entsprechende optimale Block-Relaxationsmethode ist asymptotisch für $N \to \infty$

$$\rho\big(H_\pi(\omega_b)\big) \approx \rho\big(H(\omega_b)\big)^\kappa \quad \text{mit} \quad \kappa = \sqrt{2}.$$

Die Zahl der Iterationen reduziert sich gegenüber dem gewöhnlichen optimalen Relaxationsverfahren um den Faktor $\sqrt{2}$ (Beweis: s. Übungsaufgabe 17).

8.6 Das ADI-Verfahren von Peaceman-Rachford

Noch schnellere Konvergenz als die Relaxationsverfahren geben die *ADI-Verfahren* (alternating direction implicit iterative methods) zur iterativen Berechnung der Lösung eines linearen Gleichungssystems, das bei Differenzenverfahren auftritt. Von den vielen Varianten dieses Verfahrens beschreiben wir hier nur das historisch erste Verfahren dieses Typs, das von Peaceman und Rachford stammt (s. Varga [4] und Young [7] für die Beschreibung weiterer Varianten). Wir wollen das Verfahren an dem Randwertproblem

(8.6.1)
$$\begin{aligned} -u_{xx}(x, y) - u_{yy}(x, y) + \sigma u(x, y) &= f(x, y) \quad \text{für} \quad 0 < x,\ y < 1 \\ u(x, y) = 0 \quad \text{für} \quad (x, y) \in \partial\Omega, &\qquad \Omega := \{(x, y) \mid 0 < x,\ y < 1\}, \end{aligned}$$

für das Einheitsquadrat erläutern, das wegen des Terms σu nur geringfügig allgemeiner als das Modellproblem (8.4.1) ist. Wir setzen im folgenden σ als konstant und nichtnegativ voraus. Mit Hilfe der gleichen Diskretisierung und den gleichen Bezeichnungen wie in (8.4) erhält man jetzt statt (8.4.4) das lineare Gleichungssystem

(8.6.2)
$$\begin{gathered} 4z_{ij} - z_{i-1,j} - z_{i+1,j} - z_{i,j-1} - z_{i,j+1} + \sigma h^2 z_{ij} = h^2 f_{ij}, \\ 1 \leqq i,\ j \leqq N, \\ z_{0j} = z_{N+1,j} = z_{i,0} = z_{i,N+1} = 0 \quad \text{für} \quad 0 \leqq i, j \leqq N+1, \end{gathered}$$

für die Näherungswerte z_{ij} für die Werte $u_{ij} = u(x_i, y_j)$ der exakten Lösung. Der Zerlegung

$$\begin{aligned} &4z_{ij} - z_{i-1,j} - z_{i+1,j} - z_{i,j-1} - z_{i,j+1} + \sigma h^2 z_{ij} \equiv \\ &\qquad \equiv [2z_{ij} - z_{i-1,j} - z_{i+1,j}] + [2z_{ij} - z_{i,j-1} - z_{i,j+1}] + [\sigma h^2 z_{ij}], \end{aligned}$$

nach den Variablen, die in der gleichen horizontalen bzw. vertikalen Reihe von Ω_h (s. Fig. 21) stehen, entspricht eine Zerlegung der Matrix A des Gleichungssystems (8.6.2) $Az = b$ der Form

$$A = H + V + \Sigma.$$

Dabei sind H, V, Σ definiert durch ihre Wirkung auf den Vektor z:

$$\begin{aligned} w_{ij} &= 2z_{ij} - z_{i-1,j} - z_{i+1,j} && \text{falls} \quad w = Hz \\ w_{ij} &= 2z_{ij} - z_{i,j-1} - z_{i,j+1} && \text{falls} \quad w = Vz \qquad (8.6.3) \\ w_{ij} &= \sigma h^2 z_{ij} && \text{falls} \quad w = \Sigma z. \end{aligned}$$

Σ ist eine Diagonalmatrix mit nichtnegativen Elementen, H und V sind beide symmetrische positiv definite Matrizen. Für H sieht man das so: Ordnet man die z_{ij} entsprechend den Zeilen von Ω_h (s. Fig. 21) an $z = (z_{11} z_{21}, \ldots, z_{N1}, \ldots, z_{1N}, z_{2N}, \ldots, z_{NN})^T$, so ist

$$H = \left[\begin{array}{c|c|c} \begin{matrix} 2 & -1 & & \\ -1 & \ddots & \ddots & \\ & \ddots & \ddots & -1 \\ & & -1 & 2 \end{matrix} & & \\ \hline & \ddots & \\ \hline & & \begin{matrix} 2 & -1 & & \\ -1 & \ddots & \ddots & \\ & \ddots & \ddots & -1 \\ & & -1 & 2 \end{matrix} \end{array}\right]$$

Nach Satz (7.4.7) sind aber die Matrizen

$$\begin{bmatrix} 2 & -1 & & & \\ -1 & \ddots & \ddots & & \\ & \ddots & \ddots & \ddots & \\ & & \ddots & \ddots & -1 \\ & & & -1 & 2 \end{bmatrix}$$

und damit auch H positiv definit. Für V geht man ähnlich vor.

Analoge Zerlegungen von A erhält man auch bei wesentlich allgemeineren Randwertproblemen als (8.6.1).

Im ADI-Verfahren von Peaceman und Rachford wird nun das Gleichungssystem (8.6.2)

$$Az = b,$$

entsprechend der Zerlegung $A = H + V + \Sigma$ äquivalent umgeformt in

$$(H + \tfrac{1}{2}\Sigma + rI)\,z = (rI - V - \tfrac{1}{2}\Sigma)\,z + b$$

bzw.

$$(V + \tfrac{1}{2}\Sigma + rI)\,z = (rI - H - \tfrac{1}{2}\Sigma)\,z + b.$$

Dabei ist r eine beliebige reelle Zahl. Mit den Abkürzungen $H_1 := H + \frac{1}{2}\Sigma$, $V_1 := V + \frac{1}{2}\Sigma$ erhält man die Iterationsvorschrift des ADI-Verfahrens

(8.6.4)
$$\begin{aligned} &\text{a)}\quad (H_1 + r_{i+1}I)\,z^{(i+1/2)} = (r_{i+1}I - V_1)\,z^{(i)} + b \\ &\text{b)}\quad (V_1 + r_{i+1}I)\,z^{(i+1)} = (r_{i+1}I - H_1)\,z^{(i+1/2)} + b. \end{aligned}$$

Bei gegebenem $z^{(i)}$ rechnet man aus der ersten dieser Gleichungen zunächst $z^{(i+1/2)}$ aus, setzt diesen Wert in b) ein und berechnet $z^{(i+1)}$ aus b). r_{i+1} ist ein reeller Parameter, der von Schritt zu Schritt anders gewählt werden kann. Bei geeigneter Anordnung der Variablen z_{ij} sind die Matrizen $(H_1 + r_{i+1}I)$ und $(V_1 + r_{i+1}I)$ positiv definite ($r_{i+1} \geqq 0$ vorausgesetzt) Tridiagonalmatrizen, so daß über eine Cholesky-Zerlegung von $H_1 + r_{i+1}I$, $V_1 + r_{i+1}I$ die Gleichungssysteme (8.6.4) a), b) leicht nach $z^{(i+1/2)}$ und $z^{(i+1)}$ aufgelöst werden können.

Durch Elimination von $z^{(i+1/2)}$ erhält man aus (8.6.4)

(8.6.5)
$$z^{(i+1)} = T_{r_{i+1}} z^{(i)} + g_{r_{i+1}}(b)$$

mit

(8.6.6)
$$\begin{aligned} T_r &:= (V_1 + rI)^{-1}(rI - H_1)(H_1 + rI)^{-1}(rI - V_1) \\ g_r(b) &:= (V_1 + rI)^{-1}[I + (rI - H_1)(H_1 + rI)^{-1}]b. \end{aligned}$$

Für den Fehler $f_i := z^{(i)} - z$ folgt aus (8.6.5) und der Beziehung $z = T_{r_{i+1}} z + g_{r_{i+1}}(b)$ durch Subtraktion

(8.6.7) $$f_{i+1} = T_{r_{i+1}} f_i$$

und daher

(8.6.8) $$f_m = T_{r_m} \dots T_{r_1} f_0 .$$

Ähnlich wie bei Relaxationsverfahren, versucht man die Parameter r_i so zu wählen, daß das Verfahren möglichst schnell konvergiert. Wegen (8.6.7), (8.6.8) heißt das, die r_i so zu bestimmen, daß der Spektralradius $\rho(T_{r_m} \dots T_{r_1})$ möglichst klein wird.

Wir wollen zunächst den Fall betrachten, daß für alle i der gleiche Parameter $r_i = r$, $i = 1, 2, \dots$, gewählt wird. Hier gilt

(8.6.9) **Satz:** *Unter der Voraussetzung, daß H_1 und V_1 positiv definit sind, ist $\rho(T_r) < 1$ für alle $r > 0$.*

Man beachte, daß die Voraussetzung für unser spezielles Problem (8.6.1) erfüllt ist. Aus Satz (8.6.9) folgt insbesondere, daß jede konstante Wahl $r_i = r > 0$ zu einem konvergenten Iterationsverfahren (8.6.4) führt.

Beweis: Nach Voraussetzung ist V_1 und H_1 positiv definit, also existiert für $r > 0$ $(V_1 + rI)^{-1}$, $(H_1 + rI)^{-1}$ und damit auch T_r (8.6.6). Die Matrix

$$\begin{aligned} \tilde{T}_r &:= (V_1 + rI)\, T_r (V_1 + rI)^{-1} \\ &= [(rI - H_1)(H_1 + rI)^{-1}]\,[(rI - V_1)(V_1 + rI)^{-1}] \end{aligned}$$

ist zu T_r ähnlich, also gilt $\rho(T_r) = \rho(\tilde{T}_r)$. Die Matrix $\tilde{H} := (rI - H_1)(H_1 + rI)^{-1}$ besitzt die Eigenwerte

$$(r - \lambda_j)/(r + \lambda_j),$$

falls $\lambda_j = \lambda_j(H_1)$ die nach Voraussetzung positiven Eigenwerte von H_1 sind. Wegen $r > 0$, $\lambda_j > 0$, folgt

$$|(r - \lambda_j)/(r + \lambda_j)| < 1$$

und damit $\rho(\tilde{H}) < 1$. Da mit H_1 auch $\tilde{H}$ eine Hermitesche Matrix ist, gilt (s. 4.4) bzgl. der euklidischen Norm $\|\cdot\|_2$ $\mathrm{lub}_2(\tilde{H}) = \rho(\tilde{H}) < 1$. Auf die gleiche Weise folgt $\mathrm{lub}_2(\tilde{V}) < 1$, $\tilde{V} := (rI - V_1)(V_1 + rI)^{-1}$ und damit (s. Satz (6.8.1))

$$\rho(\tilde{T}_r) \leqq \mathrm{lub}_2(\tilde{T}_r) \leqq \mathrm{lub}_2(\tilde{H})\,\mathrm{lub}_2(\tilde{V}) < 1. \quad \square$$

Für das Modellproblem (8.4.1) kann man genauere Aussagen machen. Die in Abschnitt (8.4) eingeführten Vektoren $z^{(k,l)}$, $1 \leqq k, l \leqq N$ mit

(8.6.10) $$z_{i,j}^{(k,l)} := \sin\frac{k\pi i}{N+1} \sin\frac{l\pi j}{N+1}, \qquad 1 \leqq i,\ j \leqq N,$$

sind, wie man sofort verifiziert, Eigenvektoren von $H = H_1$ *und* $V = V_1$ (8.6.3) und damit auch von T_r. Damit können die Eigenwerte von T_r explizit angegeben werden. Man findet

$$\begin{aligned} H_1 z^{(k,l)} &= \mu_k z^{(k,l)} \\ V_1 z^{(k,l)} &= \mu_l z^{(k,l)} \\ T_r z^{(k,l)} &= \mu^{(k,l)} z^{(k,l)} \end{aligned} \tag{8.6.11}$$

mit

$$\mu^{(k,l)} = \frac{r - \mu_l}{r + \mu_l} \cdot \frac{r - \mu_k}{r + \mu_k} \quad \text{mit} \quad \mu_j := 4 \sin^2 \frac{j\pi}{2(N+1)}, \tag{8.6.12}$$

so daß

$$\rho(T_r) = \max_{1 \leq j \leq N} \left| \frac{r - \mu_j}{r + \mu_j} \right|^2. \tag{8.6.13}$$

Durch Diskussion dieses Ausdrucks findet man schließlich (s. Übungsaufgabe 20)

$$\min_{r>0} \rho(T_r) = \rho\big(H(\omega_b)\big) = \frac{\cos^2 \dfrac{\pi}{N+1}}{\left(1 + \sin \dfrac{\pi}{N+1}\right)^2},$$

wo ω_b das beste (gewöhnliche) Relaxationsverfahren (vgl. (8.4.7)) charakterisiert. Mit anderen Worten das beste ADI-Verfahren, konstante Parameterwahl vorausgesetzt, besitzt für das Modellproblem dieselbe Konvergenzgeschwindigkeit wie das optimale gewöhnliche Relaxationsverfahren. Da der einzelne Iterationsschritt des ADI-Verfahrens ungleich aufwendiger ist als bei dem Relaxationsverfahren, scheint das ADI-Verfahren unterlegen zu sein. Dies ist sicher richtig, falls man für alle Iterationsschritte ein und denselben Parameter $r = r_1 = = r_2 = \ldots$ wählt. Wenn man jedoch von der zusätzlichen Wahlmöglichkeit Gebrauch macht, in jedem Schritt einen eigenen Parameter r_i zu wählen, ändert sich das Bild zugunsten der ADI-Verfahren. Für das Modellproblem kann man z. B. so argumentieren: Die Vektoren $z^{(k,l)}$ sind Eigenvektoren von T_r für beliebiges r mit zugehörigem Eigenwert $\mu^{(k,l)}$ (8.6.12), also sind die $z^{(k,l)}$ auch Eigenvektoren von $T_{r_i} \ldots T_{r_1}$ (8.6.8): Es ist

$$T_{r_i} \ldots T_{r_1} z^{(k,l)} = \mu^{(k,l)}_{r_i,\ldots,r_1} z^{(k,l)}$$

mit

$$\mu^{(k,l)}_{r_i,\ldots,r_1} := \prod_{j=1}^{i} \frac{(r_j - \mu_l)(r_j - \mu_k)}{(r_j + \mu_l)(r_j + \mu_k)}.$$

Wählt man $r_j := \mu_j$, $j = 1, 2, \ldots, N$, so folgt

$$\mu^{(k,l)}_{r_N, \ldots, r_1} = 0 \quad \text{für alle} \quad 1 \leqq k, \ l \leqq N,$$

so daß wegen der linearen Unabhängigkeit der $z^{(k,l)}$

$$T_{r_N} \ldots T_{r_1} = 0.$$

Bei dieser speziellen Wahl der r_j bricht das ADI-Verfahren für das Modellproblem nach N Schritten mit der exakten Lösung ab. Dies ist natürlich ein besonderer Glücksfall, der auf folgenden wesentlichen Voraussetzungen beruht:

1. H_1 und V_1 besitzen einen Satz von *gemeinsamen* Eigenvektoren, die den gesamten Raum aufspannen.

2. Die Eigenwerte von H_1 und V_1 sind bekannt.

Man kann natürlich nicht erwarten, daß beide Voraussetzungen bei anderen Problemen als (8.6.1), (8.6.2) in der Praxis erfüllt sind, insbesondere wird man kaum die exakten Eigenwerte σ_i von H_1 bzw. τ_i von V_1 kennen, sondern bestenfalls untere und obere Schranken $\alpha \leqq \sigma_i$, $\tau_i \leqq \beta$ für diese Eigenwerte. Wir wollen uns mit dieser Situation befassen und zunächst ein Kriterium dafür angeben, wann Voraussetzung 1) erfüllt ist.

(8.6.14) **Satz:** *Für zwei $n \times n$-reihige Hermitesche Matrizen H_1 und V_1 gibt es genau dann n linear unabhängige (orthogonale) Vektoren $z_1, \ldots, z_n$, die gemeinsame Eigenvektoren von H_1 und V_1 sind,*

(8.6.15) $$H_1 z_i = \sigma_i z_i, \qquad V_1 z_i = \tau_i z_i, \qquad i = 1, 2, \ldots, n,$$

wenn H_1 mit V_1 vertauschbar ist: $H_1 V_1 = V_1 H_1$.

Beweis: 1. Aus (8.6.15) folgt

$$H_1 V_1 z_i = \sigma_i \tau_i z_i = V_1 H_1 z_i$$

für alle $i = 1, 2, \ldots, n$. Da die z_i eine Basis des $\mathbb{C}^n$ bilden, folgt sofort $H_1 V_1 = V_1 H_1$.

2. Sei umgekehrt $H_1 V_1 = V_1 H_1$. Die Eigenwerte von V_1 seien $\lambda_1 < \ldots < \lambda_r$ mit den Vielfachheiten $\sigma(\lambda_i)$, $i = 1, \ldots, r$. Nach Satz (6.4.2) gibt es dann eine unitäre Matrix U mit

$$\Lambda_V := U^H V_1 U = \begin{bmatrix} \lambda_1 I_1 & & \\ & \ddots & \\ & & \lambda_r I_r \end{bmatrix},$$

wobei I_j eine $\sigma(\lambda_j)$-reihige Einheitsmatrix ist. Aus $H_1 V_1 = V_1 H_1$ folgt sofort $\tilde{H}_1 \Lambda_V = \Lambda_V \tilde{H}_1$ mit der Matrix $\tilde{H}_1 := U^H H_1 U$. Wir partitionieren $\tilde{H}_1$ analog zu Λ_V

$$\tilde{H}_1 = \begin{bmatrix} H_{11} & H_{12} & \cdots & H_{1r} \\ H_{21} & & & \vdots \\ \vdots & & & \vdots \\ H_{r1} & \cdots & \cdots & H_{rr} \end{bmatrix}.$$

Durch Ausmultiplizieren von $\tilde{H}_1 \Lambda_V = \Lambda_V \tilde{H}_1$ erhält man wegen $\lambda_i \neq \lambda_j$ $H_{ij} = 0$ für $i \neq j$. Die H_{ii} sind $\sigma(\lambda_i)$-reihige Hermitesche Matrizen. Wiederum nach Satz (6.4.2) gibt es $\sigma(\lambda_i)$-reihige unitäre Matrizen $\bar{U}_i$, so daß $\bar{U}_i^H H_{ii} \bar{U}_i$ eine Diagonalmatrix Λ_i wird. Es folgen für die unitäre $n \times n$-Matrix

$$\bar{U} = \begin{bmatrix} \bar{U}_1 & & \\ & \ddots & \\ & & \bar{U}_r \end{bmatrix}$$

wegen $H_{ij} = 0$ für $i \neq j$ die Beziehungen

$$(U\bar{U})^H H_1 (U\bar{U}) = \bar{U}^H \tilde{H}_1 \bar{U} = \Lambda_H = \begin{bmatrix} \Lambda_1 & & \\ & \ddots & \\ & & \Lambda_r \end{bmatrix} \Rightarrow H_1(U\bar{U}) = (U\bar{U})\Lambda_H$$

$$(U\bar{U})^H V_1 (U\bar{U}) = \bar{U}^H \Lambda_V \bar{U} = \Lambda_V. \qquad \Rightarrow V_1(U\bar{U}) = (U\bar{U})\Lambda_V,$$

so daß gerade die Spalten $z_i := (U\bar{U})\,e_i$ der unitären Matrix $U\bar{U} = (z_1, \ldots, z_n)$ als n gemeinsame orthogonale Eigenvektoren von H_1 und V_1 genommen werden können. □

Leider ist die Bedingung $H_1 V_1 = V_1 H_1$ recht stark. Man kann zeigen (s. Varga [4], Young [7]), daß sie im wesentlichen nur für Randwertprobleme des Typs

$$-\frac{\partial}{\partial x}\left(p_1(x)\frac{\partial u(x,y)}{\partial x}\right)-\frac{\partial}{\partial y}\left(p_2(y)\frac{\partial u(x,y)}{\partial y}\right)+\sigma u(x,y)=f(x,y)$$

$$\text{für}\quad (x,y)\in\Omega$$

$$u(x,y)=0\quad\text{für}\quad (x,y)\in\partial\,\Omega$$

$$\sigma>0\ \text{konstant},\qquad p_1(x)>0,\qquad p_2(y)>0\quad\text{für}\quad (x,y)\in\Omega,$$

für Rechtecksgebiete Ω bei der üblichen Diskretisierung (Rechtecksgitter etc.) erfüllt ist. Trotzdem scheinen die praktischen Erfahrungen mit dem ADI-Verfahren nahe zu legen, daß die für den kommutativen Fall beweisbaren günstigen Konvergenzeigenschaften auch häufig im nichtkommutativen Fall vorliegen. Wir setzen daher für die folgende Diskussion voraus, daß H_1 und V_1 zwei positiv definite vertauschbare $n\times n$-Matrizen mit (8.6.15) sind und daß zwei Zahlen α, β gegeben sind, so daß $0<\alpha\leqq\sigma_i,\ \tau_i\leqq\beta$ für $i=1,2,\ldots,n$. Es ist dann

$$T_r z_i=\frac{r-\sigma_i}{r+\sigma_i}\cdot\frac{r-\tau_i}{r+\tau_i}\cdot z_i\quad\text{für alle}\quad r>0,\qquad i=1,2,\ldots,n,$$

so daß

(8.6.16)
$$\begin{aligned}\rho(T_{r_m}\cdots T_{r_1})&=\max_{1\leqq i\leqq n}\prod_{j=1}^{m}\left|\frac{r_j-\sigma_i}{r_j+\sigma_i}\cdot\frac{r_j-\tau_i}{r_j+\tau_i}\right|\\&\leqq\max_{\alpha\leqq x\leqq\beta}\prod_{j=1}^{m}\left|\frac{r_j-x}{r_j+x}\right|^2.\end{aligned}$$

Es liegt daher nahe, bei gegebenem m die Parameter $r_i>0$. $i=1,\ldots,m$. so zu wählen, daß die Funktion

(8.6.17)
$$\varphi(r_1,\ldots,r_m):=\max_{\alpha\leqq x\leqq\beta}\prod_{j=1}^{m}\left|\frac{r_j-x}{r_j+x}\right|$$

möglichst klein wird. Man kann zeigen, daß dieses Problem für jedes $m>0$ eindeutig lösbar ist. Es gibt für jedes m eindeutig bestimmte Zahlen $\bar r_i$ mit $\alpha<\bar r_i<\beta$, $i=1,\ldots,m$, so daß

(8.6.18)
$$d_m(\alpha,\beta):=\varphi(\bar r_1,\ldots,\bar r_m)=\min_{\substack{r_i>0\\1\leqq i\leqq m}}\varphi(r_1,\ldots,r_m).$$

Die optimalen Parameter $\bar r_1,\ldots,\bar r_m$ können sogar für jedes m explizit mit Hilfe von elliptischen Funktionen angegeben werden (s. Wachspress [5], Young [7]).

Für die $\bar{r}_i$ kennt man weiter leicht zu berechnende gute Näherungswerte. Für den Spezialfall $m = 2^k$ können jedoch auch die optimalen Parameter $\bar{r}_i$ leicht rekursiv berechnet werden. Für diesen Fall sollen hier die einschlägigen Resultate ohne Beweis mitgeteilt werden (Beweis: s. z. B. Wachspress [5], Young [7], Varga [4]).

Mit $r_i^{(m)}$, $i = 1, 2, \ldots, m$, seien die optimalen ADI-Parameter für $m = 2^k$ bezeichnet. Die $r_i^{(m)}$ und $d_m(\alpha, \beta)$ können rekursiv mit Hilfe des Gaußschen arithmetisch-geometrischen Mittels berechnet werden.

Man kann zeigen, daß

$$d_{2n}(\alpha, \beta) = d_n(\sqrt{\alpha\beta}, (\alpha + \beta)/2) \tag{8.6.19}$$

gilt, wobei die optimalen Parameter des min-max Problems (8.6.18) $r_i^{(2n)}$ und $r_i^{(n)}$ in folgendem Zusammenhang stehen:

$$r_i^{(n)} = (r_i^{(2n)} + \alpha\beta/r_i^{(2n)})/2, \qquad i = 1, 2, \ldots, n. \tag{8.6.20}$$

Ausgehend von dieser Beobachtung, erhält man folgenden Algorithmus zur Bestimmung von $r_i^{(m)}$. Man definiert

$$\begin{gathered} \alpha_0 := \alpha, \qquad \beta_0 := \beta, \\ \alpha_{j+1} := \sqrt{\alpha_j\beta_j}, \qquad \beta_{j+1} := (\alpha_j + \beta_j)/2, \qquad j = 0, 1, \ldots, k-1. \end{gathered} \tag{8.6.21}$$

Dann gilt

$$d_{2^k}(\alpha_0, \beta_0) = d_{2^{k-1}}(\alpha_1, \beta_1) = \ldots = d_1(\alpha_k, \beta_k) = \frac{\sqrt{\beta_k} - \sqrt{\alpha_k}}{\sqrt{\beta_k} + \sqrt{\alpha_k}}. \tag{8.6.22}$$

Die Lösung von $d_1(\alpha_k, \beta_k)$ ist angebbar mit $r_1^{(1)} = \sqrt{\alpha_k\beta_k}$. Die optimalen ADI-Parameter $r_i^{(m)}$, $i = 1, 2, \ldots, m = 2^k$ können so berechnet werden:

(8.6.23)

1. $s_1^{(0)} := \sqrt{\alpha_k\beta_k}$
2. für $j = 0, 1, \ldots, k-1$:

   Bestimme $s_i^{(j+1)}$, $i = 1, 2, \ldots, 2^{j+1}$, als die 2^{j+1} Lösungen der 2^j in x quadratischen Gleichungen

   $$s_i^{(j)} = \tfrac{1}{2}(x + \alpha_{k-1-j}\beta_{k-1-j}/x), \qquad i = 1, 2, \ldots, 2^j$$

3. Setze $r_i^{(m)} := s_i^{(k)}$, $\qquad i = 1, 2, \ldots, m = 2^k$.

Die $s_i^{(j)}$, $i = 1, 2, \ldots, 2^j$, sind gerade die optimalen ADI-Parameter für das Intervall $[\alpha_{k-j}, \beta_{k-j}]$.

Wir wollen diese Formeln benutzen, um für das Modellproblem (8.4.1), (8.4.3) bei festem $m = 2^k$ das asymptotische Verhalten von $d_{2^k}(\alpha, \beta)$ für $N \to \infty$ zu studieren. Für α und β nehmen wir die bestmöglichen Schranken (s. (8.6.12)):

$$\alpha = 4\sin^2 \frac{\pi}{2(N+1)}$$

(8.6.24)

$$\beta = 4\sin^2 \frac{N\pi}{2(N+1)} = 4\cos^2 \frac{\pi}{2(N+1)}.$$

Es gilt dann

(8.6.25) $$d_m(\alpha, \beta) \sim 1 - 4\sqrt[m]{\frac{\pi}{4(N+1)}} \quad \text{für} \quad N \to \infty, \qquad m := 2^k.$$

Beweis: Durch vollständige Induktion nach k. Mit der Abkürzung

$$c_k := \sqrt{\alpha_k/\beta_k}$$

gilt wegen (8.6.21), (8.6.22)

$$\text{a)} \quad d_{2^k}(\alpha, \beta) = \frac{1 - c_k}{1 + c_k}$$

(8.6.26)

$$\text{b)} \quad c_{k+1}^2 = \frac{2c_k}{1 + c_k^2}.$$

Um (8.6.25) zu zeigen, genügt es

(8.6.27) $$c_k \sim 2\sqrt[2^k]{\frac{\pi}{4(N+1)}}, \qquad N \to \infty,$$

zu zeigen, denn dann folgt aus (8.6.26) a) für $N \to \infty$

$$d_{2^k}(\alpha, \beta) \sim 1 - 2c_k.$$

Für $k = 0$ ist aber (8.6.27) richtig, wegen

$$c_0 = \operatorname{tg} \frac{\pi}{2(N+1)} \sim \frac{\pi}{2(N+1)}.$$

Wenn (8.6.27) für ein $k \geqq 0$ richtig ist, dann auch für $k + 1$, denn aus (8.6.26) b) folgt sofort

$$c_{k+1} \sim \sqrt{2c_k} \quad \text{für} \quad N \to \infty$$

und damit die Behauptung. □

In der praktischen Anwendung wiederholt man häufig die Parameter r_i zyklisch, d. h. man wählt ein festes m, z. B. der Form $m = 2^k$, bestimmt zunächst näherungsweise die zu diesem m gehörigen optimalen ADI-Parameter $r_i^{(m)}$, $i = 1, 2, \ldots, m$, und nimmt für das ADI-Verfahren die Parameter

$$r_{jm+i} := r_i^{(m)} \quad \text{für} \quad i = 1, 2, \ldots, m, \qquad j = 0, 1, \ldots .$$

Wenn man je m Einzelschritte des ADI-Verfahrens als einen „großen Iterationsschritt" bezeichnet, gibt die Zahl

$$-\ln(10)/\ln \rho(T_{r_m} \cdots T_{r_1})$$

an, wieviel große Iterationsschritte benötigt werden, um den Fehler auf 1/10 des alten Wertes zu verkleinern, d. h.

$$R_{\text{ADI}}^{(m)} = -m \ln(10)/\ln \rho(T_{r_m} \cdots T_{r_1})$$

gibt an, wieviele gewöhnliche ADI-Schritte zu diesem Zweck im Mittel nötig sind. Für das Modellproblem erhält man bei optimaler Parameterwahl und $m = 2^k$ wegen (8.6.16) und (8.6.25)

$$\rho(T_{r_m} \cdots T_{r_1}) \leqq d_m(\alpha, \beta)^2 \sim 1 - 8 \sqrt[m]{\frac{\pi}{4(N+1)}}$$

$$\ln \rho(T_{r_m} \cdots T_{r_1}) \dot{\leqq} -8 \sqrt[m]{\frac{\pi}{4(N+1)}}, \qquad N \to \infty,$$

so daß

(8.6.28) $$R_{\text{ADI}}^{(m)} \dot{\leqq} \frac{m}{8} \ln(10) \cdot \sqrt[m]{\frac{4(N+1)}{\pi}} \quad \text{für} \quad N \to \infty.$$

Ein Vergleich mit (8.4.9) zeigt, daß für $m > 1$ das ADI-Verfahren wesentlich schneller konvergiert als das optimale gewöhnliche Relaxationsverfahren. In diesem Konvergenzverhalten liegt die praktische Bedeutung des ADI-Verfahrens begründet.

8.7 Das cg-Verfahren von Hestenes und Stiefel

Das *cg-Verfahren* („conjugate gradient method") von Hestenes und Stiefel [2] zur Lösung eines linearen Gleichungssystems

(8.7.1) $$Ax = b, \qquad A \text{ eine positive definite } n \times n\text{-Matrix},$$

liefert ausgehend von einem Startvektor x_0 eine Kette von Vektoren

$$x_0 \to x_1 \to \ldots \to x_n,$$

die bei exakter Rechnung spätestens nach n Schritten mit der gesuchten Lösung $x_n = x$ abbricht. Infolge der Rundungsfehler ist jedoch in der Regel x_n noch nicht genügend genau. Man führt deshalb bei diesem Verfahren wie bei echten Iterationsverfahren weitere Schritte $x_k \to x_{k+1}$ (gewöhnlich insgesamt $3n$–$5n$ Schritte) durch, bis man eine hinreichend genaue Lösung gefunden hat. Der Arbeitsaufwand pro Schritt $x_k \to x_{k+1}$ entspricht dem einer Multiplikation der Matrix A mit einem Vektor. Aus diesem Grunde ist das Verfahren sehr günstig für schwach und unregelmäßig besetzte mittelgroße Matrizen A, wie sie z. B. bei Netzwerkrechnungen auftreten, ungünstig für volle Matrizen oder Bandmatrizen.

Die Idee des Verfahrens geht davon aus, daß die exakte Lösung x das Funktional $F : \mathbb{R}^n \to \mathbb{R}$

$$F(z) = \tfrac{1}{2}(Az - b)^T A^{-1}(Az - b)$$

$$= \tfrac{1}{2} z^T Az - b^T z + \tfrac{1}{2} b^T A^{-1} b$$

minimiert:

$$0 = F(x) = \min_{z \in \mathbb{R}^n} F(z).$$

Dies folgt sofort daraus, daß mit A auch A^{-1} positiv definit ist (Satz (4.3.2)) und für einen Vektor z das zugehörige Residuum $r := Az - b$ nur für $z := x$ verschwindet. Dies legt die „Methode des steilsten Abstiegs" nahe, bei der (vgl. Abschnitt 5.4.1) die Folge $x_0 \to x_1 \to \ldots$ durch 1-dimensionale Minimierung von F in Richtung des Gradienten gefunden wird:

$$x_{k+1} : F(x) = \min_u F(x_k + ur_k) \quad \text{mit} \quad r_k := -DF(x_k)^T = -Ax_k + b.$$

Im cg-Verfahren wird stattdessen im Schritt $x_k \to x_{k+1}$ eine k-dimensionale Minimierung durchgeführt:

$$\text{(8.7.2)} \qquad x_{k+1} : F(x_{k+1}) = \min_{u_0, \ldots, u_k} F(x_k + u_0 r_0 + \ldots + u_k r_k),$$

$$r_i := -Ax_i + b \quad \text{für} \quad i \leqq k.$$

Es stellt sich heraus, daß x_{k+1} recht einfach berechnet werden kann. Die dabei anfallenden r_i sind orthogonal, also linear unabhängig, solange $r_k \neq 0$. Bei exakter Rechnung gibt es also ein erstes $k \leqq n$ mit $r_k = 0$, da im $\mathbb{R}^n$ höchstens n Vektoren linear unabhängig sind. Das zugehörige x_k ist die gesuchte Lösung von (8.7.1).

Wir wollen nun zunächst das Verfahren beschreiben und anschließend seine Eigenschaften verifizieren.

(8.7.3) *cg-Verfahren:*

Start: Wähle $x_0 \in \mathbb{R}^n$ *und setze* $p_0 := r_0 := b - Ax$.

Für $k = 0, 1, \ldots$

1) *Falls* $p_k = 0$ *stop:* x_k *ist die Lösung von* $Ax = b$.

Andernfalls,

2) *berechne*

$$a_k := \frac{r_k^T r_k}{p_k^T A p_k}, \qquad x_{k+1} := x_k + a_k p_k$$

$$r_{k+1} := r_k - a_k A p_k, \qquad b_k := \frac{r_{k+1}^T r_{k+1}}{r_k^T r_k},$$

$$p_{k+1} := r_{k+1} + b_k p_k.$$

Bei der Durchführung des Verfahrens hat man also lediglich 4 Vektoren zu speichern, x_k, r_k, p_k und Ap_k. In jedem Iterationsschritt muß nur eine Matrixmultiplikation, Ap_k, durchgeführt werden, der restliche Aufwand entspricht dem der Berechnung von 6 Skalarprodukten im $\mathbb{R}^n$: Der Gesamtaufwand ist daher für dünn besetzte Matrizen A gering.

Die wichtigsten theoretischen Eigenschaften des Verfahrens sind in folgendem Satz gegeben:

(8.7.4) **Satz:** *Sei* A *eine positiv definite (reelle)* $n \times n$*-Matrix und* $b \in \mathbb{R}^n$. *Dann gibt es zu jedem Startvektor* $x_0 \in \mathbb{R}^n$ *eine kleinste ganze Zahl* l, $0 \leqq l \leqq n$ *mit* $p_l = 0$. *Die Vektoren* x_k, p_k, r_k, $k \leqq l$, *die von dem cg-Verfahren* (8.7.3) *erzeugt werden, haben folgende Eigenschaften:*

a) $Ax_l = b$: *Das Verfahren liefert also nach spätestens* n *Schritten die exakte Lösung der Gleichung* $Ax = b$.

b) $r_i^T p_j = 0 \quad$ *für* $0 \leqq j < i \leqq l$.

c) $r_i^T p_i = r_i^T r_i \quad$ *für* $i \leqq l$.

d) $p_i^T A p_j = 0 \quad$ *für* $0 \leqq i < j < l$

$p_j^T A p_j > 0 \quad$ *für* $j < l$.

e) $r_i^T r_j = 0 \quad$ *für* $0 \leqq i < j < l$

$r_j^T r_j > 0 \quad$ *für* $j < l$.

f) $r_i = b - Ax_i \quad$ *für* $i \leqq l$.

Aus Satz (8.7.4) folgt u. a., daß das Verfahren wohldefiniert ist, weil für $p_k \neq 0$ stets $r_k^T r_k > 0$, $p_k^T A p_k > 0$ gilt. Ferner sind wegen d) die Vektoren p_k A-konjugiert, was den Namen des Verfahrens erklärt.

Beweis: Wir zeigen als erstes durch vollständige Induktion nach k, daß folgende Aussage (A_k) für alle $k \leqq l$ gilt, wobei l der 1. Index mit $p_l = 0$ ist:

$$(A_k) \quad \begin{aligned} &1)\ r_i^T p_j = 0 && \text{für} \quad j < i \leqq k \\ &2)\ r_i^T r_i > 0 && \text{für} \quad i < k \\ &\ r_i^T p_i = r_i^T r_i && \text{für} \quad i \leqq k \\ &3)\ p_i^T A p_j = 0 && \text{für} \quad i < j \leqq k \\ &4)\ r_i^T r_j = 0 && \text{für} \quad i < j \leqq k \\ &5)\ r_i = b - A x_i && \text{für} \quad i \leqq k\,. \end{aligned}$$

(A_0) ist trivial richtig. Wir nehmen induktiv an, daß (A_k) für ein $0 \leqq k < l$ gilt und zeigen (A_{k+1}):

Zu 1): Es folgt aus (8.7.3)

$$r_{k+1}^T p_k = (r_k - a_k A p_k)^T p_k = r_k^T p_k - \frac{r_k^T r_k}{p_k^T A p_k} p_k^T A p_k = 0 \tag{8.7.5}$$

wegen (A_k), 2). Für $j < k$ gilt analog

$$r_{k+1}^T p_j = (r_k - a_k A p_k)^T p_j = 0$$

wegen (A_k), 1), 3). Dies beweist (A_{k+1}), 1).

Zu 2): Es ist $r_k^T r_k > 0$, denn sonst wäre $r_k = 0$ und damit wegen (8.7.3)

$$p_k = \begin{cases} r_0, & \text{falls} \quad k = 0 \\ b_{k-1} p_{k-1}, & \text{falls} \quad k > 0\,. \end{cases} \tag{8.7.6}$$

Wegen $k < l$ muß $k > 0$ sein, denn sonst hätte man $p_0 = r_0 \neq 0$. Für $k > 0$ folgt wegen $p_k \neq 0 (k < l\,!)$ aus (8.7.6) und (A_k), 3) der Widerspruch $0 < p_k^T A p_k = b_{k-1} p_k^T A p_{k-1} = 0$. Also gilt $r_k^T r_k > 0$ und damit sind b_k und p_{k+1} durch (8.7.3) wohl definiert. Es folgt daher aus (8.7.3)

$$r_{k+1}^T p_{k+1} = r_{k+1}^T (r_{k+1} + b_k p_k) = r_{k+1}^T r_{k+1}$$

wegen (8.7.5). Dies zeigt (A_{k+1}), 2).

Zu 3): Nach dem eben Bewiesenen ist $r_k \neq 0$, so daß a_k^{-1} existiert. Aus (8.7.3) folgt daher für $j \leqq k$

$$\begin{aligned} p_{k+1}^T A p_j &= r_{k+1}^T A p_j + b_k p_k^T A p_j \\ &= a_j^{-1} r_{k+1}^T (r_j - r_{j+1}) + b_k p_k^T A p_j \\ &= a_j^{-1} r_{k+1}^T (p_j - b_{j-1} p_{j-1} - p_{j+1} + b_j p_j) + b_k p_k^T A p_j \\ &= \begin{cases} 0 & \text{für} \quad j < k \quad \text{wegen } (A_k), 3) \text{ und } (A_{k+1}), 1) \\ 0 & \text{für} \quad j = k \quad \text{nach Definition von } a_k \text{ und } b_k \\ & \qquad\qquad\quad \text{und wegen } (A_{k+1}), 1), 2)\,. \end{cases} \end{aligned}$$

(Hier ist für $j=0$ unter p_{-1} der Vektor $p_{-1}=0$ zu verstehen.) Dies zeigt (A_{k+1}) 3).

Zu 4): Es ist wegen (8.7.3) und (A_{k+1}), 1) für $i \leqq k$ $(p_{-1}:=0)$

$$r_i^T r_{k+1} = (p_i - b_{i-1} p_{i-1})^T r_{k+1} = 0 .$$

Zu 5): Man hat wegen (8.7.3) und (A_k), 5)

$$b - Ax_{k+1} = b - A(x + a_k p_k) = r_k - a_k A p_k = r_{k+1} .$$

Damit ist (A_{k+1}) bewiesen. Also gilt (A_l).

Wegen (A_l), 2), 4) gilt $r_i \neq 0$ für $i<l$ und es bilden diese Vektoren ein Orthogonalsystem in $\mathbb{R}^n$, also muß $l \leqq n$ gelten. Aus $p_l=0$ folgt schließlich wegen (A_l), 2) $r_l^T r_l = r_l^T p_l = 0$, also $r_l=0$, so daß x_l Lösung von $Ax=b$ ist. Damit ist (8.7.4) vollständig bewiesen. □

Mit den Hilfsmitteln von Satz (8.7.4) können wir schließlich (8.7.2) zeigen: Man sieht zunächst aus (8.7.3), daß für $k<l$ die Vektoren r_i, $i \leqq k$, und p_i, $i \leqq k$, die gleichen Teilräume des $\mathbb{R}^n$ aufspannen:

$$S_k := \{u_0 r_0 + \ldots + u_k r_k | u_i \in \mathbb{R}\} = \{\rho_0 p_0 + \ldots + \rho_k p_k | \rho_i \in \mathbb{R}\} .$$

Für die Funktion

$$\Phi(\rho_0, \ldots, \rho_k) := F(x_k + \rho_0 p_0 + \ldots + \rho_k p_k)$$

gilt aber für $j \leqq k$

$$\frac{\partial \Phi(\rho_0, \ldots, \rho_k)}{\partial \rho_j} = -r^T p_j$$

mit $r = b - Ax$, $x := x_k + \rho_0 p_0 + \ldots + \rho_k p_k$. Für die Wahl

$$\rho_j := \begin{cases} a_k & \text{für} \quad j=k \\ 0 & \text{für} \quad j<k \end{cases}$$

erhält man daher wegen (8.7.3) $x = x_{k+1}$, $r = r_{k+1}$ und wegen (8.7.4) b) $-r_{k+1}^T p_j = 0$, so daß in der Tat

$$\min_{\rho_0, \ldots, \rho_k} F(x_k + \rho_0 p_0 + \ldots + \rho_k p_k) = \min_{u_0, \ldots, u_k} F(x_k + u_0 r_0 + \ldots + u_k r_k) = F(x_{k+1})$$

gilt.

Bei exakter Rechnung wäre spätestens $r_n = 0$ und damit x_n die gesuchte Lösung von (8.7.1). Wegen des Einflusses der Rundungsfehler ist das berechnete r_n in der Regel von 0 verschieden. Man setzt deshalb in der Praxis das Verfahren einfach über die Iteration $k=n$ hinaus fort, bis man ein genügend kleines $r_k(p_k)$ gefunden hat. Ein Algolprogramm für eine Variante dieses Algorithmus findet man in Wilkinson, Reinsch [6], einen umfangreichen Bericht über numerische Erfahrungen in Reid [15].

Man kann das cg-Verfahren insbesondere auch zur Lösung von linearen Ausgleichsproblemen

(8.7.7) $$\text{Bestimme} \min_x \|Bx-c\|_2,$$

wobei B eine dünn besetzte $m \times n$-Matrix mit Rang $B=n$ ist, verwenden: Nach Abschnitt (4.8.1) ist nämlich die Optimallösung von $\bar{x}$ von (8.7.7) auch Lösung der Normalgleichungen

$$Ax=b, \qquad A:=B^TB, \qquad b:=B^Tc,$$

wobei A eine positiv definite Matrix ist. Da auch für dünn besetztes B die Matrix $A=B^TB$ voll besetzt sein kann, liegt folgende Variante des cg-Algorithmus (8.7.3) zur Lösung von (8.7.7) nahe, die sich in der Praxis gut bewährt hat:

Start: Wähle $x_0 \in \mathbb{R}^n$ *und berechne*

$$s_0 := c - Bx_0, \qquad p_0 := r_0 := B^T s_0 .$$

Für $k=0,1,\ldots$

1) *Falls* $p_k=0$, *stop:* x_k *ist Optimallösung von* (8.7.7); *andernfalls,*

2) *berechne* $q_k := Bp_k, \qquad a_k := \dfrac{r_k^T r_k}{q_k^T q_k}$

$$x_{k+1} := x_k + a_k p_k, \qquad s_{k+1} := s_k - a_k q_k$$

$$r_{k+1} := B^T s_{k+1}, \qquad b_k := \frac{r_{k+1}^T r_{k+1}}{r_k^T r_k}$$

$$p_{k+1} := r_{k+1} + b_k p_k .$$

8.8. Der Algorithmus von Buneman zur Lösung der diskretisierten Poissongleichung

In leichter Verallgemeinerung des Modellproblems (8.4.1) betrachten wir das Poisson-Problem

(8.8.1) $$-u_{xx} - u_{yy} + \sigma u = f(x,y) \quad \text{für} \quad (x,y) \in \Omega$$
$$u(x,y)=0 \quad \text{für} \quad (x,y) \in \partial\Omega$$

für das Rechteck $\Omega := \{(x,y) \mid 0<x<a,\ 0<y<b\} \subseteq \mathbb{R}^2$ mit dem Rand $\partial\Omega$. Hier sind $\sigma > 0$ eine Konstante und $f: \Omega \cup \partial\Omega \to \mathbb{R}$ eine stetige Funktion.

Diskretisiert man (8.8.1) auf die übliche Weise, so erhält man statt (8.8.1) für die Näherungswerte z_{ij} von $u(x_i, y_j)$, $x_i := i \cdot \triangle x$, $y_j := j \cdot \triangle y$, $\triangle x := \frac{a}{p+1}$, $\triangle y := \frac{b}{q+1}$ die Gleichungen

$$\frac{-z_{i-1,j} + 2z_{ij} - z_{i+1,j}}{\triangle x^2} + \frac{-z_{i,j-1} + 2z_{ij} - z_{i,j+1}}{\triangle y^2} + \sigma z_{ij} = f_{ij} = f(x_i, y_j)$$

für $i = 1, 2, \ldots, p$, $j = 1, 2, \ldots, q$. Zusammen mit den Randwerten

$$z_{0,j} := z_{p+1,j} := 0 \quad \text{für} \quad j = 0, 1, \ldots, q+1$$

$$z_{i,0} := z_{i,q+1} := 0 \quad \text{für} \quad i = 0, 1, \ldots, p+1$$

erhält man so für die Unbekannten

$$z = \begin{bmatrix} z_1 \\ z_2 \\ \vdots \\ z_q \end{bmatrix}, \qquad z_j = (z_{1j}, z_{2j}, \ldots, z_{pj})^T$$

ein lineares Gleichungssystem, das man in der Form (vgl. (8.4.5))

(8.8.2a) $$Mz = b$$

mit

(8.8.2b) $$M = \begin{bmatrix} A & I & & & 0 \\ I & A & I & & \\ & I & \ddots & \ddots & \\ & & \ddots & \ddots & I \\ 0 & & & I & A \end{bmatrix}, \qquad b = \begin{bmatrix} b_1 \\ b_2 \\ \vdots \\ \vdots \\ b_q \end{bmatrix}$$

schreiben kann, wobei $I = I_p$ die p-reihige Einheitsmatrix, A eine p-reihige Hermitesche Tridiagonalmatrix und M aus q Blockzeilen und -Spalten besteht.

In den letzten Jahren sind einige sehr effektive Verfahren zur Lösung von (8.8.2) vorgeschlagen worden, die sogar dem ADI-Verfahren (s. 8.6) überlegen sind. Alle diese Verfahren sind Reduktionsverfahren: unter Ausnutzung der speziellen Struktur der Matrix M wird die Lösung von (8.8.2) rekursiv auf die Lösung ähnlich gebauter Gleichungssysteme mit der halben Unbekanntenzahl zurückgeführt und auf diese Weise die Zahl der Unbekannten sukzessive halbiert. Wegen seiner Einfachheit wollen wir hier nur eines der ersten dieser Verfahren, den Algorithmus von Buneman [8] (s. auch Buzbee, Golub und Nielson [11]), beschreiben. Siehe ferner Hockney [13] und Swarztrauber [19] für verwandte Verfahren.

Folgende Beobachtung ist für das Reduktionsverfahren von Buneman wesentlich: Betrachtet man in dem Gleichungssystem (8.8.2), ausgeschrieben

$$
\begin{aligned}
&Az_1 + z_2 &&= b_1 \\
&z_{j-1} + Az_j + z_{j+1} &&= b_j, \quad j = 2, 3, \ldots, q-1, \\
&z_{q-1} + Az_q &&= b_q
\end{aligned}
\tag{8.8.3}
$$

so kann man für alle geraden $j = 2, 4, \ldots$ aus den drei aufeinanderfolgenden Gleichungen

$$
\begin{aligned}
z_{j-2} + Az_{j-1} + z_j \quad &= b_{j-1} \\
z_{j-1} \quad + Az_j + z_{j+1} &= b_j \\
z_j \quad + Az_{j+1} + z_{j+2} &= b_{j+1}
\end{aligned}
$$

die Variablen z_{j-1} und z_{j+1} eliminieren, indem man von der Summe der ersten und dritten Gleichung das A-fache der zweiten Gleichung abzieht:

$$z_{j-2} + (2I - A^2)z_j + z_{j+2} = b_{j-1} - Ab_j + b_{j+1}.$$

Für ungerades q erhält man so das reduzierte System

$$
\begin{bmatrix}
2I - A^2 & I & & 0 \\
I & 2I - A^2 & I & \\
& I & \ddots & \ddots & \\
& & \ddots & \ddots & I \\
0 & & & I & 2I - A^2
\end{bmatrix}
\begin{bmatrix} z_2 \\ z_4 \\ \vdots \\ \vdots \\ z_{q-1} \end{bmatrix}
=
\begin{bmatrix} b_1 + b_3 - Ab_2 \\ b_3 + b_5 - Ab_4 \\ \vdots \\ \vdots \\ b_{q-2} + b_q - Ab_{q-1} \end{bmatrix}
\tag{8.8.4}
$$

für $z_2, z_4, \ldots$. Kennt man die Lösung von (8.8.4), also die geradzahlig indizierten Teilvektoren z_{2j}, so kann man die ungeradzahlig indizierten Vektoren $z_1, z_3, \ldots$ aus folgenden Gleichungen bestimmen, die sofort aus (8.8.3) für $j = 1, 3, \ldots$ folgen:

$$
\begin{bmatrix}
A & & & 0 \\
& A & & \\
& & A & \\
0 & & & \ddots \; A
\end{bmatrix}
\begin{bmatrix} z_1 \\ z_3 \\ z_5 \\ \vdots \\ z_q \end{bmatrix}
=
\begin{bmatrix} b_1 - z_2 \\ b_3 - z_2 - z_4 \\ b_5 - z_4 - z_6 \\ \vdots \\ b_q - z_{q-1} \end{bmatrix}.
\tag{8.8.5}
$$

Auf diese Weise hat man die Lösung von (8.8.2) auf die Lösung des reduzierten Systems (8.8.4) mit der halben Zahl von Unbekannten und die anschließende Lösung von (8.8.5) zurückgeführt. Nun hat (8.8.4) wieder die gleiche Struktur wie (8.8.2):

$$M^{(1)} z^{(1)} = b^{(1)}$$

mit

$$\mathrm{M}^{(1)} = \begin{bmatrix} A^{(1)} & I & & & 0 \\ I & A^{(1)} & I & & \\ & I & \ddots & \ddots & \\ & & \ddots & \ddots & I \\ 0 & & & I & A^{(1)} \end{bmatrix}, \qquad A^{(1)} := 2I - A^2$$

$$z^{(1)} = \begin{bmatrix} z_1^{(1)} \\ z_2^{(1)} \\ \vdots \\ z_{q_1}^{(1)} \end{bmatrix} := \begin{bmatrix} z_2 \\ z_4 \\ \vdots \\ z_{q-1} \end{bmatrix}, \qquad b^{(1)} = \begin{bmatrix} b_1^{(1)} \\ b_2^{(1)} \\ \vdots \\ b_{q_1}^{(1)} \end{bmatrix} := \begin{bmatrix} b_1 + b_3 - A b_2 \\ b_3 + b_5 - A b_4 \\ \vdots \\ b_{q-2} + b_q - A b_{q-1} \end{bmatrix}$$

so daß man das eben beschriebene Reduktionsverfahren auch auf $M^{(1)}$ anwenden kann, usw. Allgemein erhält man so für $q := q_0 := 2^{k+1} - 1$ eine Folge von Matrizen $A^{(r)}$ und Vektoren $b_j^{(r)}$ nach der Vorschrift:

(8.8.6) *Start: Setze* $A^{(0)} := A$; $\quad b_j^{(0)} := b_j, j = 1, 2, \ldots, q_0, \; q_0 := q = 2^{k+1} - 1$

Für $r = 0, 1, 2, \ldots, k-1$:
Setze
a) $A^{(r+1)} := 2I - (A^{(r)})^2$
b) $b_j^{(r+1)} := b_{2j-1}^{(r)} + b_{2j+1}^{(r)} - A^{(r)} b_{2j}^{(r)}, \quad j = 1, 2, \ldots, 2^{k-r} - 1 =: q_{r+1}$.

Für jede Stufe $r+1$, $r = 0, \ldots, k-1$, erhält man so ein lineares Gleichungssystem

$$M^{(r+1)} z^{(r+1)} = b^{(r+1)},$$

ausgeschrieben:

$$\begin{bmatrix} A^{(r+1)} & I & & \\ I & A^{(r+1)} & \ddots & \\ & \ddots & \ddots & I \\ & & I & A^{(r+1)} \end{bmatrix} \begin{bmatrix} z_1^{(r+1)} \\ z_2^{(r+1)} \\ \vdots \\ z_{q_{r+1}}^{(r+1)} \end{bmatrix} = \begin{bmatrix} b_1^{(r+1)} \\ b_2^{(r+1)} \\ \vdots \\ b_{q_{r+1}}^{(r+1)} \end{bmatrix}.$$

Seine Lösung $z^{(r+1)}$ liefert sofort die geradzahlig indizierten Teilvektoren der Lösung $z^{(r)}$ des entsprechenden Gleichungssystems $M^{(r)}z^{(r)}=b^{(r)}$ der Stufe r:

$$\begin{bmatrix} z_2^{(r)} \\ z_4^{(r)} \\ \vdots \\ z_{q_r-1} \end{bmatrix} := \begin{bmatrix} z_1^{(r+1)} \\ z_2^{(r+1)} \\ \vdots \\ z_{q_{r+1}}^{(r+1)} \end{bmatrix},$$

während sich die ungeradzahlig induzierten Teilvektoren von $z^{(r)}$ durch Lösung der Gleichungen

$$\begin{bmatrix} A^{(r)} & & \\ & A^{(r)} & \\ & & \ddots \\ & & & A^{(r)} \end{bmatrix} \begin{bmatrix} z_1^{(r)} \\ z_3^{(r)} \\ \vdots \\ z_{q_r}^{(r)} \end{bmatrix} = \begin{bmatrix} b_1^{(r)} - z_2^{(r)} \\ b_3^{(r)} - z_2^{(r)} - z_4^{(r)} \\ \vdots \\ b_{q_r}^{(r)} - z_{q_r-1}^{(r)} \end{bmatrix}$$

ergeben.

Man erhält so aus den Daten $A^{(r)}$, $b^{(r)}$, die durch (8.8.6) geliefert werden schließlich die Lösung $z:=z^{(0)}$ von (8.8.2) nach den folgenden Regeln:

(8.8.7) 0) *Start: Bestimme* $z^{(k)}=z_1^{(k)}$ *durch Lösung des Gleichungssystems*

$$A^{(k)}z^{(k)}=b^{(k)}=b_1^{(k)}.$$

1) *Für* $r=k-1, k-2, \ldots, 0$:

a) *Setze* $z_{2j}^{(r)}:=z_j^{(r+1)}, j=1, 2, \ldots, q_{r+1}=2^{k-r}-1$

b) *Berechne für* $j=1, 3, 5, \ldots, q_r$ *den Vektor* $z_j^{(r)}$ *durch Lösung von*

$$A^{(r)}z_j^{(r)}=b_j^{(r)}-z_{j-1}^{(r)}-z_{j+1}^{(r)}.$$

2) *Setze* $z:=z^{(0)}$.

In der Fassung (8.8.6), (8.8.7) ist der Algorithmus noch unvollständig bzw. hat er schwerwiegende numerische Nachteile: Zunächst ist die explizite Berechnung von $A^{(r+1)}=2I-(A^{(r)})^2$ in (8.8.6) a) sehr aufwendig: Aus der Tridiagonalmatrix $A^{(0)}=A$ wird mit wachsendem r sehr rasch eine voll besetzte Matrix ($A^{(r)}$ ist eine Bandmatrix der Bandbreite 2^r+1), so daß erstens die Berechnung von $(A^{(r)})^2$ und zweitens die Lösung der linearen Gleichungssysteme in (8.8.7), 1b) für größeres r immer teurer wird. Darüber hinaus kann man sich leicht überzeugen, daß die Größe der Matrizen $A^{(r)}$ exponentiell anwächst: z. B. ist für das Modellproblem (8.4.1)

$$A=A^{(0)}=\begin{bmatrix} -4 & 1 & & \\ 1 & -4 & \ddots & \\ & \ddots & \ddots & 1 \\ & & 1 & -4 \end{bmatrix}, \qquad \|A^{(0)}\| \geqq 4, \ \|A^{(r)}\| \approx \|A^{(r-1)}\|^2 \geqq 4^{2^r},$$

so daß bei der Berechnung von $b_j^{(r+1)}$ in (8.8.6), b) für größeres r große Genauigkeitsverluste auftreten, weil i. allg. $\|A^{(r)}b_{2j}^{(r)}\| \gg \|b_{2j-1}^{(r)}\|, \|b_{2j+1}^{(r)}\|$ gilt und deshalb bei der Addition in (8.8.6) b) die in $b_{2j-1}^{(r)}, b_{2j+1}^{(r)}$ enthaltene Information verloren geht.

Beide Nachteile lassen sich durch eine Umformulierung des Verfahrens vermeiden. Die explizite Berechnung von $A^{(r)}$ läßt sich vermeiden, wenn man ausnutzt, daß sich $A^{(r)}$ als Produkt von Tridiagonalmatrizen darstellen läßt:

(8.8.8) **Satz:** *Es gilt für alle* $r \geqq 0$

$$A^{(r)} = -\prod_{j=1}^{2^r} [-(A + 2\cos\theta_j^{(r)} \cdot I)]$$

mit $\theta_j^{(r)} := (2j-1)\pi/2^{r+1}$ *für* $j = 1, 2, \ldots, 2^r$.

Beweis: Wegen (8.8.6)a) gilt mit $A^{(0)} = A$

$$A^{(r+1)} = 2I - (A^{(r)})^2,$$

so daß es ein Polynom $p_r(t)$ vom Grad 2^r gibt mit

(8.8.9) $$A^{(r)} = p_r(A).$$

Offensichtlich gilt für die Polynome p_r

$$p_0(t) = t$$
$$p_{r+1}(t) = 2 - (p_r(t))^2,$$

so daß p_r die Form besitzt

(8.8.10) $$p_r(t) = -(-t)^{2^r} + \ldots .$$

Durch vollständige Induktion folgt mit Hilfe der Substitution $t = -2\cos\theta$

(8.8.11) $$p_r(-2\cos\theta) = -2\cos(2^r\theta).$$

Diese Formel ist für $r = 0$ trivial. Wenn sie für ein $r \geqq 0$ richtig ist, dann auch für $r+1$ wegen

$$\begin{aligned} p_{r+1}(-2\cos\theta) &= 2 - (p_r(-2\cos\theta))^2 \\ &= 2 - 4\cos^2(2^r\theta) \\ &= -2\cos(2\cdot 2^r\theta). \end{aligned}$$

Wegen (8.8.11) besitzt $p_r(t)$ die 2^r verschiedenen reellen Nullstellen

$$t_j = -2\cos\left(\frac{(2j-1)\pi}{2^{r+1}}\right), \quad j = 1, 2, \ldots, 2^r,$$

und daher wegen (8.8.10) die Produktdarstellung

$$p_r(t) = -\prod_{j=1}^{2^r} [-(t-t_j)] .$$

Daraus folgt wegen (8.8.9) sofort die Behauptung des Satzes. □

Den letzten Satz kann man nun in der Weise praktisch ausnutzen, daß man die Lösung der verschiedenen Gleichungssysteme

$$A^{(r)}u = b$$

in (8.8.7) b) mit der Matrix $A^{(r)}$ rekursiv auf die Lösung von 2^r Gleichungssystemen mit den Tridiagonalmatrizen

$$A_j^{(r)} := -A - 2\cos\theta_j^{(r)} I , \qquad j = 1, 2, \ldots, 2^r ,$$

zurückführt:

(8.8.12)
$$\begin{aligned} A_1^{(r)} u_1 &= b \Rightarrow u_1 \\ A_2^{(r)} u_2 &= u_1 \Rightarrow u_2 \\ &\ldots\ldots\ldots\ldots \\ A_{2^r}^{(r)} u_{2^r} &= u_{2^r-1} \Rightarrow u_{2^r} \Rightarrow u := -u_{2^r} . \end{aligned}$$

Da, wie man sich leicht überzeugt, die Tridiagonalmatrizen $A_j^{(r)}$ für die angegebene Diskretisierung von Problem (8.8.1) positiv definit sind, kann man diese Systeme mittels Dreieckszerlegung von $A_j^{(r)}$ ohne Pivotsuche (s. 4.1) unter sehr geringem Aufwand lösen.

Die numerische Instabilität, die in (8.8.6) b) wegen des exponentialen Wachstums der $A^{(r)}$ auftritt, kann man nach dem Vorschlag von Buneman so vermeiden, daß man statt der Größen $b_j^{(r)}$ andere Vektoren $p_j^{(r)}$, $q_j^{(r)}$, $j = 1, 2, \ldots, q_r$ einführt, die mit den $b_j^{(r)}$ auf folgende Weise zusammenhängen

(8.8.13)
$$b_j^{(r)} = A^{(r)} p_j^{(r)} + q_j^{(r)} , \qquad j = 1, 2, \ldots, q_r ,$$

und die man numerisch stabiler als die $b_j^{(r)}$ berechnen kann. Vektoren $p_j^{(r)}, q_j^{(r)}$ mit diesen Eigenschaften sind folgendermaßen rekursiv berechenbar:

(8.8.14) *Start:* *Setze* $p_j^{(0)} := 0$, $q_j^{(0)}$: $b_j = b_j^{(0)}$, $j = 1, 2, \ldots, q_0$.
Für $r = 0, 1, \ldots, k-1$:
Berechne für $j = 1, 2, \ldots, q_{r+1}$:
a) $p_j^{(r+1)} := p_{2j}^{(r)} - (A^{(r)})^{-1} [p_{2j-1}^{(r)} + p_{2j+1}^{(r)} - q_{2j}^{(r)}]$
b) $q_j^{(r+1)} := q_{2j-1}^{(r)} + q_{2j+1}^{(r)} - 2p_j^{(r+1)}$.

Natürlich läuft die Berechnung von $p_j^{(r+1)}$ in Teilschritt a) darauf hinaus, daß man wie eben beschrieben (s. 8.8.12) zunächst die Lösung u des Gleichungssystems

$$A^{(r)} u = p_{2j-1}^{(r)} + p_{2j+1}^{(r)} - q_{2j}^{(r)}$$

mit Hilfe der Faktorisierung von $A^{(r)}$ (Satz (8.8.8)) bestimmt, und dann $p_j^{(r+1)}$ mit Hilfe von u berechnet:

$$p_j^{(r+1)} := p_{2j}^{(r)} - u.$$

Wir wollen durch Induktion nach r zeigen, daß die Vektoren $p_j^{(r)}$, $q_j^{(r)}$, die durch (8.8.14) definiert sind, die Beziehung (8.8.13) erfüllen.

Für $r=0$ ist (8.8.13) trivial. Wir nehmen induktiv an, daß (8.8.13) für ein $r \geqq 0$ richtig ist. Wegen (8.8.6) b) und $A^{(r+1)} = 2I - (A^{(r)})^2$ gilt dann

$$\begin{aligned}
b_j^{(r+1)} &= b_{2j+1}^{(r)} + b_{2j-1}^{(r)} - A^{(r)} b_{2j}^{(r)} \\
&= A^{(r)} p_{2j+1}^{(r)} + q_{2j+1}^{(r)} + A^{(r)} p_{2j-1}^{(r)} + q_{2j-1}^{(r)} - A^{(r)} [A^{(r)} p_{2j}^{(r)} + q_{2j}^{(r)}] \\
&= A^{(r)} [p_{2j+1}^{(r)} + p_{2j-1}^{(r)} - q_{2j}^{(r)}] \\
&\quad + A^{(r+1)} p_{2j}^{(r)} + q_{2j-1}^{(r)} + q_{2j+1}^{(r)} - 2p_{2j}^{(r)} \\
&= A^{(r+1)} p_{2j}^{(r)} + (A^{(r)})^{-1} \{[2I - A^{(r+1)}] [p_{2j+1}^{(r)} + p_{2j-1}^{(r)} - q_{2j}^{(r)}]\} \\
&\quad + q_{2j-1}^{(r)} + q_{2j+1}^{(r)} - 2p_{2j}^{(r)} \\
&= A^{(r+1)} \{p_{2j}^{(r)} - (A^{(r)})^{-1} [p_{2j-1}^{(r)} + p_{2j+1}^{(r)} - q_{2j}^{(r)}]\} \\
&\quad + q_{2j-1}^{(r)} + q_{2j+1}^{(r)} - 2p_j^{(r+1)} \\
&= A^{(r+1)} p_j^{(r+1)} + q_j^{(r+1)}.
\end{aligned}$$

Wegen (8.8.13) kann man nun die Vektoren $b_j^{(r)}$ in (8.8.7) mit Hilfe der $p_j^{(r)}$, $q_j^{(r)}$ ausdrücken und erhält z. B. aus (8.8.7) 1b) für $z_j^{(r)}$ das Gleichungssystem

$$A^{(r)} z_j^{(r)} = A^{(r)} p_j^{(r)} + q_j^{(r)} - z_{j-1}^{(r)} - z_{j+1}^{(r)}.$$

so daß man $z_j^{(r)}$ auf folgende Weise erhalten kann:
Bestimme die Lösung u von

$$A^{(r)} u = q_j^{(r)} - z_{j-1}^{(r)} - z_{j+1}^{(r)}$$

(man verwende dazu wieder die Faktorisierung von Satz (8.8.8)) und setze

$$z_j^{(r)} := u + p_j^{(r)}.$$

Ersetzt man so systematisch in (8.8.6), (8.8.7) die $b_j^{(r)}$ durch $p_j^{(r)}$ und $q_j^{(r)}$, so erhält man den *Algorithmus von Buneman*:

(8.8.15) *Voraussetzung: Gegeben sei das Gleichungssystem* (8.8.2), $q = 2^{k+1} - 1$.

0) *Start: Setze* $p_j^{(0)} := 0$, $q_j^{(0)} := b_j$, $j = 1, 2, \ldots, q_0 := q$.

1) *Für* $r = 0, 1, \ldots, k-1$
   Für $j = 1, 2, \ldots, q_{r+1} := 2^{k-r} - 1$
   Berechne die Lösung u *des Gleichungssystems*

$$A^{(r)} u = p_{2j-1}^{(r)} + p_{2j+1}^{(r)} - q_{2j}^{(r)}$$

mittels der Zerlegung von Satz (8.8.8) *und setze*

$$p_j^{(r+1)} := p_{2j}^{(r)} - u; \qquad q_j^{(r+1)} := q_{2j-1}^{(r)} + q_{2j+1}^{(r)} - 2p_j^{(r+1)}.$$

2) *Bestimme die Lösung u des Gleichungssystems*

$$A^{(k)} u = q_1^{(k)}$$

und setze $z^{(k)} := z_1^{(k)} := p_1^{(k)} + u$.

3) *Für* $r = k-1, k-2, \ldots, 0$:
   a) *Setze* $z_{2j}^{(r)} := z_j^{(r+1)}$ *für* $j = 1, 2, \ldots, q_{r+1}$
   b) *Bestimme für* $j = 1, 3, 5, \ldots, q_r$ *die Lösung u des Gleichungssystems*

$$A^{(r)} u = q_j^{(r)} - z_{j-1}^{(r)} - z_{j+1}^{(r)}$$

   und setze $z_j^{(r)} := p_j^{(r)} + u$.

4) *Setze* $z := z^{(0)}$.

Dieses Verfahren ist sehr effizient: Wie eine Abzählung ergibt, benötigt man zur Lösung des Modellproblems (8.4.1) ($a = b = 1, p = q = N = 2^{k+1} - 1$) mit seinen N^2 Unbekannten ungefähr $3kN^2 \approx 3N^2 \log_2 N$ Multiplikationen, die Zahl der Additionen ist von derselben Größenordnung. Eine Untersuchung der numerischen Stabilität des Verfahrens findet man in Buzbee, Golub und Nielson [11].

In der vorliegenden Form dient das Verfahren zur Lösung des diskretisierten Dirichlet'schen Randwertproblems für die Poisson-Gleichung auf einem Rechteckgebiet. Es gibt Varianten des Verfahrens zur Lösung analoger Randwertprobleme für die Helmholtzgleichung oder die biharmonische Gleichung auf Rechtecksgebieten.

Neuere Reduktionsverfahren mit noch besseren Stabilitätseigenschaften zur Lösung solcher Probleme wurden von Schröder, Trottenberg und Reutersberg [17, 18] angegeben und eingehend untersucht. Es gibt ferner kompliziertere Versionen dieser Verfahren zur Lösung der entsprechenden diskretisierten Randwertprobleme für Nichtrechtecksgebiete (s. Buzbee und Dorr [9], Buzbee, Dorr, George und Golub [10], Widlund und Proskurowski [21]). Während die erwähnten Verfahren direkte nichtiterative Verfahren sind, sind neuerdings auch konkurrenzfähige iterative Reduktionsverfahren mit erheblich verbesserten Konvergenzeigenschaften (Konvergenzfaktor 0.1–0.15) angegeben worden, s. Hackbusch [12], die ebenfalls die spezielle Struktur der Matrix M (8.8.2) bei der diskretisierten Poisson-Gleichung oder ihrer Analoga ausnutzen und relativ zwanglos auch für die Lösung von Randwertproblemen auf Nichtrechtecksgebieten eingesetzt werden können. Bezüglich dieser Verfahren sei auf die angegebene Spezialliteratur verwiesen.

8.9 Vergleich der Verfahren

Für einen Vergleich der in diesem Kapitel besprochenen iterativen Verfahren zur Lösung linearer Gleichungssysteme wird das spezielle Modellproblem (8.4.1) herangezogen:

(8.9.1)
$$\begin{aligned} -u_{xx} - u_{yy} &= 2\pi^2 \sin \pi x \sin \pi y, \\ u(x, y) &= 0, \quad \textit{für} \quad (x, y) \in \partial\Omega, \\ \Omega &:= \{(x, y) \mid 0 \leqq x, y \leqq 1\}, \end{aligned}$$

dessen exakte Lösung

$$u(x, y) = \sin \pi x \sin \pi y$$

ist. Benutzt man die in 8.4 beschriebene Diskretisierung so ergibt sich ein lineares Gleichungssystem

(8.9.2)
$$\begin{aligned} Az &= b, \\ A &\quad \text{nach} \quad (8.4.5) \\ b &= 2h^2\pi^2\bar{u}, \end{aligned}$$

mit

$$\begin{aligned} \bar{u} &:= (\bar{u}_{11}, \bar{u}_{21}, \ldots, \bar{u}_{N1}, \ldots, \bar{u}_{1N}, \ldots, \bar{u}_{NN})^T, \\ \bar{u}_{ij} &:= u(x_i, y_j) = \sin i\pi h \sin j\pi h, \qquad h = 1/(N+1). \end{aligned}$$

In Abschnitt 8.4 wurden die Eigenvektoren von der zu A gehörigen Jacobimatrix J angegeben. Man sieht sofort, daß der Vektor b von (8.9.2) Eigenvektor zu J und damit wegen $J = (4I - A)/4$ auch Eigenvektor zu A ist. Damit läßt sich die exakte Lösung von (8.9.2) leicht angeben. Es gilt

$$Jb = \mu b, \quad \text{mit} \quad \mu = \cos \pi h.$$

Man erhält für z

(8.9.3)
$$z := \frac{h^2\pi^2}{2(1 - \cos \pi h)} \bar{u}.$$

In den praktischen Vergleich wurden das Jacobi- und das Gauß-Seidel-Verfahren einbezogen. Ferner das Relaxationsverfahren, wobei der optimale Relaxationsparameter ω_b nach Satz (8.3.17) gewählt und für $\rho(J)$ der exakte Wert nach (8.4.6) benutzt wurde. Beim ADI-Verfahren wurden die optimalen ADI-Parameter nach (8.6.23) für $m = 2^k$, $k = 2, 4$, berechnet. Für α und β wurden die in (8.6.24) angegebenen Werte benutzt. Für die Testrechnungen mit dem cg-Verfahren wurde ein Programm von T. Ginsburg (in [6]) verwendet.

Als Maß für den Fehler wurde das mit $1/h^2$ gewichtete Residuum

$$\bar{r}^{(i)} := \frac{1}{h^2} \|Az^{(i)} - b\|_\infty$$

genommen, damit die Resultate für verschiedene Werte von N bzw. h vergleichbar werden. Die Iteration wurde abgebrochen, sobald $\bar{r}^{(i)}$ auf die Größenordnung 10^{-4} reduziert war.

Bei den Jacobi-, Gauß-Seidel-, Relaxations- und ADI-Verfahren wurde als Startvektor der Iteration $z^{(0)} := 0$ benutzt. Dem entspricht das Startresiduum $\bar{r}^{(0)} = 2\pi^2 \approx 20$. Die Ergebnisse findet man in Tabelle (8.9.4), in der neben dem Wert N auch die Zahl i der Iterationen und das Endresiduum $\bar{r}^{(i)}$ angegeben sind.

Die Resultate für das cg-Verfahren sind in Tabelle (8.9.5) enthalten. Hier wurde ein anderer Startvektor als $z^{(0)} = 0$ gewählt: für $z^{(0)} := 0$ liefert das cg-Verfahren die exakte Lösung $z = z^{(1)}$ (8.9.3) bereits nach einer Iteration, weil b Eigenvektor von A ist. Die Residuen $\bar{r}^{(i)}$ nehmen ferner nicht so regelmäßig wie für die übrigen Verfahren ab. Aus diesem Grunde sind in (8.9.5) neben dem Startresiduum $\bar{r}^{(0)}$ auch die Residuen $\bar{r}^{(i)}$ für weitere i angegeben.

Tabelle (8.9.4)

Verfahren	k	N	$\bar{r}^{(i)}$	i
Jacobi		5	$3.5 \cdot 10^{-3}$	60
		10	$1.2 \cdot 10^{-3}$	235
Gauß-Seidel		5	$3.0 \cdot 10^{-3}$	33
		10	$1.1 \cdot 10^{-3}$	127
		25	$5.6 \cdot 10^{-3}$	600
Relaxation		5	$1.6 \cdot 10^{-3}$	13
		10	$0.9 \cdot 10^{-3}$	28
		25	$0.6 \cdot 10^{-3}$	77
		50	$1.0 \cdot 10^{-2}$	180
ADI		5	$0.7 \cdot 10^{-3}$	9
	2	10	$4.4 \cdot 10^{-3}$	12
		25	$2.0 \cdot 10^{-2}$	16
		5	$1.2 \cdot 10^{-3}$	9
		10	$0.8 \cdot 10^{-3}$	13
	4	25	$1.6 \cdot 10^{-5}$	14
		50	$3.6 \cdot 10^{-4}$	14

Tabelle (8.9.5)

N	$\bar{r}^{(i)}$	i	N	$\bar{r}^{(i)}$	i
5	$2.6 \cdot 10^{2}$	0	10	$9.8 \cdot 10^{2}$	0
	$1.8 \cdot 10^{1}$	2		$5.2 \cdot 10^{1}$	4
	$4.0 \cdot 10^{0}$	4		$1.6 \cdot 10^{1}$	8
	$8.7 \cdot 10^{-1}$	6		$3.6 \cdot 10^{0}$	12
	$2.8 \cdot 10^{-1}$	8		$1.3 \cdot 10^{0}$	16
	$4.0 \cdot 10^{-2}$	10		$7.5 \cdot 10^{-2}$	20
	$3.6 \cdot 10^{-10}$	11		$1.2 \cdot 10^{-2}$	24
				$2.8 \cdot 10^{-4}$	28
				$6.3 \cdot 10^{-6}$	32
				$6.8 \cdot 10^{-8}$	36

Die Resultate von Tabelle (8.9.4) stehen im Einklang mit den Aussagen über die Konvergenzgeschwindigkeit, die in den vorhergehenden Abschnitten hergeleitet wurden: das Gauß-Seidel-Verfahren konvergiert doppelt so schnell wie das Jacobi-Verfahren (Korollar (8.3.16)), die Relaxationsverfahren bringen eine weitere Reduktion der Anzahl der Iterationen (Satz (8.3.17), (8.4.9)), während das ADI-Verfahren die wenigsten Iterationen benötigt (vgl. (8.6.28)). Das cg-Verfahren (Tabelle (8.9.5)) benötigt mehr Iterationen als das ADI-Verfahren. Sein Konvergenzverhalten ist etwas „sprunghaft". Das Residuum behält zuweilen über mehrere Iterationen hinweg die gleiche Größenordnung, um dann plötzlich sehr viel kleiner zu werden. (Ähnliches beobachtet man auch beim ADI-Verfahren.)

Da der Algorithmus von Buneman (s. 8.8) ein nichtiteratives Verfahren ist, der (bei exakter Rechnung) die exakte Lösung von (8.9.2) in endlich vielen Schritten mit einem Aufwand (s. 8.8) von ca. $3N^2 \log_2 N$ Operationen (Multiplikationen) liefert, sind die Rechenresultate für diesen Algorithmus nicht angegeben. Um die iterativen Verfahren mit dem Buneman-Algorithmus zur Lösung von (8.9.2) zu vergleichen, beachte man, daß alle diese Verfahren nur die Lösung z von (8.9.2) berechnen. Diese Lösung z ist aber nur eine verhältnismäßig schlechte Approximation für die gesuchte Lösung $u(x, y)$ von (8.9.1). In der Tat, es folgt aus (8.9.3) durch Taylorentwicklung nach Potenzen von h

$$z - \bar{u} = \left(\frac{\pi^2 h^2}{2(1 - \cos \pi h)} - 1 \right) \bar{u} = \frac{h^2 \pi^2}{12} \bar{u} + 0(h^4),$$

so daß für den Fehler $\|z - \bar{u}\|_\infty$, wegen $\|\bar{u}\|_\infty \leqq 1$, gilt

$$\|z - \bar{u}\|_\infty \leqq \frac{h^2 \pi^2}{12} + 0(h^4).$$

Da man in den Anwendungen nicht an der Lösung z von (8.9.2) sondern an der Lösung $u(x, y)$ von (8.9.1) interessiert ist, hat es wenig Sinn, die Lösung z von (8.9.2) genauer als mit einem Fehler der Größenordnung $h^2 = \dfrac{1}{(N+1)^2}$ zu approximieren. Da der Startvektor $z^{(0)} = 0$ einen Fehler $\|z - z^{(0)}\| \approx 1$ besitzt, benötigt man wegen (8.4.9) mit dem Jacobi-, Gauß-Seidel- und dem optimalen SOR-Verfahren folgende Iterations- und Operationszahlen (eine Iteration erfordert ca. $5N^2$ Operationen), um z mit einem Fehler der Ordnung h^2 zu berechnen:

	Iterationszahl		Operationszahl
Jacobi-Verfahren:	$0.467(N+1)^2 \log_{10}(N+1)^2 \approx$	$N^2 \log_{10} N$	$5\ N^4 \log_{10} N$
Gauß-Seidel-Verfahren	$0.234(N+1)^2 \log_{10}(N+1)^2 \approx \frac{1}{2}$	$N^2 \log_{10} N$	$2.5 N^4 \log_{10} N$
Optimales SOR-Verfahren	$0.367(N+1) \log_{10}(N+1)^2$	$\approx 0.72 N \log_{10} N$	$3.6 N^3 \log_{10} N$

Zur Analyse des ADI-Verfahrens benutzen wir (8.6.28): Man verifiziert leicht anhand dieser Formel, daß zu gegebenem N die Zahl $R_{\text{ADI}}^{(m)}$ für $m \approx \ln \dfrac{4(N+1)}{\pi}$, $\sqrt[m]{\dfrac{4(N+1)}{\pi}} \approx e$ minimal wird. Das ADI-Verfahren mit optimaler Wahl von m und optimaler Parameterwahl benötigt also

$$R_{\text{ADI}}^{(m)} \cdot \log_{10}(N+1)^2 \approx 3.6(\log_{10} N)^2$$

Iterationen, um die Lösung z von (8.9.2) mit einem Fehler der Größenordnung h^2 zu approximieren. Pro Iteration erfordert das ADI-Verfahren ca. $8N^2$ Operationen (Multiplikationen), so daß die gesamte erforderliche Operationszahl ungefähr

$$28.8\, N^2 (\log_{10} N)^2$$

beträgt. Das Buneman-Verfahren benötigt dagegen nach (8.8) nur

$$3N^2 \log_2 N \approx 10 N^2 \log_{10} N$$

Operationen (Multiplikationen) zur Berechnung der exakten Lösung von (8.9.2). Dies zeigt klar die Überlegenheit des Buneman-Verfahrens.

An dieser Stelle sollte jedoch auch auf die Grenzen dieser Verfahren hingewiesen werden, die sich daraus ergeben, daß man mit ihnen bestenfalls die Lösung $u(x, y)$ von (8.9.1) bis auf einen Fehler der Ordnung $h^2 \approx 1/N^2$ erhält. Das Differenzenverfahren führt also zu einem Verfahren 2. Ordnung zur Bestimmung von u. Um etwa die gesuchte Lösung bis auf einen Fehler der Größenordnung 10^{-6} zu approximieren, hat man $h \approx \dfrac{\sqrt{12}}{\pi} \cdot 10^{-3}$, $N \approx 1000$ zu wählen. Das Gleichungssystem (8.9.2) würde für dieses h ca. 10^6 Gleichungen enthalten! Da die Zahl der Gleichungen bei Problemen im $\mathbb{R}^2$ mit $1/h^2$ wächst, sind einfache Differenzenverfahren des Typs (8.4.3), die zu Verfahren lediglich 2. Ordnung führen, für die Lösung von Randwertproblemen bei partiellen Differentialgleichungen im $\mathbb{R}^2$ (und erst recht im $\mathbb{R}^k$, $k > 2$) wenig attraktiv. Um höhere Genauigkeit zu erreichen, sind z. B. bessere Differenzenverfahren als (8.4.3) oder Variationsmethoden etwa des in 7.5 besprochenen Typs effektiver, sofern sie zu Verfahren höherer als 2. Ordnung führen. (In diesem Zusammenhang ist es interessant, daß die schnellen Verfahren von Schröder, Trottenberg und Reutersberg [17, 18] bzw. von Hackbusch [12] zur Lösung der Poisson-Gleichung die Verwendung gewisser Differenzenverfahren höherer als zweiter Ordnung gestatten.)

Bereits ein Verfahren 3. Ordnung (ein solches wurde in Abschnitt 7.7 angegeben) würde im $\mathbb{R}^2$ lediglich eine Schrittweite h der Größenordnung $h \approx 10^{-2}$, $N \approx 100$, erfordern, um eine Näherungslösung mit einem Fehler der Größenordnung 10^{-6} zu erhalten. Das entsprechende lineare Gleichungssystem hätte in diesem Fall „nur" 10^4 Gleichungen. Die Ersparnis gegenüber den einfachen Differenzenverfahren ist so beträchtlich, daß sich der höhere Aufwand, um die Koeffizienten des Gleichungssystems zu berechnen, sehr viel mehr lohnt als dies bei Randwertproblemen für gewöhnliche Differentialgleichungen der Fall ist (vgl. Abschnitt 7.6).

Übungsaufgaben zu Kapitel 8

1. Man zeige:

$$\rho(A) < 1 \Leftrightarrow \lim_{i \to \infty} A^i = 0.$$

(*Hinweis*: Man benutze Satz (6 9.2)).

2. A sei eine $n \times n$-Matrix und $S_n = \sum_{i=0}^{n} A^i$.

Man zeige: $\lim_{n \to \infty} S_n$ existiert genau dann, wenn $\rho(A) < 1$ ist und es gilt dann

$$\lim_{n \to \infty} S_n = (I - A)^{-1}.$$

(*Hinweis:* Man verwende 1) und die Identität

$$(I - A) S_n = I - A^{n+1}.)$$

3. In Gleitpunktarithmetik wird an Stelle von (8.1.10) effektiv folgende Iteration ausgeführt:

$$\bar{x}^{(0)} := x^{(0)}; \qquad B := \bar{L} \cdot \bar{R};$$

$$\bar{x}^{(i+1)} := \bar{x}^{(i)} + B^{-1}\bar{r}^{(i)} + a^{(i)},$$

mit $\quad \bar{r}^{(i)} := b - A\bar{x}^{(i)}$

und $\quad a^{(i)} := \mathrm{gl}(\bar{x}^{(i)} + B^{-1}\bar{r}^{(i)}) - (\bar{x}^{(i)} + B^{-1}\bar{r}^{(i)}).$

(Mit Hilfe der Theorie in (4.5), (4.6) läßt sich $\|a^{(i)}\|$ nach oben abschätzen.)
Man zeige:

a) Der Fehler $\varepsilon^{(i)} := \bar{x}^{(i)} - x$, $x := A^{-1}b$ genügt der Rekursion

$$(*) \quad \varepsilon^{(i+1)} = (I - B^{-1}A)\,\varepsilon^{(i)} + a^{(i)} = C\varepsilon^{(i)} + a^{(i)}, \qquad C := I - B^{-1}A.$$

Man leite daraus eine explizite Formel für $\varepsilon^{(i)}$ ab.

b) Man zeige, daß die $\|\varepsilon^{(i)}\|$ für $i \to \infty$ beschränkt bleiben, falls $\rho(C) < 1$ und die $a^{(i)}$ beschränkt bleiben, $\|a^{(i)}\| \leqq \eta$ für alle i. Man gebe eine möglichst gute obere Schranke für $\limsup_{i \to \infty} \|\varepsilon^{(i)}\|$.

4. Man zeige:

a) A ist genau dann unzerlegbar, falls der zu A gehörige Graph $G(A)$ zusammenhängend ist.
(*Hinweis*: Man benutze, daß die Graphen $G(A)$ und $G(P^TAP)$, P eine Permutationsmatrix, bis auf die Numerierung der Knoten übereinstimmen.)

b)

$$A_1 = \begin{bmatrix} 1 & 0 & 2 \\ 3 & 1 & 0 \\ -1 & 0 & 1 \end{bmatrix}, \qquad A_2 = \begin{bmatrix} 1 & 2 & 0 \\ -1 & 1 & 0 \\ 3 & 0 & 1 \end{bmatrix}.$$

Man zeige: Es existiert ein P, so daß $A_2 = P^TA_1P$, P eine Permutationsmatrix, $G(A_1)$ und $G(A_2)$ sind identisch bis auf Umbenennung der Knoten der Graphen.

5. Gegeben

$$A = \begin{bmatrix} 2 & 0 & -1 & -1 \\ 0 & 2 & -1 & -1 \\ -1 & -1 & 2 & 0 \\ -1 & -1 & 0 & 2 \end{bmatrix}.$$

Man zeige:

a) A ist unzerlegbar.

b) Das Gesamtschrittverfahren konvergiert nicht.

6.

$$A = \begin{bmatrix} 2 & -1 & 0 & -1 \\ -1 & 2 & -1 & 0 \\ 0 & 0 & 2 & -1 \\ -1 & 0 & -1 & 2 \end{bmatrix}.$$

Man zeige: A ist unzerlegbar und nichtsingulär.

7. Man betrachte das lineare Gleichungssystem $Ax = b$, A eine nichtsinguläre $n \times n$-Matrix.
Falls A zerlegbar ist, so kann man das vorliegende Gleichungssystem immer in N Gleichungssysteme, $2 \leqq N \leqq n$, der Form

$$\sum_{k=j}^{N} A_{jk} x_k = b_j, \qquad A_{jj} \quad m_j \times m_j\text{-Matrix}, \qquad \sum_j m_j = n$$

zerlegen, wobei alle A_{jj} unzerlegbar sind.

8. (Varga [4]) Man betrachte die gewöhnliche Differentialgleichung

$$-\frac{d}{dx}\left(p(x)\frac{d}{dx}y(x)\right) + \sigma(x)\,y(x) = f(x),$$

$$a \leqq x \leqq b,$$

$$y(a) = \alpha_1, \qquad y(b) = \alpha_2,$$

$p(x) \in C^3[a, b]$, $\sigma(x)$ stetig und $\sigma(x) > 0$, $p(x) > 0$ auf $a \leqq x \leqq b$.
Man diskretisiere die Differentialgleichung zu der allgemeinen Intervallteilung $a = x_0 < x_1 < x_2 < \ldots < x_N < x_{N+1} = b$, mit

$$h_i := x_{i+1} - x_i,$$

unter Verwendung von

$$(*) \quad \frac{d}{dx}\left(p(x)\frac{d}{dx}y(x)\right) = \frac{p_{i+1/2}\dfrac{y_{i+1} - y_i}{h_i} - p_{i-1/2}\dfrac{y_i - y_{i-1}}{h_{i-1}}}{\dfrac{h_i + h_{i-1}}{2}} + \begin{cases} 0(\bar{h}_i^2), & h_i = h_{i-1} \\ 0(\bar{h}_i), & h_i \neq h_{i-1} \end{cases}$$

mit $\bar{h}_i = \max(h_i, h_{i-1})$ und

$$p_{i+1/2} = p(x_{i+1/2}) = p(x_i + h_i/2).$$

Man zeige:

a) Mit Hilfe der Taylorentwicklung, daß (*) gilt.

b) Schreibt man das entstehende lineare Gleichungssystem mit $Ax = b$, so gilt für A:
A ist reell, tridiagonal mit positiver Diagonale und negativen Nebendiagonalelementen, sofern h_i für alle i hinreichend klein sind.

c) A ist unzerlegbar und erfüllt das schwache Zeilensummenkriterium.

d) Die Jacobi Matrix J ist unzerlegbar, $J \geqq 0$, 2-zyklisch, konsistent geordnet und $\rho(J) < 1$.

e) Konvergieren die Jacobi-, Gauß-Seidel, Relaxationsverfahren mit der feinsten Partitionierung von A?

9. Gegeben seien

$$A_1 = \begin{bmatrix} 0 & 1 & 1 \\ 1 & 0 & 1 \\ 1 & 1 & 0 \end{bmatrix}, \qquad A_2 = \begin{bmatrix} 0 & 1 & 0 \\ 1 & 0 & 1 \\ 1 & 1 & 0 \end{bmatrix},$$

$$A_3 = \begin{bmatrix} 0 & 1 & 0 \\ 1 & 0 & 1 \\ 0 & 1 & 0 \end{bmatrix}, \qquad A_4 = \begin{bmatrix} 0 & 1 & 0 & 0 \\ 0 & 0 & 1 & 0 \\ 0 & 1 & 0 & 1 \\ 1 & 0 & 0 & 0 \end{bmatrix},$$

$$A_5 = \begin{bmatrix} 0 & 1 & 0 & 0 \\ 0 & 0 & 1 & 0 \\ 0 & 0 & 0 & 1 \\ 1 & 0 & 0 & 0 \end{bmatrix}, \quad A_6 = \begin{bmatrix} 0 & 1 & 0 & 0 \\ 0 & 0 & 1 & 1 \\ 0 & 1 & 0 & 1 \\ 1 & 0 & 0 & 0 \end{bmatrix}.$$

Welche Graphen $G(A_i)$ sind 2-zyklisch?

10. Gegeben sei die 9×9-Matrix A

$$(*) \qquad A = \begin{bmatrix} M & -I & 0 \\ -I & M & -I \\ 0 & -I & M \end{bmatrix}, \quad \text{mit} \quad M = \begin{bmatrix} 4 & -2 & 0 \\ -1 & 4 & -1 \\ 0 & -1 & 6 \end{bmatrix}.$$

a) Man gebe die Zerlegungsmatrizen B, C von $A = B - C$ an, die den folgenden 4 Iterationsverfahren entsprechen:

(1) Jacobi
(2) Gauß-Seidel } mit der feinsten Partitionierung,

(3) Jacobi
(4) Gauß-Seidel } mit der in (*) benutzten Partitionierung

b) Man zeige: A ist unzerlegbar, $G(J)$ 2-zyklisch und A hat „property A".

c) Man zeige, daß die Verfahren (1) und (2) für A konvergieren, wobei (2) schneller als (1) konvergiert.

d) Man zeige, daß (3) und (4) konvergieren.
(*Hinweis*: Man berechne nicht M^{-1}, sondern man leite einen Zusammenhang zwischen den Eigenwerten von J_π bzw. H_π und M her. Dabei beachte man, daß bei speziell partitionierten Matrizen, wie z. B. S

$$S = \begin{bmatrix} 0 & R & 0 \\ R & 0 & R \\ 0 & R & 0 \end{bmatrix},$$

die Eigenwerte von S durch jene von R ausgedrückt werden können, falls man einen Eigenvektor für S ansetzt, der analog zu S partitioniert ist.)

11. Man zeige von folgender Matrix A, daß sie „property A" hat, nicht konsistent geordnet ist und gebe eine Permutation an, so daß die permutierte Matrix $P^T AP$ konsistent geordnet ist.

$$A = \begin{bmatrix} 4 & -1 & 0 & 0 & 0 & -1 \\ -1 & 4 & -1 & 0 & -1 & 0 \\ 0 & -1 & 4 & -1 & 0 & 0 \\ 0 & 0 & -1 & 4 & -1 & 0 \\ 0 & -1 & 0 & -1 & 4 & -1 \\ -1 & 0 & 0 & 0 & -1 & 4 \end{bmatrix}.$$

12. Man zeige: Alle Blocktridiagonalmatrizen

$$\begin{bmatrix} D_1 & A_{12} & & & \\ A_{21} & D_2 & A_{23} & & \\ & \ddots & \ddots & \ddots & \\ & & \ddots & \ddots & A_{N-1,N} \\ & & & A_{N,N-1} & D_N \end{bmatrix}$$

D_i nichtsinguläre Diagonalmatrizen, $A_{ij} \neq 0$, haben „property A".

13. Man zeige (8.4.5) ist konsistent geordnet.

14. Man weise nach: A ist konsistent geordnet, hat aber nicht die „property A".

$$A := \begin{bmatrix} 1 & -1 & 0 \\ 1 & 1 & 0 \\ 1 & 1 & 1 \end{bmatrix}.$$

15. Man betrachte das Dirichletsche Randwertproblem auf dem Gebiet Ω (s. Fig. 22) mit Ω_h für $h = 1$.

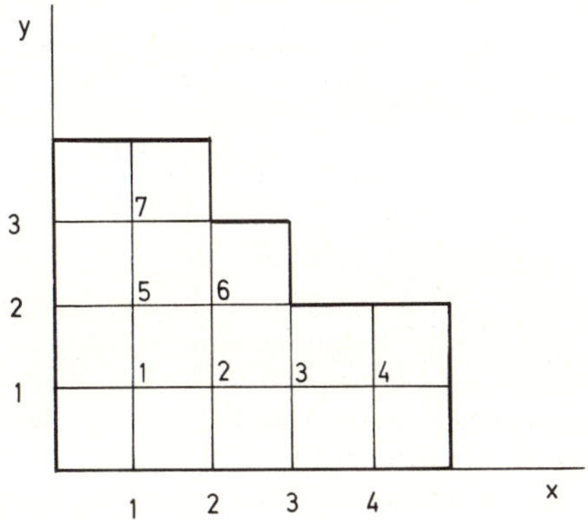

Fig. 22

a) Man stelle das zugehörige Gleichungssystem $Ax = b$ auf unter Benutzung der Diskretisierung wie sie in (8.4.3) angegeben ist und gebe A an, wobei der Vektor x in der in Fig. 22 angegebenen Reihenfolge geordnet werden soll, d. h. $x = (x_{11}, x_{21}, x_{31}, x_{41}, x_{12}, x_{22}, x_{13})^T$.

b) Man zeige: A ist unzerlegbar, symmetrisch, $G(J)$ 2-zyklisch, A hat „property A" und $\rho(J) < 1$.

c) Man ordne A konsistent und gebe an, welcher Umnumerierung der Variablen x in der Figur dies entspricht. Ist diese Umordnung eindeutig?

16. Gegeben sei

$$A := \begin{bmatrix} 3 & -1 & 0 & 0 & 0 & -1 \\ -1 & 3 & -1 & 0 & -1 & 0 \\ 0 & -1 & 3 & -1 & 0 & 0 \\ 0 & 0 & -1 & 3 & -1 & 0 \\ 0 & -1 & 0 & -1 & 3 & -1 \\ -1 & 0 & 0 & 0 & -1 & 3 \end{bmatrix}.$$

a) Man zeige, daß die Gesamtschritt-, Einzelschritt- und Relaxationsverfahren konvergieren.

b) Welches dieser Verfahren ist vorzuziehen?

c) Man gebe explizit die zu A und dem unter b) gewählten Verfahren gehörige Iteration an.

17. Man zeige, daß für das Modellproblem bezüglich der in (8.4.5) angegebenen Partitionierung für das Blockrelaxationsverfahren für $N \to \infty$ gilt:

$$\rho(H_\pi(\omega_b)) \approx \rho\big(H(\omega_b)\big)^\kappa, \quad \text{mit} \quad \kappa = \sqrt{2}.$$

(*Hinweis*: Man beachte die Angaben zum Modellproblem in (8.5)).

18. (Varga [4]) Gegeben sei die Matrix A

$$A = \left[\begin{array}{cc|c} 5 & 2 & 2 \\ 2 & 5 & 3 \\ \hline 2 & 3 & 5 \end{array}\right]$$

a) Man bestimme den Spektralradius ρ_1 der zu A gehörigen Gauß-Seidel-Matrix H_1 zur feinsten Partitionierung von A.

b) Man bestimme $\rho_2 = \rho(H_2)$, wobei H_2 die zum Block-Gauß-Seidel-Verfahren gehörende Matrix ist. Man benutze die oben angegebene Partitionierung.

c) Man zeige $1 > \rho_2 > \rho_1$, d. h. das Block-Gauß-Seidel-Verfahren muß nicht notwendigerweise schneller als die Punkt-Gauß-Seidel Methode konvergieren.

d) Man beantworte a) b) für

$$\bar{A} = \left[\begin{array}{cc|c} 5 & -2 & -2 \\ -2 & 5 & -3 \\ \hline -2 & -3 & 5 \end{array}\right];$$

gilt wiederum $1 > \rho_2 > \rho_1$?

19. Man verifiziere (8.6.10)–(8.6.13).

20. (Varga [4]) Man zeige:

a)

$$\min_{r>0} \max_{0<\alpha \leqq x \leqq \beta} \left|\frac{r-x}{r+x}\right|^2 = \left(\frac{\sqrt{\beta}-\sqrt{\alpha}}{\sqrt{\beta}+\sqrt{\alpha}}\right)^2,$$

wobei das Minimum gerade für $r = \sqrt{\alpha\beta}$ angenommen wird.

b) Für das Modellproblem mit

$$\mu_j = 4\sin^2 \frac{j\pi}{2(N+1)}$$

(vgl. (8.6.12)) erhält man dann

$$\min_{r>0} \rho(T_r) = \frac{\cos^2 \dfrac{\pi}{N+1}}{\left(1 + \sin \dfrac{\pi}{N+1}\right)^2}.$$

21. Man kann für (8.6.18) Näherungslösungen angeben, die in der Praxis für kleine m oft hinreichend gut die exakte Lösung approximieren. Peaceman, Rachford haben folgende Näherung vorgeschlagen:

$$r_j = \beta \cdot \left(\frac{\alpha}{\beta} \right)^{(2j-1)/(2m)}, \qquad j = 1, 2, \dots, m.$$

Man zeige:

a) $\left| \dfrac{r_k - x}{r_k + x} \right| < 1, \quad \text{für alle} \quad j, \qquad \alpha \leqq x \leqq \beta.$

b) $\beta > r_1 > r_2 > \dots > r_m > \alpha$

und für $z := \left(\dfrac{\alpha}{\beta} \right)^{1/(2m)}$ gilt:

$$\left| \frac{r_k - x}{r_k + x} \right| \leqq \frac{1 - z}{1 + z} \quad \text{für} \quad k = m, \; \alpha \leqq x \leqq r_m \quad \text{bzw.} \quad k = 1, \quad \beta \geqq x \geqq r_1.$$

$$\left| \frac{x - r_{i+1}}{x + r_{i+1}} \, \frac{x - r_i}{x + r_i} \right| \leqq \left(\frac{1 - z}{1 + z} \right)^2, \qquad r_i \geqq x \geqq r_{i+1}.$$

c) Aus a) und b) folgt für (8.6.17)

$$\varphi(r_1, \dots, r_m) \leqq \frac{1 - z}{1 + z}.$$

(Einzelheiten zu diesen Näherungsformeln bei Young [7]).

22. Man zeige für die von (8.6.21) erzeugte Folge α_j, β_j:

$$\alpha_0 < \alpha_j < \alpha_{j+1} < \beta_{j+1} < \beta_j < \beta_0, \qquad j \geqq 1,$$

und

$$\lim_{j \to \infty} \alpha_j = \lim_{j \to \infty} \beta_j.$$

23. Man bestimme die Parameter $r_i^{(4)}$ für $m = 4, \alpha = 0.5, \beta = 3.5$ aus (8.6.23) und vergleiche sie mit den Näherungswerten der Formel von Peaceman-Rachford, die in Aufgabe 21 angegeben wurde. Insbesondere vergleiche man $\varphi(r_1 \dots r_4)$ und die in Aufgabe 21 dafür gegebene Abschätzung nach oben.

24. Man betrachte das Dirichletsche Problem zur Differentialgleichung

$$u_{xx} + u_{yy} + \frac{1}{x} u_x + \frac{1}{y} u_y = 0$$

in einem rechteckigen Gebiet Ω, wobei Ω im Gebiet $x \geqq 1, y \geqq 1$ liegt. Man gebe eine Differenzenapproximation des Problems, so daß das entstehende lineare Gleichungssystem der Form

$$(H + V)z = b$$

die Eigenschaft $HV = VH$ hat.

25. (Varga [4]) Man betrachte die Differentialgleichung

$$u_{xx} + u_{yy} = 0$$

auf dem Rechtecksgebiet $\Omega := \{(x, y) \mid 0 \leqq x, y \leqq 1\}$ mit den Randbedingungen

$$u(0, y) = 1, \quad u(1, y) = 0, \qquad 0 \leqq y \leqq 1,$$

$$\frac{\partial u}{\partial y}(x, 0) = \frac{\partial u}{\partial y}(x, 1) = 0, \qquad 0 \leqq x \leqq 1.$$

a) Analog zu (8.4.3) diskretisiere man $u_{xx} + u_{yy}$ für die Maschenweite $h = 1/3$ für alle Gitterpunkte an denen die Lösung unbekannt ist. Die Randbedingung $u_y(x, 0) = u_y(x, 1) = 0$ berücksichtige man durch Einführung fiktiver Gitterpunkte z. B. $(x_i, -h)$ und approximiere $u_y(x_i, 0)$ durch

$$u_y(x_i, 0) = \big(u(x_i, 0) - u(x_i, -h)\big)/h + 0(h), \qquad i = 1, 2.$$

Man erhält so ein lineares Gleichungssystem $Az = b$ in 8 Unbekannten. Man gebe A und b an.

b) Man gebe die Zerlegung $A = H_1 + V_1$ an, wie sie in (8.6.3) vorgeführt wurde und zeige

H_1 ist reell, symmetrisch, positiv definit,
V_1 ist reell, symmetrisch, positiv semidefinit.

c) Man zeige:

$$H_1 V_1 = V_1 H_1.$$

d) Obwohl die Voraussetzungen von (8.6.9) nicht erfüllt sind, zeige man, daß $\rho(T_r) < 1$ für $r > 0$ und man berechne r_{opt}:

$$\rho(T_{r_{\text{opt}}}) = \min_{r > 0} \rho(T_r).$$

Als Ergebnis erhält man $r_{\text{opt}} = \sqrt{3}$, mit

$$\rho(T_{r_{\text{opt}}}) \leqq \frac{\sqrt{3} - 1}{\sqrt{3} + 1}.$$

(*Hinweis*: Man benutze das Ergebnis von Aufgabe 20. a) und die exakten Eigenwerte von H_1. Beachte den Hinweis zu Aufgabe 10. d)).

26. Man lege das lineare Gleichungssystem $Az = b$ zugrunde, das aus der Problemstellung der Aufgabe 15 entsteht, wobei die Unbekannten nicht in der in 15a) angegebenen Reihenfolge $\{1, 2, 3, 4, 5, 6, 7\}$, bezogen auf die in der Fig. 22 angegebene Numerierung der Unbekannten, sondern in der Reihenfolge $\{7, 5, 6, 1, 2, 3, 4\}$ die Komponenten von z bilden sollen.

a) Man zeige, daß mit dieser Ordnung A konsistent geordnet ist.

b) Man gebe die zu (8.6.3) analoge Zerlegung

$$A = H_1 + V_1$$

an und zeige:

α) H_1, V_1 sind symmetrisch, reell, H_1 pos. def., V_1 hat neg. Eigenwerte.

β) $H_1 V_1 \neq V_1 H_1$.

Literatur zu Kapitel 8

1. Forsythe, G. E., Moler, C. B.: Computer solution of linear algebraic systems. Series in Automatic Computation. Englewood Cliffs: Prentice Hall 1967.
2. Hestenes, M. R., Stiefel, E.: Methods of conjugate gradients for solving linear systems. Nat. Bur. Standards, J. of Res. **49**, 409–436 (1952).
3. Householder, A. S.: The theory of matrices in numerical analysis. New York: Blaisdell Publ. Comp. 1964.
4. Varga, R. S.: Matrix iterative analysis. Series in Automatic Computation. Englewood Cliffs: Prentice Hall 1962.
5. Wachspress, E. L.: Iterative solution of elliptic systems and application to the neutron diffusion equations of reactor physics. Englewood Cliffs: Prentice Hall 1966.
6. Wilkinson, J. H., Reinsch, C.: Linear Algebra. Handbook for Automatic Computation, Vol. II. Grundlehren der mathematischen Wissenschaften in Einzeldarstellungen, Bd. 186. Berlin-Heidelberg-New York: Springer 1971.
7. Young, D. M.: Iterative solution of large linear systems. Computer Science and Applied Mathematics. New York: Academic Press 1971.
8. Buneman, O.: A compact non-iterative Poisson solver. Stanford University, Institute for Plasma Research Report Nr. 294, Stanford, Calif. 1969.
9. Buzbee, B. L., Dorr, F. W.: The direct solution of the biharmonic equation on rectangular regions and the Poisson equation on irregular regions. SIAM J. Numer. Anal. **11**, 753–763 (1974).
10. Buzbee, B. L., Dorr, F. W., George, J. A., Golub, G. H.: The direct solution of the discrete Poisson equation on irregular regions. SIAM J. Numer. Anal. **8**, 722–736 (1971).
11. Buzbee, B. L., Golub, G. H., Nielson, C. W.: On direct methods for solving Poisson's equations. SIAM J. Numer. Anal. **7**, 627–656 (1970).
12. Hackbusch, W.: Ein iteratives Verfahren zur schnellen Auflösung elliptischer Randwertprobleme. Mathematisches Institut der Universität Köln, Report 76–12, 1976.
13. Hockney, R. W.: The potential calculation and some applications. Methods of Computational Physics **9**. New York and London: Academic Press 1969, pp. 136–211.
14. Reid, J. K. (ed.): Large sparse sets of linear equations. London, New York: Academic Press 1971.

15. Reid, J. K.: On the method of conjugate gradients for the solution of large sparse systems of linear equations. In [14], pp. 231–252.
16. Rose, D. J., Willoughby, R. A. (eds.): Sparse matrices and their applications. New York: Plenum Press 1972.
17. Schröder, J., Trottenberg, U.: Reduktionsverfahren für Differenzengleichungen bei Randwertaufgaben I. Numer. Math. **22**, 37–68 (1973).
18. Schröder, J., Trottenberg, U., Reutersberg, H.: Reduktionsverfahren für Differenzengleichungen bei Randwertaufgaben II. Numer. Math. **26**, 429–459 (1976).
19. Swarztrauber, P. N.: The methods of cyclic reduction, Fourier analysis and the FACR algorithm for the discrete solution of Poisson's equation on a rectangle. SIAM Review **19**, 490–501 (1977).
20. Tewarson, R. P.: Sparse matrices. New York: Academic Press 1973.
21. Widlund, O., Proskurowski, W.: On the numerical solution of Helmholtz's equation by the capacitance matrix method. ERDA Rep. C 00-3077-99, Courant Institute of Mathematical Sciences. New York University 1975.

Namen- und Sachverzeichnis

T. Meis, U. Marcowitz

Numerische Behandlung partieller Differentialgleichungen

Hochschultext

1978. 31 Abbildungen. Etwa 480 Seiten
DM 36,–
ISBN 3-540-08967-5

Inhaltsübersicht: Anfangswertaufgaben bei hyperbolischen und parabolischen Differentialgleichungen. – Randwertaufgaben bei elliptischen Differentialgleichungen. – Lösung von Gleichungssystemen. – Anhang: FORTRAN-Programme.

Das Buch gibt eine Einführung in die numerische Behandlung partieller Differentialgleichungen. Es gliedert sich in drei Teile: Anfangswertaufgaben bei hyperbolischen und parabolischen Differentialgleichungen, Randwertaufgaben bei elliptischen Differentialgleichungen, iterative und schnelle direkte Verfahren zur Lösung großer Gleichungssysteme. Theoretische Gesichtspunkte wie Stabilität und Konsistenz werden mit dem gleichen Gewicht behandelt, wie die praktische Durchführung der Algorithmen. FORTRAN-Programme zu sechs typischen Problemen ergänzen die Darstellung.

Das Buch wendet sich vor allem an Studenten der Mathematik und Physik in mittleren Semestern. Es dürfte aber auch Mathematikern, Physikern und Ingenieuren in der Praxis vielfache Anregungen bieten.

Springer-Verlag
Berlin
Heidelberg
New York

Preisänderungen vorbehalten